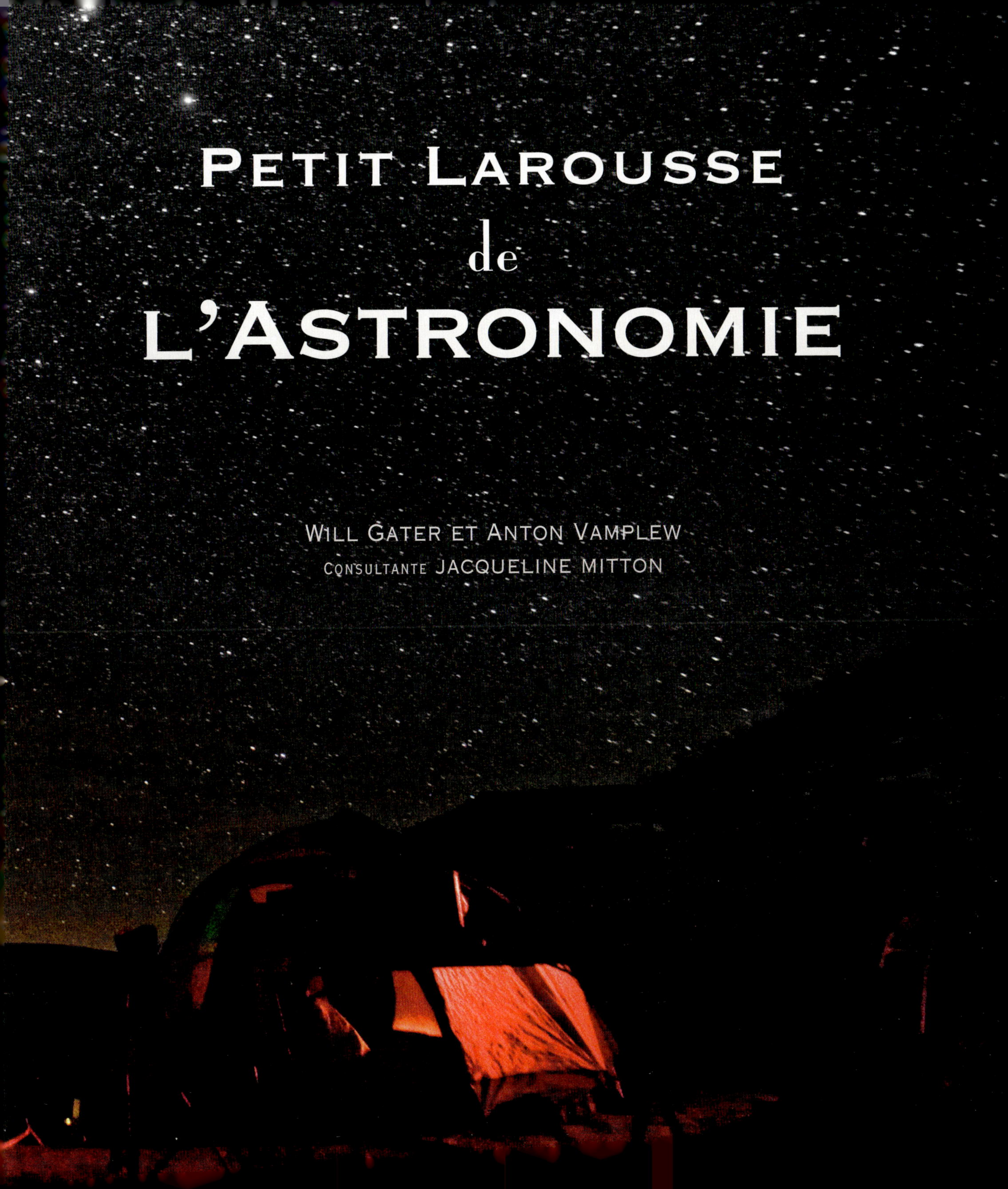

Petit Larousse de l'Astronomie

Will Gater et Anton Vamplew
Consultante Jacqueline Mitton

ÉDITION ORIGINALE

A Dorling Kindersley Book
The Practical Astronomer

www.dk.com

ÉDITION FRANÇAISE

Traduction
Érick Seinandre

Réalisation
CASSI EDITION
Vanessa Blondel,
Florence Schrœder

Direction éditoriale
Catherine Delprat

Édition
Sylvie Cattaneo-Naves

Direction artistique
Emmanuel Chaspoul

Couverture
Véronique Laporte

Fabrication
Annie Botrel

ISBN : 978-2-03-585684-5

Imprimé à Singapour par Star Standard
Dépôt légal février 2011
305073/11011847 décembre 2010

SOMMAIRE

4 LES REPÈRES DU CIEL 70

5 LE SYSTÈME SOLAIRE 172

6 LES CARTES STELLAIRES 206

7 ANNEXES 234

INTRODUCTION

Les humains contemplent le ciel depuis des temps immémoriaux, cherchant à comprendre la nature de cette immense extension de notre habitat naturel. Longtemps, cet espace a tout à la fois été source d'émerveillement et de craintes. Les éclipses étaient vécues dans la terreur : pourquoi le Soleil disparaissait-il ainsi, nous plongeant dans la nuit et rafraîchissant l'air environnant ? De nos jours encore, de nombreuses superstitions accompagnent la venue des éclipses et des comètes. Il semble que nous soyons encore fascinés par ces phénomènes, bien qu'ils aient été démystifiés par la science. De fait, il apparaît que, au-delà des réponses que nous fournissent la chimie et la physique sur la nature des étoiles et des galaxies, nous nous posons d'autres questions

d'ordre philosophique, sur les origines de l'Univers ou la possibilité d'une vie ailleurs que sur Terre. S'y ajoute le choc artistique que provoquent sur nous certains objets célestes, photographiés par exemple par le télescope spatial Hubble.
Quelles que soient vos raisons pour vouloir faire de l'astronomie, votre point de départ est de savoir ce qu'il y a à voir dans le ciel, quand le regarder et où le trouver. Certes, il y a parfois des surprises, comme l'apparition inattendue d'une comète. Mais comme il existe une multitude d'astronomes qui contemplent chaque nuit le ciel avec leurs télescopes, cet événement vous sera vite signalé sur Internet. Cet ouvrage a pour propos de vous aider à devenir un astronome amateur.
La première partie de ce livre expose les divers objets célestes que vous pourrez regarder, tels que les planètes, les étoiles et les nébuleuses, et vous explique comment vous repérer dans le ciel. Viennent ensuite des informations pratiques pour acquérir puis utiliser des télescopes, ainsi que des explications sur la façon de dessiner ou de photographier ce que vous avez vu.
Enfin, cet ouvrage fait le point sur tout ce que vous pourrez voir dans le ciel, avec des cartes des constellations, des cartes du ciel et des renseignements détaillés sur toutes les planètes et étoiles de notre galaxie. En peu de temps, vous serez surpris par le nombre de choses que vous saurez trouver et comprendre dans le ciel nocturne, repérant les planètes, identifiant les étoiles et passant aisément d'une constellation à une autre !

1

COMPRENDRE L'UNIVERS

Le mot « Univers » désigne tout ce qui existe, depuis le plus petit atome jusqu'aux plus grandes galaxies. En contemplant le ciel nocturne, les astronomes peuvent retracer les débuts de l'Univers et suivre son évolution par l'étude des étoiles, des planètes, des nébuleuses et des galaxies.

L'UNIVERS

L'Univers est le nom que nous donnons au vaste espace contenant tout ce que nous connaissons, depuis les amas de galaxies jusqu'aux plus petites particules. C'est en captant la lumière issue de galaxies âgées de plusieurs milliards d'années que les astronomes comprennent son évolution.

EXPLORER L'UNIVERS DEPUIS LA TERRE
Des télescopes tels que celui-ci, le télescope Gemini South, installé au Chili, ont permis aux astronomes de sonder les profondeurs de l'Univers et d'en révéler les origines.

Le big bang

On estime que l'Univers serait né, il y a 13,7 milliards d'années, d'une gigantesque explosion connue sous le nom de « big bang ». L'une des preuves les plus tangibles de cette théorie réside dans l'existence d'un rayonnement radio réparti uniformément dans tout l'Univers et que l'on appelle le « fond cosmique de rayonnement ». Au fur et à mesure que l'Univers s'est étendu dans l'espace après le big bang, les ondes énergétiques (de petites longueurs d'onde) qu'il avait émises à ses débuts se sont de même étendues, allongées, et nous parviennent aujourd'hui sous forme d'ondes de basse énergie (plus grandes longueurs d'onde). Très tôt, de petites variations de densité de la matière ont créé des pôles d'attraction autour desquels se sont constitués des amas de galaxies. La trace de ces minuscules variations de densité apparaît dans le fond cosmique de rayonnement.

LE RAYONNEMENT COSMIQUE
Le fond cosmique de rayonnement paraît homogène dans toutes les directions de l'Univers. Cette carte montre, dans les détails, ses plus petites variations. Le fond cosmique de rayonnement a été découvert dans les années 1960 par R. Wilson et A. Penzias.

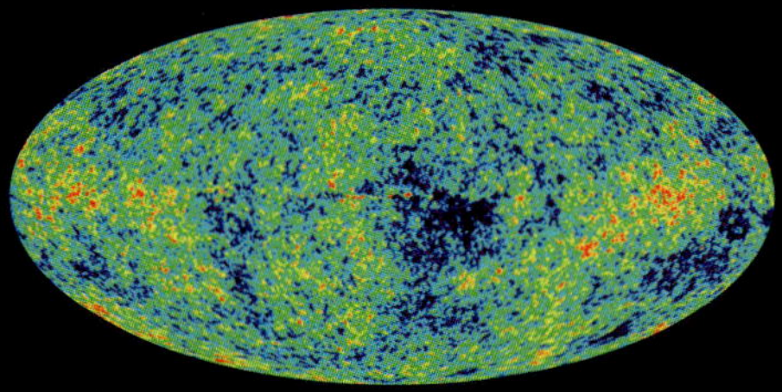

Les premières étoiles

Les premières étoiles sont apparues environ 200 millions d'années après le big bang. Il s'agissait alors d'objets géants, d'une taille de cent à mille fois celle du Soleil, composés essentiellement d'hydrogène et d'hélium. Les étoiles que nous voyons aujourd'hui dans notre galaxie ou dans les galaxies voisines sont bien différentes de ces premières étoiles. Au fil des milliards d'années, chaque génération d'étoiles a formé de nouveaux éléments chimiques plus lourds (carbone, oxygène, fer) par fusion nucléaire de leurs noyaux, puis les a dispersés dans l'espace. D'autres éléments encore plus lourds ont été engendrés lors d'explosions en supernovæ. Tous ces ingrédients, projetés dans l'Univers, vont servir à engendrer de nouvelles étoiles. Sans cette succession de générations d'étoiles, les éléments qui nous composent n'existeraient pas et nous ne serions pas là aujourd'hui.

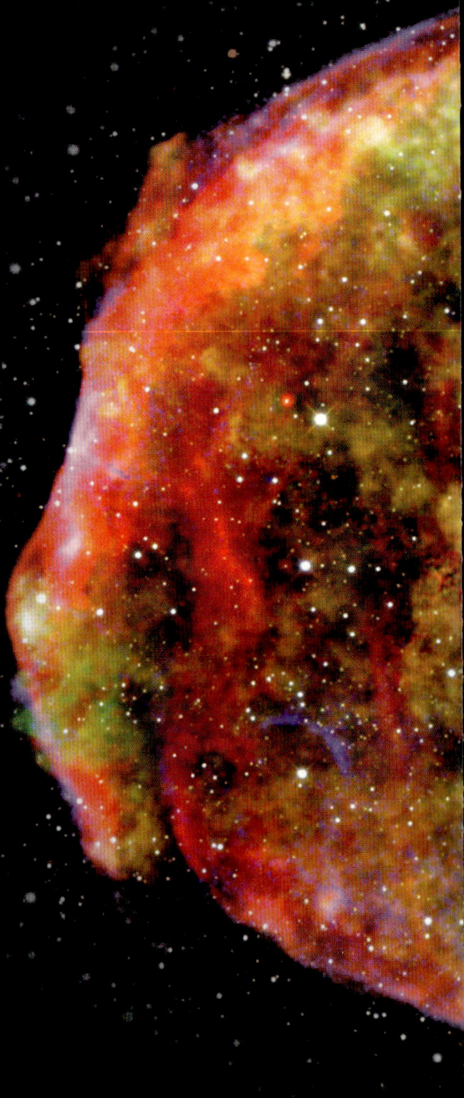

RESTES DE SUPERNOVÆ
Le big bang a produit de l'hydrogène, de l'hélium et un peu de lithium. Les éléments plus lourds ont été formés au sein des étoiles géantes, et les plus lourds encore lors des explosions en supernovæ.

Après 500 000 ans, l'Univers contient des embryons d'amas galactiques répartis en filaments dans le vide.

Après 1,3 milliard d'années, des galaxies individuelles se sont formées au sein des filaments, riches en poussières et en étoiles jeunes.

Après 13,7 milliards d'années, l'Univers est aujourd'hui constitué de superamas de galaxies.

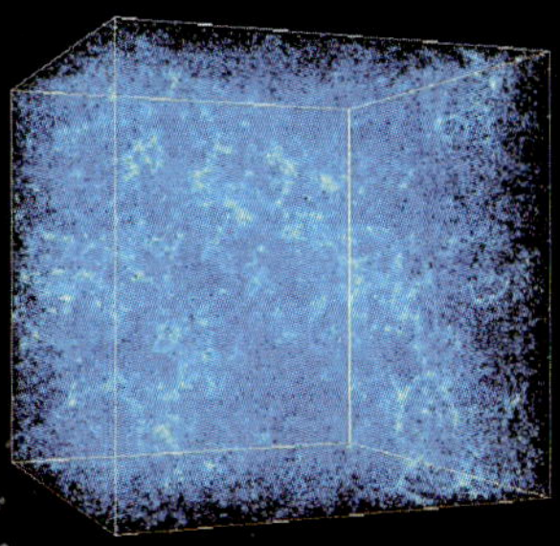

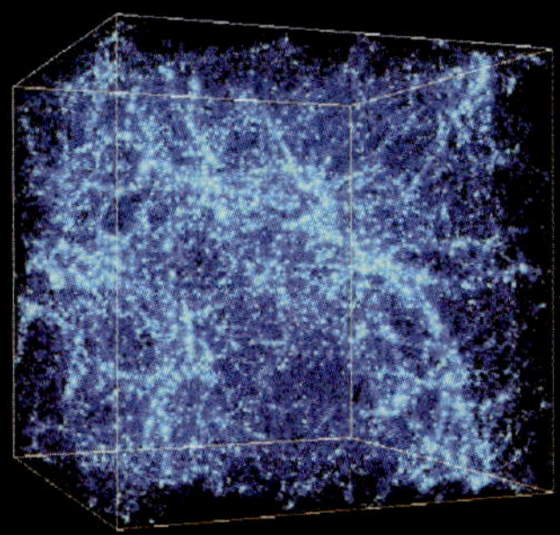

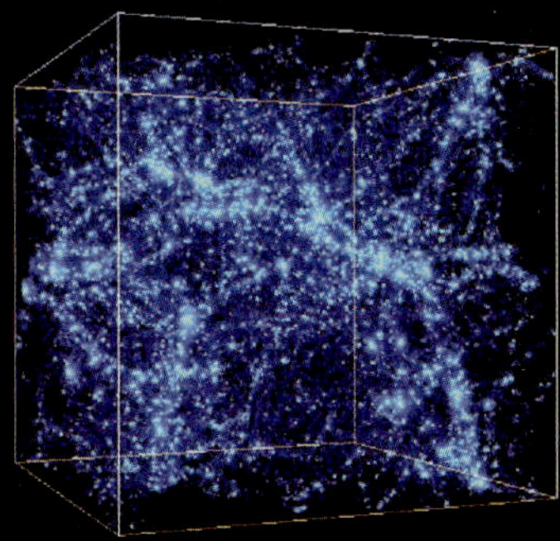

SIMULATION DE L'UNIVERS EN EXPANSION
Afin de comprendre la formation des galaxies et amas de galaxies, les astronomes ont modélisé des simulations de ces événements. Ces images montrent les résultats d'une simulation depuis les débuts de l'Univers juste après le big bang, il y a 13,7 milliards d'années, jusqu'à nos jours. Ainsi que le suggère ce travail, l'Univers serait aujourd'hui constitué de gros filaments d'amas de galaxies, qui forment une espèce de filet laissant de grandes régions vides de matière. Cette simulation tient compte également des effets de la mystérieuse « énergie noire » sur la formation des galaxies.

Les premières galaxies

Les premières galaxies, ces gigantesques rassemblements d'étoiles, se sont formées 500 millions d'années après le big bang. Elles n'avaient alors pas grand-chose à voir avec les galaxies « actuelles », comme la Voie lactée.
Les observations menées depuis des télescopes en orbite tels que Hubble montrent qu'elles étaient alors petites et de forme irrégulière. Les études suggèrent que ces premières galaxies ont engendré la formation de nombreuses étoiles et qu'elles sont les briques de construction des galaxies que nous voyons aujourd'hui. Au fil du temps, ces galaxies primitives sont entrées en collision et, se regroupant, ont constitué de plus grandes galaxies semblables à celles que nous pouvons observer avec un télescope amateur.

REGARDS VERS LE PASSÉ
Cette image du fond cosmique de rayonnement a été obtenue par le télescope spatial Hubble (HST) avec un temps de pose d'un million de secondes. On distingue, parmi les points brillants des galaxies proches, de petites taches rouges : les galaxies les plus lointaines et les plus anciennes jamais observées, les premières nées après le big bang.

LE CIEL À L'ŒIL NU

À l'œil nu, nous distinguons de nombreux objets célestes : les planètes du système solaire, les étoiles de notre galaxie et plusieurs galaxies voisines.

Que voyons-nous à l'œil nu ?

Par temps clair, le ciel nocturne nous apparaît tel un dôme parsemé d'étoiles d'un horizon à l'autre. Loin des agglomérations, sources de « pollution lumineuse », le ciel se dévoile à nous dans toute sa majesté, avec les myriades d'étoiles de notre galaxie, la Voie lactée, dont la bande brumeuse traverse le ciel. Nous suivons également les planètes, qui traversent lentement le ciel au cours de leur orbite autour du Soleil. Et puis il y a la Lune, à la surface satinée, souvent présente pour éclairer nos nuits, et dont la lumière ternit un peu celle des étoiles, mais qui est fascinante à regarder avec ses « mers », ses cratères et ses montagnes. Enfin, n'oublions pas ces surprises du ciel que sont les « étoiles filantes » ou, plus rarement, les délicates volutes des aurores boréales ou australes.

QUE LE SPECTACLE COMMENCE
La nuit, il y a tant d'objets célestes visibles à l'œil nu que c'est un plaisir toujours renouvelé de les regarder.

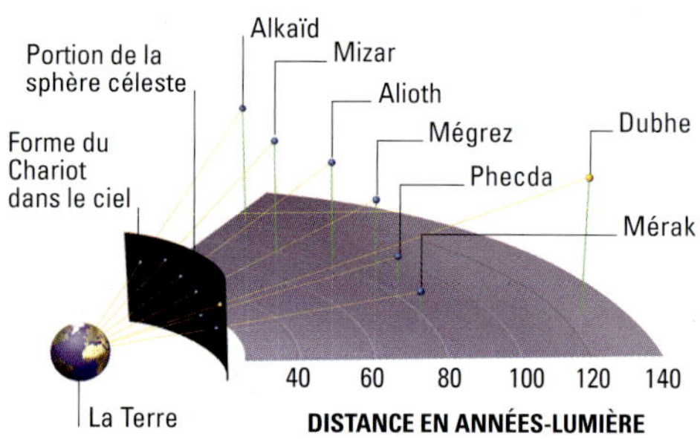

SELON L'ANGLE DE VISÉE
Les formes que nous distinguons dans le ciel sont dues à l'angle sous lequel nous les voyons. Ainsi, le Chariot apparaîtrait fort différemment vu d'un autre endroit de la Galaxie.

LE ZODIAQUE
Le zodiaque est le cercle des constellations, riches en symboles, le long duquel le Soleil semble se déplacer.

Les constellations

Les hommes se sont toujours plu à inventer des légendes concernant les formes que dessinent les étoiles dans le ciel. Celles-ci relatent souvent des événements appartenant à des mythologies plus ou moins anciennes. De nos jours, le ciel est divisé en 88 secteurs distincts dits « constellations », chacune étant strictement délimitée. Les étoiles qui forment ces constellations ne sont pas nécessairement proches les unes des autres, mais leur rassemblement sert à identifier une zone particulière du ciel.

Nos galaxies voisines

La majeure partie des objets célestes que nous percevons à l'œil nu sont des étoiles appartenant à notre galaxie, la Voie lactée. Mais nous ne sommes certes pas seuls dans ce coin de l'Univers, car la Voie lactée appartient en fait à un amas d'une trentaine de galaxies appelé le Groupe local. Par nuit bien noire, il est possible de percevoir certaines d'entre elles telles de petites taches diaphanes. Deux de ces galaxies appartenant au Groupe local sont particulièrement bien visibles à l'œil nu dans l'hémisphère Sud : le Petit Nuage de Magellan et le Grand Nuage de Magellan, qui sont des galaxies satellites de la nôtre.

LA GALAXIE D'ANDROMÈDE
Située à 2,5 millions d'années-lumière de la Terre, la galaxie d'Andromède est la plus grande du Groupe local.

À DES ANNÉES-LUMIÈRE

Lorsque nous allumons une lampe, nous en percevons immédiatement la lumière. Cela tient au fait que nous sommes proches de l'ampoule et que la lumière se déplace à 300 000 km/s. Dans l'espace, les distances sont si grandes que la lumière met beaucoup plus de temps pour atteindre nos yeux. Les astronomes expriment ces distances en « années-lumière », une année-lumière étant la distance que parcourt la lumière en un an, soit 10 000 milliards de kilomètres. Cela signifie que lorsque nous regardons une étoile située à 10 années-lumière nous l'apercevons telle qu'elle était il y a dix ans : nous regardons vers le passé !

Notre galaxie, la Voie lactée, n'est qu'une des **milliards** de galaxies recensées dans l'Univers observable.

La galaxie où nous habitons

Notre galaxie, la Voie lactée, contient entre 200 et 400 milliards d'étoiles, et toutes les étoiles que nous percevons à l'œil nu lui appartiennent. La Voie lactée a un diamètre de 100 000 années-lumière environ et une épaisseur de 2 000 années-lumière (voir p. 26). Selon de récentes études, la Voie lactée posséderait deux bras spiraux principaux, composés d'étoiles jeunes et brillantes, et c'est dans l'un d'entre eux que se niche le Soleil. Ces bras sont bordés de nuages de poussières que l'on distingue la nuit telles des traces sombres traversant les régions brillantes de la Galaxie. Au centre de la Voie lactée se trouve un bulbe (le bulbe central), que l'on distingue en regardant dans la direction des constellations du Sagittaire ou du Scorpion, et qui est composé d'étoiles plus âgées. Le disque de la Galaxie et ses bras spiraux s'étendent à partir de ce bulbe central.

LA VOIE LACTÉE
Depuis la Terre, nous voyons la Galaxie telle une arche éthérée traversant le ciel. Mais situés à l'extérieur, nous verrions ses bras en spirale comme sur la photo ci-dessous.

LES PLANÈTES

Bien avant l'invention des télescopes, les Anciens avaient remarqué que certains astres brillants se déplaçaient au fil des mois parmi les étoiles et les constellations. Ces astres errants ont reçu le nom de « planètes », du grec *planêtês,* signifiant « errants ».

Le système solaire

Le système solaire est la région de l'espace comprenant tous les objets célestes qui subissent l'influence gravitationnelle du Soleil. Il y a là d'abord huit planètes principales, mélangées à une kyrielle de planètes naines, ou planétoïdes, et enfin des millions d'objets plus petits, comme les astéroïdes et les comètes. Tous ces corps gravitent autour du Soleil, une étoile jaune au centre du système solaire, née il y a 4,57 milliards d'années. Au-delà des principales planètes (le système planétaire) s'étend une vaste région appelée « Ceinture de Kuiper », qui contient une multitude de petits objets glacés. Plus loin dans l'espace, le système solaire est complètement entouré par un vaste nuage de comètes, connu sous le nom de nuage d'Oort.

JUPITER PRÈS DE LA CONSTELLATION DE LA VIERGE
Le Soleil paraît traverser le ciel selon une ligne appelée « l'écliptique », autour de laquelle se situent les constellations du zodiaque. Orbitant à peu près dans le même plan que le Soleil, les planètes passent également devant les constellations zodiacales.

Planètes, planètes naines et astéroïdes

On divise en trois classes les objets orbitant autour du Soleil : les planètes, les planètes naines, et les autres corps plus petits du système solaire. Une planète gravite uniquement autour du Soleil, et sa masse et sa taille sont suffisantes pour que, sous l'effet des forces gravitationnelles, elle prenne une forme sphérique et règne sur son orbite à l'exclusive des autres objets. De même, une planète naine gravite uniquement autour du Soleil, mais, si sa masse est suffisamment lourde pour lui donner une forme quasi sphérique, elle ne l'est pas assez pour lui permettre de régner sur son orbite. Enfin, astéroïdes et comètes, très petits, n'ont que des formes irrégulières.

Le Soleil représente **99,8 %** de la masse du système solaire.

AUTOUR DU SOLEIL
Le système solaire comprend un échantillon de mondes différents, depuis les planètes géantes, entourées de nombreuses lunes et d'anneaux, jusqu'aux petites planètes telluriques comme notre Terre.

LA FORMATION DES PLANÈTES

Les planètes se sont formées il y a 4,56 milliards d'années. Le Soleil ainsi que toutes les planètes du système solaire sont issus d'un nuage de gaz et de poussières appelé « nébuleuse solaire ». À sa naissance, le Soleil était entouré par un disque de débris appelé « disque d'accrétion ». C'est à l'intérieur de ce disque que certains de ces débris se sont agglutinés pour former des embryons de planètes : les planétésimaux. Les plus proches du Soleil ont donné les planètes internes rocheuses comme Mercure, Vénus, la Terre et Mars. Plus loin, dans les régions plus froides du système solaire naissant, ce sont des planétésimaux de glace qui, par accrétion, ont formé le cœur d'autres planètes, puis ont capturé les gaz du disque solaire, engendrant les planètes géantes gazeuses : Jupiter, Saturne, Uranus et Neptune. Les astronomes ont vu un processus semblable se dérouler autour d'autres étoiles possédant un système planétaire en formation.

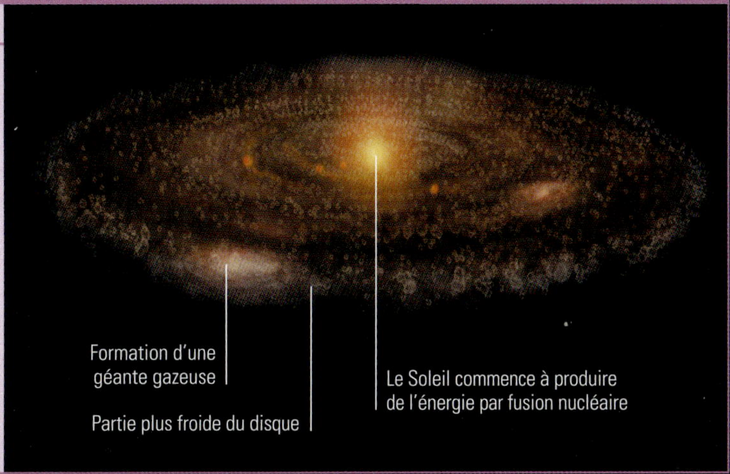

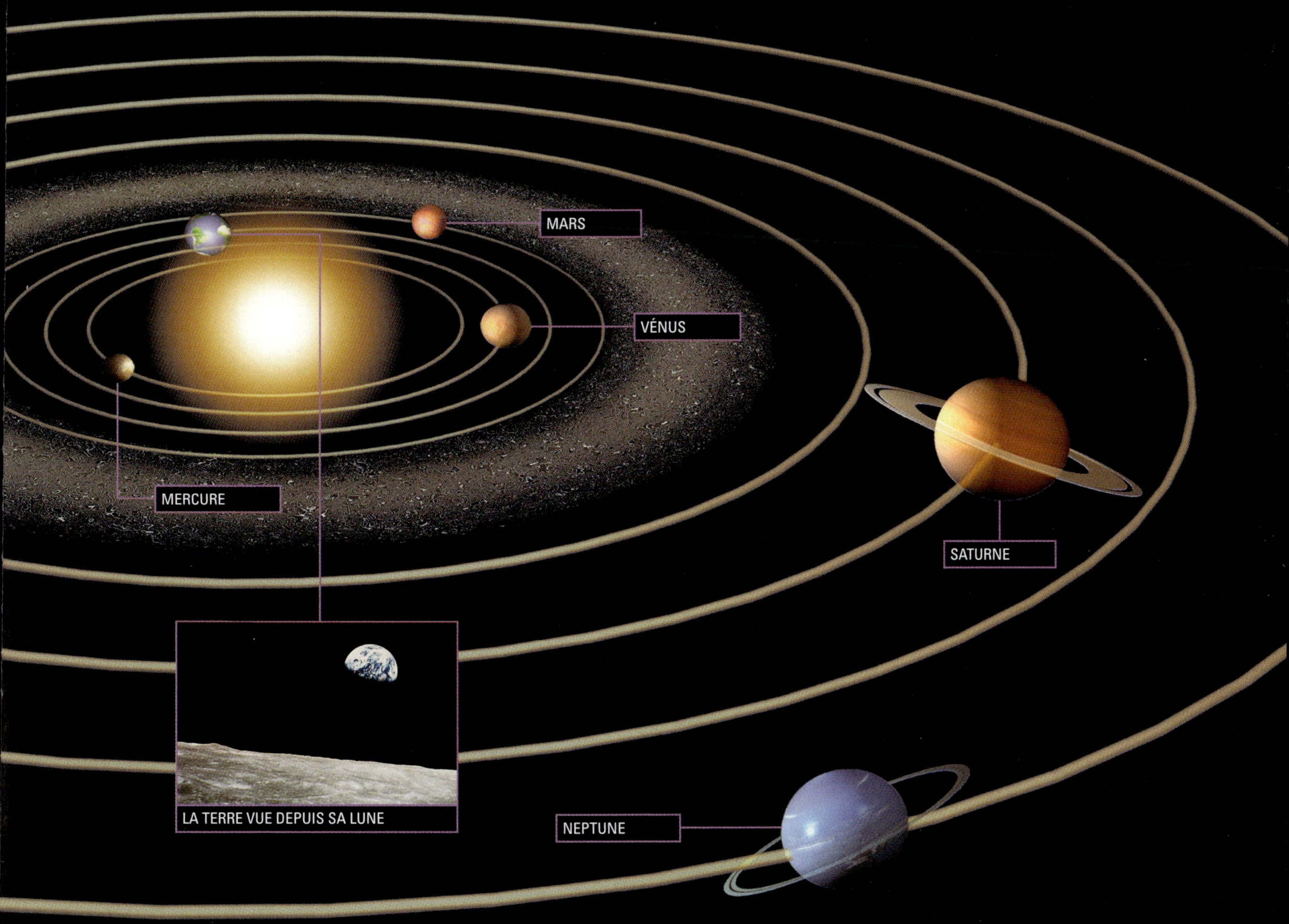

LA TERRE VUE DEPUIS SA LUNE

QU'EST-CE QU'UNE ÉTOILE ?

Le ciel nocturne est parsemé d'innombrables points brillants. Chacun est une étoile, parmi les centaines de milliards de la Galaxie. Étudier les étoiles permet de comprendre comment les planètes, voire l'espèce humaine, ont pu exister.

LE CYCLE DE VIE D'UNE ÉTOILE
Durant leur vie, les étoiles passent par différentes phases, le type et la durée de chacune étant essentiellement déterminés par la masse de l'étoile.

UNE MAJORITÉ D'ÉTOILES DANS LA SÉQUENCE PRINCIPALE
Environ 90 % des étoiles que nous voyons sont dans la phase de séquence principale de leur vie. Les étoiles d'une masse équivalente à celle du Soleil passent environ 10 milliards d'années dans cette séquence ; les plus petites ont une durée de vie beaucoup plus longue.

PROTOÉTOILE
Les étoiles se forment à partir de nuages de matière interstellaire qui s'effondrent sous l'effet des forces gravitationnelles.

FORMATION D'UNE PROTOÉTOILE
Au centre du nuage effondré, pression et température augmentent, les matériaux se répartissent en un disque central, et les réactions nucléaires débutent.

Les plus petites protoétoiles ne parviennent pas à engendrer des réactions nucléaires et deviennent des naines brunes.

UNE ÉTOILE RÉUSSIE
Lorsque s'enclenchent les réactions nucléaires, les jeunes étoiles sont très instables, tournant rapidement sur elles-mêmes et éjectant des matériaux depuis leurs pôles.

STABILISATION D'UNE ÉTOILE
Les étoiles dont la masse dépasse 0,08 fois celle du Soleil déclenchent des réactions nucléaires et, de protoétoiles, elles deviennent des étoiles. Elles entrent alors dans la séquence principale de leur vie.

Les lumières de la nuit

Une étoile est une gigantesque boule de gaz composée essentiellement d'hydrogène. Cette sphère est si massive que les températures et les pressions en son centre sont suffisantes pour entraîner la fusion des noyaux d'hydrogène entre eux. Ce phénomène dit de fusion nucléaire dégage d'énormes quantités d'énergie, thermique et lumineuse, dont cette lumière que nous apercevons depuis la Terre. Dans le cœur de l'étoile, la fusion des noyaux d'hydrogène convertit ceux-ci en noyaux d'hélium, puis d'autres fusions s'ensuivent, engendrant des éléments plus lourds que l'hélium, tels que l'oxygène, l'azote, le carbone, ou encore le fer.

DES LUMIÈRES SCINTILLANTES
Lorsque la lumière d'une étoile atteint la Terre, elle traverse l'atmosphère et ses couches d'air en mouvement. Ce sont ces mouvements qui, diffractant la lumière stellaire, donnent cette impression de scintillement.

Une étoile est née

Les étoiles naissent au sein de vastes nuages de gaz et de poussières : les nébuleuses. Plus ces nuages sont froids, plus ils réagissent à la moindre variation de gravité, comme celle provoquées par les ondes de choc d'une supernova. Se forment alors des grumeaux gazeux, qui s'effondrent sur eux-mêmes, deviennent de plus en plus denses et chauds jusqu'à engendrer une protoétoile, dont la pression et la température internes suffiront à initier des réactions de fusion nucléaire. Une étoile est née, qui commence à luire. Elle restera à ce stade, désigné sous le nom de « séquence principale », la majeure partie de sa vie.

Situé à 150 millions de kilomètres de la Terre, le **Soleil** est une naine jaune dans la séquence principale de sa vie.

La mort d'une étoile

En dépit de sa très grande taille comparée aux planètes de notre système solaire, le Soleil n'est pas une étoile très massive. Il en existe d'autres dans la Galaxie dont la masse fait plus de cent fois la masse solaire. Or, la masse d'une étoile est une donnée importante qui détermine son destin ainsi que sa fin. Les étoiles massives convertissent rapidement leur hydrogène en hélium, et ce souvent en quelques millions d'années. Les étoiles moins massives, elles, ne brûlent que lentement leur hydrogène et vivent des milliards d'années, comme le Soleil, qui a une durée de vie de 10 milliards d'années. Lorsqu'elle meurt, une étoile de type solaire grossit lentement jusqu'à devenir une géante rouge avant de s'effondrer pour ne laisser qu'une naine blanche entourée par une nébuleuse planétaire. Les étoiles encore moins massives s'éteignent très lentement pour finir en naines noires invisibles. La mort des étoiles très massives est plus violente : elles explosent en supernovæ avant de se transformer, selon leur masse initiale, en étoiles à neutrons ou en trous noirs.

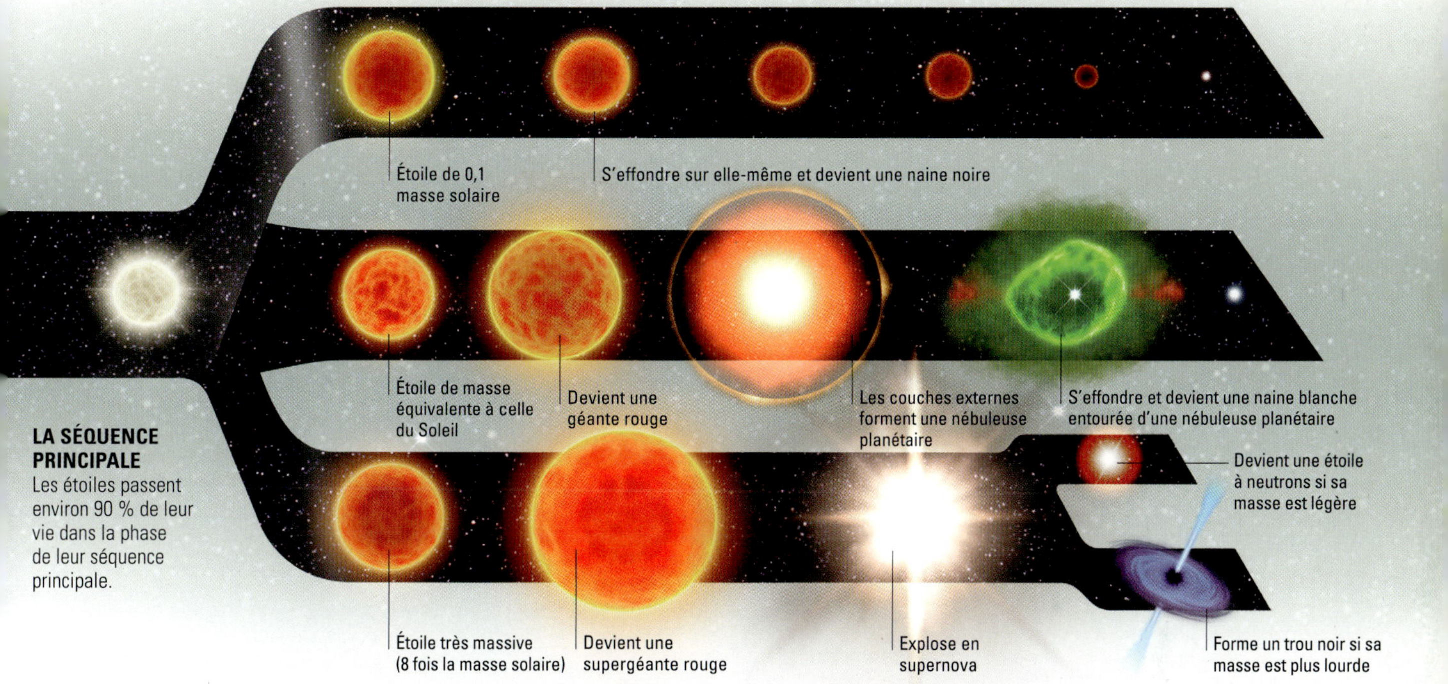

Évolution d'une étoile supergéante

SUPERGÉANTE
Ce sont des étoiles très massives qui, après avoir consommé tout leur combustible dans leur centrale nucléaire, s'étendent dans l'espace jusqu'à des tailles atteignant mille fois celle du Soleil. On en distingue de nombreuses dans le ciel (bleues ou rouges), comme la brillante étoile Antarès (ci-dessus), une supergéante rouge dans la constellation du Scorpion.

SUPERNOVA
Lorsque cessent les réactions de fusion nucléaire, la pression à l'intérieur de l'étoile est parfois insuffisante pour contrecarrer les effets de la gravitation. Le cœur de l'étoile s'effondre alors en un noyau extrêmement dense fait de neutrons tandis que ses couches externes, rebondissant sur ce noyau rigide, sont projetées dans l'espace en délivrant d'énormes quantités d'énergie.

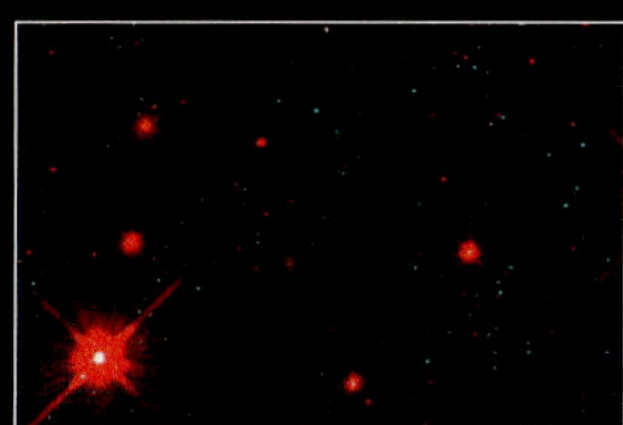

ÉTOILE À NEUTRONS
Si le cœur de l'étoile restante fait moins de trois masses solaires, il devient une étoile à neutrons, un astre très dense composé uniquement de neutrons. Ces étoiles tournent très vite sur elles-mêmes, engendrant de puissants champs magnétiques. Certaines, appelées des « pulsars », éjectent depuis leurs pôles des ondes radio qui balaient l'espace comme un phare côtier.

TROU NOIR
Après l'explosion en supernova, le cœur de l'étoile peut dépasser trois masses solaires. Rien ne peut arrêter son effondrement, et l'étoile devient un trou noir. Il s'agit d'une zone de l'espace dans laquelle les effets gravitationnels sont si puissants qu'ils attirent tout, même la lumière, et il est impossible de les voir. C'est par l'influence qu'ils exercent que les astronomes détectent leur présence.

OBSERVER LES ÉTOILES

La couleur, la luminosité et la taille des étoiles renseignent les astronomes sur leur évolution et leur univers environnant.

La couleur et la luminosité

En contemplant attentivement les étoiles, on s'aperçoit qu'elles nous proposent des couleurs et des intensités lumineuses différentes. La couleur d'une étoile est fonction de sa température de surface, les étoiles froides étant rouges tandis que les plus chaudes sont blanches ou bleues. La luminosité que l'on perçoit d'une étoile, elle, tient à deux facteurs différents que sont sa luminosité réelle ainsi que son éloignement : certaines étoiles très brillantes peuvent nous paraître pâles si elles sont fort éloignées, à l'inverse, des étoiles proches vont nous sembler plus brillantes. C'est pourquoi les astronomes comparent les étoiles entre elles en établissant leur magnitude intrinsèque, qui représente la luminosité qu'elles auraient à une distance de 10 parsecs, soit 32,6 années-lumière. La magnitude apparente, elle, désigne la luminosité d'une étoile telle qu'elle nous apparaît dans le ciel, et c'est cette dernière qui compte aux yeux des astronomes amateurs.

LA COULEUR DES ÉTOILES
La couleur apparente dépend de leur température de surface. Les étoiles massives blanches ou bleues ont des durées de vie courtes et celles que nous voyons sont toutes jeunes. Les rouges, plus froides, vivent longtemps, mais certaines jeunes sont aussi rouges.

Le diagramme de Hertzsprung-Russell

Le diagramme de Hertzsprung-Russell (HR) expose les relations existant entre les différentes propriétés physiques des étoiles. Chaque étoile y est située selon sa température de surface et sa luminosité (sa magnitude). Sur l'échelle des températures, le zéro est situé à droite du diagramme et les plus hautes températures sur la gauche, où l'on trouve les étoiles les plus chaudes. Ainsi les étoiles les plus brillantes et les plus chaudes se situent en haut et à gauche, et les plus froides et les moins brillantes, en bas et à droite.

DISTANCE ET LUMINOSITÉ
Certaines étoiles de faible luminosité intrinsèque peuvent paraître très brillantes (telle Sirius, l'étoile la plus brillante du ciel) parce qu'elles sont beaucoup plus proches de nous.

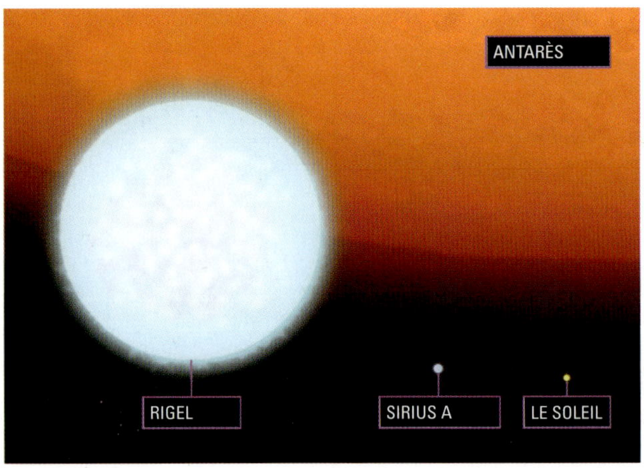

LE DIAGRAMME DE HERTZSPRUNG-RUSSELL

Sur ce diagramme, les astronomes constatent que les étoiles se répartissent selon des groupes distincts correspondant aux divers stades de leur vie (par exemple, les géantes rouges). Le Soleil est sur une diagonale qui traverse le diagramme et représente les étoiles dans leur séquence principale (voir p. 16-17).

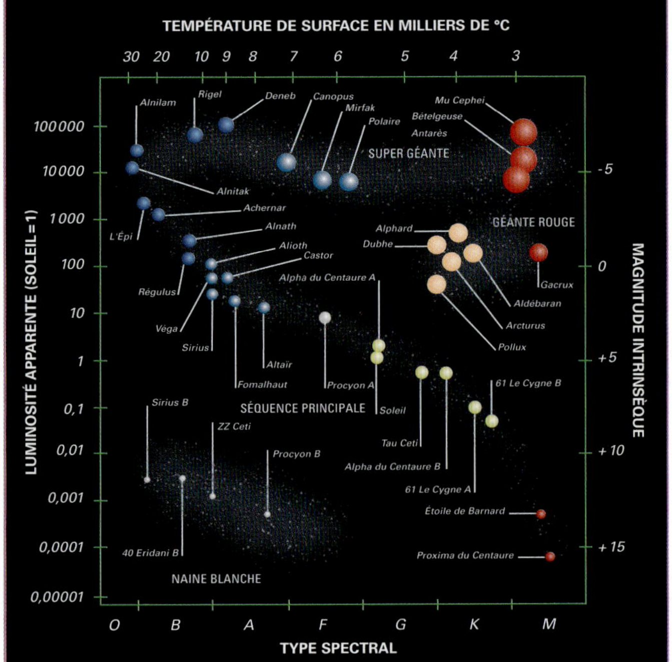

LES ÉTOILES MULTIPLES
À la tête de la constellation du Cygne, située dans la Voie lactée, il est facile d'observer avec un petit télescope ou une lunette le système multiple d'Albiréo (Bêta *Cygni*) dont les deux étoiles principales sont bleue et jaune.

Étoiles binaires et multiples

On estime que, dans l'Univers, la majorité des étoiles ne sont pas isolées dans leur coin du ciel, mais possèdent une ou plusieurs compagnes. On appelle un système d'« étoiles binaires » deux étoiles proches l'une de l'autre qui orbitent autour d'un centre gravitationnel commun. À l'aide d'un simple télescope d'amateur, on peut regarder un grand nombre de ces systèmes binaires ou multiples, tels que le couple bleu et jaune du système d'Albiréo (photo de gauche) ou le système « double-double » d'Epsilon de la Lyre qui est un système à quatre étoiles. Les étoiles dites « doubles optiques » nous apparaissent proches l'une de l'autre parce qu'elles se situent sur la même ligne de visée, mais elles ne sont pas liées par la gravité et peuvent en réalité être fort éloignées l'une de l'autre. L'exemple le plus connu en est le double optique proposé par Alcor et Mizar sur le timon du Grand Chariot.

Les étoiles variables

Certaines étoiles ne brillent pas toujours avec la même intensité. Le phénomène est d'autant moins facile à observer que, si certaines étoiles variables changent de luminosité (de magnitude apparente) en quelques jours, la plupart le font sur plusieurs mois ou années. Il existe plusieurs raisons pour qu'une étoile change de magnitude apparente. La première est qu'un changement s'opère dans l'étoile elle-même (pulsation), et la seconde est due au passage d'une étoile compagne (système binaire) devant elle, qui l'éclipse. L'étude de ces variations par les astronomes professionnels ou amateurs nous renseigne sur la façon dont les étoiles se comportent au cours d'étapes clefs de leur évolution. Le suivi des étoiles variables est l'un des domaines dans lesquels les amateurs, qui en font des observations régulières, aident les astronomes professionnels. En enregistrant la luminosité d'une étoile variable sur de longues périodes, les astronomes établissent une courbe de luminosité (diagrammes ci-contre) qui suit l'évolution de la magnitude du point le moins lumineux au plus brillant. Cette courbe montre comment la luminosité évolue au cours du temps et permet d'établir la nature de l'étoile en question. La distance (en temps) existant entre deux pics de la courbe est la « période » de l'étoile variable.

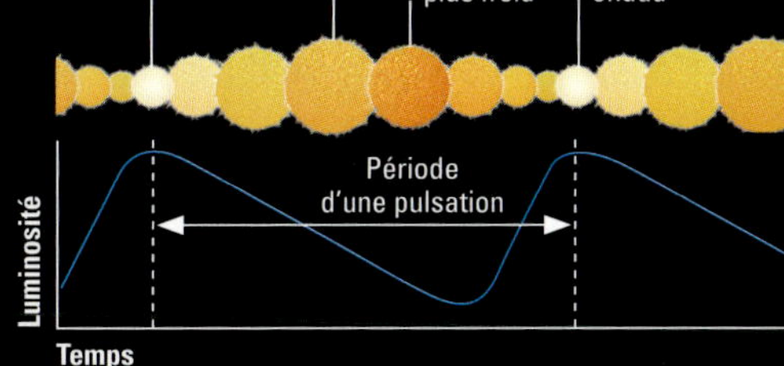

COURBE DE LUMINOSITÉ D'UNE ÉTOILE VARIABLE

LES VARIABLES À PULSATION
La variabilité de ces étoiles tient au fait que leur diamètre se contracte puis se dilate, ce qui entraîne des variations de la température de surface. Lorsqu'elles se contractent, elles sont plus brillantes, et elles se ternissent en se dilatant. Il y a deux types d'étoiles variables : les céphéides, dont la pulsation est régulière (ci-contre), et les Mira, qui changent de période d'un cycle à un autre.

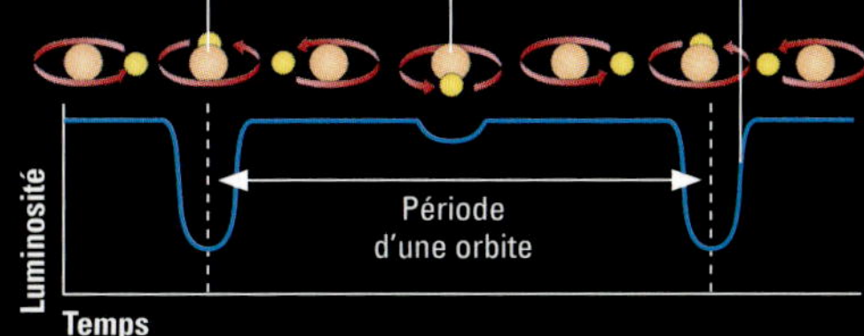

COURBE DE LUMINOSITÉ D'UNE VARIABLE À ÉCLIPSES

LES VARIABLES À ÉCLIPSES
Les variables à éclipses sont les étoiles d'un système binaire dont les étoiles passent alternativement l'une devant l'autre. Ces éclipses, partielles ou totales, entraînent une chute notables de la luminosité du système binaire.

LES VARIABLES CATACLYSMIQUES
On parle de variable cataclysmique pour un système binaire dont l'une des étoiles est une naine blanche et l'autre une étoile de la séquence principale. Par effet gravitationnel, l'étoile blanche capte les matériaux de sa compagne, provoquant des explosions thermonucléaires d'une exceptionnelle brillance. C'est ce que l'on appelle une nova : une nouvelle étoile visible. Ces images montrent la nova du Cygne en 1992, dont l'éclat fut visible à l'œil nu.

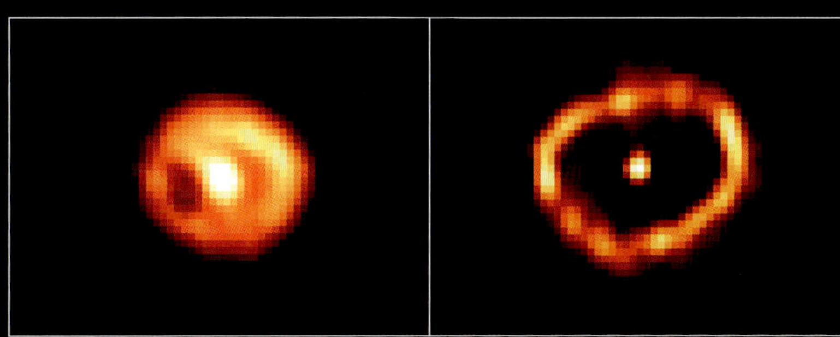

LES NÉBULEUSES

Les brillantes nébuleuses, tout comme les amas d'étoiles, comptent parmi les plus beaux objets célestes que l'on puisse voir en parcourant le ciel nocturne avec un télescope d'amateur, voire une simple paire de jumelles.

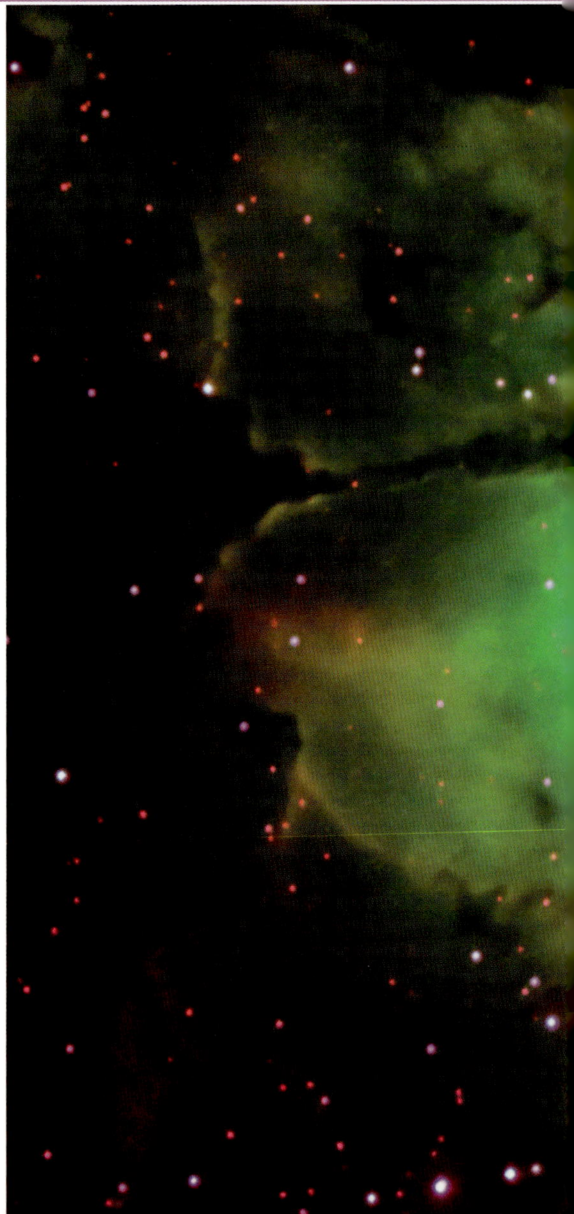

Que sont les nébuleuses?

La majeure partie de notre galaxie est emplie par un gaz extrêmement léger (essentiellement de l'hydrogène et de l'hélium) mélangé avec de la poussière interstellaire, et qui se répand entre les étoiles. Certaines parties de ce mélange sont plus denses, et l'on peut les voir briller dans le ciel nocturne : ce sont les nébuleuses. Les nébuleuses se présentent sous les tailles et les formes les plus diverses et ont différentes origines. Les plus grandes nébuleuses peuvent atteindre des tailles gigantesques, comme la nébuleuse de la Lagune qui, dans la constellation du Sagittaire, s'étend sur une centaine d'années-lumière.

Si certaines nébuleuses sont l'endroit où naissent les étoiles, d'autres sont les restes d'une étoile morte. Ainsi, les nébuleuses nous racontent l'histoire de la vie et de la mort des étoiles sur des milliards d'années, d'où l'intérêt des astronomes à les observer.

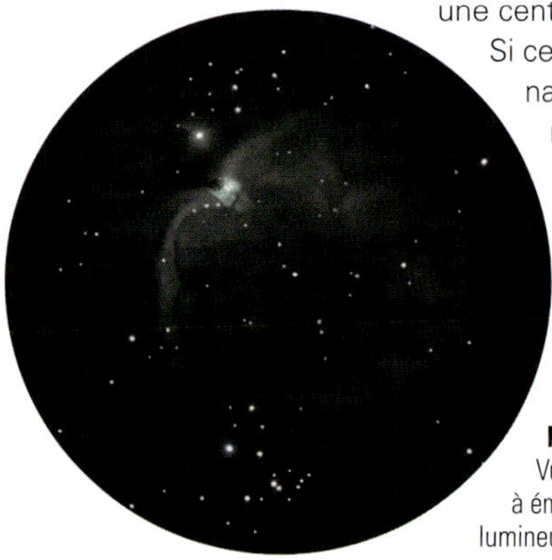

NÉBULEUSE VUE AU TÉLESCOPE
Vue dans un télescope, une brillante nébuleuse à émission apparaît comme une région faiblement lumineuse du ciel. Ci-contre, la nébuleuse d'Orion.

Des pouponnières d'étoiles

Certaines nébuleuses situées dans les bras spiraux de la Galaxie sont les régions dans lesquelles naissent les étoiles. Nuages de gaz (de l'hydrogène) et de poussières, ces « pouponnières d'étoiles » rayonnent souvent dans des tons rouge rubis. Sous l'effet de perturbations externes, elles se fragmentent parfois en nuages plus denses, qui formeront des étoiles (voir p. 16-17). Un grand nombre de ces nébuleuses sont des cibles de choix pour les télescopes, comme la nébuleuse d'Orion (M 42) ou celle de la Lagune (M 8). D'autant que, souvent, au sein de ces pouponnières brille un amas d'étoiles jeunes auxquelles elles ont donné naissance.

LA NÉBULEUSE DE L'AIGLE
Spectaculaire pouponnière d'étoiles, la nébuleuse de l'Aigle est scrutée attentivement depuis des siècles par tous les astronomes et a fait l'objet d'une photo prise par le télescope spatial Hubble qui a fait le tour du monde sous le nom de « Piliers de la création ». Cette image stupéfiante dévoile les nuages de gaz et de poussières en forme de tours au sein de la nébuleuse.

Les types de nébuleuses

LES NÉBULEUSES À ÉMISSION

Contrairement à ce qu'indique ce nom, les nébuleuses à émission n'émettent pas de lumière par elles-mêmes, mais sont rendues brillantes par la proximité d'une source lumineuse, étoile ou amas d'étoiles. Souvent, les nébuleuses à émission sont des pouponnières d'étoiles, comme la Lagune, M 8 (ci-dessus), dans lesquelles nichent des étoiles ou des amas en formation dont les radiations très puissantes se répandent dans toute la nébuleuse et l'illuminent. C'est leur lumière que l'on perçoit dans nos télescopes. Lorsque la nuit est bien noire, il est possible d'observer ces nébuleuses très brillantes simplement avec une bonne paire de jumelles.

LES NÉBULEUSES SOMBRES

Les nébuleuses sombres sont des nuages de gaz et de poussières dont la forme est dessinée par la lumière d'un champ d'étoiles ou d'une nébuleuse brillante situés derrière eux. L'exemple le plus fameux est sans doute la nébuleuse à Tête de Cheval (ci-dessus), dont la masse dépasse 300 fois celle du Soleil.
À l'intérieur du nuage sombre de la Tête de Cheval se trouvent de jeunes étoiles en formation. Un autre exemple tout aussi connu, visible avec de simples jumelles, est la nébuleuse du Sac à Charbon dans l'hémisphère Sud. Située dans la constellation de la Croix, cette nébuleuse sombre arrête la lumière d'un champ dense d'étoiles de la Voie lactée.

LES NÉBULEUSES À RÉFLEXION

Beaucoup de nébuleuses contiennent d'infimes particules dont la surface reflète, comme autant de miroirs, la lumière d'une étoile proche. La densité de ces particules entourant les jeunes étoiles est suffisante pour provoquer des effets d'optique importants, et les nébuleuses qui brillent de cette façon ont reçu le nom de « nébuleuses à réflexion ». Leur couleur bleue tient au fait que ce type de poussières a une forte propension à diffuser la couleur bleue, de courte longueur d'onde, comme le montre le splendide nuage qui entoure l'étoile Mérope dans l'amas des Pléiades (ci-dessus). Hélas, s'il est aisé de trouver Mérope avec un télescope, la nébuleuse entourant les Pléiades est plus difficile à déceler.

LES NÉBULEUSES PLANÉTAIRES

Les nébuleuses planétaires sont des halos de matériaux éjectés par des étoiles géantes rouges de faible masse, en fin de vie. C'est William Herschel qui, observant ces objets en 1785, leur a donné ce nom, pensant qu'il s'agissait de planètes. Lorsque meurt une géante rouge, son cœur s'effondre et devient une naine blanche, tandis que ses couches externes de gaz sont expulsées dans l'espace, donnant ces nébuleuses planétaires. Leurs formes étranges, comme celle de la nébuleuse Dumbell (ci-dessus), sont dues à l'influence qu'ont sur elles les champs magnétiques ou parfois la présence d'autres étoiles. Les nébuleuses planétaires se dispersent ensuite rapidement dans l'espace interstellaire.

LES AMAS STELLAIRES

Les nébuleuses ne sont pas les seuls joyaux du ciel nocturne. Les amas stellaires, tout aussi splendides, offrent leur lumière à tous les instruments d'amateurs, des jumelles aux grands télescopes.

Les amas ouverts

On recense plus d'un millier d'amas stellaires ouverts répartis dans les bras spiraux de la Galaxie. Ces amas se constituent lorsqu'un groupe d'étoiles naît au sein d'une nébuleuse. En émergeant de leur pouponnière, ces jeunes étoiles dispersent au loin beaucoup de poussières et de gaz qui, éclairés par elles, donnent cet aspect brillant aux amas ouverts que nous observons. Nettement moins grands que les amas globulaires (voir ci-dessous), les amas ouverts contiennent beaucoup moins d'étoiles. Celles-ci appartiennent à toutes les familles d'étoiles, avec une prédominance d'étoiles peu massives, de couleur bleue ou blanche. Il ne s'agit pas ici de différences d'âges (toutes sont nées en même temps), mais de différents stades d'évolution selon leurs masses initiales. Avec le temps, toutes ces étoiles se disperseront dans la Galaxie.

UN AMAS OUVERT
Situé dans le Scorpion, l'amas ouvert du Papillon est, avec ses jeunes étoiles bleues, l'un des plus beaux du ciel nordique. En toile de fond, le spectaculaire champ étoilé de la Voie lactée.

Les amas globulaires

À l'opposé des amas ouverts, plus jeunes, les amas globulaires sont d'anciennes structures âgées d'environ 10 milliards d'années, à peu près l'âge de la Galaxie, et qui, pratiquement dénuées de gaz et de poussières, ne contiennent ni jeunes étoiles ni étoiles en formation. Ils peuvent contenir de 10 000 à plusieurs millions d'étoiles (comme l'amas d'Oméga du Centaure), toutes très âgées, et liées entre elles par la gravité. Ce qui leur donne cette forme de globe. L'analyse chimique des amas globulaires fait penser qu'il s'agirait de vestiges de la formation de la Galaxie. Au nombre d'environ 150, les amas globulaires sont loin de nous, répartis dans le halo galactique (voir p. 23, en haut à droite) de la Voie lactée.

UN AMAS GLOBULAIRE
L'amas globulaire M 15 dans la constellation de Pégase apparaît telle une petite tache brillante dans un télescope d'amateur, mais un télescope plus puissant le dévoile comme une énorme boule d'étoiles.

L'**astronome amateur** J. Abraham Ihle a découvert en 1665 le premier amas **globulaire,** M 22.

Observer les amas stellaires

Les deux types d'amas stellaires sont distribués fort différemment dans la Voie lactée. Répartis dans le halo galactique, les amas globulaires donnent l'impression d'un essaim d'abeilles tournant autour de sa ruche. Les amas ouverts, eux, se trouvent principalement dans le disque galactique, dans le plan horizontal, nichés dans les bras spiraux où gisent les nuages de gaz et de poussières, pouponnières d'étoiles en formation. Vus avec un petit télescope, les amas globulaires n'apparaissent que comme des petites taches grises circulaires, et il faut un instrument (lunette ou télescope) d'un plus grand diamètre pour en distinguer quelques étoiles. En revanche, une paire de jumelles suffit souvent pour observer les amas ouverts, beaucoup plus proches, dans leurs moindres détails. Avec un petit télescope de bonne qualité, ils peuvent même être perçus en trois dimensions, s'étendant en profondeur dans l'espace.

RÉPARTITION DES AMAS DANS LA VOIE LACTÉE
Les différentes localisations des amas ouverts ou globulaires dans la Voie lactée trahissent leurs différences d'âge et d'orbite. Formés d'étoiles relativement jeunes, les amas ouverts tournent horizontalement avec le disque galactique. Faits d'étoiles plus vieilles, les amas globulaires, situés dans le halo, ont des orbites indépendantes.

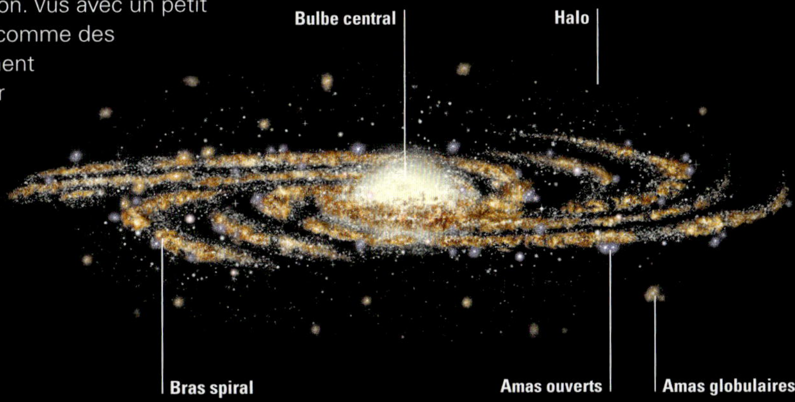

Quelques amas remarquables

LES PLÉIADES
Constellation : le Taureau (voir p. 126-127)
L'amas ouvert des Pléiades (ou des Sept Sœurs) est l'un des plus beaux. À l'œil nu (loin de toute agglomération), on en distingue les six étoiles bleues principales, et une bonne paire de jumelles dévoile les milliers d'étoiles de plus faibles magnitudes qu'il contient.

M 13
Constellation : Hercule (Voir p. 102-103)
M 13 (connu aussi sous le nom d'Amas d'Hercule) est, avec ses centaines de milliers d'étoiles, le plus grand amas globulaire observable dans l'hémisphère Nord. Petite tache circulaire vue aux jumelles, il apparaît telle une brillante boule d'étoiles au télescope.

M 39
Constellation : le Cygne (voir p. 104-105)
Situé à 800 années-lumière dans la constellation du Cygne, donc avec la Voie lactée en fond de ciel, M 39 est un vieil amas ouvert âgé de 200 à 300 millions d'années. Très vaste, il est peu brillant, et il faut une nuit bien noire pour l'apercevoir dans un petit télescope d'amateur.

OMÉGA DU CENTAURE
Constellation : Centaure (voir p. 142-143)
Appartenant à la constellation du Centaure, dans l'hémisphère Sud, Oméga du Centaure est un énorme amas globulaire comptant 10 millions d'étoiles. Oméga du Centaure est si gigantesque que certains astronomes pensent que ce serait le cœur d'un galaxie naine absorbée par notre Voie lactée.

LES HYADES
Constellation : le Taureau (voir p. 126-127)
Situé sous les Pléiades, le grand V formé par les Hyades est un signe distinctif qui représente la tête du Taureau. Situé à 150 années-lumière, cet amas d'étoiles brillantes est si étendu qu'on l'observe mieux avec une paire de jumelles, dont le champ est relativement large.

47 TUCANÆ, L'AMAS DU TOUCAN
Constellation : le Toucan (voir p. 152-153)
Avec une magnitude de 4,9, cet amas globulaire situé près du Petit Nuage de Magellan, dans l'hémisphère Sud, et visible à l'œil nu, est l'un des plus splendides de tout le ciel nocturne. Un petit télescope suffit à dévoiler sa forme sphérique aux innombrables étoiles.

L'AMAS DE LA RUCHE,
Constellation : le Cancer (voir p. 130-131)
M 44, l'amas dit de la Ruche (ou de la Crèche), est un lumineux amas ouvert dans la constellation du Cancer. Avec une magnitude de 3,7, on le distingue telle une pâle tache blanche à l'œil nu, et des jumelles ou un petit télescope suffisent pour en découvrir les nombreuses étoiles.

LE DOUBLE AMAS NGC 869 ET 884
Constellation : Persée (voir p. 122-123)
Situés sur la même ligne de visée, ces deux amas ouverts paraissent proches l'un de l'autre, mais en fait NGC 884 se trouve à 7 600 années-lumières, et NGC 869 à 6 800 années-lumières. Les deux sont visibles à l'œil nu par ciel bien noir, et un petit télescope en dévoile les détails.

LES GALAXIES LOINTAINES
Au-delà de notre Voie lactée se trouvent d'innombrables galaxies aux formes diverses. Cette photo prise par le télescope spatial Hubble montre un amas de galaxies, dont certaines ont peut-être 13 milliards d'années.

LES GALAXIES

Une galaxie est un énorme amas d'étoiles, de gaz et de poussières maintenus ensemble par la gravité. Les plus petites ont quelques millions d'étoiles et les plus vastes plusieurs milliers de milliards.

Qu'est-ce qu'une galaxie ?

Dans l'Univers, on trouve des galaxies de toutes les formes, elliptiques, lenticulaires ou encore des galaxies spirales aux bras bien distincts. Leur diamètre va de quelques milliers à plus de cent mille années-lumière. Le Soleil, quant à lui, n'est qu'une des centaines de milliards d'étoiles de la Voie lactée, qui est elle-même l'une des centaines de milliards de galaxies recensées. La Voie lactée appartient au Groupe local, qui comprend également la galaxie d'Andromède (M 31) ainsi que 45 autres galaxies, dont les deux Nuages de Magellan. Ces amas de galaxies ainsi que les superamas qui structurent l'Univers sont liés ensemble par les forces de la gravitation universelle. Notre Groupe local appartient au superamas de la Vierge.

M 74
La galaxie spirale M 74 de la constellation des Poissons est à 32 millions d'années-lumière. Plus petite que la Voie lactée, elle a des bras spiraux dotés de gaz brillants entortillés.

Les types de galaxies

Il existe quatre grands types de galaxies : les spirales, les elliptiques, les lenticulaires et les irrégulières (voir ci-dessous). L'astronome Edwin Hubble les a classées selon leurs formes. Ainsi, les galaxies elliptiques ont leur nom précédé d'un E suivi par un chiffre entre 1 et 7 selon qu'elles sont plus ou moins ovales (le 0 étant le cercle parfait). Les lenticulaires sont classées SO. Les spirales sont notées en deux sous-groupes : barrées (SB) ou non (S) (voir ci-dessous). Une extension de la classification de Hubble sépare également les irrégulières en deux sous-groupes : Irr I, qui ont un semblant de structure, et Irr II, qui paraissent complètement désorganisées.

LES GALAXIES SPIRALES
Elles représentent un tiers des galaxies de l'Univers proche. Autour de leur bulbe central, composé de vieilles étoiles, tournent des bras spiraux faits de jeunes étoiles. Emplies de gaz et de poussières, elles sont le siège de nombreuses formations d'étoiles. Les galaxies spirales barrées (telles que NGC 6217, ci-dessus) ont une « barre » d'étoiles qui traverse leur région centrale.

LES GALAXIES ELLIPTIQUES
Les galaxies elliptiques ressemblent à de grandes « gouttes » d'étoiles et sont constituées de vieilles étoiles rouges ou jaunes. Contrairement aux galaxies spirales, elles ne contiennent guère de nébuleuses pouponnières d'étoiles. Sur la photo ci-dessus, on voit un puissant jet éjecté par un trou noir supermassif au centre de la galaxie elliptique géante M 87.

LES GALAXIES LENTICULAIRES
Ces galaxies doivent leur forme très typique de lentille à la présence en leur centre d'un bulbe allongé, très grossièrement sphérique, fait de vieilles étoiles et entouré par un disque compact de jeunes étoiles et de gaz. Les lenticulaires, comme celle-ci (ci-dessus), qui appartient à l'amas du Coma, n'ont pas de bras spiraux et ne forment pas de nouvelles étoiles.

LES GALAXIES IRRÉGULIÈRES
Ces galaxies n'ont pas de forme précise, même si certaines présentent une barre centrale, et ressemblent à de vastes nébuleuses pouponnières d'étoiles. Elles contiennent une importante quantité de gaz, de poussières et d'étoiles bleues. NGC 2366 (ci-dessus) est une galaxie naine avec une région formatrice d'étoiles dix fois plus vaste que celle de la bien plus grande Voie lactée.

Les galaxies actives

L'observation de l'Univers lointain nous a dévoilé l'existence de certaines galaxies qui émettent de fabuleuses quantités d'énergie depuis leur région centrale. On les nomme « galaxies actives ». Au centre de ces galaxies se tient un trou noir supermassif (voir p. 17), se gorgeant des matériaux contenus dans le disque, gaz et poussières, qui tombent vers lui. Cela engendre des radiations hautement énergétiques qui s'échappent en deux jets puissants de chaque côté du trou noir. La grande majorité des galaxies, voire toutes, ont un trou noir en leur centre, mais elles sont en général inactives et leurs disques demeurent stables. Il existe quatre types de galaxies actives, de formes différentes : les blazars, les galaxies de Seyfert, les quasars et les radiogalaxies. Mais il n'est pas impossible que ces différences soient dues à l'intensité de leur activité et à l'angle sous lequel nous les voyons. Les objets les plus lointains observés sont les très brillants quasars.

UN QUASAR
Ce lumineux quasar nommé PG 0052+251 se trouve au centre d'une galaxie spirale située à 1,4 milliard d'années-lumière de la Terre.

Observer les galaxies

Situées à plusieurs millions d'années-lumière de la Terre, les galaxies font partie des objets du ciel profond qui sont autant de défis pour l'astronome amateur. Contrairement aux étoiles, les galaxies sont très étalées en longueur et assez peu lumineuses. Très peu d'entre elles sont visibles à l'œil nu, et il faut une paire de jumelles ou un télescope pour en repérer un plus grand nombre. Avec ces instruments, on comprend mieux pourquoi elles ont longtemps été prises pour des nébuleuses, leur éloignement les faisant apparaître telles de faibles taches dans un télescope d'amateur, et il a fallu attendre 1919 et le télescope de 2,5 m de l'observatoire du Mont-Wilson pour comprendre qu'il s'agissait de galaxies.

OBSERVER ANDROMÈDE
La galaxie d'Andromède est la galaxie la plus brillante de l'hémisphère Nord. Située à 2,5 millions d'années-lumière, c'est l'objet le plus lointain que l'on peut distinguer à l'œil nu.

LA LUMIÈRE DES CONFINS

Grâce à nos connaissances sur la lumière, nous savons aujourd'hui comprendre ce que nous voyons dans l'Univers et déterminer la composition ou la distance d'une étoile, l'âge d'une lointaine galaxie et ce qui se cache au sein d'une nébuleuse.

Qu'est-ce que la lumière ?

La lumière est une forme d'énergie connue sous le nom de « radiation », ou onde électromagnétique. Contrairement aux ondes sonores, qui ont besoin d'un support pour se déplacer (l'air, l'eau), ce type d'ondes se déplacent même dans l'espace vide de toute matière. Chaque type d'onde électromagnétique est identifié par sa longueur d'onde propre : c'est ce que les physiciens nomment le spectre électromagnétique, qui s'étend des rayons X, de très petite longueur d'onde, aux ondes dites « radio » (ne pas confondre avec les ondes sonores) de plus grande longueur d'onde. C'est dans ce spectre que se situe la lumière dite « visible », que nous percevons à l'œil nu. La lumière visible possède plusieurs longueurs d'onde spécifiques selon qu'elle est de couleur rouge (plus grande longueur d'onde), orange, jaune, verte, bleue, indigo ou violette (plus petite longueur d'onde), soit les sept couleurs de l'arc-en-ciel.

COURTES LONGUEURS D'ONDE
Rigel est une étoile bleue qui émet une lumière visible de courte longueur d'onde ; on estime sa température de surface à plus de 12 000 °C.

PLUS GRANDE LONGUEUR D'ONDE
La couleur rouge de Bételgeuse est due à une longueur d'onde relativement grande. Sa température de surface n'est que de 3 400 °C.

Les « paquets » d'ondes lumineuses

Les radiations électromagnétiques se comportent comme des ondes, mais ces ondes sont assimilables à des paquets, des particules d'énergie appelées photons (théorie d'Einstein). Ainsi, chaque longueur d'onde détermine la quantité d'énergie transportée par l'onde : plus la longueur d'onde est courte, plus son énergie est grande, comme il en va pour les rayons X, beaucoup plus énergétiques que les infrarouges. Les astres les plus chauds, comme les étoiles bleues, non seulement émettent plus de radiations que d'autres objets plus froids, mais encore celles-ci sont plus énergétiques. Toutefois, l'intensité d'une radiation atteignant un instrument d'astronomie n'indique que la fréquence des photons et non leur niveau d'énergie : les étoiles blanches ou rouges y brillent de la même façon, seulement la théorie nous enseigne que les rouges émettent moins d'énergie.

UNE VUE RESTREINTE
Avec des appareils d'optique, les astronomes amateurs ne peuvent observer que dans la lumière visible.

OBSERVER D'AUTRES LONGUEURS D'ONDE

Avec des observatoires équipés d'appareils plus complexes que les télescopes d'amateurs, les astronomes professionnels peuvent étudier le ciel dans d'autres longueurs d'onde que les seules visibles à l'œil nu, et qui sont autant de clefs pour la compréhension du Cosmos. La Terre reçoit sept types de radiations électromagnétiques depuis l'espace, dont voici la liste (des moins énergétiques aux plus énergétiques).

DES IMAGES TROMPEUSES
Selon les longueurs d'onde, on peut voir différentes parties d'un objet et même percer les nuages de gaz et de poussières. La photo en infrarouge, à gauche, dévoile les nombreuses étoiles dans le centre empli de poussières de la Voie lactée. En lumière visible, à droite, les traces de poussières cachent la lumière des étoiles situées derrière.

Les ondes radio
Depuis les pulsars jusqu'aux nuages d'hydrogène en passant par les galaxies actives, la plupart des objets célestes intéressants émettent des ondes radio.

Les micro-ondes
La majeure partie de ces micro-ondes provient des origines du Cosmos, du big bang lui-même. Le fond cosmique de rayonnement (voir p.10) est l'ancienne radiation qui a été émise lors de la naissance de l'Univers.

L'infrarouge
Les étoiles, les planètes et nous-même, tout cela émet des radiations en infrarouge. On utilise ce type de rayonnement en infrarouge pour déceler toute source de chaleur au sein d'une nébuleuse (froide) et donc en sonder les secrets.

La lumière visible
Il s'agit de tout ce que nous voyons à l'œil nu : la lumière des étoiles, des planètes, des galaxies et de tous les objets célestes que nous percevons dans le ciel.

L'ultraviolet
Les étoiles jeunes et chaudes émettent beaucoup de radiations en ultraviolet. Observer l'Univers dans l'Ultraviolet permet de voir les étoiles en formation.

Les rayons X
De plus grande énergie que les ultraviolets, les rayons X proviennent d'objets à haute énergie comme les trous noirs ou les gaz très chauds intergalactiques dans les amas de galaxies.

Les rayons gamma
Les rayons gamma sont, de loin, les rayonnements électromagnétiques porteurs des plus puissantes énergies. Dans l'espace, les principales sources de rayons gamma sont provoquées soit par l'explosion d'une étoile massive, soit par la collision de deux étoiles à neutrons.

Les empreintes d'une étoile

La lumière, dont l'énergie est fonction de la nature de l'objet qui l'émet, de la distance qu'elle parcourt et des matériaux qu'elle traverse, est une source inépuisable de renseignements sur l'Univers. De fait, les éléments chimiques qui composent les galaxies, étoiles, planètes ou nébuleuses, laissent des empreintes distinctes dans la lumière que ces objets émettent jusqu'à nous. Une fois décomposée à travers un prisme, cette lumière apparaît en effet comme un spectre de raies dont chacune correspond à un élément chimique précis. Dans le spectre de raies d'une étoile, les raies noires, dites « raies d'absorption », permettent d'établir la composition de son atmosphère dont les éléments chimiques ont absorbé certaines longueurs d'onde (d'où une raie noire, sans couleur). De même les raies brillantes d'un spectre nous donnent la composition d'une nébuleuse dont les éléments ont été ont été excité par les rayonnements d'une étoile.

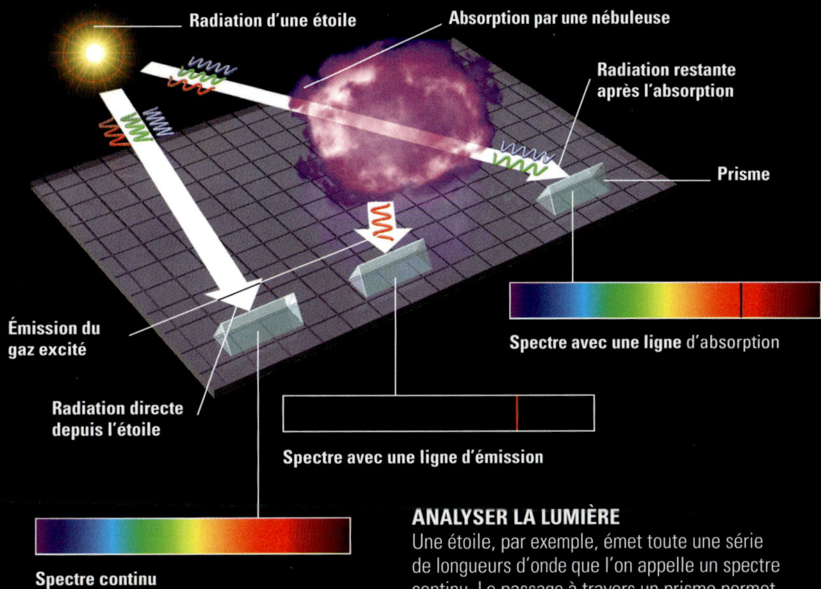

ANALYSER LA LUMIÈRE
Une étoile, par exemple, émet toute une série de longueurs d'onde que l'on appelle un spectre continu. Le passage à travers un prisme permet d'en individualiser chacune. Les raies d'absorption donnent une ligne noire dans le spectre, et les émissions des lignes de couleur.

2

REGARDER L'ESPACE

Afin de repérer les étoiles dans le ciel nocturne, les astronomes se sont représenté notre planète comme étant au centre d'une sphère tournant autour de nous. Cette idée d'une « sphère céleste » nous permet de suivre facilement le mouvement apparent des objets célestes et ainsi de cartographier leur position.

LE MOUVEMENT APPARENT DU CIEL

Le mouvement des objets célestes que nous percevons depuis la Terre n'est qu'apparent. Il n'est dû qu'à la rotation de notre planète sur elle-même et à sa révolution autour du Soleil.

Notre Terre, centre d'observation

Tous les peuples de l'Antiquité, Égyptiens, Babyloniens, Grecs, etc., ont tenté de trouver une explication aux mouvements apparents des astres, des étoiles, des planètes ou de la Lune. La plus évidente fut de placer la Terre au centre de l'Univers, les astres tournant autour d'elle dans le ciel. Cela permettait d'établir des calendriers en fonction de ces mouvements. Il a fallu attendre le XVIe siècle pour que l'astronome et moine polonais Nicolas Copernic suggère que ces mouvements puissent être interprétés par la rotation de la Terre sur elle-même ainsi qu'autour du Soleil. Les observations menées au télescope à partir de 1609 par Galilée et ses successeurs sur Vénus et Jupiter, ainsi que la découverte des lois régissant les orbites des planètes par Kepler, sont venues confirmer que la Terre, comme les autres planètes, tourne autour du Soleil.

UN MODÈLE CÉLESTE
À la fin du XVIe siècle, l'astronome danois Tycho Brahe a proposé cette vision d'une Terre au centre de l'Univers, avec le Soleil et les planètes tournant autour d'elle.

La rotation journalière

Le mouvement le plus évident de la Terre est la rotation qu'elle effectue autour de son axe nord-sud. Toutes les 24 heures, la Terre boucle un tour complet sur son axe par rapport au Soleil, ce qui produit l'alternance des jours et des nuits. C'est ce mouvement de rotation qui fait que le Soleil et les étoiles semblent se lever à l'est, se déplacer dans le ciel, puis se coucher à l'ouest. Le temps que met la Terre pour effectuer un tour complet sur elle-même par rapport au Soleil (de midi à midi le lendemain) représente un jour solaire, ou jour synodique.

LEVER DE LUNE
Le cycle des jours et des nuits qui se lèvent est dû à la rotation de la Terre sur son axe.

LES EFFETS DE LA LATITUDE

La rotondité de la Terre ainsi que sa rotation sur elle-même font que le ciel nocturne apparaît différemment selon l'endroit où l'on se trouve. Placé par exemple au pôle Nord, juste sur l'axe de rotation de la Terre, l'astronome ne peut voir que les étoiles de l'hémisphère Nord, celles de l'hémisphère Sud lui étant cachées par la rotondité terrestre (et inversement). De plus, les étoiles semblent tourner autour d'un point fixe au-dessus de sa tête en direction de l'étoile Polaire (à un degré près) et ne jamais se coucher ni se lever. En descendant vers l'équateur, notre astronome verra sa vision du ciel changer, la rotation terrestre amenant sans cesse de nouvelles étoiles à se lever à l'est et à se coucher à l'ouest, les nuits étant de durées différentes en fonction de la latitude et des saisons. La rotation de la Terre apparaît nettement en prenant une photo du ciel nocturne, avec des temps de pose de plusieurs minutes ou de plusieurs heures : la trace lumineuse « laissée » par les étoiles sur la photo montre que celles-ci se « déplacent » d'un angle d'un degré en quatre minutes.

POINT D'OBSERVATION	MOUVEMENT APPARENT	CE QUE VOIT L'OBSERVATEUR	TRAJECTOIRE VISIBLE DES ÉTOILES
PÔLE NORD 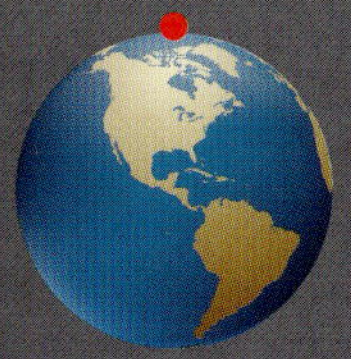	Les étoiles tournent en cercle autour d'un point situé juste au-dessus de l'observateur, au pôle Nord dans le sens horaire et au pôle Sud dans le sens antihoraire.	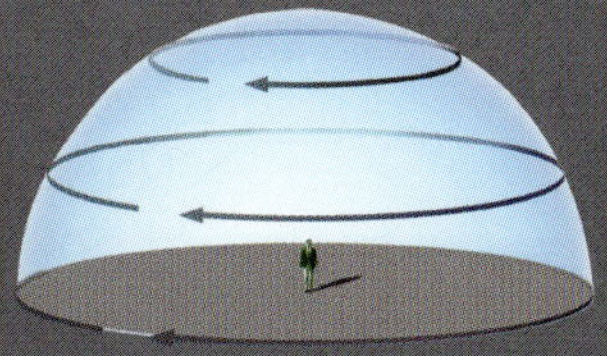	
LATITUDE MOYENNE 	Entre les pôles et l'équateur, les étoiles se lèvent à l'est, traversent le ciel à l'oblique puis se couchent à l'ouest. Selon la latitude, certaines étoiles sont visibles toute l'année et d'autres n'apparaissent jamais, cachées par la Terre.	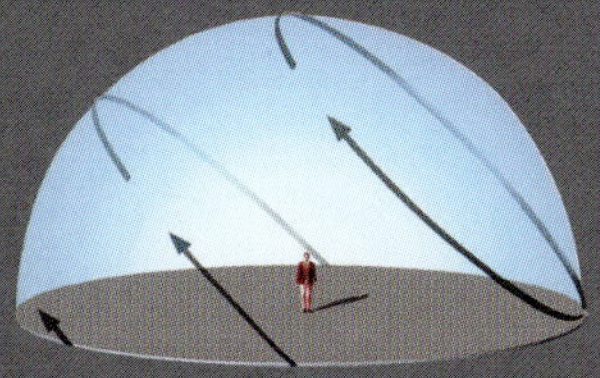	
ÉQUATEUR 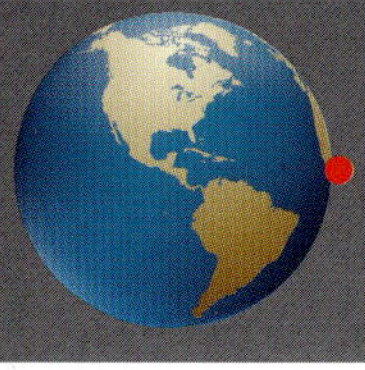	Les étoiles se lèvent à l'est, à la verticale, passent juste au-dessus de l'observateur puis se couchent à l'ouest. Toutes les étoiles sont visibles sur une période de rotation de 24 heures.	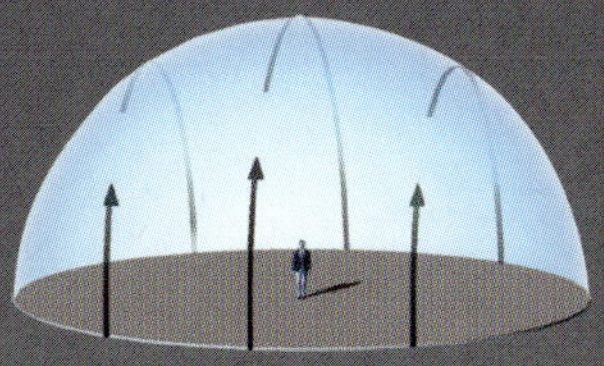	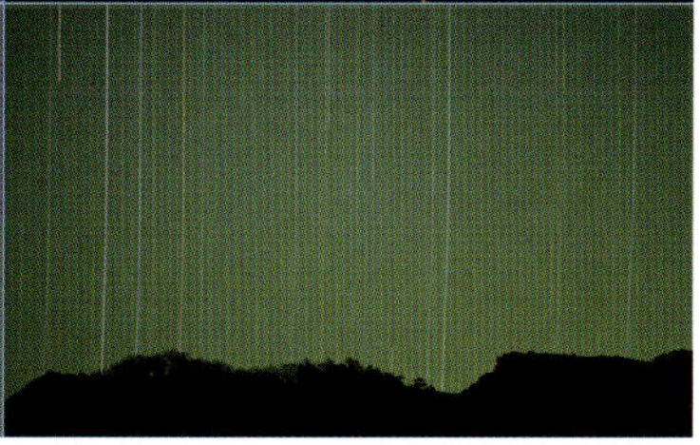

Jour sidéral et jour solaire

Tandis que la Terre tourne sur elle-même en 24 heures par rapport au Soleil (rotation), elle tourne également autour du Soleil (révolution), effectuant son orbite en un an. Cela signifie que la Terre, en décrivant son orbite solaire, se déplace aussi chaque jour par rapport au fond étoilé du ciel. D'un point de vue astronomique, nous avons ainsi deux sortes de jours : le jour solaire, d'une durée de 24 heures, et le jour dit « sidéral » (qui signifie littéralement « par rapport aux astres »), correspondant à une rotation de la Terre par rapport aux étoiles, d'une durée de 23 heures, 56 minutes et 4 secondes, soit environ 4 minutes de moins que le jour solaire.

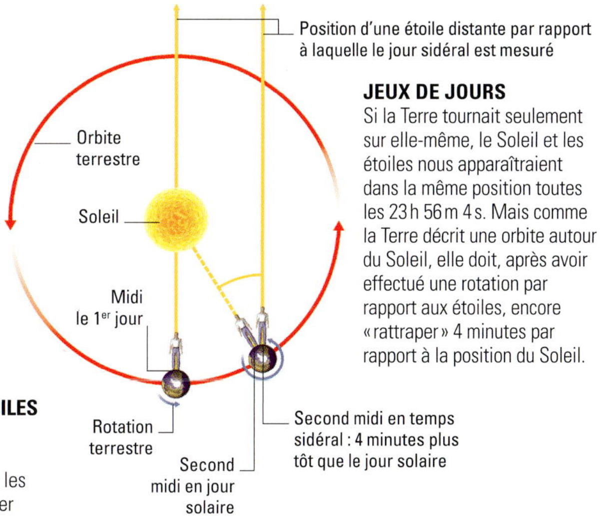

JEUX DE JOURS
Si la Terre tournait seulement sur elle-même, le Soleil et les étoiles nous apparaîtraient dans la même position toutes les 23 h 56 m 4 s. Mais comme la Terre décrit une orbite autour du Soleil, elle doit, après avoir effectué une rotation par rapport aux étoiles, encore « rattraper » 4 minutes par rapport à la position du Soleil.

1er avril à 20 h 00

8 avril à 20 h 00

15 avril à 20 h 00

LE MOUVEMENT DES ÉTOILES
Les 4 minutes de différence entre le jour solaire et le jour sidéral font que les étoiles et les constellations semblent glisser chaque jour un peu vers l'ouest.

L'orbite terrestre et l'écliptique

Une année terrestre, cela correspond au temps que la Terre met pour boucler son orbite autour du Soleil. Bien sûr, vu depuis la Terre, le soleil donne l'impression de parcourir un trajet autour de nous, et c'est bien ce que nous avons cru durant des millénaires, jusqu'au XVIe siècle. Ce trajet que la Terre effectue autour du Soleil (environ un milliard de kilomètres par an) suit une courbe que l'on nomme « l'écliptique », dans un plan appelé « le plan de l'écliptique ». Grossièrement, à quelques degrés près, la majorité des planètes, ainsi que notre Lune, sont situées dans ce même plan de l'écliptique. Car le système solaire peut être représenté telle une espèce de disque géant de matériaux divers (planètes, astéroïdes, etc.) tournant autour du Soleil. Pour simplifier, on appelle le plan de l'écliptique le plan dans lequel notre planète tourne autour du Soleil.

LE LIEU DES ÉCLIPSES
Toutes les planètes tournent autour du Soleil dans un même plan : l'écliptique. Ce mot signifie « là où se produisent des éclipses ». La Lune éclipse le Soleil lorsqu'elle sur trouve sur l'un des deux points où elle traverse l'écliptique.

UNE PLANÈTE INCLINÉE
L'axe nord-sud de la Terre n'est pas perpendiculaire à l'écliptique mais incliné selon un angle permanent d'environ 23,5°.

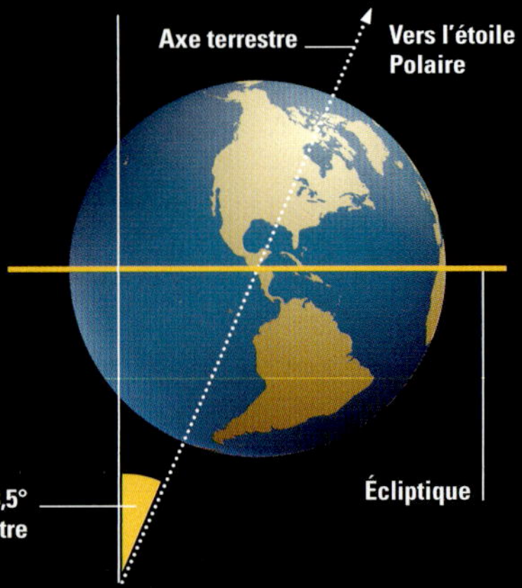

L'inclinaison terrestre

Tous les globes terrestres vendus dans le commerce représentent bien l'inclinaison de la Terre qui semble pencher d'un côté. Par rapport à la verticale, cette inclinaison équivaut à un angle de 23,5°. C'est ce même angle que la ligne de l'équateur forme par rapport au plan de l'écliptique. La Terre conserve cette inclinaison tout au long de son orbite solaire. Cela conduit à deux phénomènes distincts : d'abord, l'axe terrestre reste toujours pointé en direction de l'étoile Polaire et les étoiles semblent tourner autour de ce point tandis que la Terre effectue son orbite ; ensuite, le Soleil paraît plus ou moins haut dans le ciel selon que la Terre est inclinée dans sa direction (été dans l'hémisphère Nord) ou dans le sens inverse (hiver dans l'hémisphère Nord).

LE SOLEIL CHANGE DE PLACE
Aux latitudes moyennes, la position du Soleil varie en fonction des saisons. Le schéma ci-contre montre le chemin suivi par le Soleil en une journée à trois périodes différentes de l'année. Au solstice d'été, le Soleil est haut et passe la majeure partie du jour dans le ciel. Au solstice d'hiver, il est bas sur l'horizon et les journées sont plus courtes.

Le zodiaque

Tandis que les planètes tournent autour du Soleil, un observateur terrestre remarquera qu'elles passent devant une série de constellations situées elles-mêmes dans le plan de l'écliptique. Pour les Anciens, ce retour des constellations au même endroit à des moments précis de l'année était hautement significatif (mois, saison, événements) et fut assimilé à bon nombre de mythes et de légendes. L'ensemble de ces douze constellations est appelé « zodiaque », du grec *Zoa diacon*, la « roue des animaux », la majorité d'entre elles ayant reçu le nom d'un animal : Taureau, Lion, Cancer, etc.

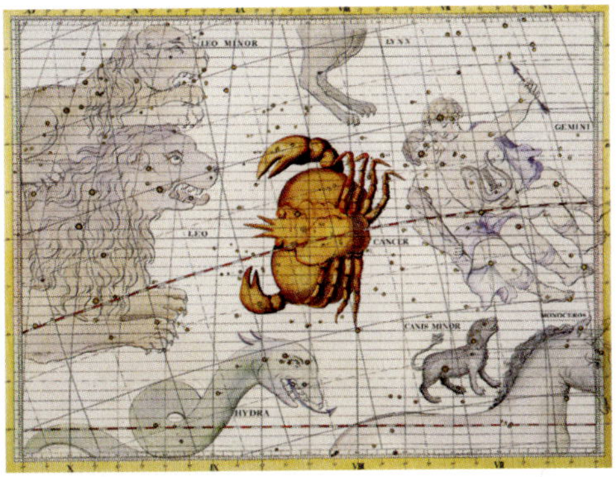

LES SIGNES DES CONSTELLATIONS
En astrologie, le zodiaque (l'anneau des constellations autour de l'écliptique) est divisé en douze zones de 30° de longitude, chacune représentant un signe donné.

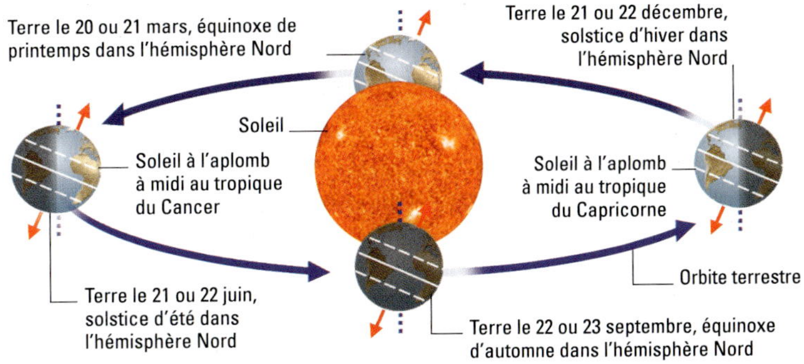

L'ÉTÉ ET L'HIVER
Au cours d'une année, chacun des deux hémisphères terrestres est incliné en direction du Soleil : c'est alors l'été dans cet hémisphère-là.

Les saisons

L'existence des saisons tient à l'inclinaison de la Terre (23,5°) par rapport au plan du Soleil. Ainsi, le 21 juin, le pôle Nord est penché en direction du Soleil, ce qui marque le début de l'été dans l'hémisphère Nord. Inversement, ce même jour, le pôle Sud est incliné vers le Soleil selon un angle opposé : c'est le début de l'hiver dans l'hémisphère Sud. Les astronomes appellent cela les solstices d'été ou d'hiver (selon l'hémisphère où on se trouve). Six mois plus tard, la Terre ayant parcouru la moitié de son orbite, la situation est inversée : le pôle Nord est incliné dans la direction inverse au Soleil (c'est alors le solstice d'hiver dans l'hémisphère Nord) et le pôle Sud pointe en direction du Soleil (c'est alors le solstice d'été dans l'hémisphère Sud.) Entre chaque solstice se situent les équinoxes, lorsque la durée du jour et de la nuit sont égales.

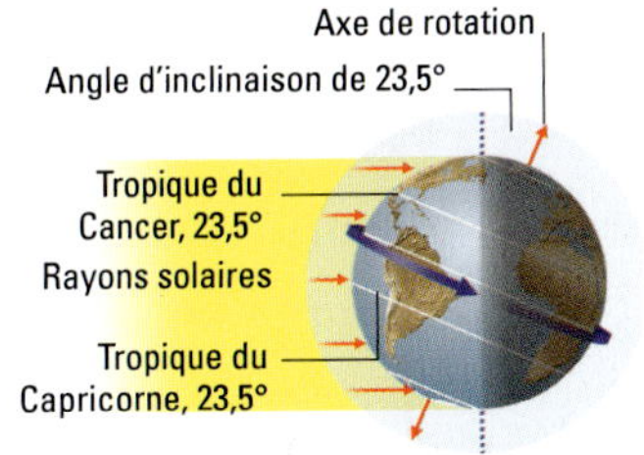

LA LUMIÈRE QUI RÉCHAUFFE
Parvenant perpendiculairement, les rayons solaires réchauffent davantage la partie de la Terre inclinée vers le Soleil.

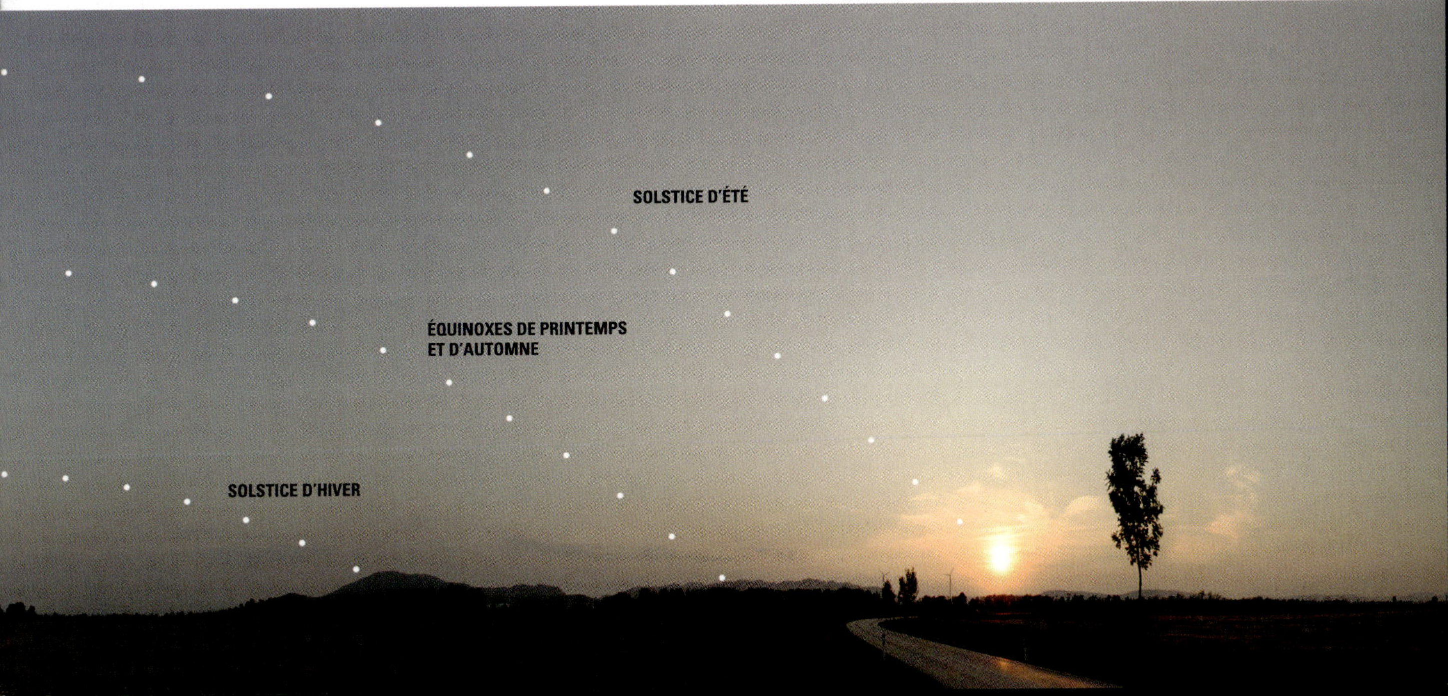

LA SPHÈRE CÉLESTE

Bien que ce soit faux scientifiquement, il est commode pour l'astronome d'imaginer le ciel étoilé comme étant une immense sphère, avec la Terre en son centre effectuant sa rotation quotidienne sur elle-même d'ouest en est.

La sphère céleste

Les astronomes se repèrent dans le ciel en se servant des méthodes employées pour la navigation terrestre. Sur notre globe terrestre, les lieux sont situés par deux coordonnées : la latitude (qui correspond à des lignes horizontales que l'on tracerait sur la Terre) et la longitude (qui correspond à des lignes verticales). La latitude définit l'éloignement d'un point vers le nord ou vers le sud par rapport à l'équateur ; la longitude définit l'éloignement vers l'est ou vers l'ouest par rapport au méridien principal, le méridien de Greenwich (Londres). Dans l'espace, on obtient les mêmes repères en imaginant que les lignes des latitudes et des longitudes sont projetées sur la sphère céleste. La latitude est alors appelée déclinaison (DEC), et la longitude ascension droite (AD). Tous les objets célestes sont ainsi repérés par leur déclinaison et leur ascension droite.

NOTRE POSITION DANS LA SPHÈRE CÉLESTE

Dans l'espace, chaque objet a sa position définie sur la sphère céleste, mais son observation dépend de l'endroit où se situe l'astronome. Un observateur placé au pôle Nord peut voir tous les objets célestes situés depuis l'équateur céleste (0° de déclinaison) jusqu'au point situé au-dessus de lui (90° DEC), près de l'étoile Polaire, soit la moitié de l'hémisphère céleste, mais aucun de ceux situés dans la partie sud de cet hémisphère. C'est l'inverse lorsque l'astronome se trouve au pôle Sud. En revanche, situé sur l'équateur, notre astronome voit s'ouvrir à lui le ciel tout entier, de -90° à +90° de déclinaison. Entre ces cas extrêmes, la partie du ciel qui se dévoile varie en fonction de la latitude Nord ou Sud de l'observateur.

OÙ ÊTES-VOUS ?
La partie du ciel visible par l'astronome dépend de sa localisation.

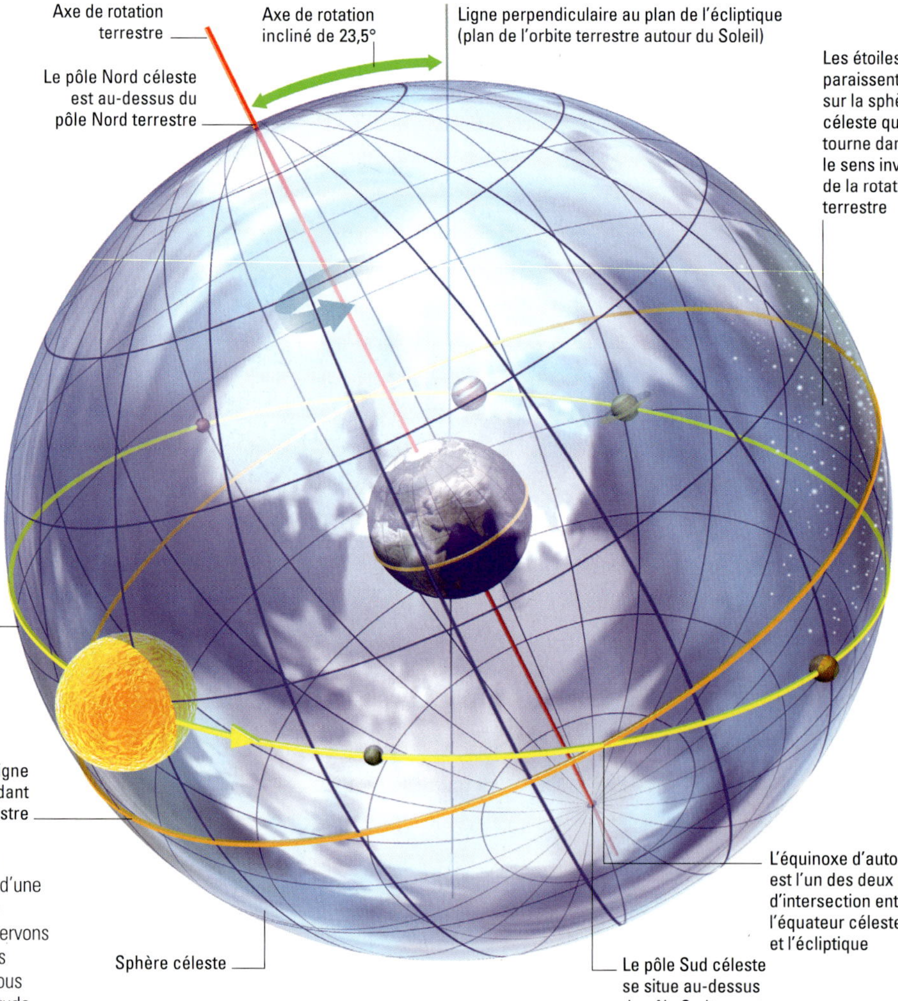

DÉTERMINER LA POSITION DES ÉTOILES

Erronée d'un point de vue scientifique, la notion d'une sphère d'étoiles entourant la Terre nous vient de l'Antiquité (des Grecs notamment). Nous la conservons par commodité afin de déterminer la position des étoiles par des coordonnées chiffrées, comme nous le faisons sur la Terre avec la latitude et la longitude.

Comprendre les coordonnées célestes

La première des deux coordonnées célestes, la déclinaison (DEC), est assez facile à comprendre. Imaginons que l'on projette la ligne de l'équateur terrestre sur la sphère céleste : cela nous donne l'équateur céleste, dont la déclinaison est zéro (0°). Les déclinaisons sont ensuite notées en degrés positifs entre l'équateur céleste et le pôle Nord (90°), et en degrés négatifs en direction du pôle Sud (- 90°). L'ascension droite (AD) semble être une notion plus complexe ; de fait, elle s'exprime en heures et non en degrés, une heure d'ascension droite sur la sphère céleste équivalant à 15° de longitude terrestre. En pratique, cela correspond simplement à nos fuseaux horaires, distribués également selon un angle de 15° pour chaque heure. La ligne d'ascension droite de valeur zéro, ou méridien céleste, est située à l'endroit où, venant du nord le long de la ligne de l'écliptique, le Soleil traverse l'équateur céleste. Mais, en raison de ce que l'on nomme la « précession des équinoxes » (voir ci-contre), cette position varie au cours du temps, l'ensemble de la sphère céleste semblant « glisser » lentement chaque année. Ainsi, les coordonnées célestes indiquées par les astronomes ne sont techniquement valables que pour une période donnée.

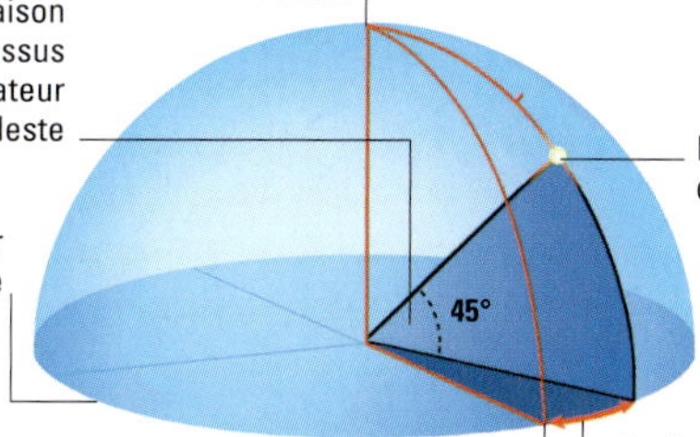

LA POSITION D'UNE ÉTOILE

Le schéma ci-dessus indique comment sont mesurées les coordonnées célestes d'une étoile. Ici, l'étoile a une déclinaison de 45° et une ascension droite de 1 heure.

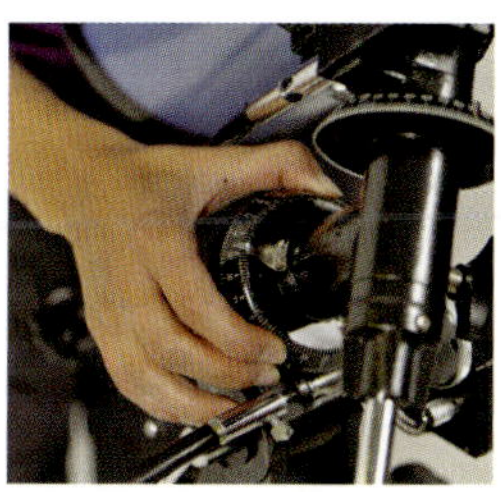

REPÉRER LES ÉTOILES

Un télescope équipé d'une monture équatoriale (voir p. 55) permet de localiser les étoiles si l'on connaît leurs coordonnées équatoriales. Deux cadrans, l'un pour l'ascension droite et l'autre pour la déclinaison, servent à repérer les étoiles.

Les coordonnées altazimutales

Les coordonnées (DEC) et (AD) sont fort utiles aux astronomes pour situer précisément un objet dans le ciel. Mais il existe également un autre système de coordonnées plus fréquemment utilisé et appelé le système altitude-azimut (alt-az). Ici, c'est l'horizon qui sert de référence, et l'on décrit la position d'un objet dans le ciel par rapport à lui : son altitude par rapport à l'horizon est mesurée en degrés, de même que son azimut, qui est sa situation par rapport au vrai nord (Polaris). À telle heure, une planète va par exemple se trouver à 45° d'altitude et 270° d'azimut. Souvent utilisées dans les colloques et les rapports d'observation, ces coordonnées sont notées simplement « up » ou « alt ». C'est pourquoi on entend dire, par exemple, qu'une étoile est située à 45° ouest et up (ou alt).

LES HORIZONS DE L'ALT-AZ

Les coordonnées alt-az, qui sont relatives à l'horizon de l'observateur, donnent une localisation rapide des objets célestes.

LA PRÉCESSION DES ÉQUINOXES

Tout en effectuant sa rotation sur elle-même, la Terre se balance de chaque côté de son axe comme le fait une toupie, variant continûment la direction de cet axe. Cela n'a en fait que peu d'incidence pour l'astronome amateur puisque ce phénomène, que l'on appelle la précession des équinoxes, se déroule sur un cycle de 25 800 ans.

CHANGEMENTS D'ÉTOILES POLAIRES

La précession fait que l'axe terrestre qui pointe aujourd'hui vers l'étoile Polaire pointera vers Alderamin en 8 000 ap. J.-C.

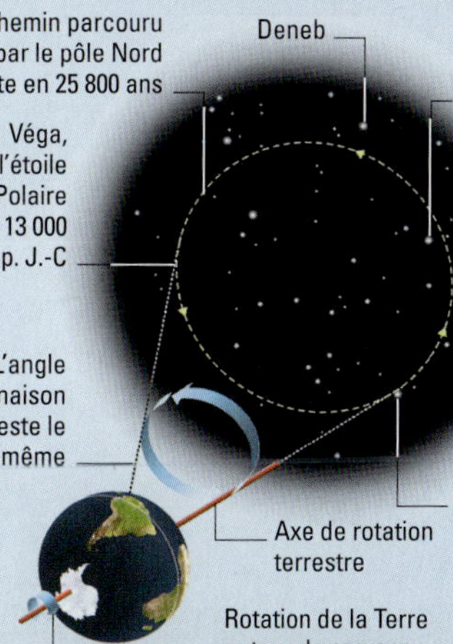

TRACÉS D'ÉTOILES
La Terre tournant sur elle-même, les étoiles semblent décrire une roue dans le ciel. Une photographie prise avec un long temps de pose traduit ce mouvement des étoiles en grandes courbes centrées autour du pôle céleste.

SE REPÉRER DANS LE CIEL NOCTURNE

Selon l'heure et le lieu que vous avez choisis pour votre observation, quelques renseignements sur la taille et la magnitude des objets célestes vous permettront de commencer à naviguer dans le ciel.

À savoir pour commencer

Puisque la Terre tourne autour de son axe et orbite autour du Soleil, il s'ensuit que, vue depuis la Terre, la position apparente des étoiles change assez vite. Aussi est-il très important pour toute observation de bien connaître la date et l'heure, ainsi que la latitude et l'orientation du site d'observation. Une fois ces informations connues, il devient facile d'utiliser un planisphère, une carte d'étoiles ou un ordinateur pour repérer tout ce qui est visible dans votre portion de ciel au lieu et moment choisis.

À QUOI SERT UNE BOUSSOLE ?
Quasi indispensable, une boussole permet de savoir vers quel horizon on regarde, et sert à une première mise en station, grossière, de la monture du télescope.

DES FORMES ANCIENNES
Découvrir et dénommer des formes dans le ciel remonte aux temps anciens. Les plus vieilles constellations ont été nommées il y a 3 000 ans et les dernières ont reçu leur nom au XVIIIe siècle.

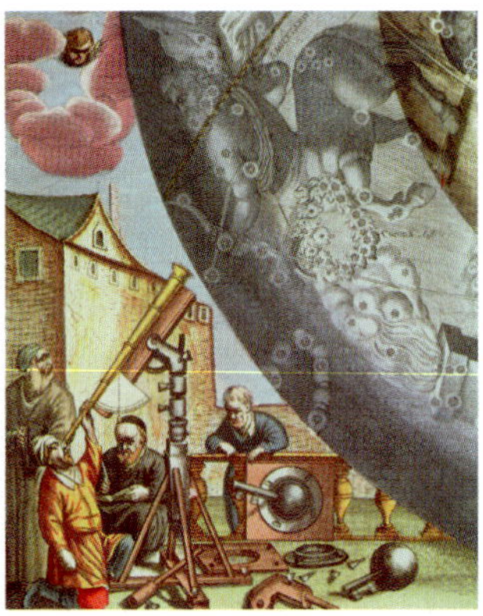

Se servir des constellations

Les constellations sont sans doute les meilleurs « panneaux indicateurs » que l'on puisse trouver dans le ciel nocturne. Ces formes apparemment dessinées dans le ciel par un groupe d'étoiles ont servi depuis des temps immémoriaux à la navigation maritime et n'ont toujours pas perdu leur utilité auprès des astronomes amateurs. Chaque soirée d'observation doit commencer par un tour de reconnaissance des principales constellations de la saison, et, même si nous en consultons les cartes, rien ne vaut leur observation à l'œil nu. Certains soirs, en effet, ces constellations ne vont pas apparaître comme sur leur carte, mais avec quelques étoiles moins lumineuses, ou bien nous les verrons plus grandes ou plus petites que prévu. Commencer par repérer les constellations les plus familières et leurs étoiles brillantes permet ensuite de découvrir les autres objets célestes de moindre magnitude.

Utiliser un planisphère

Le planisphère est un outil très simple qui permet de connaître très rapidement la configuration du ciel visible chaque nuit à une heure donnée. Le planisphère classique est un montage de deux pièces : une fenêtre de forme ovale, en plastique transparent, qui est fixée en son centre sur un carton sur lequel sont portées toutes les étoiles visibles depuis la latitude d'observation. On peut faire pivoter la fenêtre ovale transparente de façon à l'aligner sur les dates et heures indiquées sur le carton : les étoiles qui apparaissent alors dans la fenêtre sont celles qui sont visibles au-dessus de votre tête à ces heures et dates. Attention toutefois, les planisphères vendus dans le commerce correspondent tous à une latitude moyenne donnée (45° Nord en France), et il ne faut donc pas se tromper lors de leur achat.

UN PLANISPHÈRE
Sur un planisphère sont indiqués les points cardinaux, la date et l'heure. Les étoiles les plus brillantes sont représentées par des points plus gros. La fenêtre ovale montre le ciel visible à une date et à une heure données.

POSER LA DATE ET L'HEURE
Tournez la partie mobile du planisphère jusqu'à ce que la date et l'heure de l'observation s'alignent avec celles de la partie fixe.

ALIGNER ET REGARDER
Tenez le planisphère au-dessus de votre tête et alignez l'indication « nord » du planisphère avec le nord, vers l'étoile Polaire. La fenêtre ovale présente maintenant la partie visible du ciel en dessous de cet horizon nord. Les limites de cette fenêtre correspondent aux horizons qui vous entourent.

PLANÉTARIUM ET PORTABLE
Des planétariums sont téléchargeables sur un portable. Ils donnent la vision du ciel nocturne du jour, dès que vous avez indiqué vos localisation, date et heure.

Atlas et logiciels

Un planisphère ou bien un jeu de cartes mensuelles comme celui proposé page 210 à 233 sont assurément des guides fort utiles pour se repérer dans le ciel nocturne. Toutefois, tous, par nécessité, doivent comprimer l'ensemble du ciel dans l'espace d'une petite fenêtre ou d'une page. Il existe d'autres possibilités. D'abord, posséder un atlas détaillé des étoiles. La majorité d'entre eux montrent des objets célestes d'une magnitude de 6,5, ce qui est idéal pour l'observation à l'œil nu ou avec des jumelles, et d'autres proposent des magnitudes encore plus faibles, visibles au télescope. Sur certains sont ajoutés de nombreux renseignements pratiques, comme les dates des principales pluies de météorites ou une liste des étoiles variables, et sont indiqués les objets particuliers à observer sur chaque carte. Depuis quelques années, enfin, le concept du planisphère s'est étendu aux ordinateurs avec des programmes de planétariums. Il en existe de nombreux, depuis les plus simples, qui indiquent la position des étoiles, des planètes et de la Lune au moment choisi, jusqu'aux programmes plus détaillés, proposant un catalogue des objets du ciel profond (nébuleuses, galaxies, etc.). Certains guident votre télescope relié à l'ordinateur ; d'autres, même, permettent d'imprimer les cartes stellaires et ont un mode de vision nocturne (fond rouge) à utiliser avec un ordinateur portable en extérieur. Une grande partie de ces programmes sont téléchargeables sur Internet.

Luminosité et magnitude

Connaître la luminosité, ou magnitude, d'un objet du ciel nocturne est primordial pour pouvoir l'identifier. Les astronomes distinguent deux sortes de magnitudes : la magnitude intrinsèque (voir p. 18) et la magnitude apparente, c'est-à-dire son intensité lumineuse vue par un observateur depuis la Terre, qui est la référence commune des astronomes amateurs. La magnitude apparente tient compte du fait que plus un objet lumineux est lointain, moins il paraît brillant, comme les phares d'une voiture qui se rapproche. Par exemple, Alpha du Centaure, parce qu'elle est plus proche de la Terre, a une magnitude apparente supérieure à celle de Bételgeuse, alors que la magnitude intrinsèque de cette dernière est beaucoup plus grande. L'échelle utilisée par les astronomes pour mesurer les magnitudes apparentes a pour base la magnitude zéro de l'étoile Véga. Les objets plus lumineux ont une magnitude négative, et les objets plus faibles une magnitude positive. Une différence de magnitude égale à 1 correspond à un accroissement de la luminosité multiplié par 2,5.

QUELQUES MAGNITUDES APPARENTES

OBJET	MAGNITUDE APPARENTE
Le Soleil	- 26,7
La Lune	- 12,6
Vénus	- 4,7
Mars	- 2,9
Jupiter	- 2,9
Mercure	- 1,9
Sirius (l'étoile la plus brillante)	- 1,4
Saturne	- 0,3
Ganymède (lune de Jupiter)	4,6
L'astéroïde Vesta	5,3
Uranus	5,5
Plus faibles objets visibles à l'œil nu	6 environ
Neptune	7,7
Pluton	13,8

ÉTOILES BRILLANTES, ÉTOILES FAIBLES
Plus un objet apparaît brillant, plus sa magnitude est basse. Sirius, l'étoile la plus brillante du ciel, a une magnitude apparente de - 1,4. Le télescope spatial Hubble a détecté des étoiles d'une magnitude de 30

Observer avec un catalogue

Outre les étoiles et les constellations, il existe des milliers d'autres objets célestes intéressants à observer. La majorité d'entre eux, nébuleuses, galaxies, amas d'étoiles, etc., ont été individualisés et nommés et sont présentés dans des catalogues que les astronomes amateurs utilisent souvent comme une espèce de « menu » pour préparer leur soirée d'observation. Le catalogue le plus célèbre est celui de Messier, qui contient plus d'une centaine d'objets du ciel profond. Ces objets sont notés avec un M (comme Messier) suivi d'un chiffre, par exemple M 42 pour la nébuleuse d'Orion, ou M 45 pour les Pléiades. Le catalogue Messier est si prisé que certains astronomes font parfois un « marathon Messier », qui consiste à observer le plus grand nombre d'objets Messier en une seule nuit. D'autres catalogues, contiennent beaucoup plus d'objets, comme le *New General Catalog* (NGC), qui en compte 7 800, ou l'*Index Catalog* (IC), qui en comprend 5 000 (les deux ont été dressés par Ludvig Emil Dreyer au XIXe siècle). Enfin, certains objets appartiennent à la fois au catalogue Messier et au NGC.

DES CHIFFRES ET DES LETTRES
La nébuleuse à émission d'Orion (rouge) a le nombre 42 du catalogue Messier (M 42) et, en dessous, la nébuleuse NGC 1977 doit sa couleur bleue à la proximité de jeunes étoiles bleues.

LE CATALOGUE MESSIER
Les 110 objets recensés dans le catalogue Messier sont présentés dans l'encadré ci-contre, depuis la nébuleuse du Crabe (M 1) jusqu'à la galaxie naine de numéro 110.

MESSIER ET MÉCHAIN

Surnommé le « Furet des comètes » (il en a découvert 21), Charles Messier (1730-1817) fut l'un des plus grands astronomes du XVIIIe siècle. C'est justement dans sa quête des comètes, qui apparaissent souvent comme des taches floues (parfois difficiles à distinguer des nébuleuses ou amas d'étoiles) qu'il a, avec son collègue Pierre Méchain, établi un catalogue systématique de toutes les autres « taches floues » du ciel (immobiles celles-là), donc des objets dits du ciel profond, afin de les distinguer des comètes. C'est le fameux catalogue Messier qui, complété depuis, contient aujourd'hui 110 objets du ciel profond.

CHARLES MESSIER

Évaluer tailles et distances

Pour bien naviguer dans le ciel, il est nécessaire de pouvoir évaluer rapidement les tailles des objets ou les distances existant entre deux étoiles, par exemple. Ces mesures sont effectuées en degrés puisqu'elles expriment l'angle sous lequel nous voyons les objets célestes. À l'œil nu, il est commode d'utiliser sa main et ses doigts, à bras tendu, selon les indications données ici.

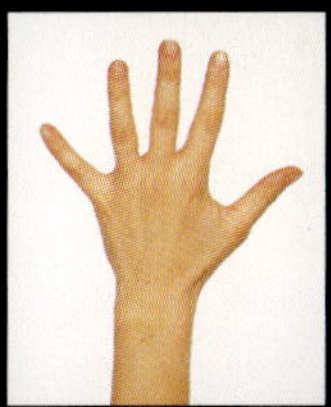

À MAIN OUVERTE
À bras tendu, une main ouverte forme un angle d'environ 22° dans le ciel.

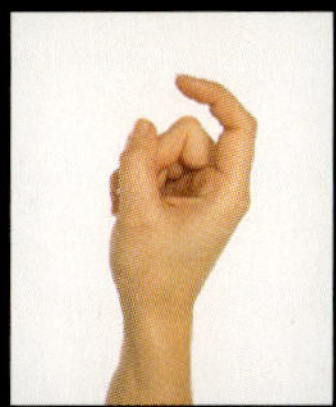

LES DOIGTS JOINTS
Deux doigts joints font un angle de 3° ; trois font 4° et quatre un angle de 6°.

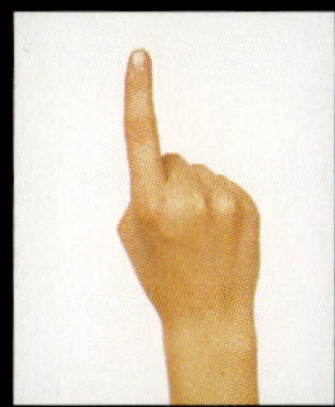

UN SEUL DOIGT
Un doigt à bras tendu recouvre la Lune, dont l'angle est inférieur à 1°.

Mais, dès que l'on descend à des valeurs inférieures à 1°, (avec un télescope ou une lunette), les unités changent. Il y a d'abord la minute (60 minutes par degrés), ou arcminute, qui se note avec le signe « ' » (par exemple 43'). Pour les angles inférieurs à la minute, l'évaluation se fait en secondes, ou arcsecondes, notées « '' » (43'' par exemple). Arcminutes et arcsecondes sont les unités généralement employées pour l'observation d'objets comme les étoiles doubles, les nébuleuses ou les amas d'étoiles, sans oublier les planètes, qui présentent toutes des angles au-dessous de la minute.

QUELQUES DISTANCES ANGULAIRES

OBJET OU DISTANCE	ANGLE APPROXIMATIF
Distance entre l'extrémité du Chariot et Polaris	28°
Longueur du Chariot	24°
Distance entre les extrémités de la Croix	6°
Distance entre les étoiles du Chariot	5°
Votre petit doigt à bras tendu	1°
Le Soleil (taille moyenne)	32'
La Lune (taille moyenne)	31'
Distance entre Jupiter et Ganymède (la plus brillante de ses lunes)	6'
Résolution à l'œil nu (capacité de l'œil à séparer deux objets proches)	3' 25''
Taille maximale de Vénus	1'
Le plus grand cratère lunaire	1'
Le plus petit objet que l'œil distingue comme un disque et non comme un point	1'
Taille maximale de Jupiter	49''
Distance séparant l'étoile double Bêta *Cygni* dans la constellation du Cygne	30''
Les plus petits objets visibles au télescope depuis la Terre	1''
Taille limite des objets visibles par le télescope Hubble	0,1''

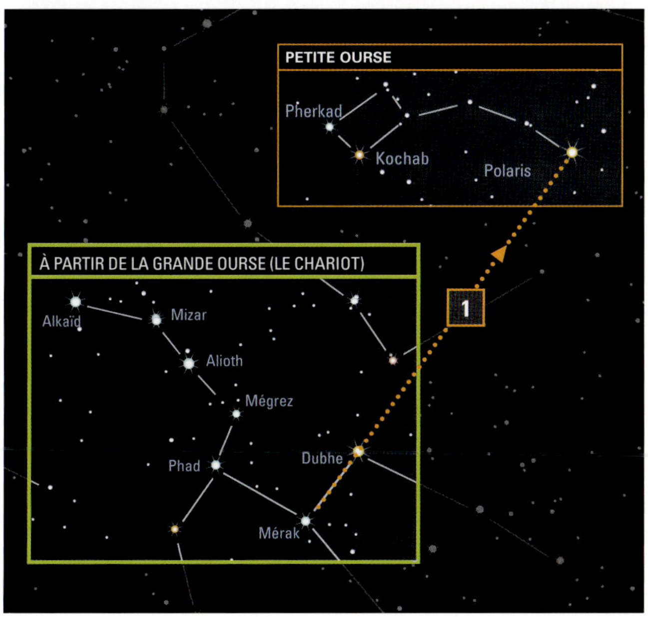

Les astérismes

L'une des façons les plus astucieuses pour naviguer dans le ciel d'un objet à l'autre est ce que l'on nomme la méthode des astérismes. Derrière ce mot barbare se cache une astuce très simple : il s'agit d'utiliser une étoile ou un groupe d'étoiles (comme le Chariot ou Grande Ourse par exemple) pour, partant de là, se diriger vers d'autres objets stellaires. C'est également une bonne pratique pour, au fil du temps, se familiariser avec les étoiles les plus brillantes et avec les constellations. Vous trouverez dans cet ouvrage plusieurs astérismes (voir p. 84-85, 106-107, 114-115, 136-137 et 140-141) pour naviguer d'une constellation à une autre. L'avantage des astérismes est qu'ils ne servent pas qu'à l'œil nu, mais peuvent aussi être utilisés avec un télescope pour situer des objets de faible luminosité. Après avoir consulté une carte stellaire détaillée (ou donnée par un programme de planétarium), utilisez un oculaire de plus grand diamètre et, partant d'une étoile connue, suivez lentement le chemin jusqu'à votre cible.

CHEMINS STELLAIRES
Les astérismes présentés dans cet ouvrage ainsi que celui représenté ci-contre, allant du Chariot jusqu'à l'étoile Polaire, sont autant de façons d'apprendre à se repérer dans le ciel.

LES CONDITIONS D'OBSERVATION

Ce que l'on peut percevoir durant une nuit d'observation dépend de plusieurs critères : la localisation, la pollution lumineuse, les turbulences et les particules atmosphériques.

LOIN DU SOL
Orbitant autour de la Terre à 559 km d'altitude, le télescope spatial Hubble permet d'observer au-dessus des turbulences et des pollutions atmosphériques.

PRENDRE DE LA HAUTEUR
Sur la Terre, les meilleurs sites d'observation sont en altitude, au-dessus des couches atmosphériques polluées. Des sites tels que celui de Mont-Pinos (ci-dessus) en Californie ont attiré des centaines d'astronomes amateurs, mais ils subissent aujourd'hui la pollution lumineuse des villes (voir page en face).

Du fantastique à la réalité

Qui ne connaît ces fantastiques images de nébuleuses ou de lointaines galaxies fournies par des télescopes spatiaux tels que le HST (télescope spatial Hubble) ou par les grands observatoires terrestres ? Elles n'ont pas grand-chose à voir avec ce que vous percevrez avec un télescope d'amateur. Celui-ci vous délivrera pourtant de fort belles images, mais, pour les obtenir, il est important de tenir compte de plusieurs conditions, exposées ici.

QUE VERREZ-VOUS ?	
Équipé d'un bon télescope à réflexion de 300 mm de diamètre (voir p. 54), un astronome amateur peut, selon les conditions d'observation, espérer voir dans le détail les objets célestes suivants :	
LA LUNE	Cratères lunaires, « mers », montagnes et autres structures visibles de façon détaillée.
LES PLANÈTES	La taille de Jupiter apparaît, comme celle des cratères lunaires, de dimension moyenne. Ses bandes nuageuses, ses satellites galiléens et, parfois, la Grande Tache Rouge (GTR) sont visibles. Mars apparaît telle une balle de tennis vue à 3 m, et ses détails de surface sont visibles lors des oppositions (voir p. 180). Uranus n'est qu'un minuscule rond verdâtre.
LES ÉTOILES	Les étoiles les plus brillantes sont visibles, mais ce ne sont que des points lumineux.
LES OBJETS DU CIEL PROFOND	Galaxies et nébuleuses forment des taches lumineuses ; les amas d'étoiles brillent tels des joyaux.
LA COULEUR	Seules quelques planètes et de très grandes étoiles comme Bételgeuse ou Rigel dans Orion proposent des couleurs. L'œil humain n'est pas assez sensible pour déceler des couleurs dans une nébuleuse. Les photos de cet ouvrage ont été réalisées avec une caméra CCD et de très longs temps de pose (voir p. 66).

Réduire les effets de l'atmosphère

Un facteur très important pour l'observation d'un objet céleste est sa hauteur dans le ciel par rapport à l'horizon. De fait, une étoile peut différer de trois points de magnitude lorsqu'elle est proche de l'horizon ou au-dessus de notre tête. La raison en est que, venant d'un point situé au-dessus de nous, la lumière doit traverser verticalement une couche d'atmosphère moins épaisse que lorsqu'elle est proche de l'horizon (trajet longitudinal). L'atmosphère contient de nombreuses poussières et particules qui absorbent une partie des rayons lumineux, et la turbulence atmosphérique « tord » ces mêmes rayons : plus le trajet de ceux-ci sera court, mieux on les recevra.

AU DESSUS DE LA TÊTE
Observer un objet lorsqu'il est à l'aplomb diminue l'épaisseur de l'atmosphère traversée par ses rayons lumineux.

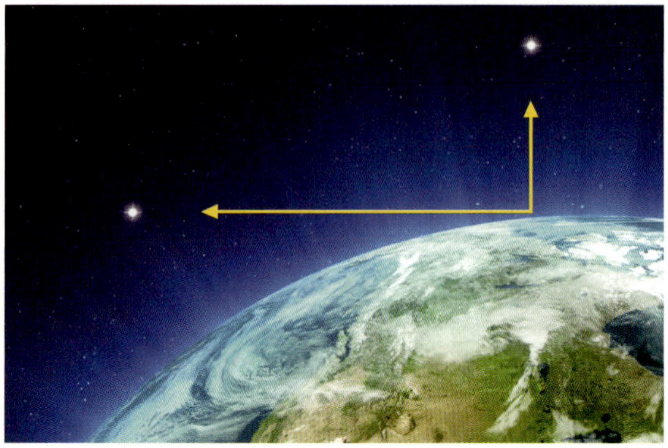

Des nuits noires

N'importe quel promeneur aura remarqué que l'on aperçoit bien mieux le ciel nocturne avec ses étoiles à la campagne plutôt que proche des lumières d'une grande agglomération. Cet indésirable halo lumineux, appelé « pollution lumineuse », est un problème pour les astronomes dans la mesure où cette clarté qui provient des éclairages citadins se répand dans l'atmosphère alentour, diminuant le contraste entre le noir du ciel et les objets célestes. Autrement dit, plus le ciel est sombre, noir, mieux nous pouvons distinguer des objets célestes de faible magnitude. Les objets célestes que l'on peut voir à l'œil nu dans le ciel d'une ville ne dépassent guère une magnitude de 3,5, alors qu'avec un peu d'entraînement nous percevons des magnitudes de 6,5 loin de toute pollution lumineuse. Cela signifie que les astres les plus brillants comme la Lune ou les planètes Vénus, Jupiter et Saturne ainsi que les plus grandes constellations peuvent être observés depuis une ville, mais certes pas les objets du ciel profond, qui exigent de s'éloigner parfois considérablement des cités (60 km pour Paris).
Une autre source de pollution lumineuse, naturelle celle-ci, est la clarté lunaire lors des phases pleines ou gibbeuses de la Lune. Cette clarté diminue le contraste noir/lumière et affaiblit l'adaptation de notre vue à la nuit, car l'iris se réduit (voir p. 48).
Les meilleures conditions d'observation sont donc avant le lever ou après le coucher de la Lune, ou bien lors de la nouvelle lune.

UN BON ÉCLAIRAGE
Conscientes du problème posé par la pollution lumineuse, certaines municipalités commencent à installer de meilleurs éclairages publics qui dispersent moins de lumière dans le ciel aux alentours et en altitude.

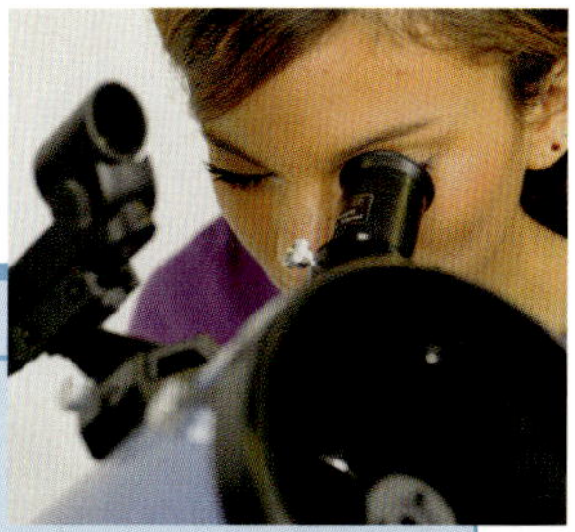

LIMITES D'OBSERVATION
Un mauvais seeing limite le pouvoir de grossissement des télescopes.

UN BON « SEEING »

Le « seeing », expression intraduisible, est le terme employé par tous les astronomes pour désigner l'état de l'atmosphère, donc des conditions de visibilité. Lorsque l'on utilise un télescope avec de forts grossissements, la possibilité d'obtenir de fins détails dépend des turbulences survenant dans le télescope (seeing local) et dans l'atmosphère. En cas de mauvais seeing, les astronomes ne peuvent guère grossir plus de cent fois pour obtenir des résultats satisfaisants, alors qu'avec un bon seeing on peut grossir jusqu'à 300 fois. Le seeing a lui aussi son échelle de valeurs, l'échelle d'Antoniadi, notée en chiffres romains de I à V. La valeur I indique le meilleur, le parfait seeing. II signale de légères perturbations, mais un air calme plusieurs secondes de suite. III est un seeing acceptable, et IV un seeing pauvre, avec de constantes perturbations. V, enfin, est un seeing très mauvais, avec de nombreuses ondulations atmosphériques et une déformation des objets observés.

Turbulences et transparence du ciel

Une turbulence locale de l'air peut être très dommageable pour l'observation. Si, par exemple, le Soleil a tapé durant toute la journée sur une surface déterminée, cet endroit va rester longtemps chaud pendant la nuit, réchauffant et faisant monter l'air au-dessus de lui. Un astronome placé à cet endroit verra alors l'air tourbillonner et les images danser devant son télescope, comme l'air au-dessus de l'asphalte par les chaudes journées d'été. Une première solution consiste donc à se placer sur une surface ombragée durant la journée (ou au moins sur une surface herbeuse) afin de réduire les différences de température entre le sol et l'air. De même, il faut éviter de regarder au télescope un objet situé au-dessus d'une maison, car, en exhalant de la chaleur, cette maison va faire tourbillonner l'air au-dessus d'elle. Enfin, toujours pour éviter de trop grands écarts de température, il faut sortir son télescope au moins une heure avant toute observation de façon que tube et oculaire s'adaptent à la température ambiante.

LA TRANSPARENCE DE L'ATMOSPHÈRE
Un ciel nuageux rend bien sûr toute observation impossible, mais un ciel laiteux, riche en vapeurs d'eau, pose aussi bien des problèmes. Un halo lumineux autour de la Lune indique une atmosphère peu transparente.

3

OBSERVER ET PHOTOGRAPHIER

Utiliser des jumelles ou un télescope adaptés assurera la qualité de vos observations. Lorsque vous aurez acquis la maîtrise de ces instruments, vous voudrez sans doute enregistrer vos observations, sous forme de croquis ou de photographies.

COMMENT SE PRÉPARER À OBSERVER

Plus que des équipements spécialisés, l'astronomie requiert surtout de la curiosité, de la patience et un minimum de préparation.

Faut-il un télescope ?

L'astronomie est à la portée de toute personne dotée d'une vue satisfaisante. Sans instrument, vous pouvez contempler les constellations, suivre le cheminement de cinq planètes à travers le ciel, observer les météorites, repérer des amas d'étoiles comme les Pléiades et voir la nébuleuse d'Orion (M 42). Certes, une paire de jumelles ou un télescope vous ouvriront un plus grand éventail d'objets, mais de nombreux astronomes affirment qu'il faut commencer d'observer à l'œil nu pour se familiariser avec le ciel nocturne avant d'investir dans des instruments d'astronomie.

OBSERVER À L'ŒIL NU
Selon certains, la meilleure façon de découvrir les richesses du ciel nocturne est de commencer à l'œil nu : nombreux sont les objets observables sans instruments.

TENUE D'ASTRONOME
Plusieurs couches de vêtements amples sont préférables à un gros chandail. Ainsi habillé, vous pourrez observer longuement sans ressentir le froid.

Indispensable et utile

Si les nuits sans nuages sont nécessaires pour l'astronomie, elles sont aussi, hélas, souvent les plus froides. Il faut donc s'y préparer en emportant un couvre-chef bien chaud, des gants fins (qui ne gênent pas la mobilité des doigts) et une chaude veste coupe-vent. Une thermos de café ou de thé sont aussi bien agréables. N'oubliez pas d'établir une liste de ce dont vous aurez besoin, car, si vous devez revenir chez vous, la lumière de la maison fera perdre l'adaptation de vos yeux à la vision nocturne (voir ci-dessous). L'astronomie exigeant de longues stations debout, ou parfois à genoux sur un sol humide afin de voir dans l'oculaire un objet en aplomb, de bonnes chaussures et un pantalon imperméable sont également bien utiles.

L'adaptation à la vision nocturne

Normalement, nos yeux peuvent distinguer dans le ciel nocturne des objets d'une magnitude 6, mais, après être resté dans un endroit sombre, loin de toute lumière, durant au moins une demi-heure, ils parviennent à voir des objets de magnitude 6,5. Cela est dû au fait que nos yeux possèdent deux types de récepteurs de la lumière : les cônes, mieux adaptés à la lumière du jour, et les bâtonnets, sur le pourtour de l'œil, plus sensibles aux éclairages faibles, mais qui prennent un certain temps pour s'adapter. On peut également utiliser ces bâtonnets pour faire ce que l'on nomme la « vision décalée », qui permet de mieux voir des objets de faible luminosité en regardant juste un peu à côté d'eux : leur lumière vient frapper directement les bâtonnets.

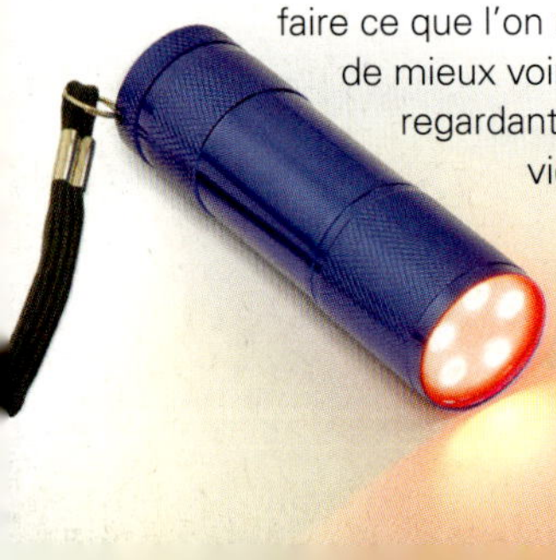

LAMPE DE POCHE… ROUGE
Pour ne pas perdre l'adaptation de vos yeux à la nuit, utilisez une ampoule LED rouge ou une torche couverte d'un filtre (ou de vernis à ongles) rouge.

L'ASTRONOMIE EN GROUPE

L'astronomie n'est pas une occupation de solitaire, et l'une des meilleures façons d'acquérir de précieux renseignements est de se joindre à un club d'astronomie. Presque tous organisent des rencontres, avec démonstrations de télescopes, travaux pratiques ou conférences. Certaines sociétés d'astronomie ont un site d'observation réservé et parfois leur propre observatoire. Ces associations peuvent également organiser des « star parties » au cours desquelles de nombreux astronomes se réunissent pour observer ensemble durant plusieurs nuits : une bonne occasion pour utiliser une grande variété de télescopes.

STAR PARTIES
Venus du monde entier, des astronomes se réunissent pour partager leur passion, sur des sites éloignés de toute pollution lumineuse.

Dessiner ses observations

À une époque où une caméra CCD couplée à un télescope produit rapidement de bonnes images du ciel (voir p. 64), il peut sembler anachronique d'enregistrer ses observations avec un crayon et du papier. C'est pourtant ce que font nombre d'astronomes, car il n'y a pas de meilleur moyen pour exercer son œil à capter les détails des objets observés, comme la surface des planètes ou les nébuleuses. Pour dessiner les objets du ciel profond, galaxies, nébuleuses ou amas, l'astuce consiste à commencer par les étoiles les plus brillantes que vous apercevez dans votre télescope et qui serviront de mise en place pour votre dessin. Placez ensuite les étoiles de plus faible luminosité, puis faites le croquis de la galaxie ou de la nébuleuse. Afin de situer les différentes parties ombrées de l'objet, utilisez des crayons plus ou moins gras et adoucissez les bords de votre croquis en frottant le bout de votre doigt dessus. Pour éclaircir les parties les plus brillantes d'une nébuleuse, par exemple, frottez-les légèrement avec une gomme propre. En ce qui concerne les croquis de la Lune, tâchez de placer en premier les structures les plus proéminentes avant de vous attaquer aux détails plus fins, aux ombres et aux formes plus petites. Certains astronomes préfèrent ne pas mettre de couleurs pour rendre le contraste entre les différentes parties ombragées, mais utilisent plutôt un stylo pour ajouter des points de densités différentes, ce qui rend ces parties plus ou moins sombres. De nombreux astronomes, enfin, travaillent leurs dessins en négatif. Après avoir dessiné au crayon sur une feuille blanche, ils le scannent avec un programme qui inverse l'image en étoiles brillantes sur fond noir. Les dessins du Soleil, quant à eux, sont soit traités avec une craie blanche sur un carton noir, soit magnifiés par l'utilisation de pastels jaune, rouge et blanc.

UN CARNET D'OBSERVATIONS

Noter ses observations dans un carnet permet d'enregistrer certains faits inhabituels, comme l'apparition de structures (nuages, tempêtes) sur une planète ou le changement de magnitude d'une étoile. Pour être efficace, ce carnet doit indiquer :

- Le nom de l'observateur et sa localisation.
- Le nom et/ou les coordonnées de l'objet observé.
- L'heure et la date de l'observation.
- Le détail des instruments utilisés (oculaire, télescope, etc.).
- Les conditions d'observation (seeing, transparence, humidité, etc.).
- L'orientation des photos ou dessins réalisés.
- Autres informations choisies.

LA NÉBULEUSE DE LA ROSETTE
Pour représenter une nébuleuse comme celle de la Rosette (ci-dessus), dessinez les étoiles les plus brillantes afin d'établir le cadre des objets plus faibles. Plus l'étoile est brillante, plus le point qui la représente est gros.

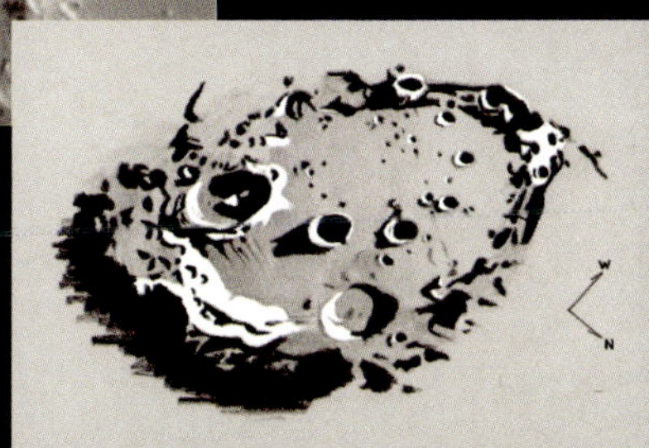

LE CRATÈRE CLAVIUS
Pour rendre des détails lunaires, comme le cratère Clavius représenté ci-dessus, il faut d'abord se concentrer sur les formes qui le dessinent. Après avoir légèrement indiqué ses contours, utilisez le plat de la pointe du crayon pour ajouter les parties ombrées sur ses flancs, ou sur son sol (à droite).

UTILISER DES JUMELLES

D'utilisation facile et permettant déjà des vues splendides du ciel nocturne, les jumelles sont l'outil indispensable des astronomes.

Des jumelles, pour quoi faire ?

Petites, portables et commodes, les jumelles ne nécessitent pratiquement pas de mise en station. L'image qu'elles proposent est à l'endroit, contrairement aux télescopes, dans lesquels elle est inversée, ce qui rend leur utilisation d'autant plus facile. Leur champ de vue large est idéal pour faire un tour du ciel, vagabondant d'un objet à l'autre, et pour regarder certains objets de grande dimension, comme la galaxie d'Andromède (M 31). Certes, les jumelles ne peuvent en aucun cas remplacer un télescope, mais de nombreux astronomes amateurs les utilisent en complément de leur télescope, souvent pour commencer leur soirée d'astronomie. Une petite paire de jumelles suffit déjà à dévoiler Jupiter avec ses quatre principaux satellites, les « mers », chaînes de montagne et cratères de la Lune ainsi que la multitude d'étoiles peuplant notre Voie lactée. Galaxies et nébuleuses n'apparaissent que comme de pâles taches grises aux jumelles, mais, par nuit bien noire, on peut parfois deviner des formes dans les nébuleuses les plus brillantes telles que M 42 dans Orion.

LES PLÉIADES
Avec des jumelles, un amas ouvert comme les Pléiades apparaît scintillant et semble presque en trois dimensions.

OBJETS À OBSERVER AUX JUMELLES

NOM DE L'OBJET	TYPE DE L'OBJET	CONSTELLATION
M 42	Nébuleuse à émission	Orion
NGC 884 & 869	Amas ouverts	Persée
M 31	Galaxie	Andromède
M 22	Amas globulaire	Sagittaire
M 33	Galaxie	Triangle
M 13	Amas globulaire	Hercule
M 45	Amas ouvert	Taureau
NGC 5139	Amas globulaire	Centaure

Utiliser des jumelles

Pour obtenir le meilleur de vos jumelles, habituez-vous à la vision nocturne avant de commencer toute observation. Installez-vous ensuite dans une chaise longue ou bien étendez-vous à même le sol sur une couverture, ce qui vous permet de regarder le ciel sous tous les angles sans vous tordre le cou. Si vous êtes debout, posez vos coudes sur une barrière ou un muret afin d'assurer la stabilité des jumelles. Commencez par viser une étoile brillante sur laquelle vous réglerez la focale en tournant la roue centrale jusqu'à ce que l'étoile apparaisse nette, tel un point brillant, dans les oculaires. Ensuite, regardez méthodiquement autour de l'étoile pour vous familiariser avec tous ces objets maintenant visibles. Vous pouvez alors naviguer dans le ciel avec l'aide d'une carte détaillée, passant d'un objet à l'autre.

VISION À CHAMP LARGE
Une paire de jumelles grossissant 10 fois couvre un champ de vison de 6 à 8° et permet d'explorer de larges champs d'étoiles, ce que n'autorise pas un télescope.

LA POSITION IDÉALE
Étendu sur une chaise longue, vous pouvez tenir vos jumelles en gardant les bras le long du corps.

AJUSTER DES JUMELLES

Agissez d'abord sur la charnière des tubes optiques pour ajuster les oculaires à vos yeux. La majorité des jumelles ont deux roues d'ajustement focal, l'une centrale et l'autre sur un oculaire.

1 Fermez l'œil qui est en contact avec l'oculaire possédant une roue d'ajustement et agissez sur la roue centrale pour obtenir une vue nette.

2 Fermez maintenant l'autre œil et ajustez sur le même objet la roue liée à l'oculaire.

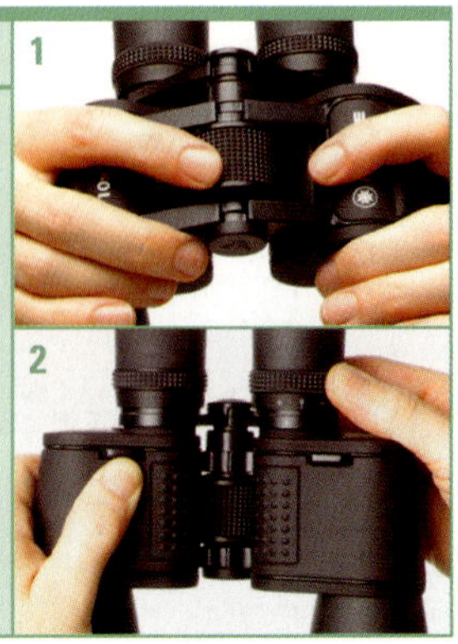

Des jumelles pour l'astronomie

La fonction d'une paire de jumelles est double : elles permettent bien sûr de grossir les objets observés, mais aussi de percevoir davantage de lumière qu'à l'œil nu. Les jumelles contiennent des lentilles et également des prismes, qui rétablissent l'image à l'endroit. N'importe quel type de jumelles peut être utilisé pour l'astronomie, comme celles que l'on utilise par exemple pour observer la faune.

LE DIAMÈTRE DES OBJECTIFS
Le diamètre des objectifs d'une paire de jumelles (l'ouverture) détermine sa capacité à collecter de la lumière. Plus l'ouverture est grande, plus nettes sont les images.

Types de jumelles

Il existe deux principaux types de jumelles : les droites, dites « roof-prism », et les jumelles classiques, les « Porro-prism » (du nom de leur inventeur I. Porro). Les Porro sont certes plus volumineuses que les jumelles compactes (de théâtre), mais, à budget égal, elles proposent de bien meilleures optiques.

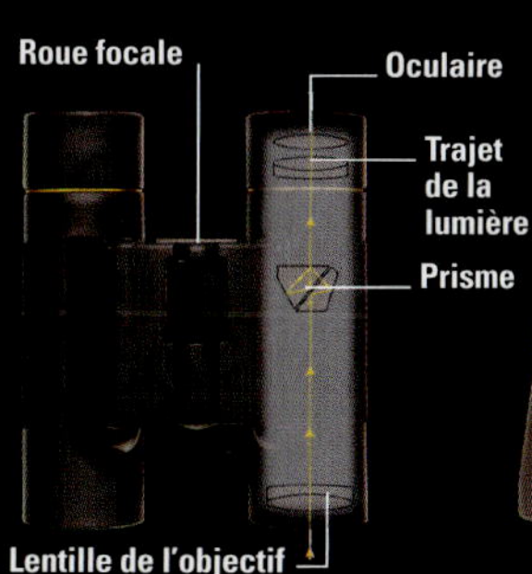

ROOF-PRISM
La lumière passe ici à travers des prismes accolés, ce qui permet leur taille compacte.

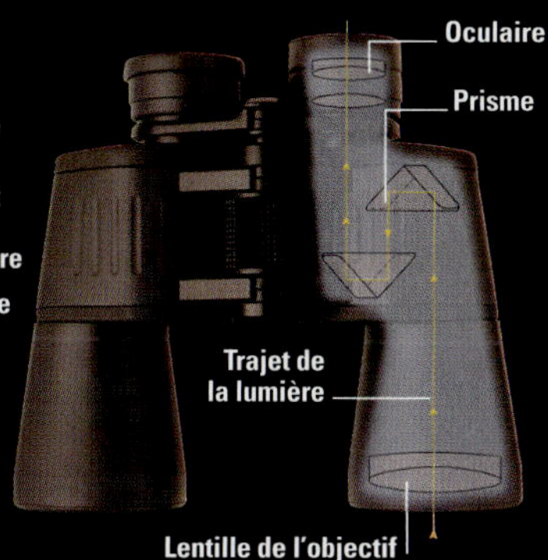

JUMELLES PORRO
Le trajet coudé de la lumière rend les jumelles plus volumineuses, mais leurs objectifs plus grands donnent de meilleures images.

Grossissement et ouverture

Chaque paire de jumelles est désignée par deux nombres, par exemple une paire 10 x 50. Le premier nombre indique le grossissement qu'assure l'instrument, ici, donc, dix fois par rapport à ce que l'on voit à l'œil nu. Un fort grossissement peut paraître toujours souhaitable, mais, attention, cela amplifie également les moindres tremblements lorsque vous tenez les jumelles, et les objets visés semblent alors sauter dans l'oculaire. Des grossissements de 7 à 10 fois sont de bons compromis. Le second nombre est le diamètre des lentilles, ou ouverture de l'objectif, en millimètres. Plus cette ouverture est grande, plus l'est de même la quantité de lumière collectée. Ici aussi, il faut faire un compromis : 50 mm semble un bon diamètre ; les diamètres supérieurs font que les jumelles sont plus grandes, plus lourdes, plus chères et, surtout, plus difficiles à tenir longtemps. Les plus grands modèles, comme des 25 x 120, donc un grossissement de 25 fois, donnent une vue exceptionnelle du ciel nocturne, mais ils sont très onéreux et exigent d'être montés sur un trépied stable avec un adaptateur pour éviter tout tremblement de l'instrument.

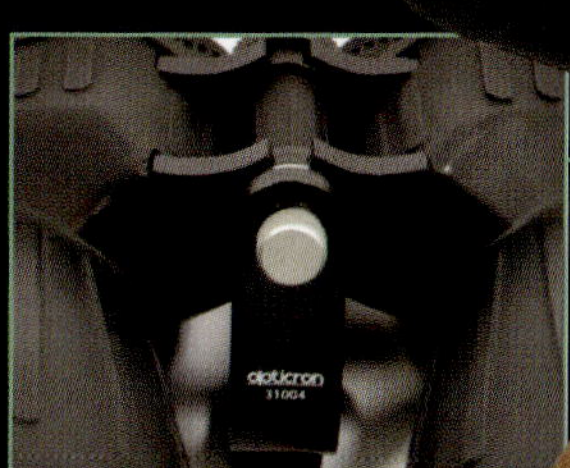

UTILISER UN TRÉPIED
Les jumelles de fort grossissement doivent être installées sur un trépied adapté (peu onéreux) qui en assure la stabilité.

VERRES ET OPTIQUE

La qualité des verres est primordiale dans le choix des jumelles. Même si cela est plus onéreux, il faut prendre des modèles qui possèdent un système de multi-lentilles accolées (voir les « High-grade » Bak4) ; cela évite en effet les aberrations dites chromatiques (mauvaise superposition des couleurs), réduit la quantité de lumière dispersée, et augmente donc le contraste des images obtenues. Un autre aspect est la taille des « pupilles de sortie » à l'oculaire, importante pour la clarté des images reçues. Celle-ci se mesure en millimètres et doit être sensiblement égale au diamètre des jumelles divisé par leur grossissement ; soit entre 5 mm (50/10) et 7 mm.

L'OPTIQUE DES TÉLESCOPES

Un télescope ouvre un champ nouveau d'investigation. Choisir le télescope qui vous convient nécessite certaines connaissances de base concernant son système optique.

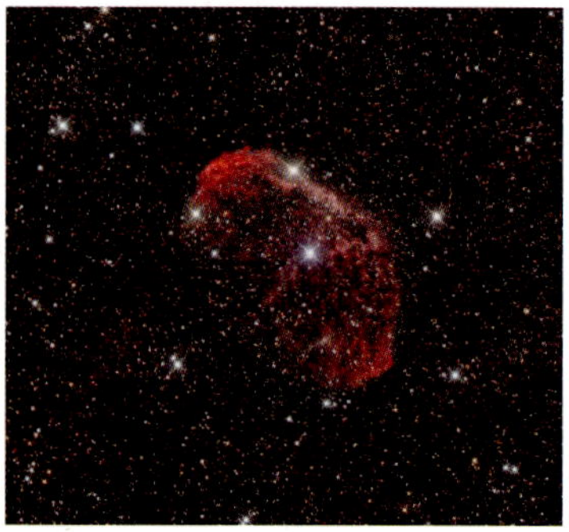

UN TÉLESCOPE ADAPTÉ
Un télescope offrant les meilleures vues des objets du ciel profond n'est pas forcément adapté pour des objets plus proches.

Les différentes parties d'un télescope

Un télescope sert à recueillir un maximum de lumière et à agrandir les images reçues. Tous les télescopes sont composés de trois parties essentielles : le tube, qui contient l'optique du télescope (des lentilles, des miroirs, ou bien les deux) ; une monture, qui supporte le tube et permet de pointer convenablement le télescope ; un trépied, qui assure la stabilité de l'ensemble. Télescopes, montures et trépieds existent en de multiples variétés. Votre choix doit certes dépendre de votre budget, mais aussi de ce que vous voulez faire. Certains télescopes proposent un bon compromis, autorisant une vue nette des différents objets célestes, mais ces « bons à tout faire » ne sont généralement pas consacrés à l'observation d'un objet en particulier. Les capacités et les applications potentielles d'un télescope dépendent de ses caractéristiques optiques expliquées ci-après.

UN TÉLESCOPE EST UN TOUT
Les optiques d'un télescope, ses accessoires et sa monture forment un tout dont dépendent les performances de l'appareil.

L'ouverture et la lumière

Paradoxalement, ce n'est pas parce qu'ils sont petits que la plupart des objets célestes sont difficiles à voir, mais parce qu'ils sont trop peu brillants. La caractéristique importante d'un télescope n'est donc pas son pouvoir de grossissement, mais plutôt sa capacité à collecter de la lumière, donc la taille de ses lentilles ou de son miroir : son ouverture, mesurée en millimètres ou en pouces. Plus celle-ci sera grande, mieux vous verrez. Comparez la taille du télescope qu'est votre œil : son ouverture (taille de la pupille) maximale est de 6 à 7 mm, ce qui signifie qu'avec une lunette de 60 mm, vous percevez des objets de 70 à 100 fois mieux, et pouvez donc déceler des objets de luminosité bien plus faible qu'il est possible à l'œil nu.

120 mm d'ouverture

66 mm d'ouverture

OUVERTURE DE L'OBJECTIF
L'ouverture, le diamètre de l'objectif, est la caractéristique principale d'un télescope.

NOMBRE F = 10

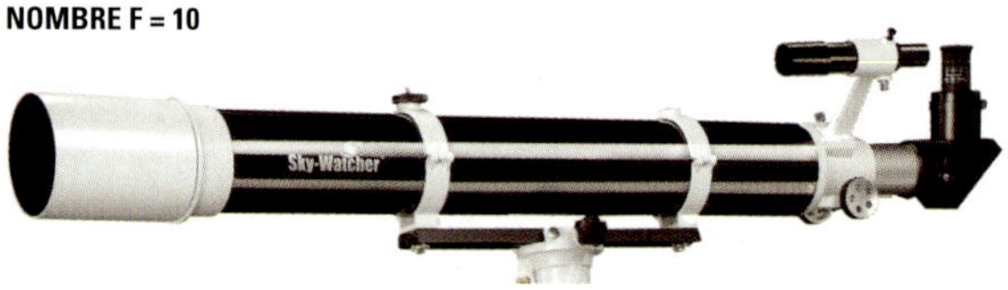

NOMBRE F = 5

LE NOMBRE F
Un télescope qui a un nombre f élevé (10) produit une image plus grande mais moins lumineuse qu'un instrument de focale inférieure (5)

Longueur focale et nombre f

Après son ouverture, la seconde caractéristique la plus importante d'un télescope est sa longueur focale, c'est-à-dire la distance séparant l'objectif du point focal : un télescope muni d'une focale longue produira une image grande mais de faible luminosité, contrairement à un appareil de courte focale, dont l'image sera plus brillante mais plus petite. Pour calculer le nombre f d'un télescope, essentiel pour connaître ses applications possibles, il suffit de diviser sa longueur focale par le diamètre de son ouverture, indiqués sur l'appareil (par exemple 700 mm/70 mm). Les télescopes de nombre f peu élevé (f/5) sont plus adaptés aux objets faiblement lumineux (les nébuleuses) et ceux de f plus élevé (f/9) sont consacrés aux objets brillants (Lune, planètes, etc.).

Optiques et grossissement

Le cœur optique d'un télescope est fait de deux éléments, le tube et l'oculaire. Dans le tube, tapissé intérieurement de noir afin d'éviter tout effet de réflexion, se tient la lentille principale ou bien le miroir incurvé : ce sont les objectifs. Le rôle des objectifs est de focaliser la lumière collectée en direction d'un point, le point focal, situé juste à l'endroit où viendra se placer l'oculaire. Si vous placez au point focal une feuille de papier, l'image collectée sera projetée sur cette feuille. L'oculaire, quant à lui, n'est rien d'autre qu'un verre grossissant permettant, selon l'oculaire choisi, d'agrandir plus ou moins l'image reçue au point focal. Le pouvoir de grossissement d'un télescope est un ratio qui donne le nombre de fois que l'objet perçu dans l'oculaire sera agrandi par rapport au même objet vu à l'œil nu : 25 fois ; 100 fois, etc. Pour calculer ce pouvoir de grossissement qui dépend à la fois de la longueur focale du télescope et de celle de l'oculaire employé (marquées sur ces pièces), il suffit de diviser la première par la seconde. Par exemple, pour un télescope de 2 500 mm de focale et un oculaire de 25 mm, cela donne un agrandissement de 100 fois. Changer l'oculaire change donc le grossissement, mais il existe en réalité certaines limites techniques qui font que, de façon générale, on n'utilisera pas un oculaire donnant un grossissement de plus de deux fois le diamètre de l'objectif (en millimètres), soit 220 fois pour un télescope de 110 mm.

OUVERTURES ET GROSSISSEMENTS

Le grossissement maximal d'un télescope dépend de son ouverture. Ceux dépassant 300 fois sont peu utiles, car ils grossissent avant tout les turbulences atmosphériques.

OUVERTURE DU TÉLESCOPE		PLUS FORT GROSSISSEMENT	PLUS FAIBLES OBJETS VISIBLES	POUVOIR RÉSOLVANT
mm	pouces			
60	2,4	x 120	mag. 11,6	1,9″
80	3,1	x 160	mag. 12,2	1,5″
90	3,5	x 180	mag. 12,5	1,3″
100	3,9	x 200	mag. 12,7	1,2″
120	4,7	x 240	mag. 13,1	1,0″
150	5,9	x (300)	mag. 13,6	0,8″
200	7,9	x (400)	mag. 14,2	0,6″
250	9,8	x (500)	mag. 14,7	0,5″

Oculaire 9 mm

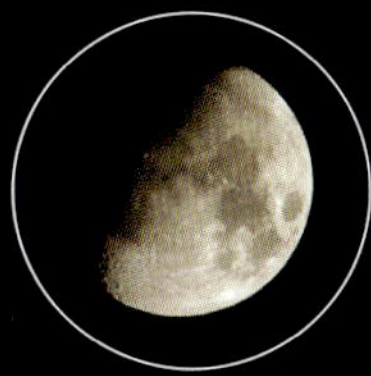
Oculaire 25 mm

GROSSISSEMENT DE L'OCULAIRE
Changer d'oculaire, c'est changer le grossissement. Mais les oculaires de plus fort grossissement ne sont pas toujours souhaitables, car, s'ils proposent un champ plus réduit de l'objet visé, ils ont tendance à en diminuer les contrastes et la luminosité.

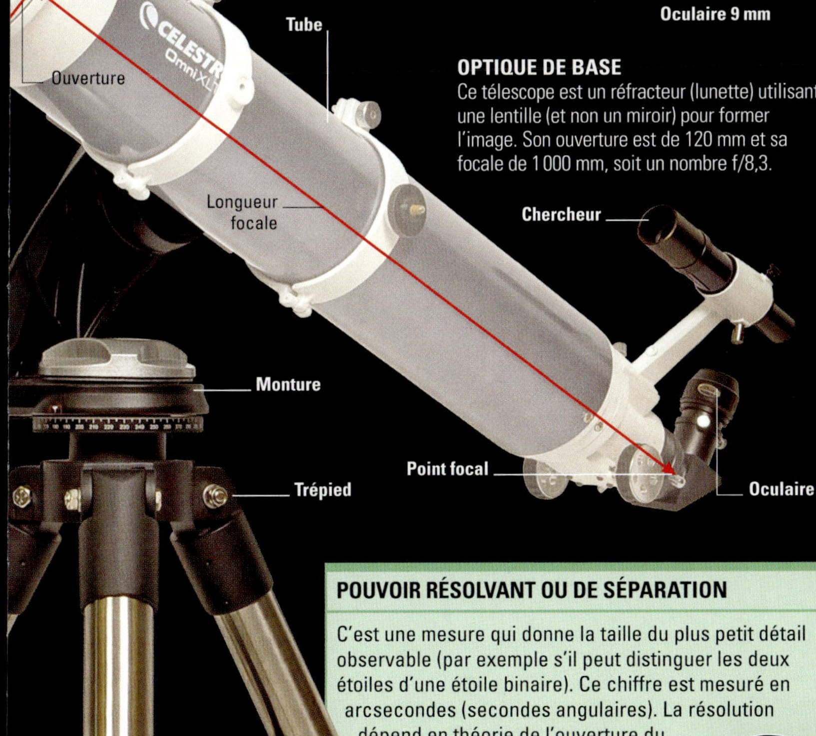

OPTIQUE DE BASE
Ce télescope est un réfracteur (lunette) utilisant une lentille (et non un miroir) pour former l'image. Son ouverture est de 120 mm et sa focale de 1 000 mm, soit un nombre f/8,3.

Les oculaires

L'oculaire d'un télescope est fait de plusieurs lentilles insérées dans un cylindre métallique, sur lequel est indiquée sa longueur focale (en mm). Une petite série d'oculaires bien choisis suffit à tous les types de grossissements nécessaires. Il en faut un de courte focale, 8 ou 9 mm, pour de forts grossissements destinés à la Lune, aux planètes ou étoiles doubles. L'oculaire de 25 mm de focale est un peu le bon à tout faire, mais, pour observer les nébuleuses ou les amas ouverts, un oculaire de plus grande focale est préférable (40 mm). Enfin, il existe la « lentille de Barlow », un accessoire qui se glisse contre la lentille de l'oculaire et en multiplie le grossissement par 2 ou 3 selon le type, mais l'utilité de cet accessoire reste discutée.

40 mm | 25 mm | 9 mm | Lentille de Barlow x 2

POUVOIR RÉSOLVANT OU DE SÉPARATION

C'est une mesure qui donne la taille du plus petit détail observable (par exemple s'il peut distinguer les deux étoiles d'une étoile binaire). Ce chiffre est mesuré en arcsecondes (secondes angulaires). La résolution dépend en théorie de l'ouverture du télescope, mais ce sont en réalité les turbulences atmosphériques qui en fixent les limites.

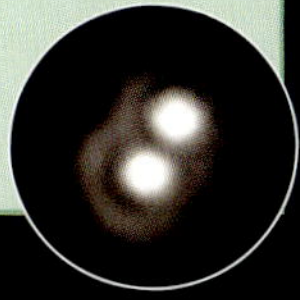

TÉLESCOPES ET MONTURES

Il existe plusieurs types de télescopes et de montures qui diffèrent par leurs performances, leur coût et leur facilité d'utilisation.

Lentilles et miroirs

Le rôle des télescopes est d'agrandir et de rendre plus brillants les objets célestes. C'est ce que font les trois sortes de télescopes que sont les réfracteurs, les télescopes à réflexion et les catadioptriques, avec des avantages et des inconvénients pour chaque type. Tandis que les réfracteurs (lunettes) utilisent des lentilles pour focaliser la lumière vers l'oculaire, les télescopes à réflexion le font avec des miroirs. Un catadioptrique se sert à la fois de lentilles et de miroirs pour capter et focaliser la lumière.

RÉSERVÉ AUX SPÉCIALISTES

Destinés aux seuls astronomes professionnels et non aux amateurs, les télescopes solaires ne laissent passer qu'une étroite bande de longueurs d'onde et autorisent l'observation des taches et des éruptions solaires.

OBSERVER LES TRANSITS
Les télescopes solaires permettent d'observer les transits planétaires sans s'abîmer les yeux.

LES DIFFÉRENTS TÉLESCOPES

TYPE	DESCRIPTION	AVANTAGES	INCONVÉNIENTS
LUNETTE 	Le télescope à réfraction n'est autre que la classique lunette astronomique, descendante de celle mise au point par Galilée. En haut du tube se trouve une lentille (l'objectif) qui collecte la lumière et la focalise vers une lentille plus petite, l'oculaire, qui agrandit l'image visible. Les lunettes sont parfaites pour observer la Lune, les planètes et les étoiles doubles, y compris en ville (leur objectif, petit, glane moins de lumières indésirables).	Robuste et exigeant peu de maintenance. Utilisable par des enfants (12 ans) et facile à transporter. Produit des images nettes et de bonne définition. Sans miroirs ou obstructions (araignée) dans le tube, fournit des images bien contrastées.	Plus onéreuse qu'un télescope à réflexion de même ouverture. Sujette à l'aberration chromatique, qui fait que les différentes couleurs sont focalisées en des points différents, donnant aux étoiles un faible halo coloré. Peu commode pour observer des objets haut dans le ciel.
À RÉFLEXION 	Inventé par Isaac Newton, le télescope à réflexion, ou télescope Newton, est un tube ouvert au fond duquel se trouve un miroir parabolique. Ce miroir collecte la lumière et la renvoie vers un autre miroir, plus petit, suspendu dans le tube par un système d'attaches surnommé « l'araignée ». Depuis ce miroir secondaire, l'image est réfléchie à angle droit en direction de l'oculaire (situé sur le tube) où elle sera agrandie.	Relativement peu onéreux pour une ouverture plus grande, idéal pour observer le ciel profond. L'emplacement de l'oculaire permet d'observer confortablement. Pas d'aberration chromatique (voir ci-dessus). Mais sujet au « coma », un phénomène qui déforme les étoiles situées en bord de champ.	Assez fragile ; exige une maintenance soigneuse pour conserver l'alignement des miroirs. Le revêtement des miroirs se dégrade en quelques années. Optique compromise par la présence du miroir secondaire qui obstrue la lumière et peut produire des « lueurs » qui semblent émaner des objets brillants.
CATADIOPTRIQUE 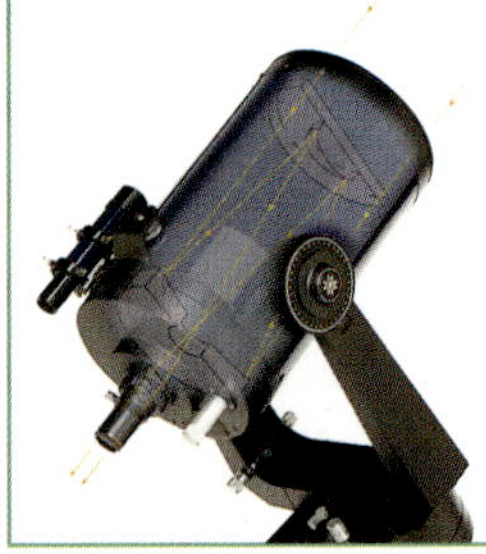	Les télescopes catadioptriques utilisent à la fois des miroirs et une lentille. Au fond du tube, assez court, se trouve le miroir primaire. À son sommet est placée une lentille dont le rôle est de corriger les imperfections optiques. Au centre de la lentille se situe le second miroir, qui réfléchit la lumière collectée par le miroir primaire en direction d'un trou placé dans le miroir primaire et qui débouche sur l'oculaire logé dans le prolongement du tube.	Longue focale dans un tube court, compact et facile à transporter. Peut être monté sur une monture en fourche (voir page ci-contre). Évite l'aberration chromatique des lunettes et le « coma » des télescopes ouverts. Bon pour tous les objets célestes.	Généralement plus cher qu'un télescope à réflexion de même ouverture. Son montage complexe engendre une certaine perte de la lumière avant que celle-ci ne parvienne jusqu'à l'œil, ce qui donne des images moins claires qu'avec un télescope à réflexion de même ouverture.

Les montures pour télescopes

Le rôle d'une monture de télescope est double : tout d'abord, assurer une assise stable au télescope afin que ce dernier ne vibre pas, et, ensuite, permettre de viser n'importe quelle cible dans le ciel. Ce qui signifie qu'une monture est la composante clé de votre installation, particulièrement si vous désirez faire de l'astrophotographie, qui exige une stabilité parfaite. Aussi, lorsque vous achetez un instrument, n'oubliez pas que même le meilleur d'entre eux ne donnera rien avec une monture de mauvaise qualité, ce qui arrive parfois.

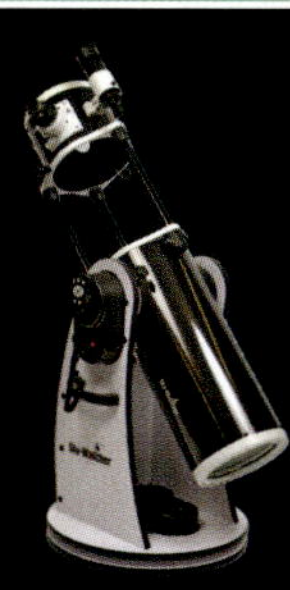
MONTURE DOBSON

MONTURE À FOURCHE

DIVERSES MONTURES
Les montures Dobson et les montures à fourches sont des variantes des montures alt-az (ci-dessous). Les Dobson sont aisées à installer et adaptées pour le ciel profond. Les Montures à fourche sont souvent vendues avec les télescopes Go-To.

MONTURES ALT-AZ
Les montures altazimutales sont souvent plus légères que les équatoriales. Suivre un objet dans le ciel avec elles demande un mouvement du télescope dans deux directions à la fois. Certains trouvent cela facile, d'autres, pas.

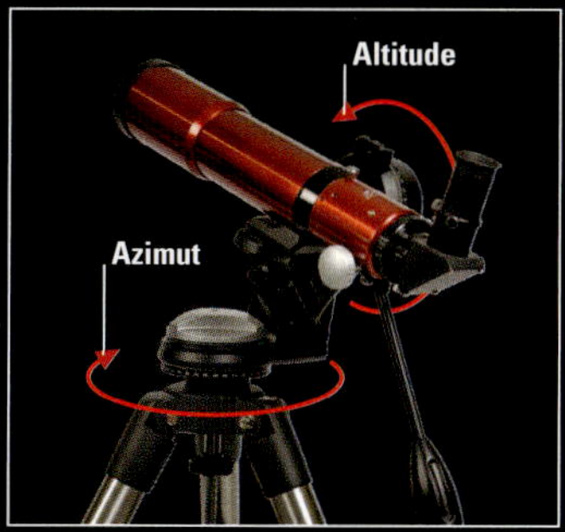

MONTURES ÉQUATORIALES
Afin de contrebalancer le poids du télescope, les montures équatoriales sont souvent lourdes. Leur maniement paraît très simple, mais il faut d'abord maîtriser leur mise en station (alignement vers l'étoile Polaire) Voir p. 62.

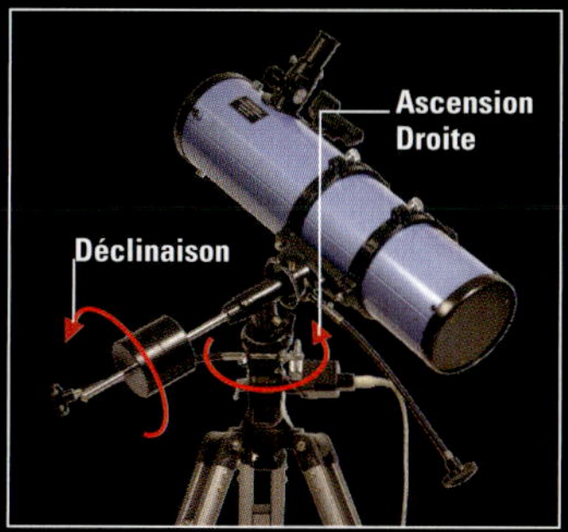

Altazimutales (alt-az), ou équatoriales ?

Il existe deux principaux types de montures pour les télescopes : les altitude-azimuth (ou altazimutales, alt-az) et les équatoriales. La plus simple, l'alt-az, consiste en une rotule placée sur un trépied, qui permet des mouvements de bas en haut sur 90° (altitude), et de gauche à droite sur 360° (azimut). Elle permet un pointage rapide et facile. Les étoiles ne suivent pas des trajectoires haut et bas /droite et gauche, mais paraissent décrire un cercle autour du pôle céleste, ce qui rend délicat leur suivi avec une alt-az.

Comme les alt-az, les montures équatoriales ont deux axes de rotation à angle droit que l'on nomme l'ascension droite (AD) et la déclinaison (DEC). Une fois le télescope aligné avec le pôle céleste (p. 60), vous n'avez plus qu'à le mouvoir sur un seul axe (AD) pour suivre le mouvement apparent des objets célestes. C'est ce mouvement très simple et continu (en douceur) qui rend les montures équatoriales si précieuses pour l'astrophotographie, qui exige souvent des temps de pose de plusieurs minutes pour saisir un objet qu'il faut donc garder au centre de l'oculaire durant tout ce temps. Mieux, une monture équatoriale permet, en utilisant ses cercles gradués, de trouver facilement une étoile dont on connaît les coordonnées. On peut aussi la motoriser facilement (voir ci-dessous). Son utilisation apprend donc beaucoup de choses sur le mouvement apparent des étoiles et leurs coordonnées. Enfin, pour ceux qui désirent seulement regarder le ciel sans chercher plus loin, il existe des télescopes dits Go-To (p.62) qui, eux, font tout le travail à votre place.

SUIVRE LES ÉTOILES
Les étoiles semblent se déplacer circulairement autour du pôle céleste. Pour les suivre, une monture alt-az procède par marches successives tandis qu'une équatoriale a un mouvement circulaire proche de celui des étoiles.

Chemin des étoiles

Chemin d'une alt-az

Chemin d'une équatoriale

LE SUIVI MOTORISÉ

Un petit moteur électrique installé sur l'axe d'ascension droire (AD) d'une monture équatoriale assure le suivi d'un objet céleste tel qu'il semble se mouvoir dans le ciel (mais il faut auparavant localiser l'objet dans l'oculaire). La justesse du suivi dépend de la précision du mécanisme installé sur la monture.

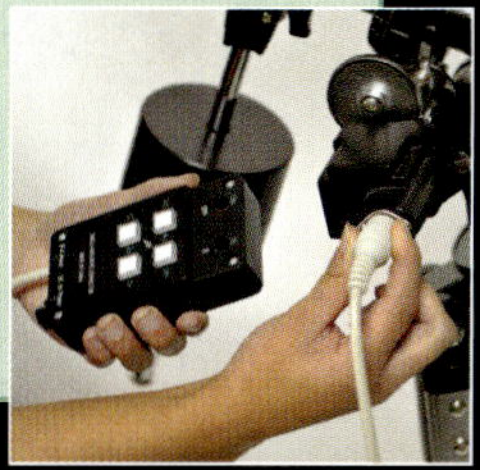

AJUSTEMENTS
On peut faire des ajustements de position grâce à une unité de contrôle reliée au moteur.

Trouver votre cible

Parce qu'il grossit les objets, un télescope ne propose qu'une vue restreinte du ciel, et il est dès lors difficile de le pointer en direction de l'objet souhaité. Pour ce faire, on utilise le « chercheur » (ou viseur), qui est une sorte de petite lunette placée le long du tube, permettant un alignement précis du télescope. Le grossissement du chercheur étant bien moindre (de 6 à 8 fois), son champ est plus large, tout en donnant une belle image brillante de la partie du ciel visée. Une fois que l'objet recherché a été centré sur la croix du chercheur, il doit également se trouver dans l'oculaire du télescope. Le parallélisme des deux instruments devant être rigoureux, il faut régulièrement réaligner le chercheur (voir ci-dessous). Certains astronomes préfèrent un autre type de chercheur, dit « à cible rouge », qui n'agrandit pas les images. Ce type de chercheur a un point rouge (ou bien une cible) projeté sur une pièce en verre ou en plastique, ce qui donne l'impression que le point rouge flotte dans le champ de vision. Il suffit de faire coïncider l'objet observé avec le point rouge pour qu'il apparaisse dans l'oculaire du télescope. L'avantage de ces chercheurs est que, contrairement aux chercheurs classiques, ils n'inversent pas l'image.

LE CHERCHEUR

La lentille d'un chercheur ouvre un champ de 5 à 8°. Une croix permet de centrer la cible dans le chercheur. Le fait que l'image donnée par le chercheur soit inversée (p. 57) peut être troublant au début. La majorité des télescopes de débutant sont vendus avec des chercheurs basiques, mais vous pourrez en changer au fur et à mesure de vos progrès.

VUE DANS UN CHERCHEUR

CHERCHEUR À CIBLE ROUGE

Un chercheur à cible rouge indique dans quelle direction le télescope est pointé par la projection d'un point rouge sur une pièce transparente de verre ou de plastique. Pour certains appareils, il est possible de régler la luminosité du point rouge, parfois trop brillant.

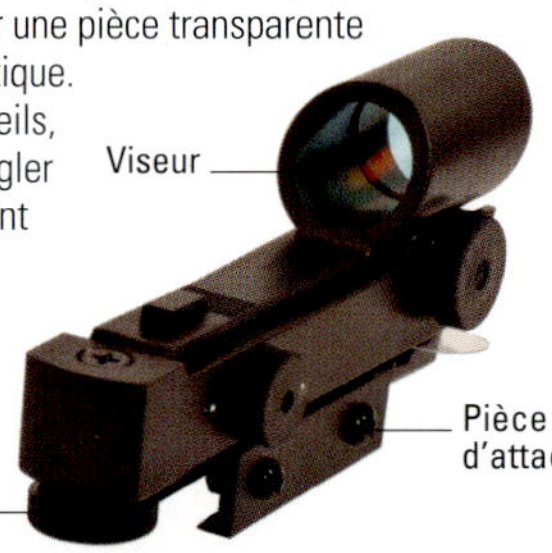

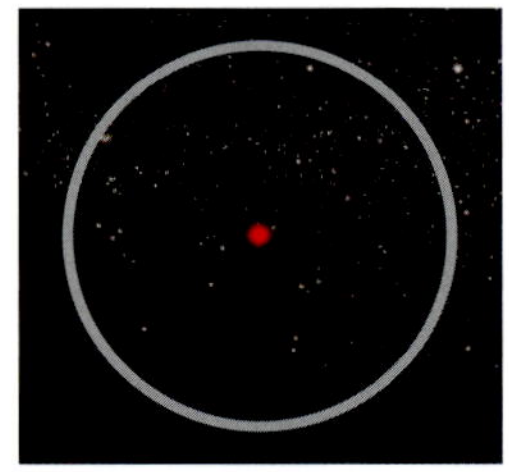

VUE DANS UN CHERCHEUR À CIBLE ROUGE

Aligner le chercheur

Afin de faciliter vos soirées d'observation, il est impératif de réaligner régulièrement votre chercheur sur votre télescope. Faites cela durant la journée en visant un objet terrestre lointain, comme un lampadaire ou une pointe de clocher. Cela présente l'avantage que, durant vos réglages, l'objet ne bougera pas. Attention toutefois à ne jamais vous trouver dans la direction du Soleil pendant cette opération.

1 POINTER LE TÉLESCOPE Durant la journée, choisissez un objet distant, comme un lampadaire, et alignez soigneusement votre télescope jusqu'à ce que cette cible apparaisse au milieu de votre oculaire.

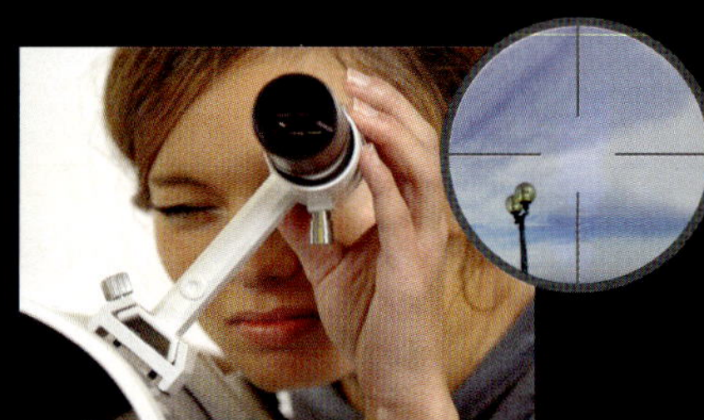

2 ALIGNER LE CHERCHEUR Assurez-vous que le tube du chercheur est rigoureusement parallèle à celui du télescope. Regardez dans l'oculaire du chercheur : la cible doit s'y trouver au centre.

3 AJUSTER LE CHERCHEUR Utilisez les vis ou la roue d'ajustement du chercheur pour effectuer les petites corrections d'alignement jusqu'à ce que la cible soit au centre des deux instruments.

4 ALIGNEMENT FINAL Une fois les deux appareils parfaitement alignés, verrouillez les vis du chercheur. Répétez fréquemment cette manipulation qui, à la longue, vous semblera plus facile.

Une vue inversée

Le trajet de la lumière passant à travers une lentille est tel que, dans certains télescopes (notamment les lunettes astronomiques), l'image se trouve inversée, entre le haut et le bas, la droite et la gauche. Cela peut être ennuyeux lorsqu'on compare l'objet étudié à une carte d'étoiles ou à une carte planétaire. Nombre d'astronomes utilisent dans ce cas un accessoire appelé « renvoi coudé », qui non seulement corrige l'inversion, mais encore permet une observation plus confortable que lorsque l'oculaire est simplement placé dans le prolongement du tube. Le renvoi coudé contient un miroir, ou un prisme, qui renvoie l'image avec un angle de 90°, ce qui corrige l'inversion haut et bas mais non celle droite/gauche. Pour corriger l'image à la fois verticalement et horizontalement, il faut installer un autre type de renvoi coudé que l'on appelle un redresseur. Ce redresseur d'image a, en revanche, un petit défaut : l'ensemble des optiques qui servent au redressement de l'image absorbe environ 10 % de la lumière entrée dans le télescope. Pour cette raison, certains astronomes préfèrent s'en passer et s'habituer à cette étrange inversion des images. Un bon entraînement consiste à pointer, de jour, un lampadaire ou un clocher lointain et à apprendre à manipuler votre télescope dans ces conditions.

VUE DU TÉLESCOPE

VUE À L'ŒIL NU

UN MONDE À L'ENVERS
Un renvoi coudé corrige l'inversion verticale de l'image, mais pas l'inversion horizontale.

LE RENVOI COUDÉ
Un renvoi coudé se place entre le télescope et l'oculaire. Il permet d'adopter une position d'observation bien plus confortable avec les lunettes et les catadioptriques, où l'oculaire est dans le prolongement du tube.

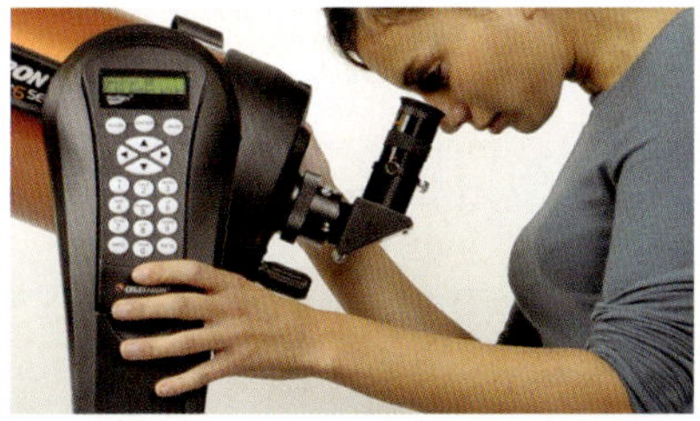

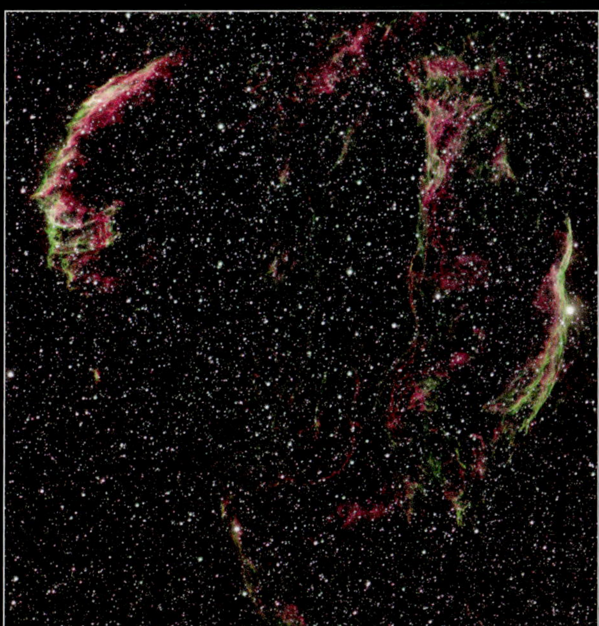

FILTRES POUR LE CIEL PROFOND
Les observateurs du ciel profond utilisent parfois des filtres à bande étroite pour créer plus de contraste entre le fond noir du ciel et l'objet observé. Ici, la nébuleuse des Voiles, reste d'une grande supernova dans la constellation du Cygne.

Utiliser des filtres

Les filtres sont des pièces d'optique en verre qui arrêtent certaines longueurs d'onde (des couleurs) et laissent en passer d'autres, ce qui peut dans certains cas améliorer l'observation d'un objet céleste. Il en existe une multitude de genres différents, mais les plus utilisés par les astronomes amateurs sont les filtres colorés, qui rehaussent les détails des surfaces planétaires. Un filtre jaune, par exemple, permet de voir plus de détails dans les calottes polaires de Mars, et un filtre bleu accroît le contraste entre les bandes de Jupiter et sa Grande Tache Rouge. Il existe également des filtres lunaires qui réduisent l'intensité lumineuse de la surface de la lune. Les filtres orange bloquent les lumières de la ville. Quelques filtres ultra-spécialisés ne laissent passer que certaines longueurs d'onde, telles que celles dues à l'émission de différents gaz. Enfin, certains filtres sont utilisés pour l'astrophotographie des galaxies ou des planètes.

INSTALLER UN FILTRE
Les filtres se fixent sur l'oculaire grâce à un pas de vis (veillez à bien choisir le même diamètre que l'oculaire). Les filtres augmentent certains contrastes, mais diminuent aussi la quantité de lumière reçue.

ACHAT ET MISE EN STATION

Pour réussir vos soirées d'observation, choisissez le télescope qui convient à vos besoins, et procédez à son installation avec soin.

Aligner et équilibrer

Lorsque vous aurez acquis votre télescope, prenez tout votre temps afin d'installer de façon convenable les optiques, le trépied et la monture. Une installation soigneuse ainsi qu'un bon alignement et un bon équilibre de votre appareil vous permettront de passer de grandes soirées d'observation avec un minimum de réglages à chaque fois. Chaque télescope ayant ses particularités, lisez attentivement les instructions le concernant avant de commencer ou, mieux, demandez conseil à un astronome expérimenté qui vous indiquera les règles de base. Nous présentons ci-dessous un bref rappel des principales étapes pour installer un télescope d'amateur. Une fois cela effectué, vous n'aurez pas à les reprendre toutes pour chaque soirée.

CONSEILS D'ACHAT

Avant d'acheter un télescope, réfléchissez à ce que vous désirez en faire (détente, études, etc.) et demandez conseil à un commerçant spécialisé dans ce domaine. Fixez-vous un budget correspondant à la plus grande ouverture possible (au moins 100 mm pour un télescope à réflexion ou catadioptrique et 60 mm pour une lunette). Ne lésinez pas sur la qualité du trépied et de la monture, qui sont aussi importants que les optiques. Une monture équatoriale vous enseignera beaucoup de choses sur les coordonnées célestes, mais un télescope motorisé Go-To fera tout le travail (voir p. 62-63).

TÉLESCOPE POUR ENFANT

TÉLESCOPE GO-TO

Mettre en place un télescope et sa monture

1 INSTALLEZ LE TRÉPIED Installez le trépied sur un sol nivelé et stable. À l'aide d'un niveau, assurez-vous que la tête plate du trépied est horizontale, et réglez les pieds en conséquence.

TRÉPIED ÉQUILIBRÉ

2 AJUSTEZ LES PIEDS Évitez d'étendre les pieds coulissant au maximum, ce qui rendrait le trépied moins stable et vous ôterait toute latitude pour ajuster ensuite la hauteur. Verrouillez fermement chaque pied pour éviter qu'il ne glisse durant une observation.

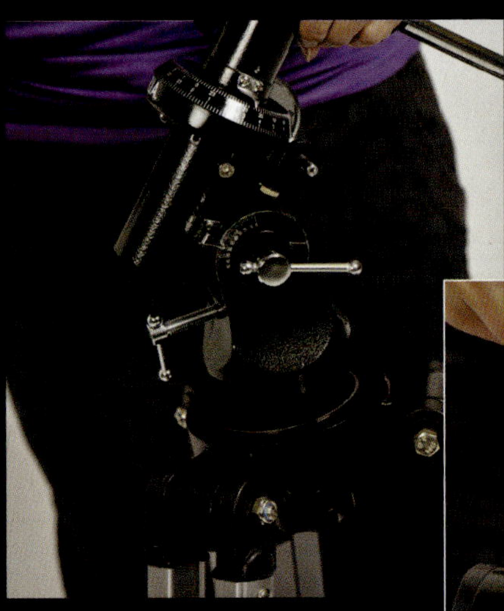

3 PLACEZ LA MONTURE Placez la monture sur le trépied en vous assurant que le tenon de la monture s'insère dans le trou du trépied.

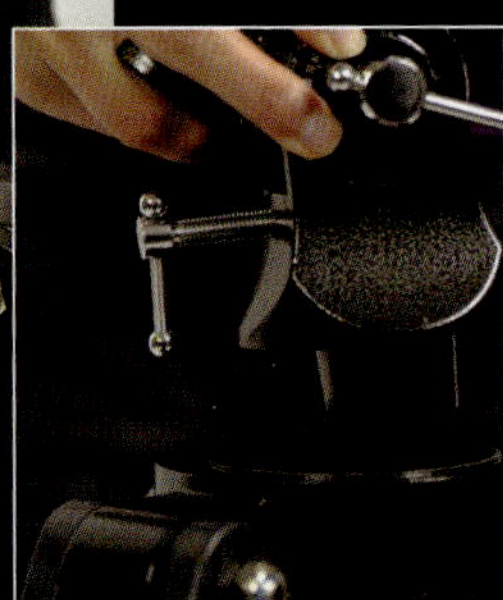

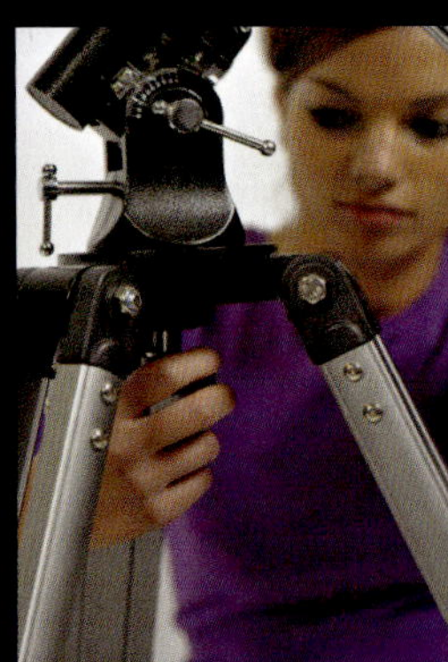

4 SÉCURISEZ LA MONTURE Par mesure de sécurité, serrez fortement la vis de la monture installée sur le trépied.

5 INSTALLEZ LE MOTEUR Installez le moteur sur la monture en vous assurant que ses dents sont correctement engagées dans celles de la monture.

6 ALIGNEZ AU NORD

Pour une monture équatoriale, il faut maintenant aligner l'axe de l'ascension droite (AD) de la monture (grande partie centrale en forme de T) rigoureusement avec le pôle Nord (ou Sud) céleste (voir p. 60 pour plus de détails).

7 AJOUTEZ LES CONTREPOIDS

Glissez les contrepoids sur la tige de contrepoids et utilisez la noix pour les y fixer. Il y a généralement une vis de sécurité au bout des tiges, dont la fonction est d'empêcher les contrepoids de glisser. Assurez-vous de bien replacer cette vis de sécurité après avoir installé les contrepoids.

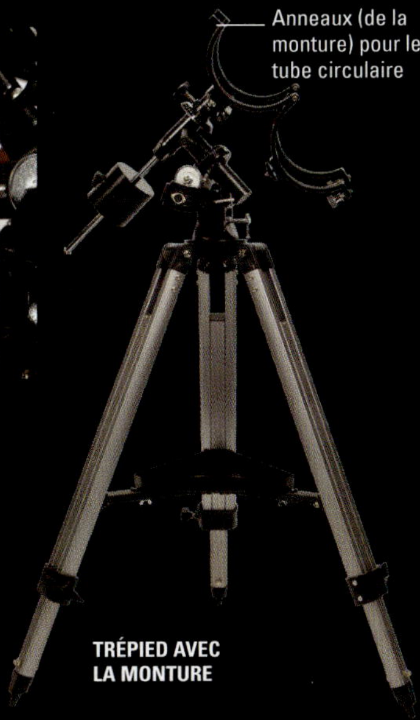

TRÉPIED AVEC LA MONTURE

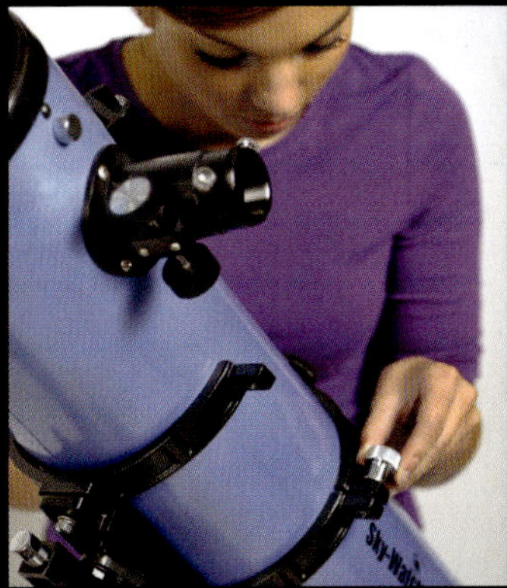

8 MONTEZ LE TÉLESCOPE

Le trépied et la monture en place, vous pouvez installer le tube du télescope en le glissant entre les deux anneaux de la monture. Verrouillez fortement les anneaux avec les vis autour du tube.

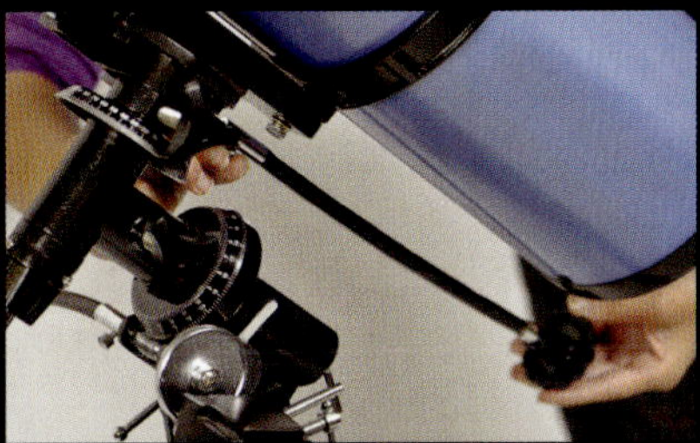

9 AJOUTEZ LES CÂBLES D'AJUSTEMENT FIN

Vissez les câbles d'ajustement fin qui vous permettront de faire de petites corrections d'ascension droite ou de déclinaison.

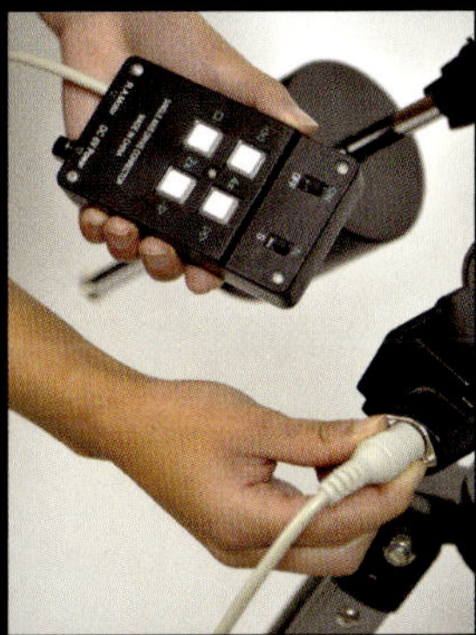

10 AJOUTEZ LA COMMANDE DU MOTEUR

Branchez la commande de contrôle au moteur, mais ne la connectez pas maintenant.

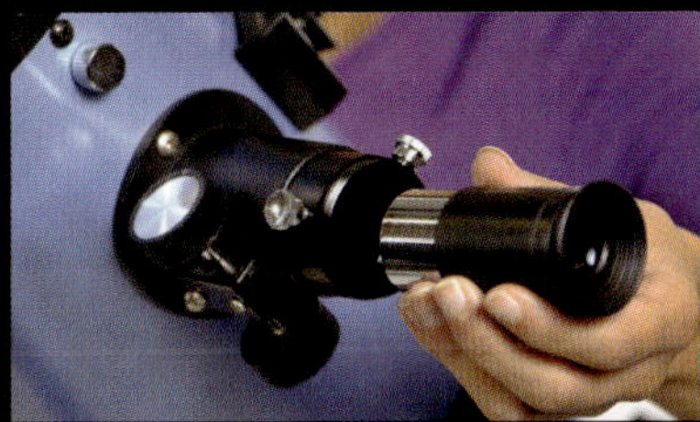

11 INSTALLEZ LE CHERCHEUR ET L'OCULAIRE

Installez l'oculaire souhaité et le chercheur ou le viseur à cible rouge sur le télescope. Verrouillez leur position. Alignez ensuite le chercheur avec le télescope comme expliqué p. 56.

ÉQUILIBREZ LA MONTURE

Cette étape importante consiste à équilibrer votre télescope, ce qui vous permettra de le mouvoir en douceur et de le maintenir dans la position idoine lorsque vous le manipulerez. Cela se fait sur les deux axes de mouvement, AD et DEC.

12 ÉQUILIBREZ L'ASCENSION DROITE (AD)

Maintenez le télescope d'une main et débloquez le verrou qui fixe le mouvement de l'axe d'ascension droite (AD). Faites glisser le contrepoids le long de sa tige jusqu'à ce qu'il contrebalance parfaitement le poids du télescope. Verrouillez cette position.

13 ÉQUILIBREZ LA DÉCLINAISON

Pour équilibrer la monture sur son autre axe de mouvement, l'axe de déclinaison, placez le télescope d'un côté ou de l'autre et, tout en le maintenant d'une main, débloquez le verrou qui règle le mouvement de déclinaison, puis faites glisser lentement le tube jusqu'à ce qu'il soit immobile (qu'il n'oscille plus d'un côté ou de l'autre). Verrouillez la position.

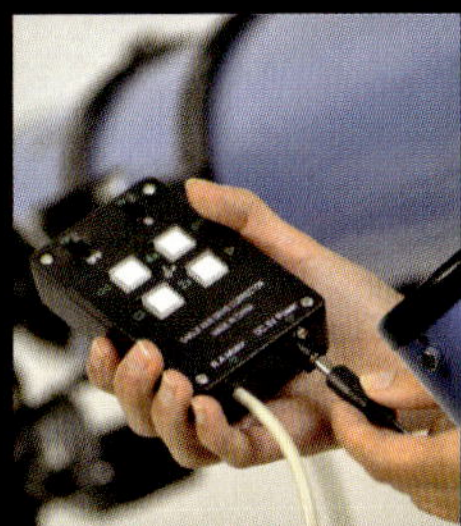

14 CONNECTEZ

Connectez maintenant le moteur et procédez à l'alignement du télescope avec le pôle céleste (voir p. 60).

TÉLESCOPE INSTALLÉ AVEC SA MONTURE ET SON TRÉPIED

L'alignement sur le pôle céleste

Le ciel nocturne tourne autour de l'axe de rotation de la Terre, c'est-à-dire autour des « pôles célestes ». L'avantage d'une monture équatoriale est que, une fois alignée sur ces pôles, elle permet de suivre facilement les étoiles dans leur mouvement apparent. L'astronome peut ainsi trouver n'importe quel objet dans le ciel dès lors qu'il en connaît les coordonnées. Aligner une monture sur le pôle est souvent un casse-tête pour le débutant, mais cela devient vite une habitude. N'oubliez pas : ce n'est pas le télescope lui-même qu'il s'agit d'aligner mais bien la monture.

MOUVEMENT CIRCULAIRE
Les étoiles paraissent suivre des chemins circulaires autour du pôle céleste.

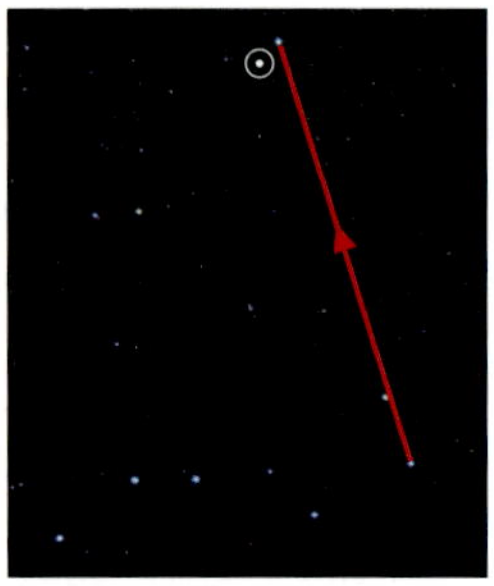

PÔLE NORD CÉLESTE

PÔLE SUD CÉLESTE

Où se trouvent les pôles célestes ?

Le pôle Nord céleste se situe très près de l'étoile Polaire (Polaris dans la Petite Ourse). Aligner une monture équatoriale avec Polaris suffit généralement pour des observations occasionnelles, mais, pour des observations plus fines, il faut utiliser un « polarscope » (ci-dessous), qui seul permet l'alignement avec le pôle Nord céleste lui-même. Il est plus délicat de trouver le pôle Sud céleste, aucune étoile brillante ne le marquant. Tracez une ligne imaginaire joignant Alpha et Bêta du Centaure, puis une seconde ligne traversant de haut en bas la Croix du Sud : le pôle Sud céleste se trouve à leur intersection. Ici encore, l'utilisation d'un polarscope vous facilitera considérablement la tâche.

Alignement polaire approximatif

Pour des observations occasionnelles, vous pouvez établir un alignement polaire approximatif. Tout d'abord, utilisez une boussole pour bien situer le nord (ou le sud). Installez le télescope, la monture et le trépied et pointez l'axe polaire de la monture vers le nord (ou vers le sud). Utilisez ensuite le bouton d'ajustement situé en bas de votre monture pour le régler le plus précisément possible sur votre latitude d'observation. (Vous pouvez trouver cette latitude en consultant une carte ou bien sur Internet). La monture est dorénavant *grosso modo* alignée sur le pôle céleste. L'axe polaire (ou ascension droite) de la monture est le long de la partie en T qui forme le centre de la monture, et il se trouve à angle droit avec la tige du contrepoids.

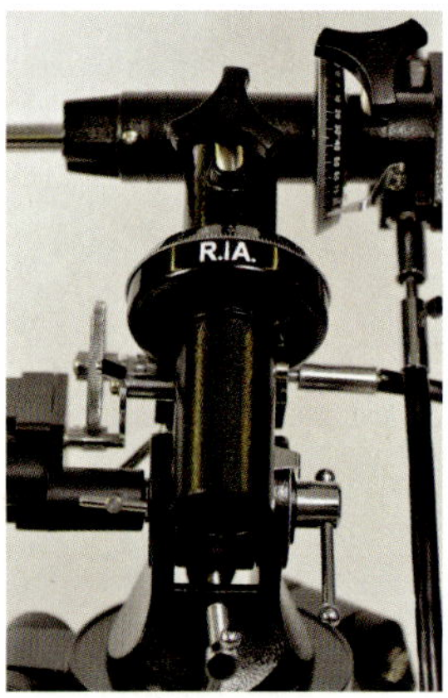

ALIGNEMENT RAPIDE
Pointez l'axe polaire de la monture vers le nord (voir à gauche). Réglez votre latitude d'observation sur le cadran à la base de la monture (ci-dessus).

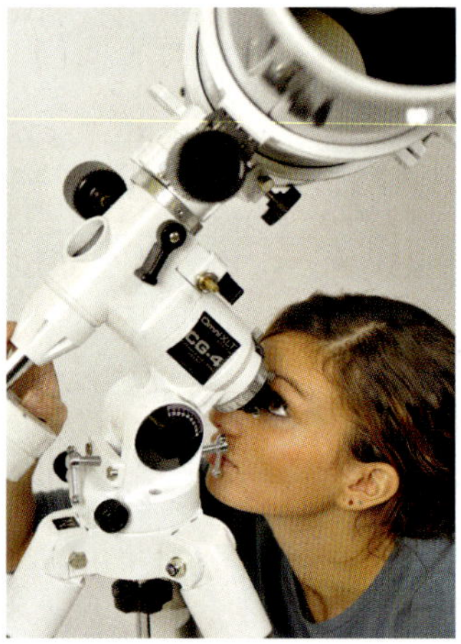

UTILISER UN POLARSCOPE
En regardant à travers un polarscope de l'hémisphère Nord (ci-contre à gauche), vous verrez une cible contenant plusieurs constellations ainsi qu'un petit cercle entourant une croix centrale. Localisez l'étoile Polaire et placez-la à l'intérieur du petit cercle en respectant l'orientation des constellations (voir ci-dessous).

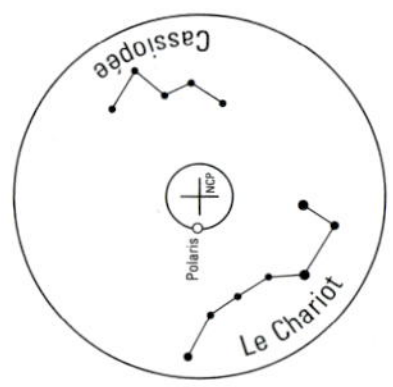

Alignement affiné

Pour des observations plus prolongées et, particulièrement, pour l'astrophotographie (voir p. 66-67), il est impératif d'aligner avec précision la monture sur le pôle Nord céleste. Le mieux est d'utiliser une monture équipée d'un « polarscope », un minitélescope placé dans l'axe polaire de la monture. En regardant à travers un polarscope, on voit une série de marques qui indiquent la position du pôle céleste en relation avec les étoiles les plus proches, comme Polaris dans l'hémisphère Nord. De petits ajustements de l'altitude et de l'azimut vous permettront de faire concorder ce que vous voyez dans le télescope avec ces marques. Dès lors, votre télescope est aligné sur le pôle céleste.

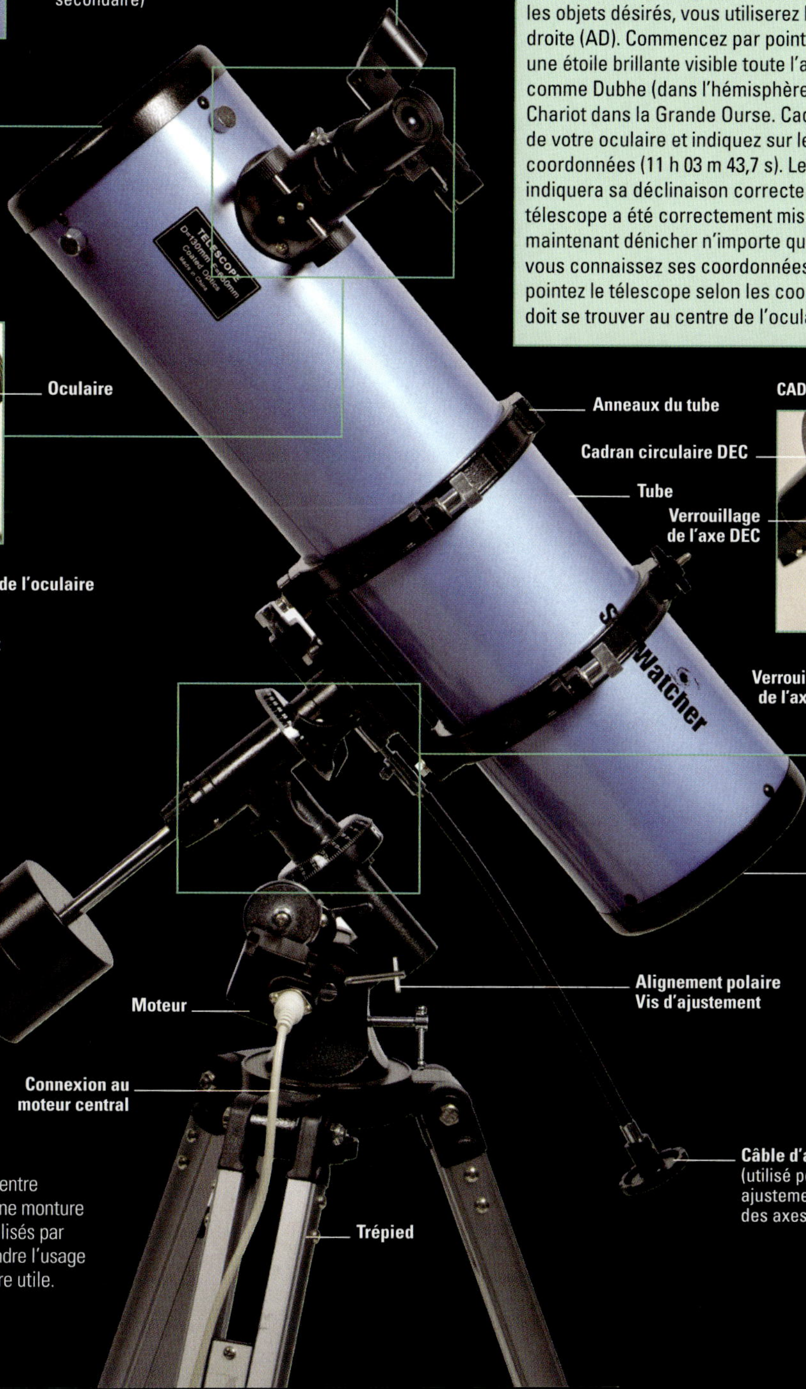

UTILISER LES CADRANS CIRCULAIRES

Une fois votre télescope équilibré et sa monture alignée sur le pôle céleste, vous êtes prêt à commencer votre chasse aux étoiles. Vous pouvez choisir de trouver vos objets célestes à l'aide d'un planisphère céleste ou d'une carte, ou bien de les localiser en utilisant leurs coordonnées, que vous reporterez sur les deux cadrans circulaires de votre monture. Le cadran de la déclinaison (DEC) ayant été fixé lors de l'alignement polaire ne doit plus bouger. Pour trouver les objets désirés, vous utiliserez le cadran de l'ascension droite (AD). Commencez par pointer le télescope vers une étoile brillante visible toute l'année et facile à repérer comme Dubhe (dans l'hémisphère Nord), située au fond du Chariot dans la Grande Ourse. Cadrez cette étoile au centre de votre oculaire et indiquez sur le cadran de l'AD ses coordonnées (11 h 03 m 43,7 s). Le cadran des déclinaisons indiquera sa déclinaison correcte (DEC + 61° 45′ 03″) si votre télescope a été correctement mis en station. Vous pouvez maintenant dénicher n'importe quelle étoile dès lors que vous connaissez ses coordonnées. Libérez les deux axes et pointez le télescope selon les coordonnées choisies : l'objet doit se trouver au centre de l'oculaire.

ANATOMIE D'UN TÉLESCOPE

Les télescopes diffèrent beaucoup entre eux, mais celui présenté ici, avec une monture équatoriale, est typique de ceux utilisés par les astronomes amateurs. Comprendre l'usage de chaque composant peut vous être utile.

LES TÉLESCOPES GO-TO

Les techniques informatiques, couplées avec les progrès de l'optique, ont donné les télescopes Go-To, qui rendent l'observation du ciel facile, même pour les novices.

Observer rapidement et facilement

De nombreux télescopes d'amateur ont une monture équipée d'un moteur électrique et d'une console de commande, ce qui permet de suivre les étoiles à travers le ciel. Dotés eux aussi d'un moteur électrique, les télescopes Go-To, une fois mis en station, vont par eux-mêmes, sans l'aide de l'astronome, pouvoir pointer vers n'importe quel objet céleste désigné. Les Go-To possèdent à cet effet une raquette de commande informatisée dans laquelle les diverses destinations célestes se présentent sous la forme d'un « menu » d'objectifs. Cette raquette de commande communique avec le moteur de la monture, lui indiquant vers où pointer et comment le faire. Et, pour l'astronome qui ne sait pas choisir quels objets il aimerait observer, certaines raquettes de télescopes Go-To lui indiquent même quels sont les objets intéressants à voir la nuit de l'observation…

CONTRÔLE INFORMATIQUE
Certains télescopes Go-To peuvent être reliés à un ordinateur et contrôlés par le programme d'un planétarium. Certaines raquettes peuvent ainsi être mises à jour, intégrant les objets nouvellement découverts.

DES TÉLESCOPES AUTO-GUIDÉS
Un télescope Go-To n'améliore pas votre vision des objets célestes, mais il en facilite la localisation. Son utilisation ne requiert que quelques connaissances de base des coordonnées célestes et des repères stellaires.

Comment fonctionne un Go-To ?

Pour procéder à la mise en station d'un télescope Go-To à monture en fourche, il faut d'abord le mettre dans une position « home » prédéterminée, spécifiée dans le manuel d'utilisation. Une fois le système branché et allumé, entrer le lieu, la date et l'heure. Dirigé par son ordinateur interne, le télescope va alors s'orienter de lui-même vers une étoile brillante du ciel de ces dates et heures. Vérifiez que l'étoile se trouve bien centrée dans l'oculaire, ou procédez à des ajustements mineurs à l'aide de la raquette jusqu'à ce que ce soit le cas. Ce processus d'alignement est répété trois fois avec des étoiles éloignées les unes des autres, après quoi l'ordinateur calcule sa position exacte par rapport à la sphère céleste. Dès lors, le télescope peut se diriger automatiquement vers les milliers d'objets contenus dans sa base de données parce qu'il « sait » exactement où il se trouve.

Installer un télescope Go-To

1 MONTER LE TÉLESCOPE Utilisez un niveau à bulle pour vérifier que le trépied est horizontal. Placez le télescope sur la tête du trépied et verrouillez son installation

2 METTRE EN PLACE Mettre le télescope et sa monture dans la bonne position. Pour un télescope Go-To (ici), cela signifie simplement aligner deux flèches ; mais une monture équatoriale exige un alignement polaire (voir p. 60)

3 PRÉPARER LE TÉLESCOPE Connectez la monture au courant, et établissez le contact. Enlevez le cache de la lentille

4 ENTRER LES INFORMATIONS Entrez tout de suite la date, l'heure et la localisation. Sur certains Go-To, la localisation se fait à partir d'un menu

LES TÉLESCOPES À GPS

Certains télescopes Go-To haut de gamme sont équipés de récepteurs GPS (Global Positionning System) qui leur indiquent automatiquement le lieu, la date et l'heure à chaque fois que l'instrument est allumé. D'autres possèdent même des capteurs qui décèlent si l'instrument n'est pas horizontal, ce qu'ils corrigent avant que ne commencent les manœuvres d'alignement.

CHASSEUR DE PLANÈTES
Les télescopes Go-To trouvent puis suivent les étoiles, les objets du ciel profond et même les planètes (comme Jupiter, ci-contre). Il est donc logique qu'ils soient plus onéreux que les télescopes classiques, mais cette dépense supérieure est compensée par un gain de temps.

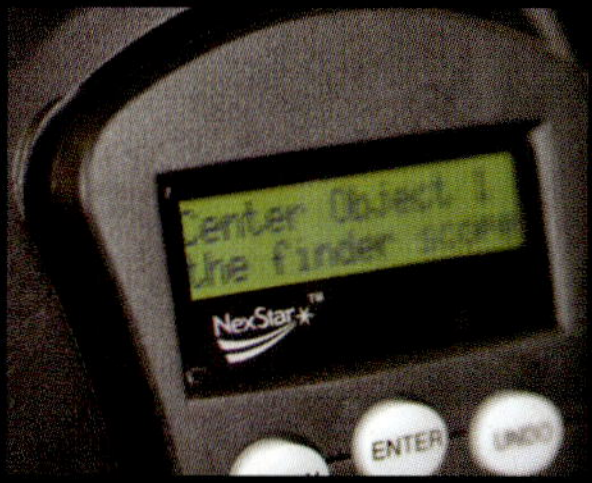

5 ALIGNER LE TÉLESCOPE

Les méthodes d'alignement varient selon les modèles. Généralement, vous devez choisir une étoile brillante comme Sirius. Sélectionnez-la sur la raquette de commande, et le télescope pointera automatiquement vers elle.

6 AJUSTER L'ALIGNEMENT

Regardez dans l'oculaire : l'étoile choisie doit s'y trouver. Sinon, utilisez le chercheur ou le viseur à cible rouge pour la centrer en vous servant des boutons directionnels de la raquette. Répétez les étapes 5 et 6 pour aligner sur deux ou trois autres étoiles.

7 ENTRER LA DESTINATION

Le télescope Go-To est prêt. Pour observer le ciel, cherchez l'objet que vous voulez voir (comme Jupiter) dans le menu et appuyez sur « go-to » ou « enter ». Le télescope se dirigera tout seul pour mettre l'objet choisi au centre de l'oculaire.

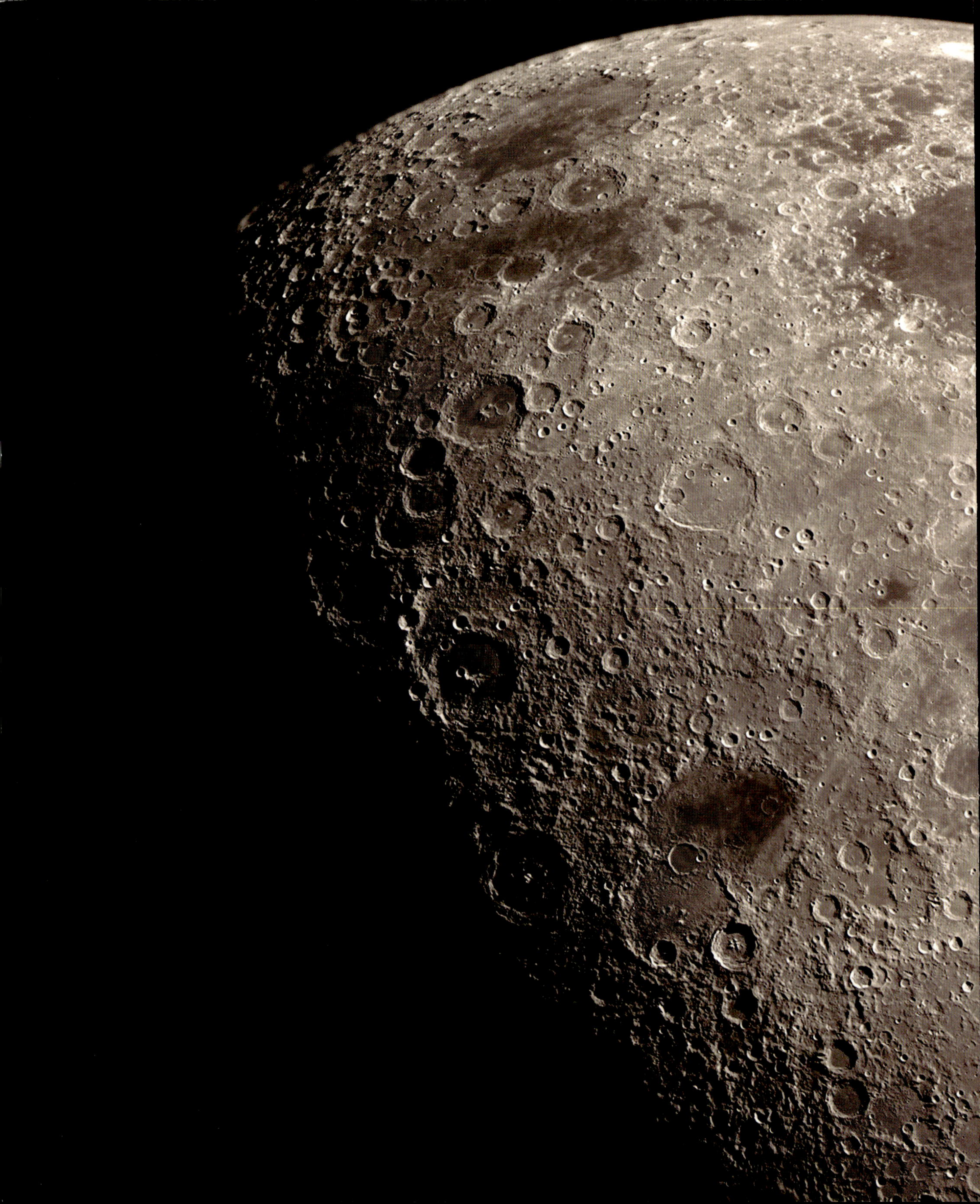

LA LUNE PHOTOGRAPHIÉE DEPUIS LA TERRE
Ces cratères de la surface lunaire ont été photographiés à travers l'oculaire d'un télescope avec une caméra CCD selon une technique appelée « digiscoping ».

L'ASTROPHOTOGRAPHIE

Dans un Cosmos empli de tant de choses si belles et où se déroulent tant d'événements, l'astrophotographie, mémoire de tout cela, est un plus pour les astronomes de tout niveau.

Du plus simple au complexe

L'astrophotographie peut être pratiquée par les débutants comme par les meilleurs spécialistes. Les uns vont utiliser un simple appareil photo accolé à leur télescopes, d'autres se serviront d'outils spécialement adaptés à l'astrophotographie et de logiciels pour réaliser leurs images. Patience et désir d'apprendre seront les moteurs des uns et des autres. Quelques savoirs de bases sont nécessaires mais suffisants pour commencer et, déjà, réaliser de fort belles photos.

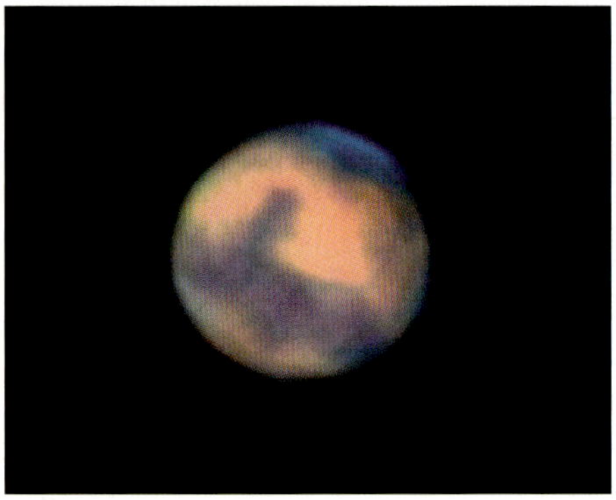

MARS EN OPPOSITION
La calotte polaire de Mars prise avec une webcam telle qu'elle apparaissait lors de son opposition (au plus proche de la Terre) en octobre 2007.

Le ciel nocturne en digiscopie

Le moyen le plus simple et le moins onéreux pour faire de l'astrophotographie est ce que l'on nomme la « digiscopie ». Cela consiste à accoler l'objectif d'un appareil photo digital compact (ou d'un reflex) à l'oculaire d'un télescope et de prendre la photo : c'est le télescope qui sert ici de zoom. La plupart des appareils photo sont capables de réaliser ainsi de bonnes images de la Lune en digiscopie. Si vous achetez un appareil spécialement pour faire de la digiscopie, attention toutefois à le choisir avec un écran LCD *live-view*, et, surtout, avec un contrôle manuel des temps de pose.

L'ADAPTATEUR NÉCESSAIRE
Afin que l'alignement entre l'appareil photo et la lentille de l'oculaire soit parfait et ne bouge pas, il est nécessaire d'utiliser un adaptateur (vendu dans le commerce).

LES PRINCIPES DE LA DIGISCOPIE

- Alignez l'objectif de l'appareil photo aussi précisément que possible sur la lentille de l'oculaire du télescope.
- Réglez bien la distance entre l'appareil photo et l'oculaire pour obtenir la meilleure image.
- Installez l'appareil photo sur un trépied pour pointer l'oculaire du télescope ou, mieux, utilisez un adaptateur (ci-dessus).
- Débranchez le flash de l'appareil photo et, si l'appareil le permet, tentez plusieurs temps de pose différents en les notant; vous trouverez ensuite ceux qui conviennent.
- Utilisez le déclenchement automatique de l'appareil photo pour éviter qu'il ne vibre lorsque vous appuyez sur le bouton.

MOSAÏQUE LUNAIRE
Cette photo de la surface lunaire montre ce que l'on peut réaliser en digiscopie. L'image, qui dévoile clairement les cratères et les mers de la Lune, est une photo composée de plusieurs clichés réunis ensuite.

Webcam et astronomie

L'un des problèmes de l'astrophotographie est l'ondulation de l'atmosphère terrestre qui donne parfois un mauvais « seeing » (voir p. 45). Une photo prise lorsque ce seeing est momentanément pauvre, et la photo est ratée. Une solution simple est donc de prendre plusieurs images en une seule seconde : bref, de réaliser une vidéo. Une telle vidéo, si elle est courte (voir ci-dessous), peut ensuite être retravaillée grâce à un logiciel spécialisé, tel que le Registax (téléchargeable gratuitement). Les meilleurs cadrages sur telle ou telle partie de l'image filmée seront en effet, grâce à ce logiciel, filtrés puis réunis pour créer une image finale qui montrera plus de détails et donnera une meilleure clarté que la bande vidéo.

Certaines webcams sont parfaites pour prendre des vidéos de la Lune et des planètes, et de nombreux astronomes les utilisent avec leur télescope pour prendre d'excellentes photos. Il existe également de nos jours des caméras, similaires aux webcams, faites pour filmer les planètes et en capturer les moindres détails.

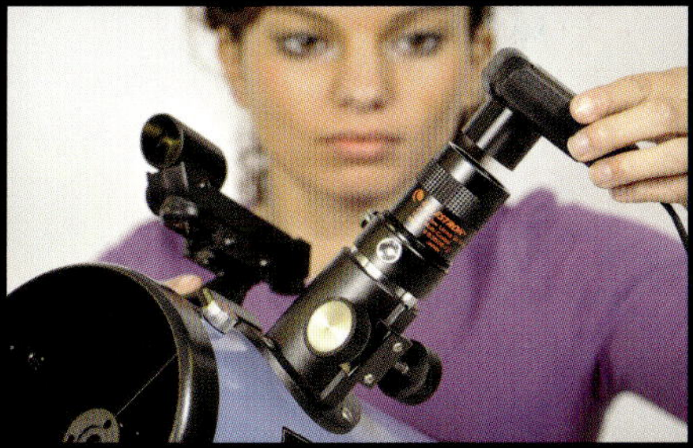

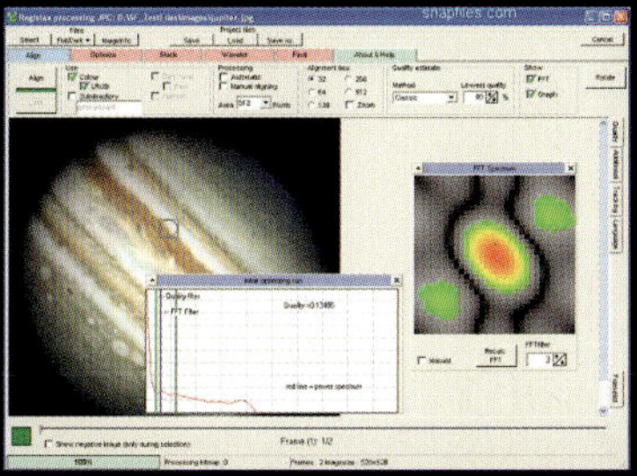

INSTALLER UNE WEBCAM
Les webcams spécialisées pour l'astronomie se glissent à l'emplacement de l'oculaire (ci-dessus). Certaines possèdent un ordinateur qui peut se connecter avec un logiciel tel que le Registax durant la vidéo (à droite).

UTILISER UNE WEBCAM POUR PHOTOGRAPHIER LA LUNE ET LES PLANÈTES

1. Installez le télescope. S'il a un moteur d'entraînement, assurez-vous que celui-ci est réglé pour suivre la Lune et les planètes. Installez la webcam et l'ordinateur.
2. Centrez l'objet désiré dans l'oculaire, puis remplacez ce dernier par la webcam. Vérifiez que celle-ci est bien connectée avec le logiciel de capture.
3. En utilisant le logiciel de capture, focalisez l'image de la planète ou des détails lunaire dans un champ étroit.
4. Ajustez le temps de pose de la caméra, si nécessaire en utilisant un logiciel de contrôle.
5. Entrez la durée de l'enregistrement dans le logiciel ; 60 secondes est une bonne durée pour filmer une planète, car, celle-ci tournant sur son axe, un temps plus long fera que vos photos seront brouillées et que vous en perdrez les détails.
6. Mettez la caméra en marche. Elle va maintenant prendre une courte vidéo sous la forme d'un fichier AVI.
7. L'enregistrement terminé, téléchargez-le sur le programme de traitement d'image de votre choix. Suivez bien les instructions du logiciel pour produire l'image recomposée.

Utiliser un appareil photo DSLR

L'insatiable créativité des astrophotographes, jointe aux progrès continus des appareils photo, fait qu'il est possible de réaliser de fantastiques images du ciel nocturne, depuis les photos à grand champ jusqu'à des images en couleur des nébuleuses ou des galaxies. À priori les appareils photo DLSR (Digital Single-Lens Reflex) ne sont pas destinés à l'astrophotographie, mais ils en sont devenus des instruments de choix depuis quelques années. Les DLSR présentent en effet trois grands avantages. Tout d'abord, leur obturateur peut rester ouvert très longtemps, ce qui permet de capter un maximum de lumière, élément primordial pour photographier des objets de faible luminosité (nébuleuses, galaxies). En second lieu, les objectifs des appareils DLSR sont généralement plus grands que ceux d'un appareil photo digital, d'où leur capacité à recevoir plus de lumière. Enfin, les DLSR sont moins sujets au « bruit » électronique (interférence qui produit de petits points sur l'image), et donnent donc une photo plus nette.

PHOTO À GRAND CHAMP
Avec un appareil photo DSLR installé sur un trépied, un temps de pose de 30 à 60 secondes permet de photographier les constellations, le champ étoilé de la Voie lactée, voire quelque brillante nébuleuse.

Des appareils multifonctions

L'avantage des appareils photo DLSR par rapport à leurs cousins les « compacts » est qu'ils possèdent des objectifs ou des lentilles interchangeables. Avec un zoom adaptable sur ce type d'appareil qui permet une focale comprise entre 18 et 55 mm, il devient aisé de prendre des photos à grand champ du ciel nocturne. Un autre zoom de plus grande focale permettra de prendre des parties plus ciblées du ciel. Un DLSR est capable de longs temps de pose, car son obturateur peut rester longtemps ouvert une fois mis en « pose B ». Toutefois, ces temps de pose ne doivent pas excéder quelques secondes, sans quoi le trajet apparent des étoiles apparaîtra telle une traînée blanchâtre sur l'image. Pour des temps de pose plus long, il faut alors placer l'appareil sur une monture motorisée, les très longs temps de pose exigeant, eux, des systèmes de suivi plus sophistiqués.

LES FILTRES ANTIPOLLUTION LUMINEUSE

La pollution lumineuse est la bête noire des astrophotographes. Dans un grand nombre de sites, en effet, les photos à long temps d'exposition garderont l'empreinte des gaz au mercure ou au sodium des éclairages publics. Heureusement, ces lampes délivrent leur lumière dans une étroite fenêtre de longueurs d'ondes, et un filtre approprié suffira à les bloquer.

ORION RÉVÉLÉE
La photographie d'Orion prise avec un filtre (à droite) montre plus de contraste que celle prise sans filtre (au-dessus).

EN QUEUE DE COCHON
Un appareil photo installé en queue de cochon sur un télescope suivra les étoiles en même temps que le télescope.

AU FOYER DU TÉLESCOPE
Mis au foyer d'un télescope, un appareil photo reçoit des images agrandies, mais cela exige un suivi rigoureux du ciel.

Suivre les étoiles avec un appareil DLSR

Pour prendre des photos du ciel profond à long temps de pose, il faut un appareil photo qui puisse suivre le mouvement apparent du ciel nocturne. Il y a deux moyens pour ce faire. Le premier est de l'attacher en « queue de cochon » (piggy-backing) sur un télescope à monture équatoriale. Cette méthode autorise des photos de larges parties du ciel, ainsi que des nébuleuses ou des galaxies les plus étendues. Une autre méthode, dite « au foyer », consiste à enlever la lentille de l'appareil et à lier ce dernier, grâce à un adaptateur (bague T2), au foyer du télescope qui devient ainsi lui-même la lentille grossissante de l'appareil. On peut ainsi prendre des photos avec un temps de pose de plusieurs minutes, temps nécessaire pour les nébuleuses, galaxies et amas d'étoiles. Cela nécessite toutefois une monture capable de suivre les trajet des étoiles sans à-coups.

L'imagerie CCD

Les caméras CCD (Charge Coupled Devices) sont très utilisées par les astronomes pour capturer des objets de faible intensité lumineuse tels les amas, nébuleuses ou galaxies. Une caméra CCD convertit la lumière qu'elle reçoit en signaux électriques qui, lus par la caméra, formeront l'image de l'objet observé. Cette image est ensuite téléchargée *via* un câble sur un ordinateur. L'avantage des caméras CCD par rapport aux appareils DLSR est qu'elles peuvent capter des lumières de très faible intensité, et qu'en outre elles sont refroidies, ce qui leur évite tout « bruit » thermique. Il existe des caméras CCD à peu près à tous les prix, des plus abordables aux plus onéreuses qui sont réservées aux professionnels.

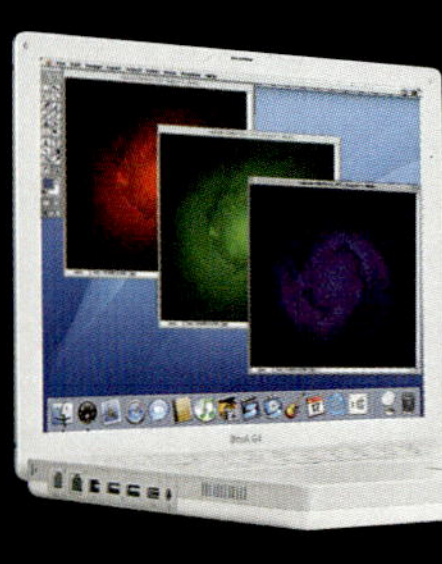

IMAGE CCD
Un logiciel idoine combine les images pour rendre une photo aux couleurs très apparentes.

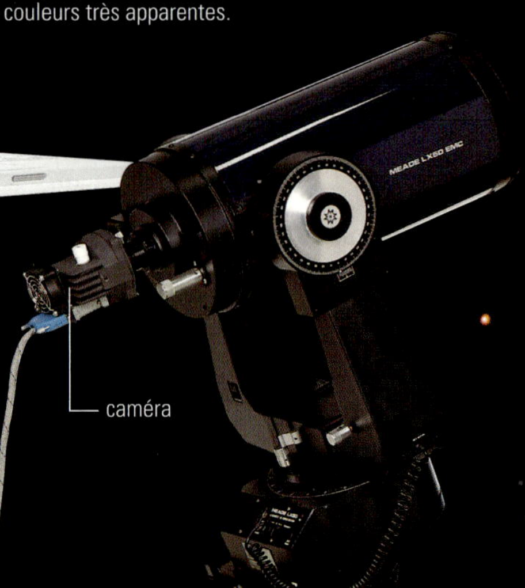

COMBINAISON DE COULEURS
Certaines caméras CCD peuvent prendre plusieurs photos en monochrome. La combinaison des photos en rouge, bleu et vert produit ensuite la photo en couleurs.

LE TOURBILLON EN COULEURS
Cette splendide image de la galaxie du Tourbillon (M 51) dans la constellation des Chiens de Chasse a été prise par un télescope catadioptrique de 360 mm d'ouverture en séparant les couleurs rouge, bleu et vert, puis en les recombinant avec l'aide d'un logiciel.

4

LES REPÈRES DU CIEL

Les astronomes ont découpé le ciel en secteurs distincts qui contiennent certains groupes d'étoiles. Ces groupes ont reçu le nom de « constellations ». Savoir reconnaître les constellations permet de passer aisément d'un secteur à l'autre et de localiser les spectaculaires objets du ciel profond.

LES CONSTELLATIONS

Avoir divisé le ciel en parties définies contenant des étoiles qui forment des dessins aisés à repérer et à retenir, aide les astronomes à retrouver leur chemin dans la voûte céleste.

Aux origines des constellations occidentales

L'idée de « constellations » remonte sans doute à des milliers d'années, et certains, mais cela est fort contesté, pensent que dans les grottes de Lascaux, dont les peintures sont datées d'environ 16 000 ans, se trouve la première représentation de la constellation connue aujourd'hui sous le nom de « Taureau ». En histoire des sciences, la première mention non contestable des constellations et de leurs formes (c'est-à-dire les débuts de l'astronomie) remonte à l'ancienne civilisation grecque. Dans son poème *Phænomena*, Aratus (315-245 av. J.-C.) décrit 47 constellations qu'il a trouvées chez l'un de ses prédécesseurs, Eudoxus (390-340 av. J.-C.). Ce dernier les avait apprises des Égyptiens, qui les tenaient probablement des Babyloniens, des Sumériens et des Phéniciens. Vers l'an 150 ap. J.-C., l'astronome Ptolémée a réuni toutes ces connaissances des Grecs en un grand volume, l'*Almageste*, qui contenait un catalogue d'étoiles et 48 constellations. Environ 1 000 ans plus tard, cet *Almageste* a été retrouvé en Italie et traduit en latin, ce qui explique pourquoi les constellations ont aujourd'hui des noms latins.

UNE PREMIÈRE CARTE CÉLESTE ?
La peinture paléolithique du Taureau dans les grottes de Lascaux représente-t-elle la constellation du même nom ? Dans ce cas, les points situés au-dessus seraient une représentation de l'amas des Pléiades ?

Les constellations ont été **imaginées par l'homme** afin d'imposer un ordre aux **mystères** du ciel nocturne.

Les constellations chinoises

Les constellations actuellement répertoriées sont celles identifiées par les Grecs, auxquelles se sont ajoutées d'autres constellations signalées depuis par les navigateurs et les astronomes. Mais bien d'autres civilisations ont elles-mêmes instauré leurs cartes de constellations, comme les Chinois, qui, 3 000 ans avant notre ère, avaient déjà divisé le ciel en 31 régions de trois Enclos et 28 Maisons. Les Enclos sont séparés les uns des autres par des « murs » formés par des astérismes et sont localisés autour du pôle Nord céleste. Les Maisons sont, elles, à rapprocher de nos constellations du zodiaque, à la différence (toutefois minime) que leur mouvement mensuel est fondé sur le calendrier lunaire, et non solaire comme en Occident. Il y a également quatre créatures mythiques dans les constellations chinoises : le Dragon azur de l'est (printemps), l'Oiseau vermillon du sud (été), le Tigre blanc de l'ouest (automne) et la Tortue noire (hiver), chacune représentant à la fois un point cardinal et une saison.

LES CARTES STELLAIRES CHINOISES
Cette carte stellaire a été gravée sur une table de pierre au XIIe siècle. L'astronomie chinoise n'utilise pas le même système de référence que l'Occident pour situer les étoiles.

Constellations, navigateurs et astronomes

Lorsque les navigateurs occidentaux ont commencé à voguer vers le sud, ils ont découvert toute une partie du ciel étoilé sans constellations ; sans constellations répertoriées, s'entend. Cantonnés autour de la Méditerranée, leurs prédécesseurs grecs et romains n'avaient compté que les 48 constellations boréales. Très vite, ces hardis navigateurs, souvent accompagnés d'astronomes, ont commencé à y ajouter les constellations australes qu'ils avaient repérées. Dès les années 1500, douze nouvelles constellations furent ainsi inscrites par les explorateurs hollandais Pieter Keyser et Frederick de Houtman. La course aux constellations était engagée, et chacun de trouver ses constellations en l'honneur de son armateur ou de son roi. Ainsi, en 1679, quelques étoiles du Bélier furent utilisées par Augustin Royer pour former la constellation du Lis, la fleur royale, en l'honneur du roi Louis XIV. Ce lis n'a pas survécu longtemps, et il en fut de même pour nombre de constellations dénommées ainsi sans grande raison. C'est en 1922 que, se réunissant pour la première fois, l'Union astronomique internationale (I. A. U) a défini les constellations, répertoriées au nombre de 88.

LA REPRÉSENTATION DES CONSTELLATIONS
L'*Atlas Cœlestis* de 1729 expose les représentations classiques des 48 constellations originales de Ptolémée ainsi que d'autres, abandonnées depuis.

L'ORION DE BAYER
L'atlas de Johann Bayer, *Uranometria* (littéralement : « mesures du ciel »), contient de magnifiques gravures des constellations, comme Orion.

Dénommer les cieux

Les noms des étoiles et des constellations ont été rationalisés par l'astronome allemand Johann Bayer. En 1603, en hommage aux Grecs, il a assigné aux étoiles les plus brillantes d'une constellation des lettres de l'alphabet grec dans son atlas stellaire *Uranometria*. Ainsi la première étoile d'une constellation (généralement la plus brillante, mais pas toujours) sera Alpha (α), suivie du nom au génitif de la constellation. Par exemple, dans Orion, l'étoile principale a pour nom arabe Bételgeuse, qui devient dans le catalogue de Bayer « Alpha (α) *Orionis* ». À noter que le génitif latin doit être appris (comme dans toutes les langues) car il ne s'agit pas toujours d'ajouter simplement « is » après le nom de la constellation. Ainsi, le génitif de *Gemini* est en latin *Geminorum*, et celui de *Pegasus* est *Pegasi*. À cela s'ajoute le fait que les noms des constellations sont simplifiés en trois lettres, ce qui les rend plus faciles à écrire. Orion s'écrit *Ori* et, du coup, Bételgeuse devient « α Ori ».

LES CARTES DES CONSTELLATIONS

Dans cette partie ne sont exposées que les cartes des constellations les plus reconnaissables, ou qui contiennent des objets notables du ciel profond.

Lire les cartes des constellations

Les cartes des constellations présentées dans ce chapitre sont toujours orientées selon un axe nord-sud. Elles sont toutes reproduites à la même échelle, ce qui permet de comparer les dimensions des différentes constellations. Chaque carte retrace la forme de la constellation (des lignes joignant les principales étoiles) ainsi que ses limites (en rouge) telles qu'elles ont été définies par l'Union astronomique internationale (I. A. U.). Seules les constellations aux formes reconnaissables et/ou contenant des objets du ciel profond sont cartographiées dans ce chapitre, mais la liste complète des 88 constellations est donnée p. 77, ainsi que dans les annexes (p. 242-243).

DESCRIPTION DES CONSTELLATIONS
Les principales constellations du ciel nocturne sont présentées dans les pages suivantes, avec des détails sur leurs étoiles majeures ainsi que sur les objets du ciel profond qu'elles contiennent.

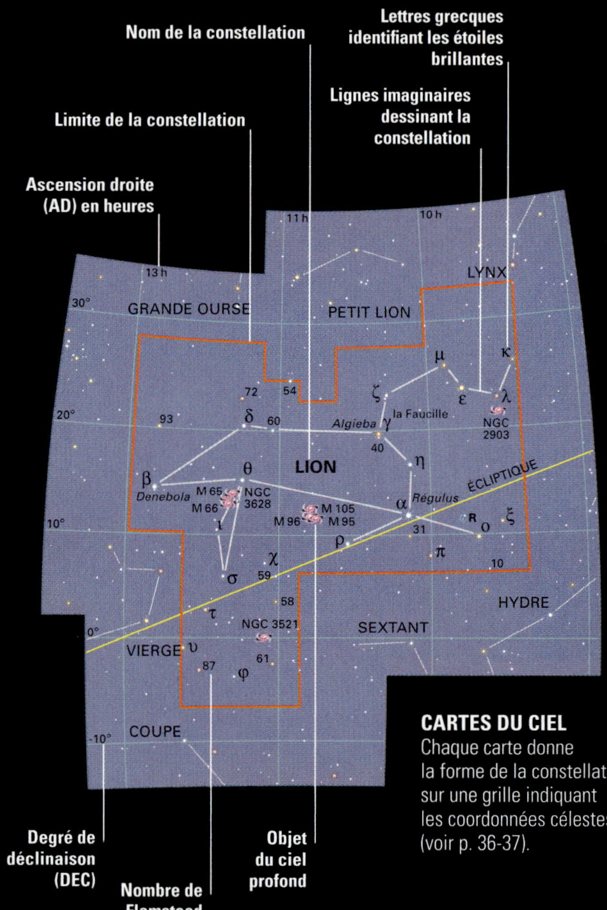

CARTES DU CIEL
Chaque carte donne la forme de la constellation sur une grille indiquant les coordonnées célestes (voir p. 36-37).

Ce que montrent les cartes des constellations

Les cartes indiquent pour chaque constellation les étoiles d'une magnitude maximale de 6,5, à la limite de la visibilité à l'œil nu, aisément repérables par l'astronome occasionnel. Sont signalées également les étoiles d'une couleur particulière, ou très brillantes, ainsi que les objets notables du ciel profond : amas d'étoiles, nébuleuses, galaxies.

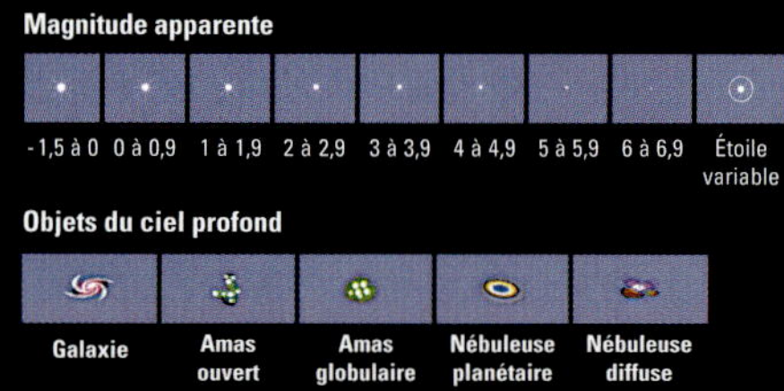

ÉTOILES ET MAGNITUDE
Les étoiles sont représentées par des points indiquant leur magnitude apparente.

OBJETS RECENSÉS
Les objets du ciel profond recensés et numérotés dans un catalogue sont indiqués par des icônes.

LETTRES DE BAYER ET NOMBRES DE FLAMSTEED

Dans le catalogue mis au point par Johann Bayer (voir p. 73), les étoiles les plus brillantes d'une constellation sont désignées par une lettre de l'alphabet grec (en minuscule).
Deux étoiles très proches partagent une même lettre et sont distinguées par un chiffre. Les autres étoiles sont identifiées par le nombre de Flamsteed, par exemple « 15 *Orionis* », qui va croissant selon l'ascension droite (de droite à gauche sur une carte stellaire).

α alpha	ν nu
β bêta	ξ xi
γ gamma	ο omicron
δ delta	π pi
ε epsilon	ρ rhô
ζ zêta	σ sigma
η êta	τ tau
θ thêta	υ upsilon
ι iota	φ phi
κ kappa	χ chi
λ lambda	ψ psi
μ mu	ω oméga

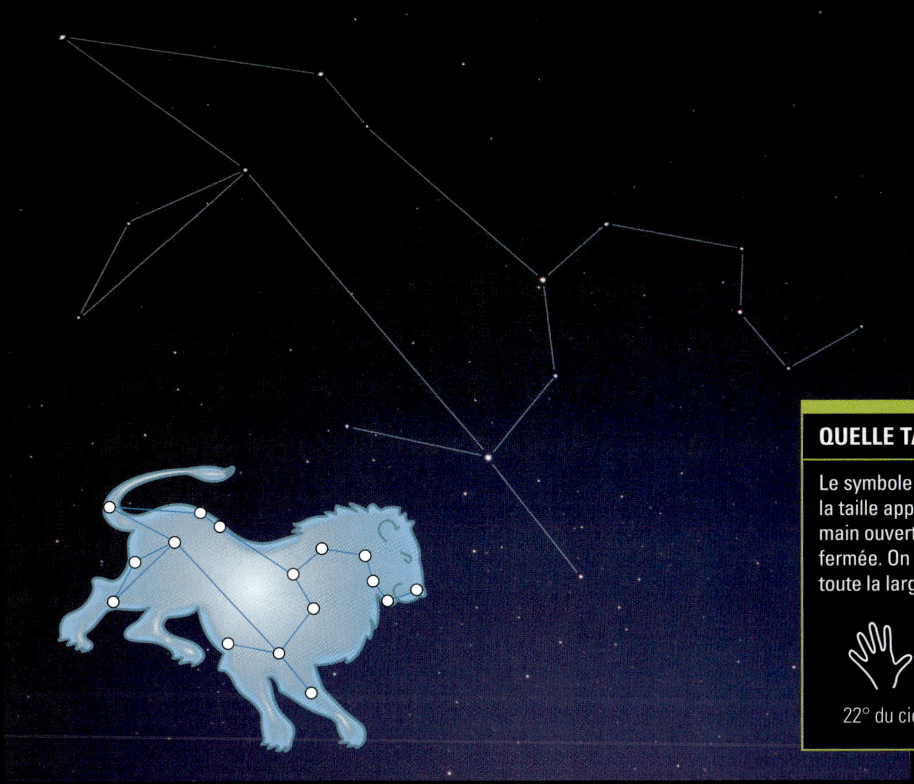

La représentation des constellations

Un petit croquis montre à quelle figure imaginée dans le ciel correspond chaque constellation. Parmi les 88 constellations, 48 ont été répertoriées par l'astronome Ptolémée et figurent des personnages de la mythologie grecque. D'autres constellations, comme le Lion, correspondent à des figures présentes de nombreuses civilisations depuis des millénaires.

QUELLE TAILLE ?

Le symbole des mains est souvent utilisé pour donner la taille apparente d'une constellation. À bras tendu, une main ouverte couvre environ 22° et 10° lorsqu'elle est fermée. On peut combiner ces symboles pour indiquer toute la largeur ou la profondeur d'une constellation.

QUE VOIR ET AVEC QUOI ?

À côté de chaque photographie, vous trouverez une petite icône indiquant avec quel équipement l'objet représenté peut être observé : parfois à l'œil nu, ou bien il vous faudra des jumelles ou un télescope pour l'apercevoir.

Icônes de visibilité

- Œil nu
- Jumelles
- Télescope
- Observatoire professionnel

M 65
Cette galaxie spirale située en dessous du Lion requiert un télescope pour être vue.

Les constellations visibles

Selon la latitude à laquelle nous nous trouvons (voir p. 33), nous pouvons observer certaines constellations alors que d'autres nous sont invisibles : les constellations situées les plus au sud ne peuvent être vues depuis les latitudes les plus au nord, car elles ne se lèvent jamais sur l'horizon. C'est pourquoi les tables d'informations des constellations indiquent toujours les latitudes depuis lesquelles elles sont visibles. La carte ci-dessous donne des repères géographiques des latitudes du nord au sud. La constellation australe du Sagittaire est ainsi entièrement visible entre 44° N et 90° S. Un observateur plus au nord (au-delà de 44° N) n'en verra qu'une partie. En revanche, certaines constellations comme Orion, située sur l'équateur céleste, sont entièrement visibles depuis tous les points du Globe.

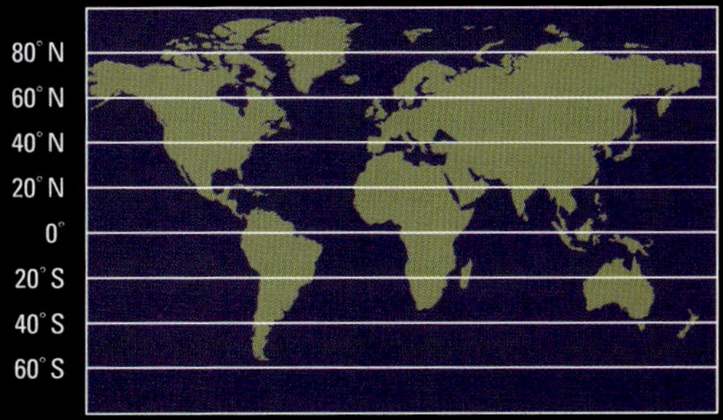

VISIBILITÉ TOTALE ?

Les informations pour chaque constellation indiquant toujours entre quelles latitudes elle est entièrement visible, la carte ci-contre, qui permet de repérer à quelle latitude vous vous situez, vous aidera à savoir immédiatement si cette constellation est pour vous entièrement visible ou non.

LES CARTES DU CIEL

Les cartes des pages 76 à 81 forment un plan complet du ciel nocturne, situant les constellations réparties dans la totalité de la sphère céleste.

À propos des cartes du ciel

Dans les pages suivantes, la sphère céleste a été divisée en six sections deux sections concernant les régions pôle Nord et pôle Sud, et les quatre autres couvrant les secteurs équatoriaux. Lorsque nous regardons le ciel nocturne, celui-ci nous apparaît tel un vaste dôme nous surplombant. Mais la projection d'un espace tridimensionnel sur un plan fait que cette réalité est moins flatteuse lorsque nous lisons une carte du ciel, sur laquelle certaines constellations semblent légèrement étirées, ce qui est particulièrement sensible près des cercles polaires. Après ces premières cartes, ce chapitre sur les repères du ciel est ensuite consacré aux constellations (pages 82 à 171), présentant pour chacune les étoiles principales ainsi que d'autres objets notables : nébuleuses, amas d'étoiles ou galaxies. Les astérismes, aidant à se repérer dans le ciel, sont également indiqués.

LA TAILLE ET LA MANIÈRE
Les constellations varient beaucoup en taille et en importance. La plus grande est l'Hydre, qui s'étend sur 86°, et la Croix, dont la forme est très caractérisée, est la plus petite.

LE CIEL DU PÔLE NORD

Polaris, dite aussi l'étoile Polaire, est en réalité située à un peu moins de 1° du pôle céleste. Ce n'est pas une étoile particulièrement brillante, mais elle est importante pour la navigation (terrestre ou maritime) pour trouver le nord et, partant, les autres directions. Tandis que la Terre effectue sa rotation autour de son axe, Polaris, qui en est très proche, semble ne pas bouger dans le ciel. De ce fait, l'angle sous lequel Polaris se trouve à l'horizon est égal à la latitude depuis laquelle on l'observe dans l'hémisphère Nord.

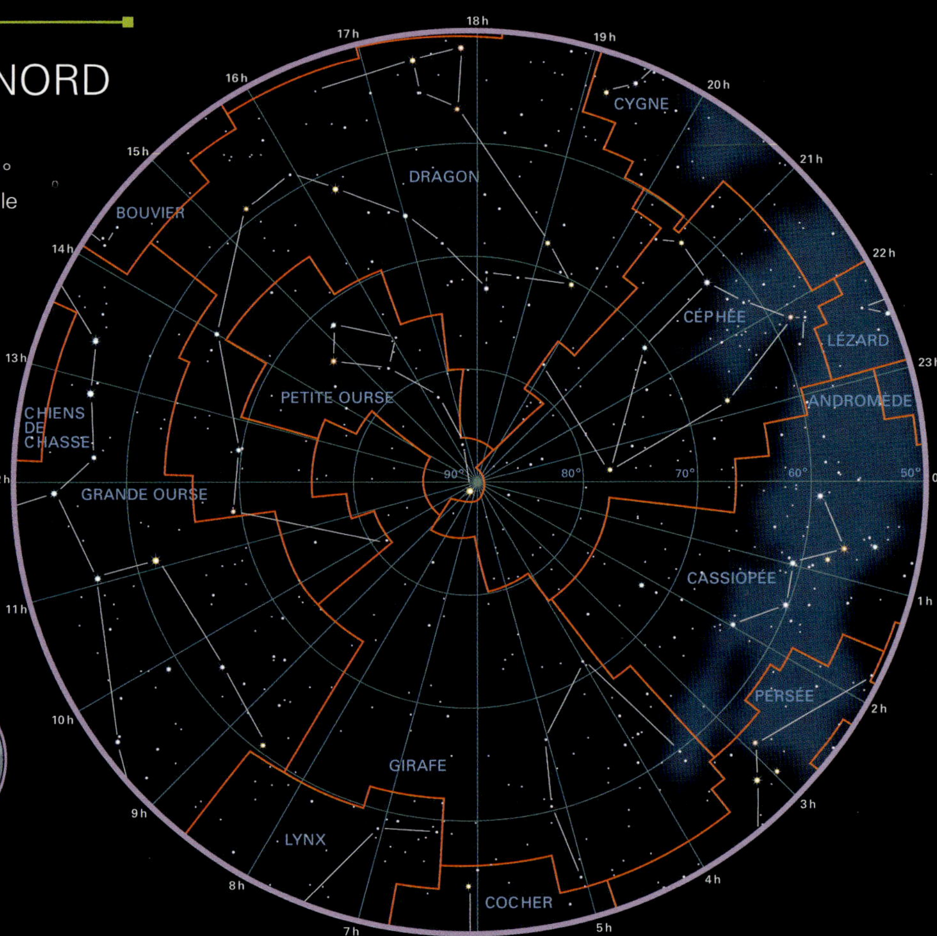

SPHÈRE CÉLESTE

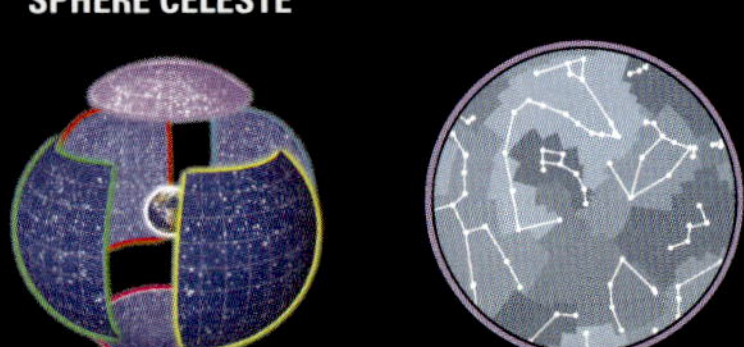

Magnitude apparente des étoiles

LISTE ALPHABÉTIQUE DES 88 CONSTELLATIONS

Les numéros de page renvoient aux constellations présentées en détail dans ce chapitre.

LE CIEL DU PÔLE SUD

En regardant la carte du ciel austral, on remarque qu'il n'existe pas, proche du pôle Sud, une étoile équivalente à Polaris. Pour trouver le pôle Sud céleste, les astronomes ont mis au point une méthode complexe à partir des constellations de la Croix et du Centaure (voir p. 140) – d'autant plus complexe que la région est pauvre en étoiles brillantes. Les constellations avoisinantes contiennent tout de même de très belles étoiles, et sont traversées par la bande de la Voie lactée, ici très visible, avec ses amas d'étoiles et ses nébuleuses.

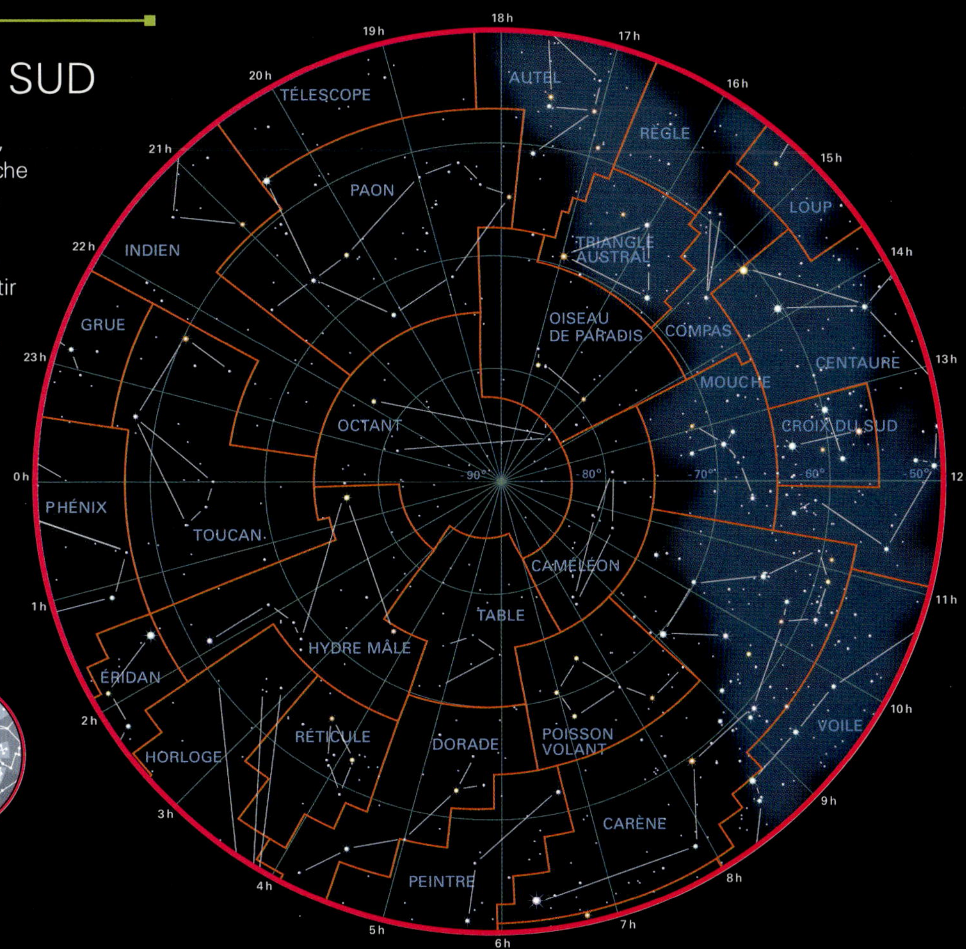

SPHÈRE CÉLESTE

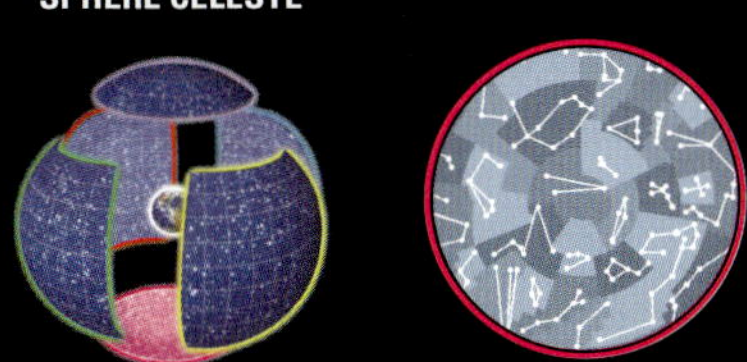

Magnitude apparente des étoiles

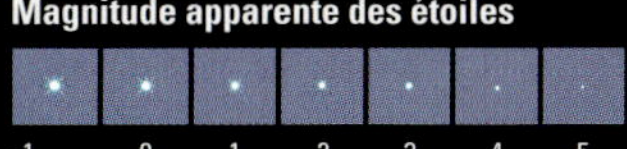

CARTE ÉQUATORIALE N° 1

Cette section du ciel nocturne, qui correspond à l'équinoxe d'automne (voir p. 121), est celle que, dans le monde entier, on voit le mieux durant les mois de septembre, octobre et novembre. C'est malheureusement une région pauvre en étoiles ou dont les étoiles sont faibles. Signalons toutefois la présence d'objets notoires : M 31, la galaxie d'Andromède, une plus grande galaxie que la nôtre dont elle est la voisine, et dans la Baleine (*Cetus*) l'admirable Mira *Ceti*, une étoile rouge variable. Sans oublier le Grand Carré de Pégase, juste au nord de l'équateur céleste, qui sert d'astérisme pour se repérer, ainsi que Fomalhaut, tout au sud dans le Poisson austral, la seule étoile brillante de la région.

SPHÈRE CÉLESTE

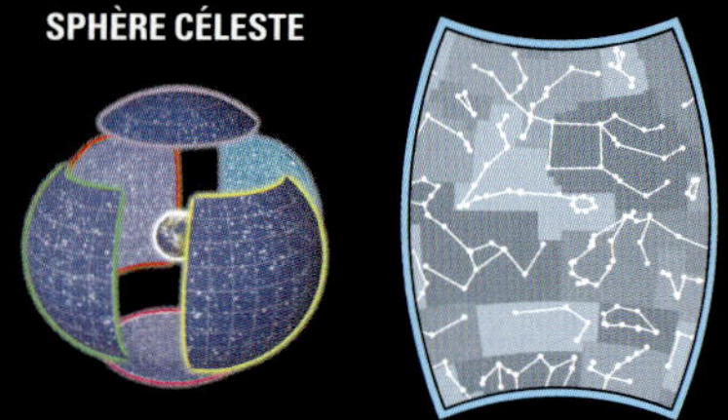

Magnitude apparente

CARTE ÉQUATORIALE N° 2

Cette partie du ciel est celle que l'on voit le mieux durant les nuits d'été, de juin à début septembre. Contrairement à la carte n° 1, on constate qu'elle est particulièrement riche en constellations et que, pour les astronomes qui bénéficient d'un ciel noir, on y distingue au mieux la traînée blanchâtre de la Voie lactée (surtout en août). Au nord, se trouve le Triangle d'été, l'astérisme formé par les étoiles Deneb du Cygne, Véga de la Lyre et Altaïr de l'Aigle. Au sud apparaît la reconnaissable ligne incurvée formée par le Scorpion et, à côté, le fameux « Teapot » du Sagittaire. Près de la Voie lactée, au nord, la constellation d'Hercule contient le grand amas globulaire M 13, le plus ancien que nous puissions apercevoir.

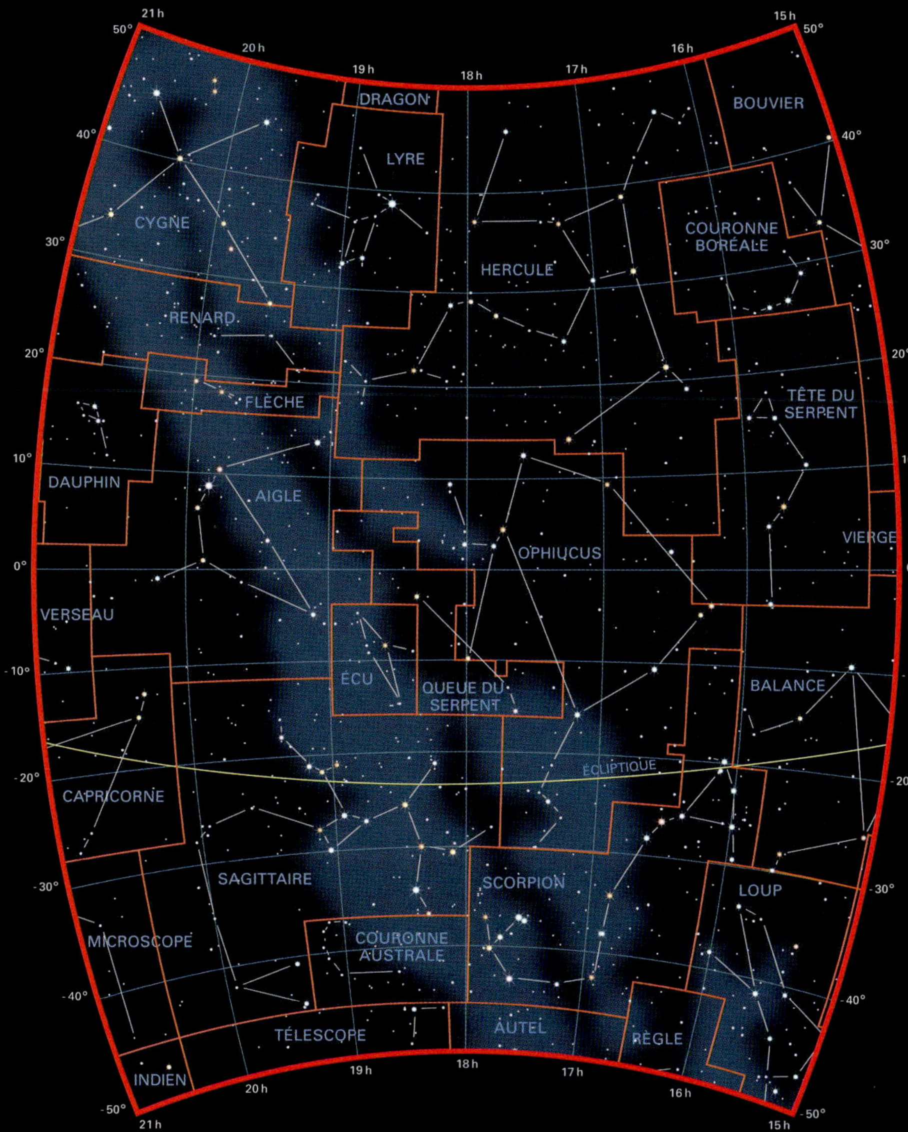

SPHÈRE CÉLESTE

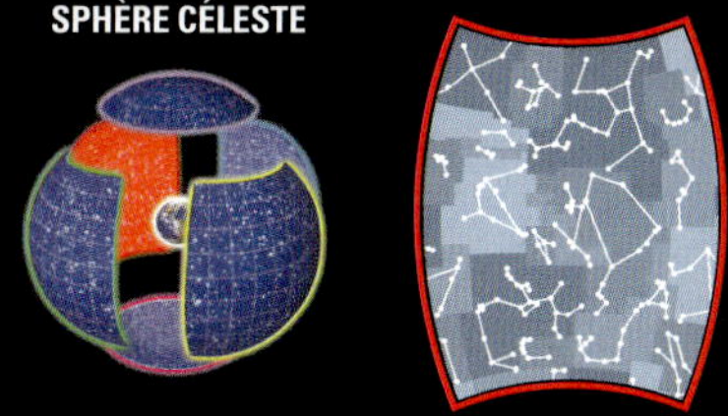

Magnitude apparente

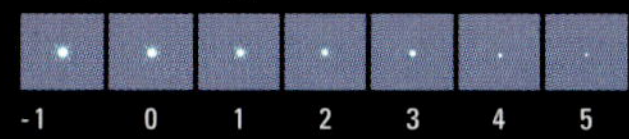

CARTE ÉQUATORIALE N° 3

Cette section du ciel est celle que l'on voit le mieux aux mois de mars, avril et mai. La région contient la troisième et la cinquième étoile la plus brillante de toute la sphère céleste : Arcturus du Bouvier, étoile rouge orangé qui devient au printemps bien visible dans l'hémisphère Nord, et l'Épi, étoile bleutée située dans la Vierge. La Vierge est la deuxième constellation la plus vaste après l'Hydre, juste au sud de la Vierge, qui traverse la région de part en part et s'étend même au-delà. Au centre et un peu sur la droite, le Lion, l'une des rares constellations portant bien son nom car on en reconnaît facilement la tête grâce à l'espèce de point d'interrogations formé dans le ciel par six de ses étoiles.

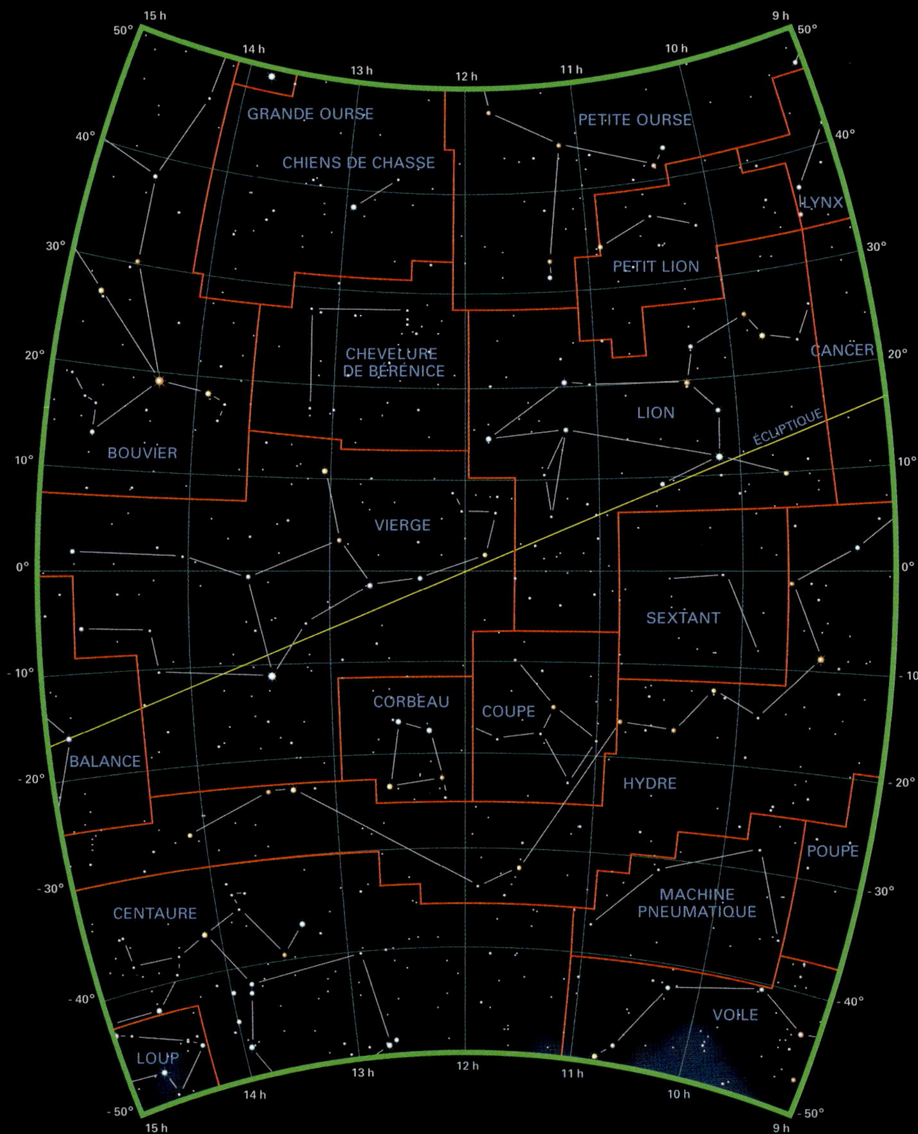

SPHÈRE CÉLESTE

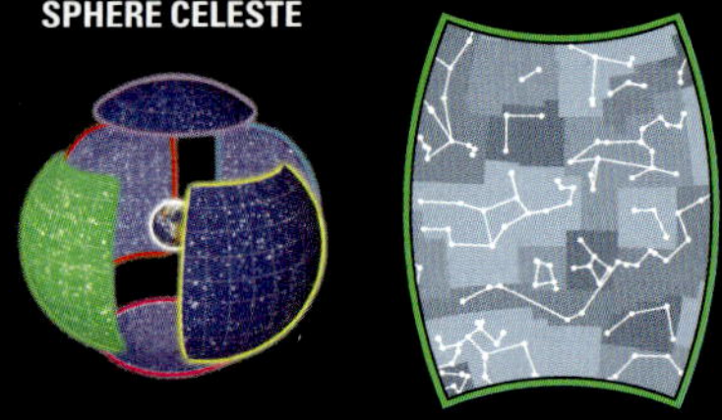

Magnitude apparente

CARTE ÉQUATORIALE N° 4

La carte ci-dessous montre la région du ciel qui est la mieux observable durant les mois d'hiver, en décembre, janvier et février. C'est sans doute ici la plus belle région du ciel, car elle contient beaucoup plus d'étoiles brillantes que les autres. Presque en son centre se trouve la très reconnaissable constellation d'Orion, avec sa ligne centrale de trois étoiles quasi semblables qui forment ce que l'on nomme la « Ceinture d'Orion ». Proche d'Orion, voici le Taureau, avec son étoile brillante Aldébaran et, au-dessus, l'amas ouvert des Pléiades M 45, l'un des plus beaux de la sphère céleste. Au dessous d'Orion se situe le Grand Chien, dont l'étoile Sirius est la plus brillante de tout le ciel.

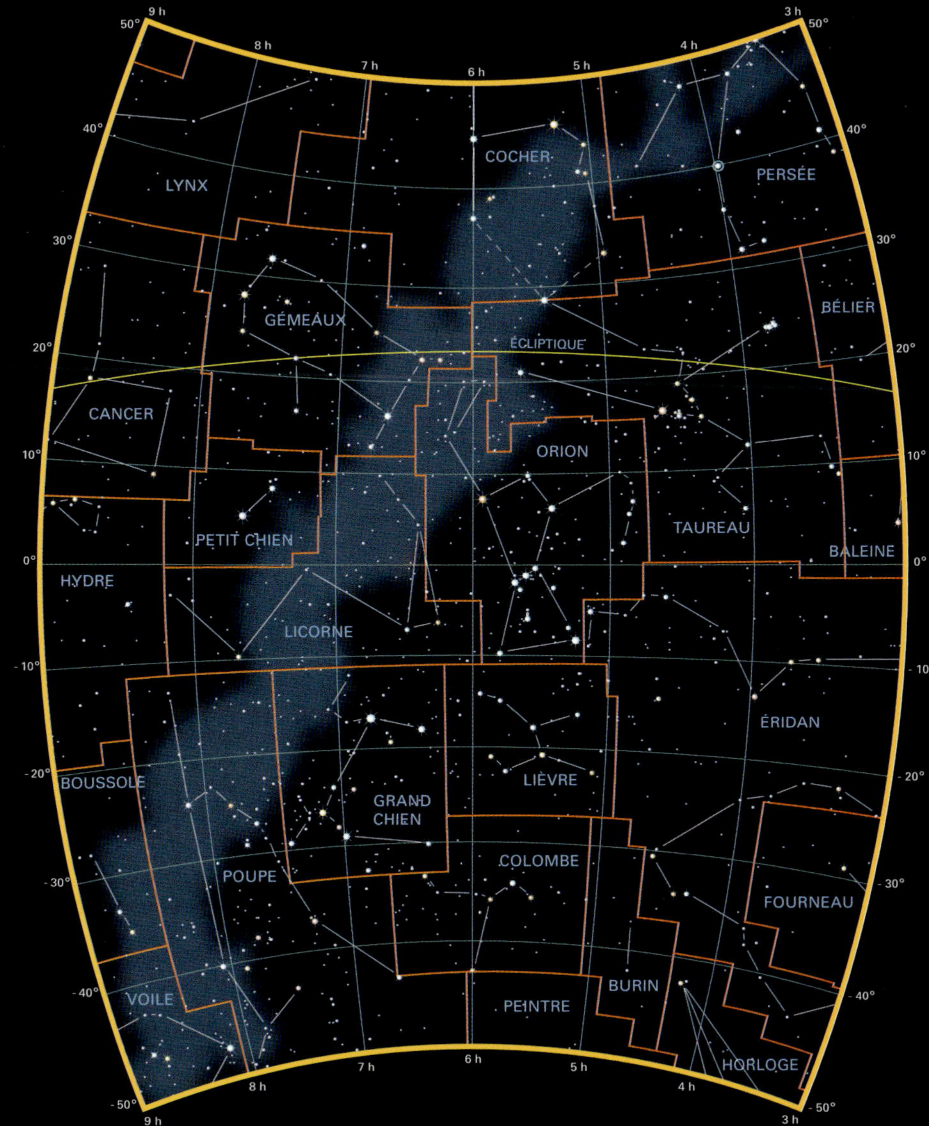

SPHÈRE CÉLESTE

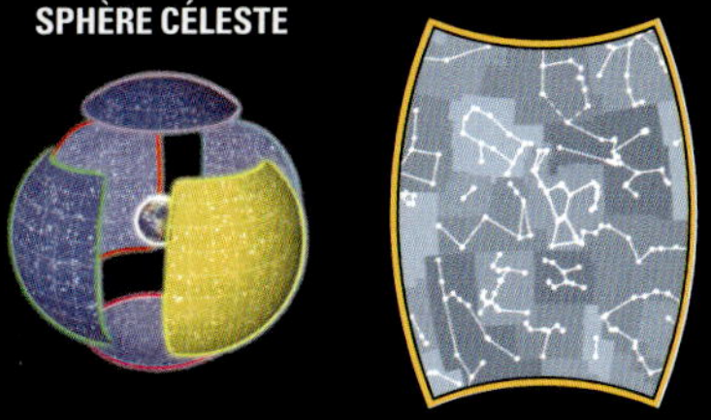

Magnitude apparente

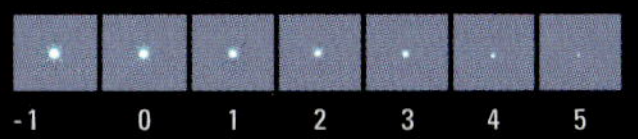

LA GRANDE OURSE

La Grande Ourse, *Ursa Major*, est une constellation très vaste qui contient un groupe de sept étoiles formant le Chariot, l'une des formes célestes les plus connues et la plus facilement identifiable.

La Grande Ourse n'est en réalité que la troisième constellation la plus étendue du ciel, après l'Hydre et la Vierge. Contrairement à ces rivales en taille, la Grande Ourse renferme des merveilles, dont la galaxie M 81 (voir ci-après), la fameuse « épreuve » d'observation que constitue l'étoile double Mizar-Alcor, visible à l'œil nu, ou encore sa partie la plus réputée, l'astérisme formant le Chariot (aussi appelé la Casserole ou le *Plough*, en anglais), souvent confondu avec la Grande Ourse elle-même. En réalité, le Chariot n'est qu'une section d'un ensemble d'étoiles bien moins lumineuses,
qui dessinent, en effet, à peu près la forme de la grande ourse.

L'axe de deux étoiles de la **Grande Ourse** pointe le **pôle Nord** céleste.

Mizar et Alcor

Les deux étoiles Zêta (ζ) *Ursæ Majoris* et 80 *Ursæ Majoris*, dites Mizar et Alcor, forment le célèbre couple d'étoiles doubles situé au centre du timon du Chariot. La légende arabe dit que seuls ceux qui ont une bonne vue voient cette étoile double, d'où le nom d'Alcor, qui signifie « épreuve » en arabe. En réalité, ce n'est pas un vrai couple de deux étoiles liées par la gravité. Mais en observant avec un télescope, on s'aperçoit que Mizar a une compagne (à 15") avec laquelle elle forme un vrai binaire d'une période de 5 000 ans. Il s'agit ici d'un des plus fins systèmes binaires du ciel, augmenté par l'alignement d'une étoile rouge de magnitude 8,8, *Sidus Ludovicianum*, que l'astronome J. Liebknecht avait prise pour une planète en 1772.

VUE GÉNÉRALE DE LA GRANDE OURSE
Elle s'étend sur une grande partie du ciel. Certaines de ses étoiles sont très faibles mais on devine sa forme par ciel bien noir.

URSA MAJOR (UMa)	
LARG./PROF.	
RANG DE TAILLE	3e
VISIBILITÉ TOTALE	90° N – 16° S

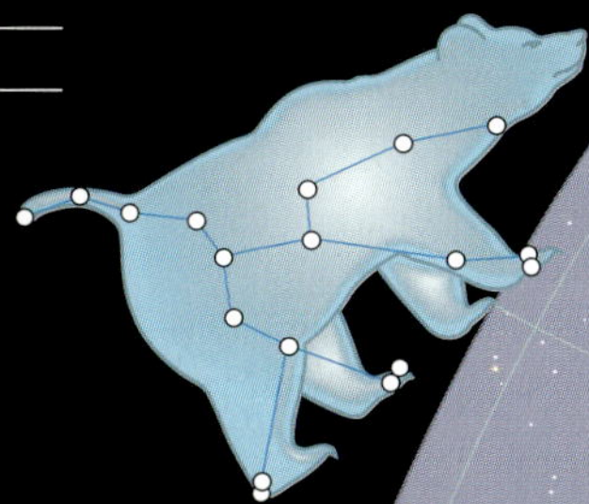

CARTE DE LA GRANDE OURSE
Les sept étoiles du Chariot forment le corps et la queue de la Grande Ourse. Les deux étoiles de l'arrière du Chariot pointent en direction de l'étoile Polaire (voir page suivante, « À partir du Chariot »).

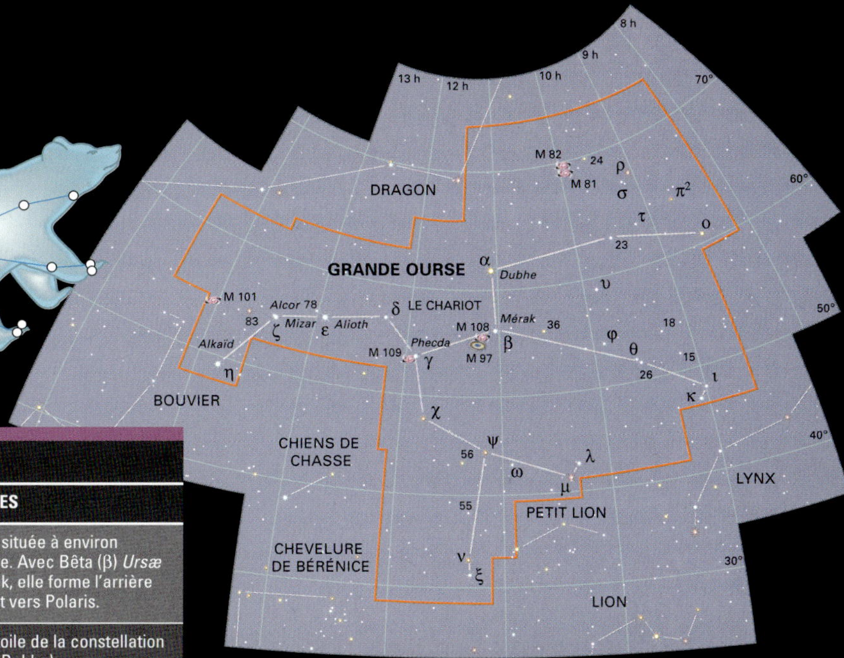

OBSERVER LA GRANDE OURSE

ÉTOILES	MAGNITUDE	CARACTÉRISTIQUES
Alpha (α) *Ursæ Majoris* Dubhe	1,8	Une géante rouge située à environ 125 années-lumière. Avec Bêta (β) *Ursæ Majoris*, dite Mérak, elle forme l'arrière du Chariot pointant vers Polaris.
Epsilon (ε) *Ursæ Majoris* Alioth	1,8	La plus brillante étoile de la constellation (plus brillante que Dubhe).
Zêta (ζ) *Ursæ Majoris* Mizar	2,3	Mizar forme une étoile double optique avec Alcor, de magnitude 4, située à 12'.

AUTRES OBJETS	MAGNITUDE	CARACTÉRISTIQUES
M 81, galaxie de Bode	6,9	Galaxie spirale, la plus importante d'un groupe de 34 galaxies présent dans cette constellation.
M 82, galaxie du Cigare	8,4	Galaxie spirale riche en explosions d'étoiles dues à l'interaction avec sa voisine M 81.
M 97, nébuleuse de la Chouette	9,8	Nébuleuse planétaire difficile à voir sans un grand télescope, dans lequel on distingue comme les deux yeux d'une chouette.
M 101, galaxie de la Roue	8,3	Galaxie spirale dont la forme semblable à une roue apparaît dans un grand télescope.

M 101
Formant un triangle avec Mizar et Alkaïd, les dernières étoiles du timon du Chariot, la galaxie de la Roue apparaît de face à l'observateur terrestre, montrant ses bras spiraux que l'on distingue avec un grand télescope. M 101 serait deux fois plus grande que la Voie lactée.

M 81 et M 82

Également connue sous le nom de galaxie de Bode, M 81 apparaît aux jumelles telle une tache éthérée située juste au-dessus de l'épaule de la Grande Ourse. C'est la galaxie la plus proche de notre Groupe local, à une distance de 12 millions d'années-lumière, ce qui en fait un objet vaste et lumineux. Pour cette raison, et également parce qu'elle a une voisine proche, M 82, c'est une bonne cible pour les amateurs de galaxies. M 82, la galaxie du Cigare, est moins lumineuse que M 81, mais elle est parfois plus visible. Réellement proches l'une de l'autre dans l'espace, des images détaillées montrent que ces deux galaxies sont en conflit gravitationnel.

GALAXIES EN CONFLIT
Vue depuis la Terre, M 82 (ci-dessus à gauche) a une forme de cigare. Proche d'elle, M 81 (ci-dessus à droite) déforme M 82 par sa puissante attraction gravitationnelle, en faisant jaillir des filaments rouges de M 82 (à droite).

À PARTIR DU CHARIOT

Ne se couchant jamais derrière l'horizon pour la majorité des astronomes de l'hémisphère Nord, le Chariot est un point de départ idéal pour se repérer dans le ciel.

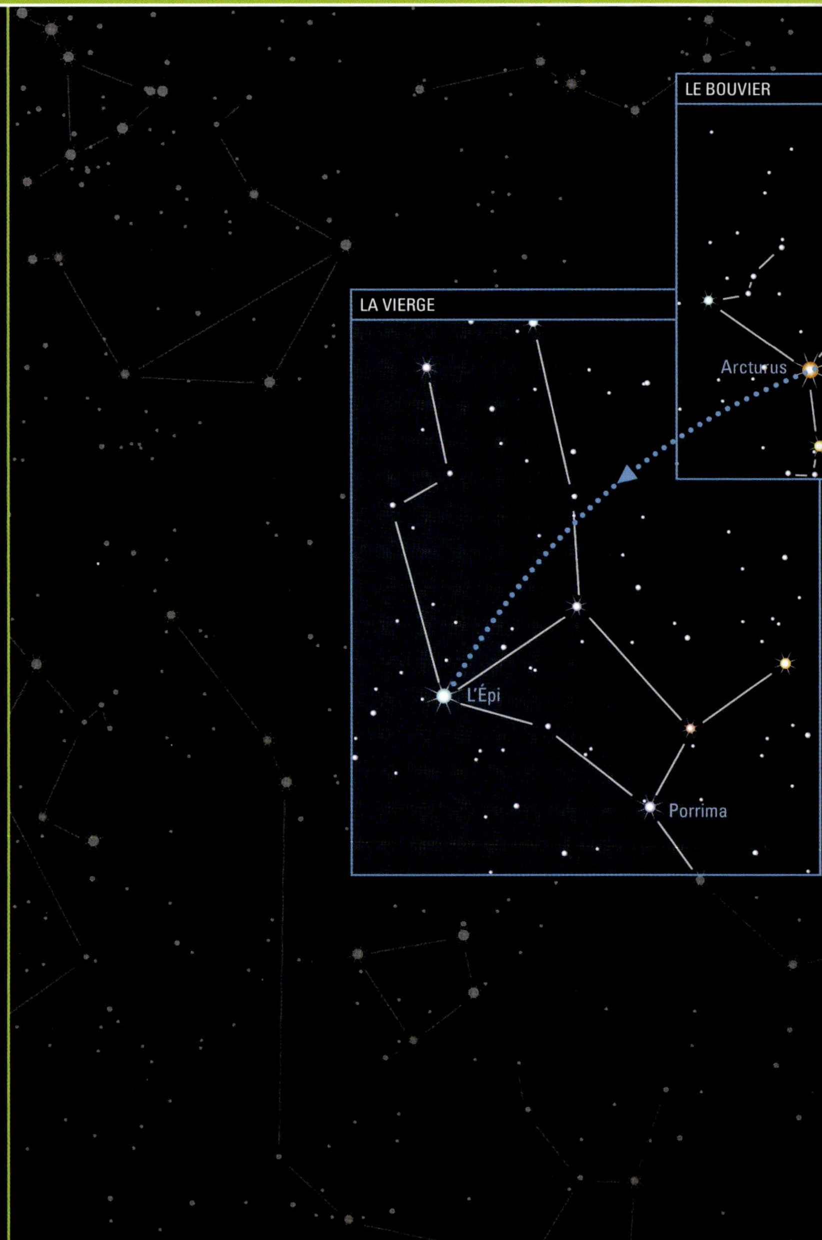

Le Chariot est un astérisme de sept étoiles qui constituent une partie de la Grande Ourse. Il est commode de considérer cet astérisme représentant un chariot, avec le timon attaché sur un des côtés.

1 DE LA GRANDE OURSE AU PÔLE NORD

L'un des plus importants chemins stellaires de l'hémisphère Nord est sans aucun doute celui menant du Chariot vers Polaris, l'étoile Polaire, qui donne la position du pôle Nord céleste. Tirez une ligne imaginaire entre les deux dernières étoiles du Chariot, de Mérak vers Dubhe, et prolongez-la sur environ cinq fois sa longueur : vous atteignez Polaris dans la Petite Ourse.

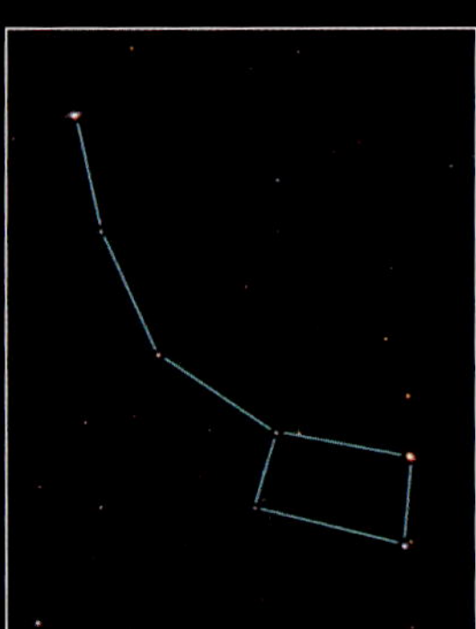

LA PETITE OURSE

2 VERS LE BOUVIER ET LA VIERGE

Le « timon » du Chariot n'est pas droit et se courbe à partir de Mizar, la deuxième étoile à partir de l'extrémité supérieure. Visuellement, en suivant cette courbe après la troisième étoile, vous aboutirez à une étoile très brillante (la quatrième plus brillante du ciel nocturne) : Arcturus du Bouvier. Continuez sur la même courbe pour tomber, environ à la même distance, sur une étoile bleutée : l'Épi, l'étoile principale de la Vierge.

LE BOUVIER

3 VERS LE LION

Tracez une ligne imaginaire allant de Mégrez (l'étoile la plus faible du Chariot, magnitude 3,3) vers Phecda, l'autre étoile formant l'avant du Chariot, et poursuivez au-delà du Chariot. Après être passé à travers l'insignifiante constellation du Petit Lion, quasi invisible, vous atteignez la forme si caractéristique du Lion, juste sur son étoile principale, Régulus, de magnitude 1,4.

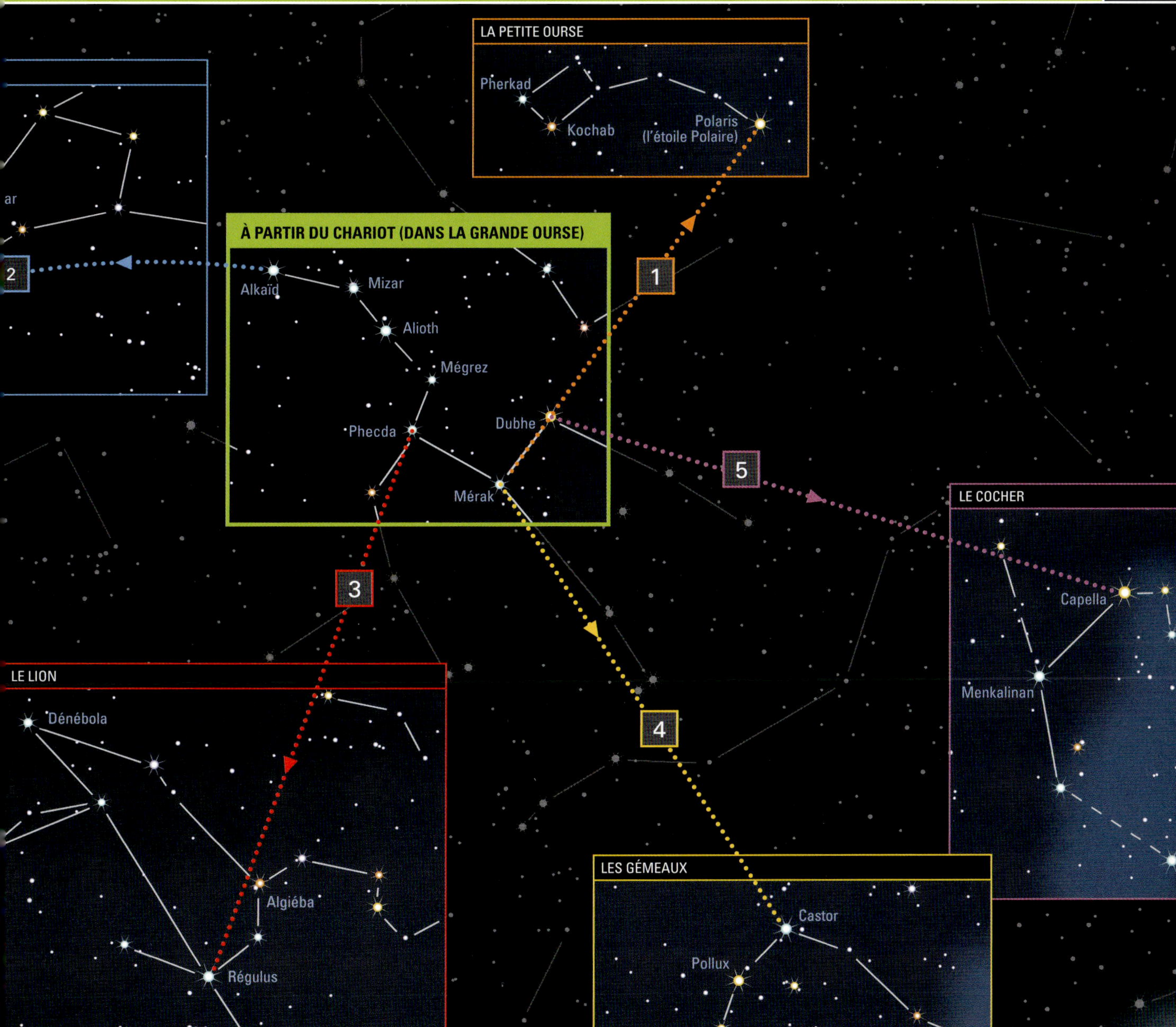

4 VERS LES GÉMEAUX

Le point de départ est cette fois-ci Mizar, l'étoile qui forme le coude du timon du Chariot. À partir de Mizar, tracez une ligne allant vers Alioth (toujours sur le timon), puis vers l'étoile Mérak, à l'extrémité du Chariot. Continuez cette ligne pour aboutir à une étoile brillante : c'est Castor des Gémeaux, de magnitude 1,9, accompagnée par son inséparable étoile jumelle Pollux, encore plus brillante avec une magnitude de 1,2.

LE COCHER

5 VERS LE COCHER

Partez des deux étoiles formant le dessus du Chariot, près du timon : la faible Mégrez et la brillante Dubhe. En tirant une ligne depuis Mégrez jusqu'à Dubhe et en la poursuivant, vous parvenez à la onzième étoile la plus brillante du ciel : Capella, l'étoile principale du Cocher. Elle est facile à repérer car elle se trouve dans une région peu peuplée d'étoiles, si ce n'est quelques étoiles faibles formant la tête de la Grande Ourse et le Lynx.

LA PETITE OURSE ET LE DRAGON

Ces deux constellations voisines ont quelque chose en commun : leur étoile principale ont tour à tour été l'étoile Polaire.

Ni la Petite Ourse (*Ursa Minor*) ni le Dragon (*Draco*) ne sont des constellations très intéressantes. Aucune ne possédant d'étoiles dont la magnitude est en deça de 2, elles sont difficiles à discerner depuis une région subissant la pollution lumineuse. Par ciel bien sombre, on peut toutefois les identifier, car l'une et l'autre ont des formes caractéristiques. La Petit Ourse ressemble au Chariot en plus petit, tandis que le Dragon ondule à travers le ciel depuis la Grande Ourse, en passant par le Bouvier, jusqu'à Hercule. Le Dragon est une grande constellation qui effectue une espèce de demi-cercle autour du pôle Nord céleste. Il contient hélas peu d'objets célestes intéressants, si ce n'est la « douche » annuelle de météorites, les Draconides (maximum le 9 octobre) et l'étoile Nu (ν) *Draconis*, à la « tête » du Dragon, qui est une grande étoile double visible aux jumelles. Le Dragon abrite également la nébuleuse NGC 6543, dite de l'« Œil de Chat » qui se révèle avec un petit télescope, telle une espèce d'œuf verdâtre. La Petite Ourse contient plusieurs étoiles doubles, mais son attraction principale est son étoile Alpha (α) *Ursæ Minoris*, ou Polaris, plus connue sous le nom d'étoile Polaire.

Polaris, l'étoile Polaire

Nombreux sont ceux qui pensent que l'étoile Polaire doit être fort brillante. Or, il n'en est rien, car la magnitude de Polaris est égale à 2. Ce n'est cependant pas une étoile insignifiante puisque son diamètre fait trente fois celui de notre Soleil. La principale étoile du Dragon, Thuban, a été l'étoile polaire il y a quelques milliers d'années ; cela est dû au phénomène dit de « précession des équinoxes » : un balancement de la Terre autour de son axe de rotation, qui s'effectue en 25 800 ans et qui change constamment l'endroit en direction duquel pointe le pôle Nord terrestre dans le ciel (voir p. 60). Ainsi, une étoile n'est l'étoile Polaire que momentanément, pour laisser ensuite ce nom à une autre.

NGC 6543, « ŒIL DE CHAT »

VUE GÉNÉRALE DE LA PETITE OURSE ET DU DRAGON
La Petite Ourse se repère aisément depuis la Grande Ourse (voir p. 84-85). Autour d'elle s'enroulent le corps et la queue du Dragon.

URSA MINOR (UMi)	
LARG./PROF.	✋ / ✋✋
RANG DE TAILLE	56e
VISIBILITÉ TOTALE	90° N – 0° S

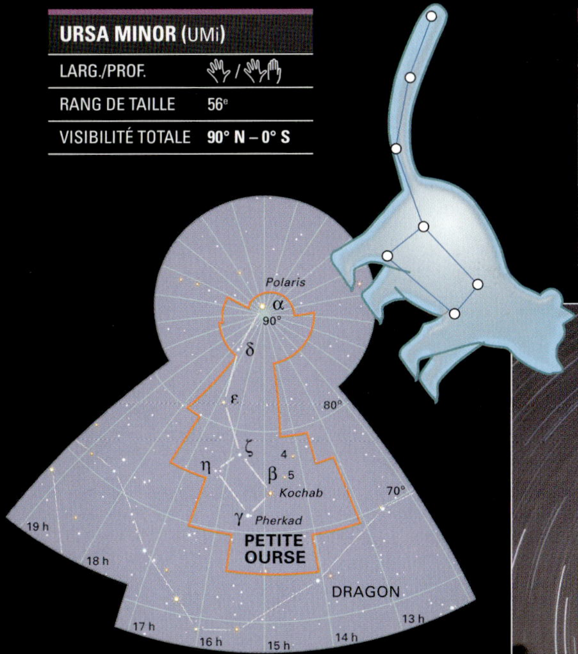

CARTE DU CIEL : LA PETITE OURSE
Le ciel entourant la Petite Ourse est fait des constellations peu brillantes que sont la Girafe, le Dragon et le nord de Céphée.

OBSERVER LA PETITE OURSE

ÉTOILES	MAGNITUDE	CARACTÉRISTIQUES
Alpha (α) *Ursæ Minoris* Polaris	2	Étoile jaune pâle située à environ 430 années-lumière de la Terre.
Gamma (γ) *Ursæ Minoris* Pherkad	3	Un double optique assez brillant, visible à l'œil nu, avec 11 *Ursæ Minoris*, de magnitude 5.

POLARIS 👁
Alpha (α) *Ursæ Minoris*, mieux connue sous le nom de Polaris, n'est guère brillante mais, étant actuellement l'étoile Polaire, elle semble immobile dans le ciel. Cette photo prise avec un long temps d'exposition montre les étoiles alentour qui tournent autour d'elle ainsi que du Pôle céleste. On voit mieux ce phénomène en constatant le mouvement de la Petite Ourse tandis que Polaris, à son extrémité, ne bouge pas.

DRACO (Dra)	
LARG./PROF.	✋✋✋✋ / ✋✋✋
RANG DE TAILLE	8e
VISIBILITÉ TOTALE	90° N – 4° S

CARTE DU CIEL : LE DRAGON
Huitième plus grande constellation du ciel, sa longue queue sépare la Petite et la Grande Ourse.

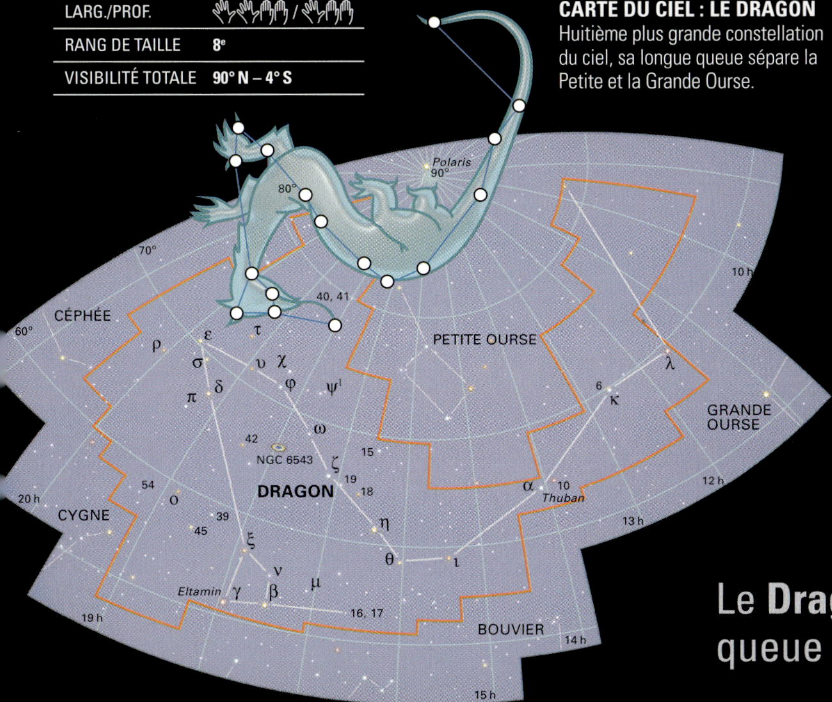

OBSERVER LE DRAGON

ÉTOILES	MAGNITUDE	CARACTÉRISTIQUES
Alpha (α) *Draconis* Thuban	3,7	Une étoile bleue de magnitude plus faible que l'étoile la plus brillante du Dragon, Gamma (γ) *Draconis*, aussi appelée Eltamin.
Nu (ν) *Draconis* Kuma	4,9	Une étoile double avec une compagne d'égale magnitude à 1'. Les deux sont blanches.
16 *Draconis*	5,1	Un double optique avec 17 *Draconis*, visible aux jumelles, de magnitude 5,5. Les deux sont blanches.

AUTRES OBJETS	MAGNITUDE	CARACTÉRISTIQUES
NGC 6543, nébuleuse Œil de Chat	8,1	Une nébuleuse planétaire à environ 3 600 années-lumière de la Terre.

Le **Dragon** enroule son **corps** et sa queue autour de la **Petite Ourse**.

CASSIOPÉE

Trônant au centre de la bande blanchâtre de la Voie lactée Cassiopée, *Cassiopeia,* « la reine », a tout pour plaire : une forme délicate et remarquable, et de nombreux objets à observer.

Il n'existe que peu de constellations qui soient immédiatement reconnaissables, telles que Orion, le Chariot, la Croix du Sud et Cassiopée. Les cinq étoiles principales de Cassiopée forment un grand W (ou un M) situé dans l'une des régions sombres bordant la Voie lactée. Cassiopée est en outre sise exactement à l'opposé du Chariot de la Grande Ourse par rapport à l'étoile Polaire. Pour la majeure partie des habitants de l'hémisphère Nord, cela signifie que, lorsque Cassiopée est haut dans le ciel, le Chariot est près de l'horizon, et inversement. De plus, sa déclinaison nord est telle que Cassiopée est circumpolaire et ne se couche donc jamais derrière l'horizon dans une grande partie de l'hémisphère Nord.

Dans la légende grecque, **Cassiopée** est **condamnée** à tourner autour du **pôle Nord**.

NGC 457, l'amas de la Chouette ou du Skieur

La forme que l'on attribue à un objet céleste doit permettre de faciliter son identification. Mais alors que NGC 457, un amas ouvert de 80 étoiles situé à 9 300 années-lumière, est vu par certains comme un skieur avec ses lunettes, écartant les bras, d'autres – le plus souvent en France – y voient une chouette avec ses deux grands yeux, écartant les ailes. La plus brillante de ses étoiles, Phi (φ) *Cassiopeiæ* (l'œil droit de la chouette), n'appartient pas à l'amas et est en fait plus proche de nous, à 6 700 années-lumière. Tout ce que l'on voit la nuit est si loin que ces objets paraissent à la même distance, quel que soit l'écart de profondeur existant entre eux.

GAMMA (γ) *CASSIOPEIÆ*

NGC 457, AMAS DE LA CHOUETTE

VUE GÉNÉRALE DE CASSIOPÉE
La forme en W que dessinent ses principales étoiles fait de Cassiopée l'une des constellations les plus aisées à localiser dans l'hémisphère Nord.

CASSIOPEIA (Cas)	
LARG./PROF.	
RANG DE TAILLE	25e
VISIBILITÉ TOTALE	90° N – 12° S

M 103

L'amas ouvert M 103 se trouve au-dessous et à droite du genou de la reine Cassiopée. Il abrite en son sein une « mini » ceinture d'Orion (voir p 134-135), trois étoiles proches et alignées.

OBSERVER CASSIOPÉE

ÉTOILES	MAGNITUDE	CARACTÉRISTIQUES
Alpha (α) *Cassiopeiæ* *Shedir*	2,2	Cette géante orange est l'étoile la plus brillante de Cassiopée, sauf lorsque la variable Gamma (γ) *Cassiopeiæ* (ci-dessous) est à son maximum.
Gamma (γ) *Cassiopeiæ* Tsih	1,6 à 3	Cette étoile variable tourne si vite sur elle-même qu'elle provoque périodiquement des éruptions de gaz.

AUTRES OBJETS	MAGNITUDE	CARACTÉRISTIQUES
M 52	7,3	Cet amas ouvert forme une tache blafarde avec une étoile orange brillante à ses côtés.
M 103	7,4	Un bel amas ouvert traversé par une ligne de trois étoiles colorées.
NGC 457, amas de la Chouette	6,4	À 9 300 années-lumière de distance, cet amas ouvert est une bonne cible pour les jumelles.
NGC 663	7,1	Accessible aux jumelles, ce bel amas ouvert gagne à être vu au télescope.

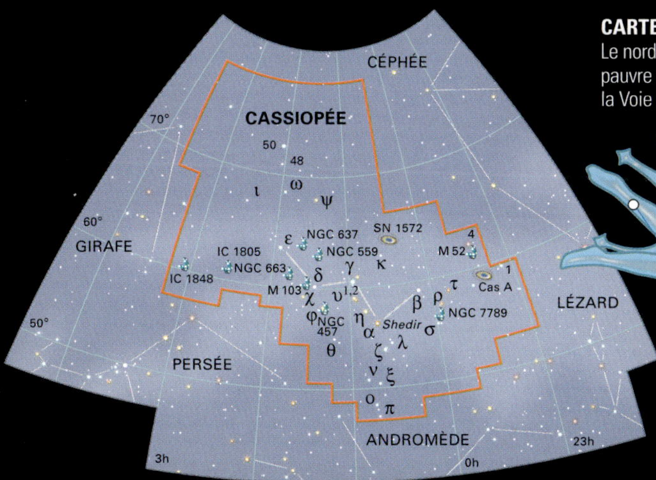

CARTE DU CIEL : CASSIOPÉE

Le nord de la constellation est assez pauvre en étoiles, Mais le sud contient la Voie lactée et de brillantes étoiles.

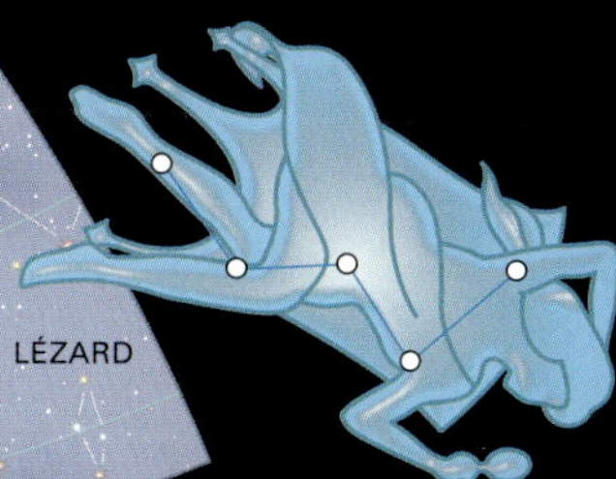

NGC 663

Beaucoup d'étoiles de cet amas, telle Gamma (γ) *Cassiopeiæ*, tournent très vite sur elles-mêmes et éjectent des bouffées de gaz (hydrogène).

M 52 et la Voie lactée

Situé à 5 000 années-lumière, M 52 contient 180 étoiles environ. Facile à repérer aux jumelles, un télescope le montre avec son fond de scène : les autres étoiles de la Voie lactée. Cette situation n'a d'ailleurs rien d'exceptionnel, elle est celle de presque tous les amas ouverts que nous voyons. En effet, c'est dans la Voie lactée elle-même, au sein de ses bras spiraux faits de poussière et de gaz, que se forment les jeunes étoiles, d'abord en amas, et les nébuleuses. Lorsque nous regardons le ciel nocturne, c'est dans la Voie lactée que les étoiles et les nébuleuses sont en plus grande densité, formant une bande qui semble encercler la Terre.

ÉTOILES JUMELLES

Tous les amas ouverts comme M 52 sont formés d'étoiles jumelles : du même âge et nées d'une même nébuleuse.

CÉPHÉE ET LA GIRAFE

Céphée, *Cepheus,* « le roi », et la Girafe, *Camelopardalis,* sont des constellations de l'extrême Nord. Pointant vers le pôle Nord céleste, elles se développent dans des directions opposées.

La partie sud de Céphée vient flirter avec l'extrémité nord de notre Galaxie, la Voie lactée. Malheureusement, les étoiles de la constellation sont assez peu visibles. En revanche, Céphée contient une étoile d'un intérêt remarquable, Delta (δ) *Cephei*, dont l'étude a été fondamentale pour comprendre les étoiles variables (voir ci-dessous). Pour les astronomes amateurs, cependant, l'objet à viser est surtout IC 1396, une énorme nébuleuse qui se trouve près de Mu (μ) *Cephei*, l'étoile Grenat. IC 1396 peut être aperçue à l'œil nu, mais il faut un télescope de grande ouverture pour percer les détails de cette complexe nébuleuse pouponnière d'étoiles. Elle se situe à la base de ce que l'on nomme la « Maison de Céphée », forme générale que dessine la constellation. Le « toit » de cette maison pointe en direction de la Girafe, mais cette dernière ne comprend que de faibles étoiles de magnitude supérieure à 4 et ne contient qu'un seul objet intéressant : la Cascade de Kemble, formée par une chaîne d'étoiles.

Delta (δ) *Cephei*

Delta (δ) *Cephei* est une étoile variable historique : son étude par l'astronome américaine Henrietta Leavitt a permis d'évaluer la distance des étoiles et des galaxies. Henrietta Leavitt a découvert un lien entre la période (voir p. 19) de cette étoile variable et sa magnitude intrinsèque (p. 18) ; connaissant sa magnitude apparente, un calcul mathématique permettait d'évaluer sa distance. Cette loi a été appliquée à toutes les étoiles variables aujourd'hui nommées « variables céphéides ». En 1920, l'astronome Edwin Hubble, repérant une variable dans la galaxie d'Andromède, a pu établir que, distante de deux millions d'années-lumière, cette dernière était une autre galaxie que la nôtre.

VUE GÉNÉRALE DE CÉPHÉE
S'étendant entre Cassiopée et le Dragon, Céphée n'est pas une constellation bien visible, mais elle renferme une étoile variable historique : Delta (δ) *Cephei*.

VUE GÉNÉRALE DE LA GIRAFE
Bien que traversant en grande partie un ciel assez sombre, la Girafe n'a pas d'étoiles brillantes et est quasi invisible depuis une zone urbaine.

CEPHEUS (Cep)	
LARG./PROF.	✋✋ / ✋✋✋
RANG DE TAILLE	27e
VISIBILITÉ TOTALE	90° N – 1° S

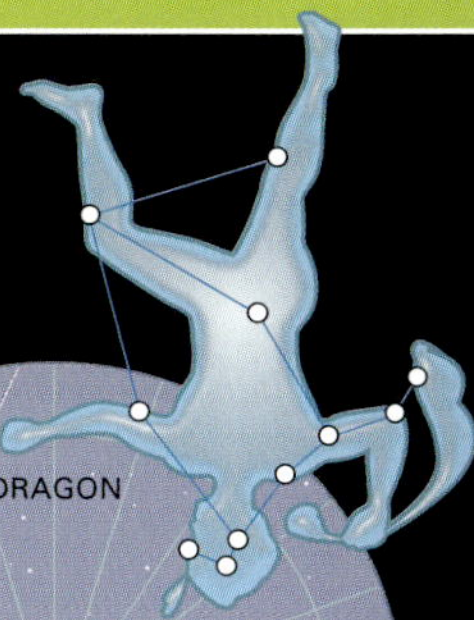

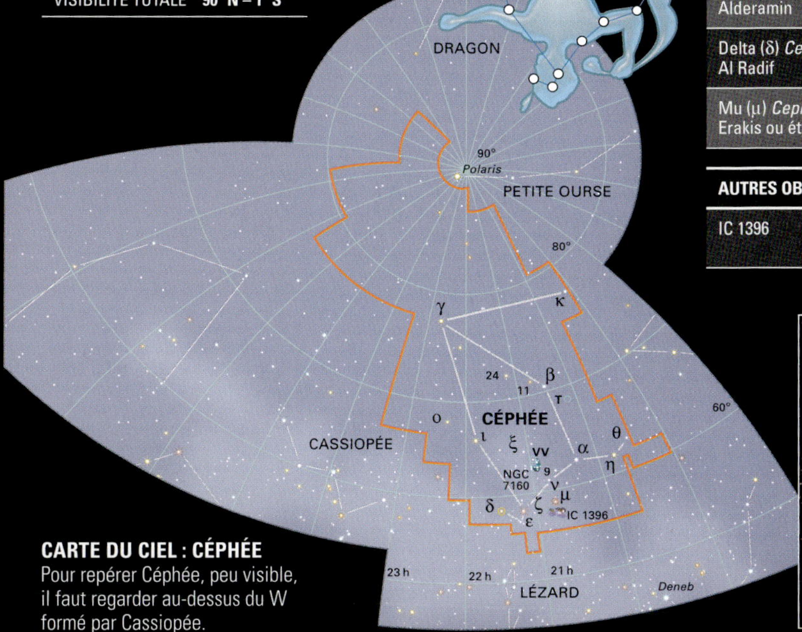

CARTE DU CIEL : CÉPHÉE
Pour repérer Céphée, peu visible, il faut regarder au-dessus du W formé par Cassiopée.

OBSERVER CÉPHÉE

ÉTOILES	MAGNITUDE	CARACTÉRISTIQUES
Alpha (α) *Cephei* Alderamin	2,5	Une étoile blanche évoluant en géante rouge.
Delta (δ) *Cephei* Al Radif	3,5 à 4,4	Une étoile variable bien connue, d'une période 5 jours et 9 heures.
Mu (μ) *Cephei* Erakis ou étoile Grenat	3,4 à 5,1	Une supergéante rouge, l'une des plus grandes étoiles connues.

AUTRES OBJETS	MAGNITUDE	CARACTÉRISTIQUES
IC 1396	6	Une nébuleuse à émission distante d'environ 2 400 années-lumière.

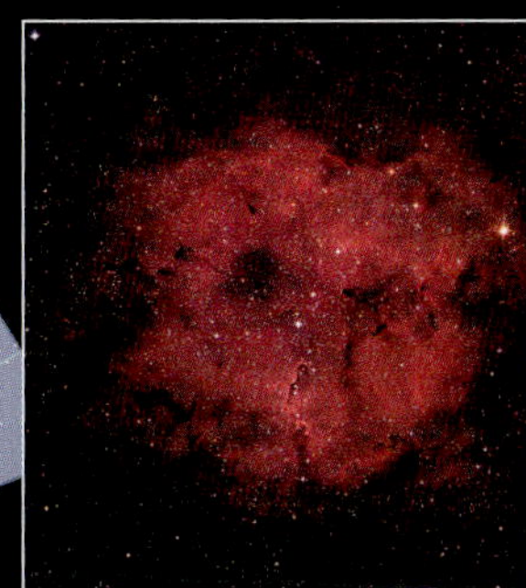

IC 1396
L'objet céleste IC 1396 est un amas d'étoiles situé dans la nébuleuse la plus étendue que nous connaissions (sa largeur dépasse six diamètres lunaires, soit 3°). Proche d'elle (à droite), se trouve l'étoile rouge massive Mu (μ) *Cephei* dont le diamètre est environ 1 650 fois celui du Soleil.

CAMELOPARDALIS (Cam)	
LARG./PROF.	✋✋ / ✋✋
RANG DE TAILLE	18e
VISIBILITÉ TOTALE	90° N – 3° S

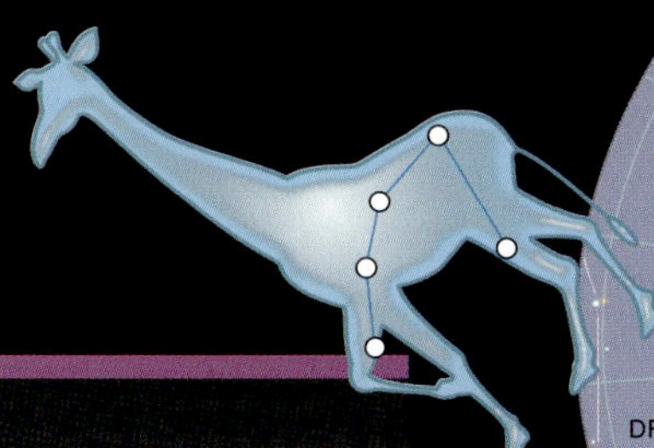

OBSERVER LA GIRAFE

ÉTOILES	MAGNITUDE	CARACTÉRISTIQUES
Alpha (α) *Camelopardalis*	4,3	Une supergéante bleue avec un diamètre de 29 fois celui du Soleil.

AUTRES OBJETS	MAGNITUDE	CARACTÉRISTIQUES
Cascade de Kemble	7	Cette « cascade » formée par une vingtaine d'étoiles, sans aucun lien entre elles, est très belle à observer aux jumelles.

CARTE DU CIEL : LA GIRAFE
La Girafe, dénuée d'étoiles brillantes, est difficile à localiser. On le fait par rapport à sa constellation voisine, la Grande Ourse.

La gentille **Girafe** a pour voisines le **Dragon, la Grande Ourse** et le **Lynx.**

LES CHIENS DE CHASSE

Les Chiens de Chasse, *Canes Venatici,* est une constellation de forme difficile à distinguer. Elle héberge la grande galaxie du Tourbillon M 51, et une intéressante étoile variable, appelée La Superbe.

La constellation des Chiens de Chasse se situe entre le Bouvier et la Grande Ourse. Elle a été désignée au XVIIe siècle par l'astronome Johannes Hevelius qui, pour ce faire, a repris des étoiles appartenant précédemment au Bouvier.
La principale étoile de cette constellation est connue sous le nom de *Cor Caroli Regis Martyris*, « le Cœur du Roi Charles Martyr », en l'honneur de Charles Ier d'Angleterre. Il s'agit d'Alpha (α) *Canum Venaticorum* (aussi appelée Cor Caroli), un nom bien présomptueux pour une étoile de magnitude 3. On repère toutefois assez aisément la constellation des Chiens de Chasse, car elle se trouve non loin du timon du Chariot, au sud. Juste à la frontière entre les Chiens de Chasse et la Chevelure de Bérénice se trouve M 3, l'un des plus beaux amas globulaires de l'hémisphère Nord, visible à l'œil nu par ciel noir. Proche du Chariot, entre le timon et Cor Caroli, se situe un autre objet du ciel profond : la fameuse galaxie du Tourbillon M 51, que l'on distingue avec des jumelles ou un petit télescope, apparaissant comme une tache ovale.

Y *Canum Venaticorum,* La Superbe

Cette étoile variable, distante de 710 années-lumière, a été nommée « La Superbe » par l'astronome italien Angelo Secchi, qui fut impressionné par sa profonde couleur rouge tandis qu'il observait ses variations de luminosité. La Superbe est un exemple type de ce qui arrive à une étoile vers la fin de sa séquence principale (voir p. 17), expulsant le reste de son « carburant », à l'instar des autres étoiles rouges variables. Les calculs révèlent que cette étoile a grossi jusqu'à un diamètre équivalent à quatre fois la distance de la Terre au Soleil et que sa période de variabilité est de 160 jours. La Superbe est également l'une des étoiles les plus froides connues, avec une température de surface d'environ 2 000 °C.

VUE GÉNÉRALE DES CHIENS DE CHASSE
Cor Caroli et Bêta (β) *Canum Venaticorum*, aussi appelée Chara, sont les seules étoiles principales désignées dans la constellation.

CANES VENATICI (CVn)	
LARG./PROF.	
RANG DE TAILLE	**38e**
VISIBILITÉ TOTALE	**90° N – 37° S**

CARTE DU CIEL : LES CHIENS DE CHASSE
Ils occupent l'espace vide entre le Chariot, le Bouvier et le Lion. C'était jusqu'au XVIIe siècle une partie du Bouvier.

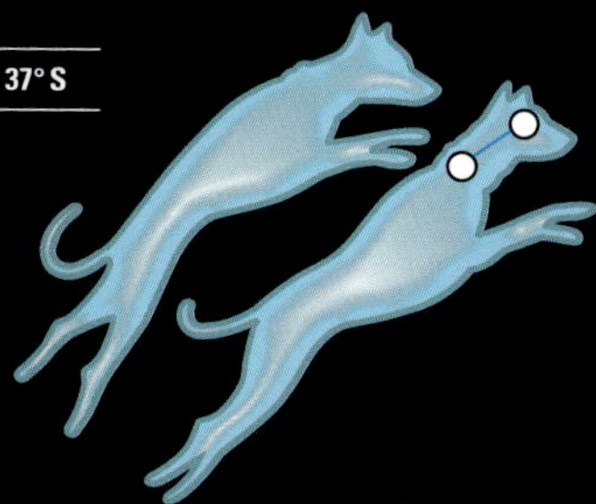

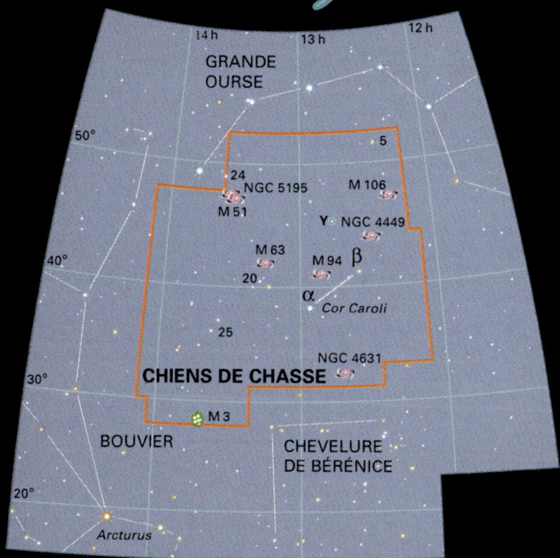

Les deux chiens de chasse, *Canes Venatici*, courent **auprès** du **berger,** le Bouvier.

OBSERVER LES CHIENS DE CHASSE

ÉTOILES	MAGNITUDE	CARACTÉRISTIQUES
Alpha (α) *Canum Venaticorum* Cor Caroli	2,9	Une étoile blanche binaire, d'un diamètre de 2,5 fois celui du Soleil, et une compagne de magnitude 5,6.
Bêta (β) *Canum Venaticorum* Chara	4,3	Une étoile jaune très semblable au Soleil en termes de masse, d'âge et de stade d'évolution.
Y *Canum Venaticorum* La Superbe	4,8 à 6,4	Une étoile variable dont la période est de 160 jours.

AUTRES OBJETS	MAGNITUDE	CARACTÉRISTIQUES
M 3	6,2	Un amas globulaire situé approximativement entre Arcturus et Cor Caroli.
M 51, galaxie du Tourbillon	8,4	Une galaxie spirale que l'on ne peut observer que loin de toute pollution lumineuse.

M 3
Situé à 34 000 années-lumière environ de la Terre, M 3 est le plus grand amas globulaire du ciel de l'hémisphère Nord, avec un demi-million d'étoiles. Visible à l'œil nu, il apparaît de la taille d'une demi-lune dans un petit télescope. Un télescope de 100 mm d'ouverture (4 pouces) permet de distinguer ses étoiles les unes des autres.

M 51, la galaxie du Tourbillon

Découverte en 1773, M 51 a d'abord été désignée comme « nébuleuse du Tourbillon », les télescopes d'alors ne permettant pas de bien distinguer sa forme. En 1845, l'astronome Lord Rosse, grâce à son télescope de 1,8 m de diamètre, le Léviathan, fut le premier à dessiner la structure spiralée de M 51. Ce type de découverte fut répétée maintes fois avec des objets considérés dans un premier temps comme de simples nuages de gaz et de poussières. La galaxie du Tourbillon consiste en deux galaxies en interaction : une galaxie spirale que l'on voit presque de face, de la taille de la Voie lactée, et une galaxie irrégulière, plus petite.

LUMINEUX TOURBILLON
Il faut un télescope de grande ouverture pour observer les bras spiraux de la galaxie du Tourbillon ; dans un petit télescope, on ne distingue qu'une tache ovale.

LE BOUVIER ET LA CHEVELURE DE BÉRÉNICE

Le Bouvier, *Bootes,* est une constellation brillante aisée à repérer. Très difficile à voir en revanche, la Chevelure de Bérénice, *Coma Berenices,* contient un bel amas globulaire et plusieurs amas ouverts.

Le Bouvier est une importante constellation qui s'étend du Dragon à la Vierge, dont l'étoile majeure est Alpha (α) *Bootis*, aussi appelée Arcturus. Cette étoile, une géante rouge, est la plus brillante de l'hémisphère Nord et la quatrième étoile la plus brillante de tout le ciel nocturne. Une bonne manière de localiser Arcturus est d'utiliser l'astérisme partant du Chariot de la Grande Ourse : en poursuivant la courbe que forment les trois dernières étoiles du timon du Chariot, on trouve Arcturus, immédiatement reconnaissable par sa luminosité et sa couleur rouge-orangé. Au-delà d'Arcturus s'étendent les cinq étoiles principales qui forment le Bouvier et dessinent une espèce de cerf-volant. De l'autre côté d'Arcturus se trouve une région pauvre en étoiles dans laquelle niche la Chevelure de Bérénice. L'étoile majeure de cette constellation est Bêta (β) *Comæ Berenices*, de magnitude 4,3, très loin de la magnitude d'Arcturus, de -0,04.

M 53

Parmi les 158 amas globulaires recensés autour de la Voie lactée, M 53 est l'amas globulaire le plus lointain que nous ayons observé, à 60 000 années-lumière du centre de notre Galaxie et 58 000 années-lumière du système solaire. M 53 se situe près de l'étoile Alpha (α) *Comæ Berenices*, ou Diadème (symbolisant la « couronne » de Bérénice). Dans un petit télescope, M 53 apparaît légèrement ovale, comme une nébuleuse avec un centre large et brillant. Vastes et très anciens systèmes d'étoiles, les amas globulaires renferment sans doute les premières étoiles qui se créent à la naissance d'une galaxie. Mais savoir comment et pourquoi cela se fait reste encore un mystère pour les astrophysiciens.

LE BOUVIER

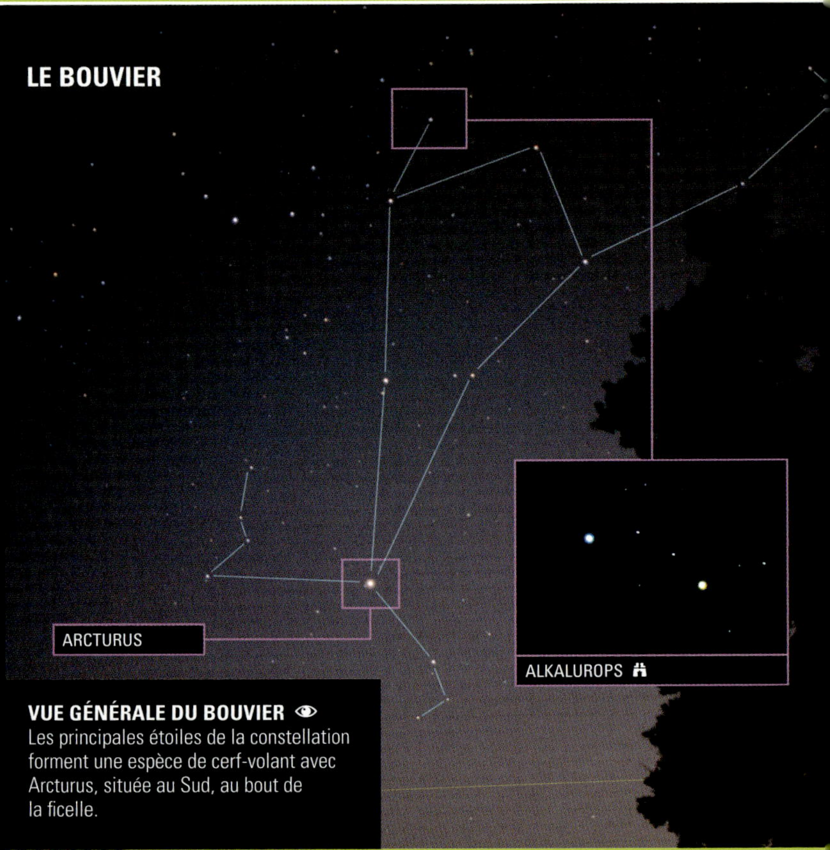

VUE GÉNÉRALE DU BOUVIER
Les principales étoiles de la constellation forment une espèce de cerf-volant avec Arcturus, située au Sud, au bout de la ficelle.

CHEVELURE DE BÉRÉNICE

VUE GÉNÉRALE DE LA CHEVELURE DE BÉRÉNICE
Une fois Arcturus localisée, on repère facilement la Chevelure de Bérénice, située juste à côté.

BOOTES (Boo)	
LARG./PROF.	2/3
RANG DE TAILLE	**13e**
VISIBILITÉ TOTALE	**90° N – 35° S**

CARTE DU CIEL : LE BOUVIER
C'est dans le nord du Bouvier qu'a lieu la pluie de météorites des Quadrantides dont l'apogée est le 3 janvier de chaque année.

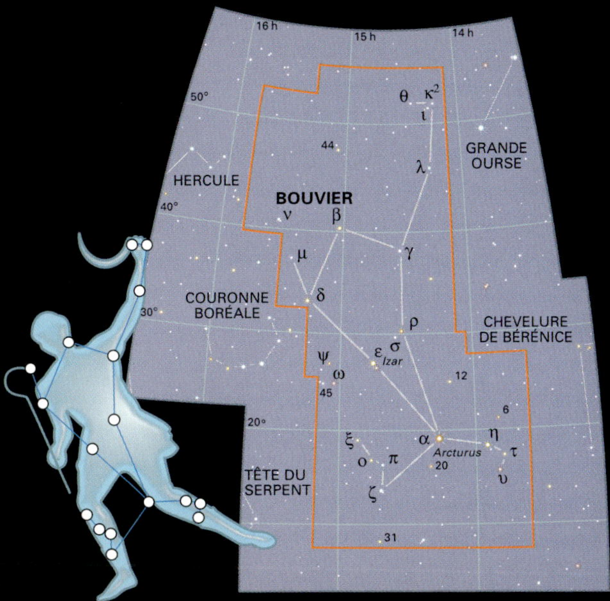

OBSERVER LE BOUVIER

ÉTOILES	MAGNITUDE	CARACTÉRISTIQUES
Alpha (α) *Bootis* Arcturus	- 0,04	Une géante rouge située à 37 années-lumière du système solaire.
Mu (μ) *Bootis* Alkalurops	4,3	Une étoile triple dont une paire de jumelles dévoile l'un des compagnons d'Alkalurops, de magnitude 7. Les étoiles sont jaune et bleutée.
Nu (ν) *Bootis*	5	Une étoile double visible à l'œil nu avec une compagne de magnitude 5 à 10'30". Les étoiles sont orange et blanche.

ARCTURUS
Vieille étoile, Arcturus rejette son carburant et est en train de devenir une géante rouge. Actuellement, son diamètre fait 25 fois celui du Soleil, environ 40 millions de km, mais il devrait encore s'étendre dix fois plus. Lorsque le Soleil entamera ce même processus, son atmosphère s'étendra au-delà de l'orbite terrestre, emplissant tout l'espace où se trouvent les planètes internes (Mercure, Vénus, la Terre et Mars).

COMA BERENICES (Com)	
LARG./PROF.	1/1
RANG DE TAILLE	**42e**
VISIBILITÉ TOTALE	**90° N – 56° S**

CARTE DU CIEL : LA CHEVELURE DE BÉRÉNICE
Au sud de Gamma (γ) *Comæ Berenices* se trouve l'amas ouvert Melotte 111, visible à l'œil nu.

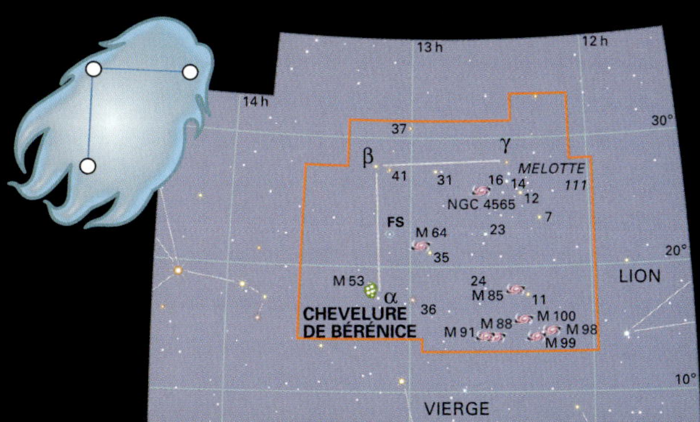

OBSERVER LA CHEVELURE DE BÉRÉNICE

ÉTOILES	MAGNITUDE	CARACTÉRISTIQUES
Alpha (α) *Comæ Berenices* Diadème	4,3	Une étoile binaire à 65 années-lumière.
24 *Comæ Berenices*	5	Une grande étoile double avec une compagne de magnitude 6,7 à 20". Les étoiles sont jaune et bleue.

AUTRES OBJETS	MAGNITUDE	CARACTÉRISTIQUES
M 53	7,6	Un amas globulaire d'apparence ovale vu au télescope.
Melotte (Mel) 111	2,7	Un amas ouvert d'environ 45 étoiles.

MELOTTE 111
L'amas ouvert de la Chevelure de Bérénice, dit Mel 111, est très grand vu aux jumelles. C'était jadis la touffe au bout de la queue du Lion, avant que ne soit créée la Chevelure de Bérénice, en 1602.

Son mari rentré sain et sauf de la guerre, la reine d'Égypte **Bérénice** fit **offrande aux dieux de sa chevelure.**

LA VIERGE

La Vierge, *Virgo*, est la deuxième constellation en taille. La région qu'elle occupe est celle de l'amas de la Vierge, qui contient des milliers de galaxies.

L'étoile principale de la Vierge est Alpha (α) *Virginis*, dite également Spica de la Vierge ou encore l'Épi. C'est une géante bleue distante de 220 années-lumière, située juste sous la ligne de l'écliptique. Cela signifie que l'Épi peut être occultée par la Lune, voire par une planète, bien que ce cas soit très rare. Jusqu'à une date encore récente, ces occultations par la Lune fournissaient d'importants renseignements sur l'orbite lunaire. L'Épi est l'une des quatre étoiles brillantes susceptibles d'être occultées par la Lune, avec Antarès du Scorpion, Régulus du Lion et Aldébaran du Taureau. L'un des objets notables de la Vierge est la galaxie du Sombrero M 104, mais la constellation est aussi connue parce que l'on y trouve un grand amas de galaxies, situé à 50 millions d'années-lumière, dont les membres les plus brillants sont les géantes elliptiques M 87 et M 49.

M 104, GALAXIE DU SOMBRERO

Spica, « l'épi de blé », marque le **bouquet** tenu par la **Vierge** dans sa main gauche.

M 87

Au cœur de l'amas de galaxies de la Vierge, la galaxie M 87 a un diamètre équivalent à celui de notre Voie lactée et, à travers un petit télescope, elle apparaît telle une balle ronde très brillante en son centre. Les télescopes plus grands révèlent une inhabituelle forme en ligne droite qui est un jet de matériaux pulsé hors de la galaxie. M 87 est un objet fascinant, avec ce jet d'une taille dépassant 5 000 années-lumière et se déplaçant à une vitesse proche de celle de la lumière. On pense que cette éruption est causée par la présence d'un trou noir supermassif en son cœur, qui en éjecterait les matériaux. M 87 émet aussi des rayonnements radio et des rayons X, autres signes de la présence d'un trou noir.

LA GALAXIE AU JET
Émettant un jet de matériaux (à gauche), M 87 est une galaxie elliptique massive sans doute entourée par des amas globulaires (ci-dessus).

VIRGO (Vir)	
LARG./PROF.	🖐🖐🖐🖐 / 🖐🖐🖐
RANG DE TAILLE	2e
VISIBILITÉ TOTALE	67° N – 75° S

CARTE DU CIEL : LA VIERGE
La Vierge s'étale de part et d'autre de l'équateur céleste : elle peut donc être vue depuis les deux hémisphères. C'est l'une des constellations qui se trouvent sur l'écliptique.

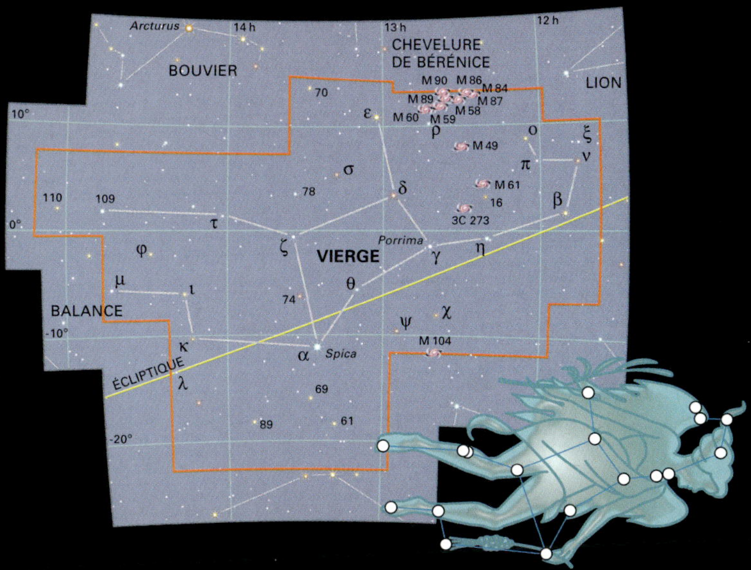

VUE GÉNÉRALE DE LA VIERGE 👁
En dépit de sa pléthore de galaxies, le seul objet notable que l'on puisse voir à l'œil nu dans cette vaste constellation est l'Épi, la 15e étoile la plus brillante du ciel.

OBSERVER LA VIERGE

ÉTOILES	MAGNITUDE	CARACTÉRISTIQUES
Alpha (α) *Virginis* L'Épi ou Spica	0,9 à 1,2	Une étoile bleue appartenant à un système binaire si serré que les deux étoiles sont ovalisées par la gravité.
Gamma (γ) *Virginis* Porrima	3,5	Une belle étoile double de couleur crème dont la compagne est de même magnitude. La distance apparente entre elles varie dans le temps (ci-dessous).

AUTRES OBJETS	MAGNITUDE	CARACTÉRISTIQUES
M 49	8,4	Une galaxie elliptique à 60 millions d'années-lumière.
M 87	9,5	Une galaxie elliptique.
M 104, galaxie du Sombrero	9	Une galaxie spirale avec une épaisse bande de poussières lui donnant l'apparence d'un sombrero.

M 104, la galaxie du Sombrero

Cette spectaculaire galaxie a sa place dans l'histoire des sciences : des études menées au début des années 1900 ont en effet montré que M 104 s'éloignait de nous, ce qui a contribué à faire penser que l'Univers était en expansion et a donné naissance à la théorie du big bang. On peut apercevoir cette galaxie avec des jumelles, mais il faut un télescope de bonne taille pour discerner son bulbe central et la bande de poussières qui le traverse et lui donne l'apparence d'un sombrero. Depuis la Terre, nous apercevons M 104 sous un angle de six degrés, ce qui nous permet de voir son cœur et aussi ses bras spiraux. La galaxie du Sombrero n'appartient pas à l'amas de galaxies de la Vierge.

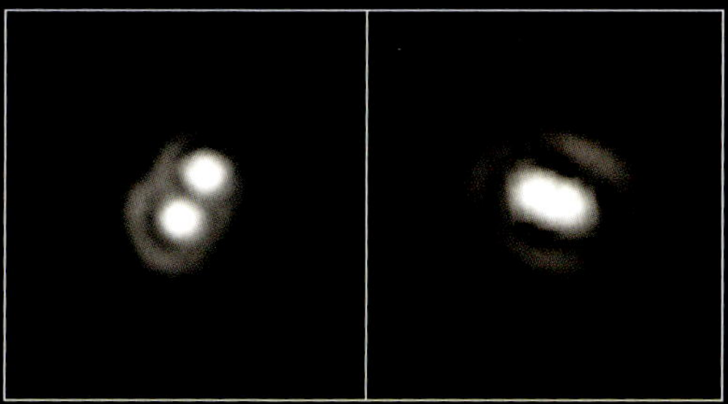

PORRIMA
Porrima, Gamma (γ) *Virginis*, est un système de deux étoiles tournant l'une autour de l'autre. Les voici en 1990 (à gauche), distinctes, visibles avec un petit télescope. Elles sont aujourd'hui plus proches l'une de l'autre et il faut un grand télescope pour les distinguer.

LA COURONNE BORÉALE ET LA TÊTE DU SERPENT

L'astérisme incurvé des étoiles qui forment la Couronne boréale, *Corona Borealis*, est situé juste au nord de la Tête du Serpent, *Serpens Caput*, dans une région peu peuplée du ciel nocturne boréal.

La meilleure façon de situer la Tête du Serpent est de se référer à la Couronne boréale, dont les sept étoiles majeures dessinent un joli arc de cercle aux pointes tournées vers le nord. Il n'y a dans la Couronne boréale qu'une seule étoile véritablement brillante, au centre de l'anneau d'étoiles : Alpha (α) *Coronæ Borealis*, connue sous le nom arabe de Alphecca, ou sous le nom latin de Gemma, « le joyau ». Il n'y a pas là d'objets du ciel profond visibles pour l'astronome amateur, mais des étoiles variables et, surtout, Nu (ν) *Coronæ Borealis*, qui est une étoile double visible aux jumelles. Au sud de la Couronne boréale se trouve le domaine de la Tête du Serpent, qui ne contient qu'un seul objet du ciel profond, mais celui-ci vaut la peine de s'y attarder : M 5, au sud-ouest de la constellation, est un amas globulaire visible à l'œil nu comme une petite tache, qui constitue une cible intéressante aux jumelles ou avec un petit télescope.

R *Coronæ Borealis*

Cette étrange étoile variable a pour surnom la « Nova Reverse ». En effet, à l'encontre d'une nova normale qui rejette son matériau en de grands jets brillants, R *Coronæ Borealis* effectue ce rejet sur plusieurs années. Le résultat en est que cette variable, qui a généralement une magnitude aux alentours de 5,8, tombe parfois à une magnitude de 14,8 : la magnitude de cette étoile diminue progressivement tandis que la poussière de carbone (une espèce de suie) qu'elle expulse emplit son atmosphère. Lorsqu'il y a trop de « suie », l'étoile l'expulse et redevient lumineuse. Visible avec des jumelles lorsqu'elle est brillante, cette étoile ne peut être observée qu'au télescope lorsqu'elle est faible.

LA COURONNE BORÉALE

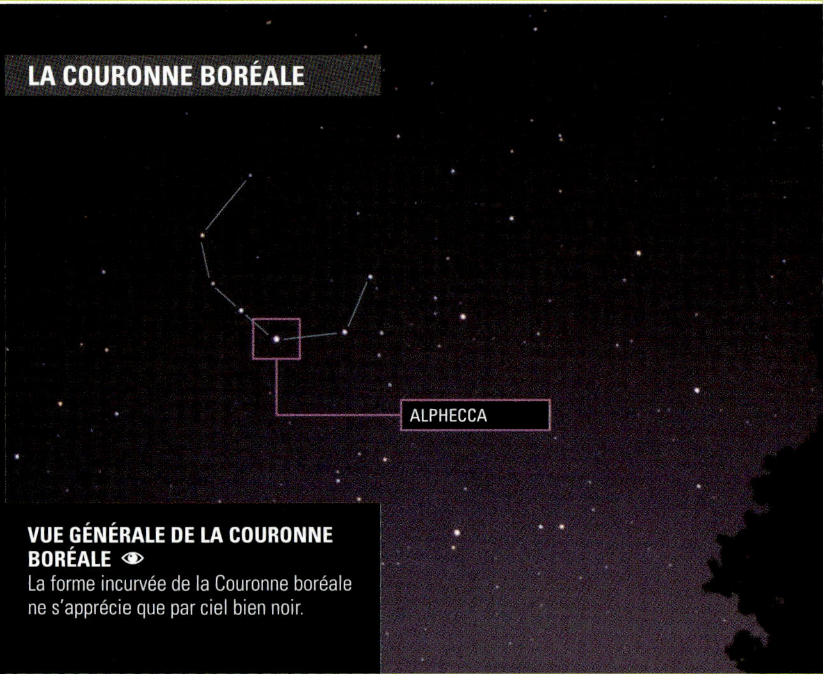

VUE GÉNÉRALE DE LA COURONNE BORÉALE
La forme incurvée de la Couronne boréale ne s'apprécie que par ciel bien noir.

LA TÊTE DU SERPENT

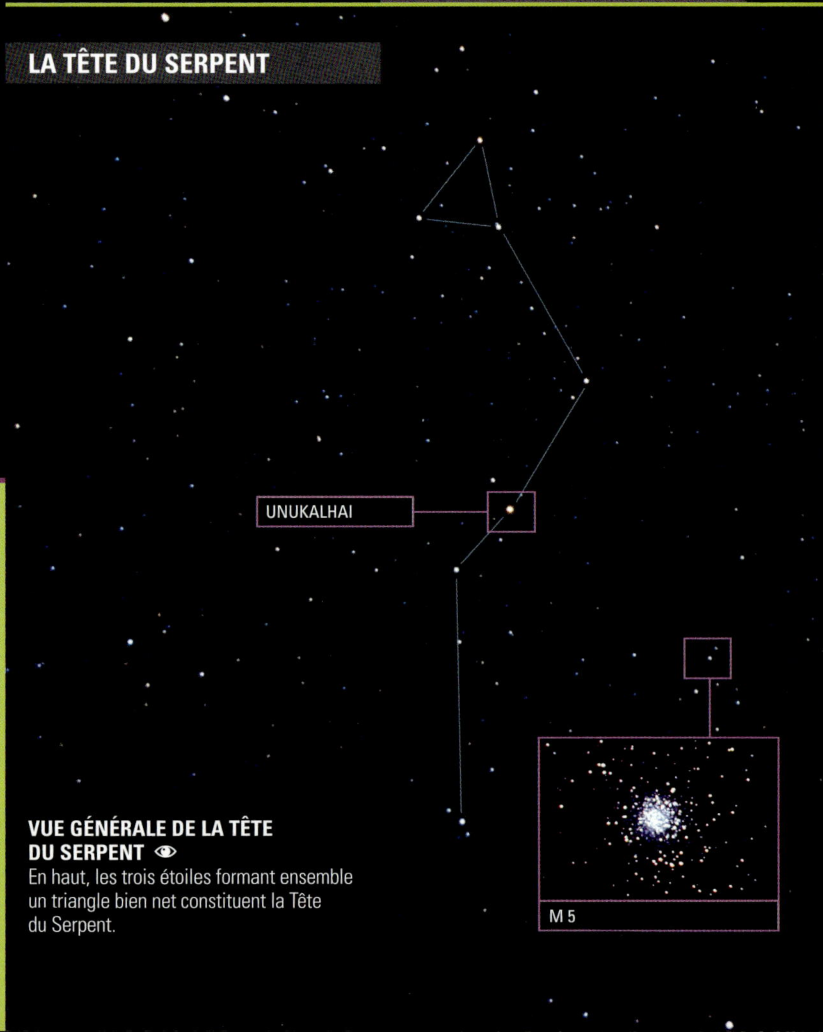

VUE GÉNÉRALE DE LA TÊTE DU SERPENT
En haut, les trois étoiles formant ensemble un triangle bien net constituent la Tête du Serpent.

CORONA BOREALIS (CrB)

LARG./PROF.	
RAND DE TAILLE	73e
VISIBILITÉ TOTALE	90° N – 50° S

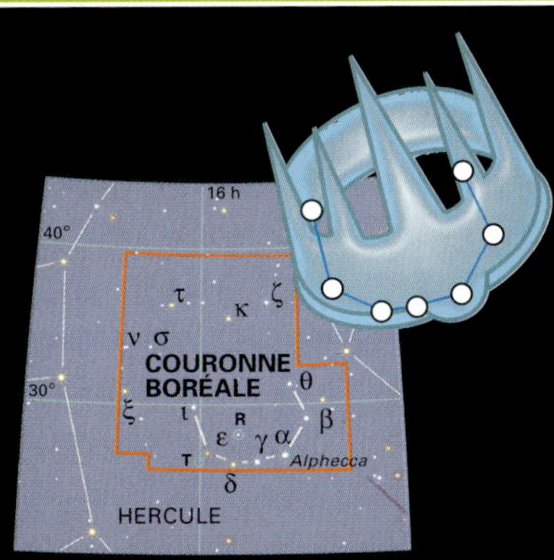

CARTE DU CIEL : LA COURONNE BORÉALE

La Couronne boréale se trouve entre le Trapèze d'Hercule et le cerf-volant qui identifie le Bouvier.

OBSERVER LA COURONNE BORÉALE

ÉTOILES	MAGNITUDE	CARACTÉRISTIQUES
Alpha (α) *Coronæ Borealis* Alphecca	2,2	Une étoile brillante située à 75 années-lumière.
Nu-1 (ν^1) *Coronæ Borealis*	5,4	Une grande étoile double de magnitude 5,4 et une compagne à 6'. Les deux étoiles sont rouges.
R *Coronæ Borealis*	5,8	Une variable irrégulière dont la plus faible magnitude est de 14,8.
T *Coronæ Borealis*	10,8	Une variable récurrente d'une période de 9 000 ans environ, dont la magnitude varie entre 10,8 et 2.

NU (ν) *CORONÆ BOREALIS*

Juste sur le bord ouest de la Couronne, les étoiles Nu-1 (ν^1) et Nu-2 (ν^2) forment une splendide étoile double de deux couleurs rouges distinctes, visibles aux jumelles.

Dionysos, le dieu de l'amour, a jeté dans le ciel la couronne d'**Ariane, la princesse minoenne.**

SERPENS (Ser)

LARG./PROF.	
RANG DE TAILLE	23e
VISIBILITÉ TOTALE	74° N – 64° S

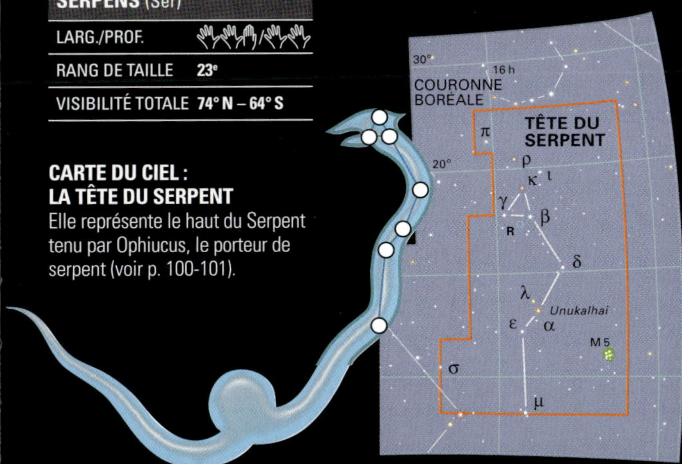

CARTE DU CIEL : LA TÊTE DU SERPENT

Elle représente le haut du Serpent tenu par Ophiucus, le porteur de serpent (voir p. 100-101).

OBSERVER LA TÊTE DU SERPENT

ÉTOILES	MAGNITUDE	CARACTÉRISTIQUES
Alpha (α) *Serpentis* Unukalhai	4,6	Une géante rouge avec un diamètre de 15 fois celui du Soleil.
R *Serpentis*	5,2 à 13,8	Une variable de type Mira de longue période, 356 jours, et dont la magnitude descend jusqu'à 13,8.

AUTRES OBJETS	MAGNITUDE	CARACTÉRISTIQUES
M 5	5,6	Un très bel amas globulaire bien visible avec des jumelles ou un petit télescope.

M 5

M 5 est l'un des amas globulaire le plus vaste et le plus âgé connu avec une largeur de 165 années-lumière et un âge estimé à 13 milliards d'années. M 5 se trouve à 24 500 années-lumière et l'on pense qu'il contient 100 000 étoiles au moins. La meilleure image de lui a été prise hors de l'atmosphère par le télescope spatial Hubble. Le résultat en est la spectaculaire photo ci-dessus.

OPHIUCUS ET LA QUEUE DU SERPENT

Souvent négligées, ces régions contiennent pourtant des objets qui ont bouleversé notre conception de l'Univers : la nébuleuse de l'Aigle et l'étoile de Barnard.

Ces deux constellations sont ici placées ensemble, non seulement parce qu'elles se côtoient dans le ciel, mais également parce qu'elles ont entre elles un lien… mythologique. Dans la mythologie, *Ophiuchus* est le « porteur » (ou le dompteur) de serpent, représenté dans l'art classique tenant un serpent des deux mains, la gauche saisissant la tête et la droite tenant la queue. En regardant vers la Queue du Serpent, *Serpens Cauda*, dans la région voisine d'Ophiucus, les astronomes amateurs peuvent découvrir l'une des plus grandes pouponnières d'étoiles :M 16, connue sous le nom de « nébuleuse de l'Aigle ». Le télescope spatial Hubble nous en a donné une image spectaculaire. La constellation d'Ophiucus, *Ophiuchus*, quant à elle, est la onzième en taille et contient un grand nombre de « taches », que l'on peut observer avec des jumelles, et qui sont autant d'amas ouverts ou globulaires, comme M 10 et M 12. Ophiucus est également l'endroit où se trouve l'étonnante étoile de Barnard, qui traverse l'espace en quelques années.

L'étoile de Barnard

L'étoile de Barnard, une naine rouge, est la quatrième étoile la plus proche de nous, à 5,9 années-lumière, mais sa magnitude n'est que 9,5. Elle a été découverte en 1916 par l'astronome Edward Barnard, qui a mesuré son rapide déplacement dans le ciel, à une vitesse de 10" d'arc (10 arcsecondes) par an. L'étoile de Barnard couvre une distance égale au diamètre de la pleine lune en 188 ans. En astronomie, cela s'appelle le « mouvement propre » d'une étoile, car, si l'étoile de Barnard est la plus rapide, elle n'est pas la seule à se déplacer dans le ciel (le Soleil se déplace par exemple dans la Galaxie à 250 km/s). Cette « étoile volante » se trouve actuellement sur une ligne joignant Bêta (β) à 66 *Ophiuchi*.

OPHIUCUS

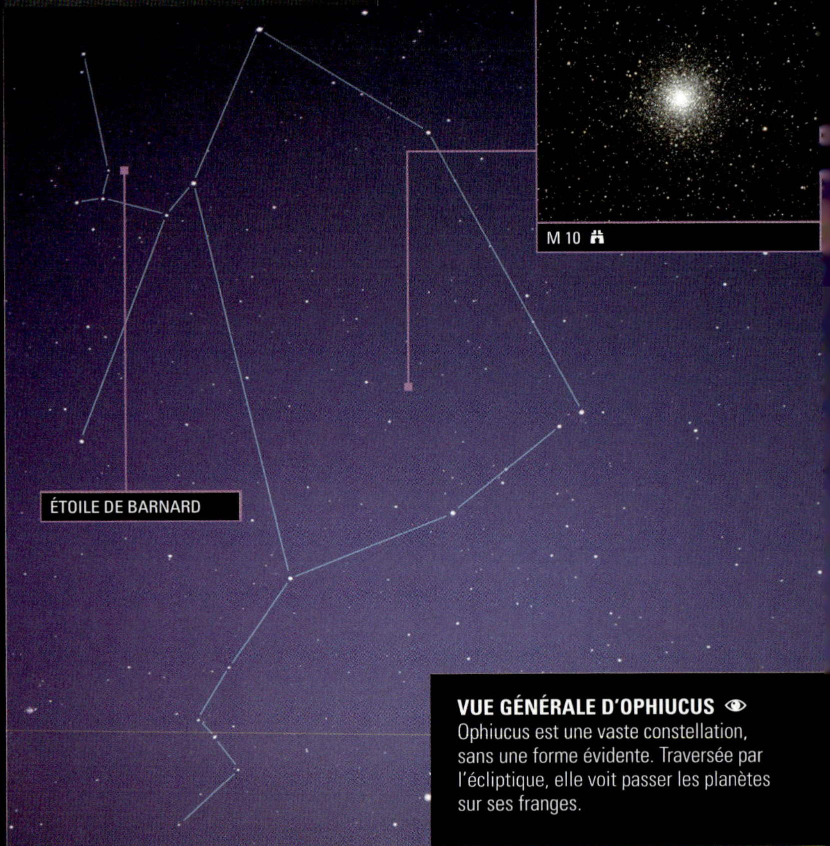

M 10

VUE GÉNÉRALE D'OPHIUCUS
Ophiucus est une vaste constellation, sans une forme évidente. Traversée par l'écliptique, elle voit passer les planètes sur ses franges.

LA QUEUE DU SERPENT

M 16, NÉBULEUSE DE L'AIGLE

VUE GÉNÉRALE DE LA QUEUE DU SERPENT
Dans la Voie lactée, à l'est d'Ophiucus, se tient la Queue du Serpent. La nébuleuse de l'Aigle est en dessous de l'étoile principale.

OPHIUCHUS (Oph)	
LARG./PROF.	🖐🖐🖐/🖐🖐🖐
RANG DE TAILLE	**11e**
VISIBILITÉ TOTALE	**59° N – 75° S**

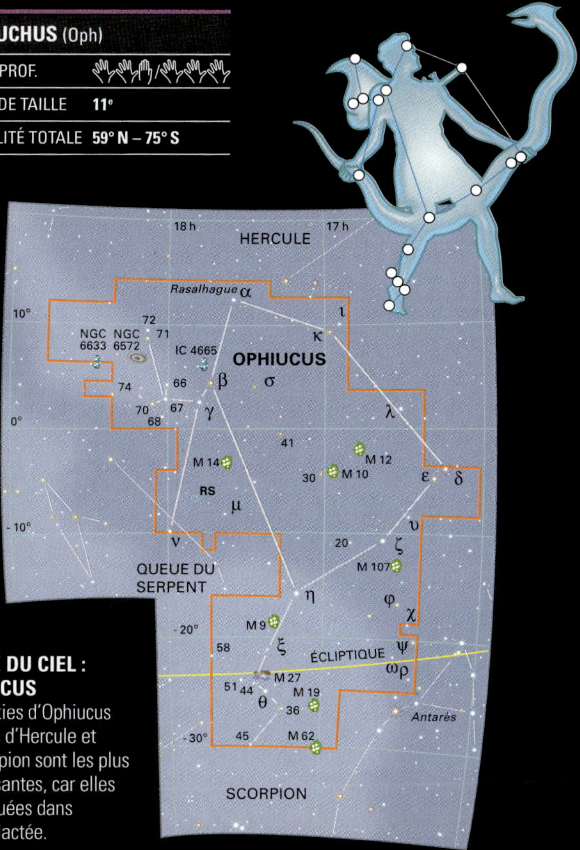

CARTE DU CIEL : OPHIUCUS
Les parties d'Ophiucus proches d'Hercule et du Scorpion sont les plus intéressantes, car elles sont situées dans la Voie lactée.

OBSERVER OPHIUCUS

ÉTOILES	MAGNITUDE	CARACTÉRISTIQUES
Alpha (α) *Ophiuchi* Rasalhague	2,1	L'étoile la plus brillante d'Ophiucus, 30 fois plus lumineuse que le Soleil.
Rhô (ρ) *Ophiuchi*	5,1	Une étoile double avec une compagne de magnitude 5,7 à 5'' de distance ; à voir avec un petit télescope.
TYC 425-2502-1, étoile de Barnard	9,6	Une naine rouge proche de la Terre (5,9 a.l.) ; l'étoile la plus rapide dans le ciel.

AUTRES OBJETS	MAGNITUDE	CARACTÉRISTIQUES
M 10	6,6	Un amas globulaire proche de M 12 Observable aux jumelles.
M 12	6,6	Un amas globulaire plus large mais moins compact que M 10.
IC 4665	4,2	Un amas ouvert d'une trentaine d'étoiles situé juste sous Bêta (β) *Ophiuchi*, aussi appelée Cebalrai.
NGC 6633	4,6	Un bel amas ouvert de trente étoiles sur le bord de la Queue du Serpent.

Ophiucus, **le porteur de serpent,** enjambe l'**équateur** céleste ; il tient **la tête du Serpent** dans une main et **sa queue** dans l'autre.

SERPENS (Ser)	
LARG./PROF.	🖐🖐🖐/🖐🖐
RANG DE TAILLE	**23e**
VISIBILITÉ TOTALE	**74° N – 64° S**

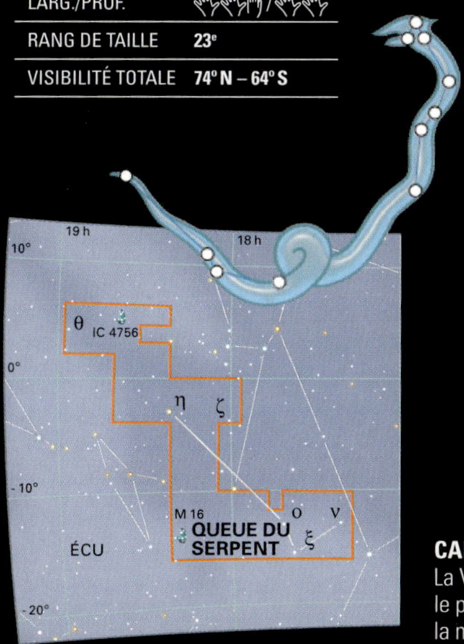

LES PILIERS DE LA CRÉATION
M 16, la nébuleuse de l'Aigle est le siège de ces énormes colonnes de poussières et de gaz connues sous le nom de Piliers de la Création.

CARTE DU CIEL : LA QUEUE DU SERPENT
La Voie lactée donne à la Queue du Serpent le plus merveilleux des objets célestes : M 16, la nébuleuse de l'Aigle.

OBSERVER LA QUEUE DU SERPENT

ÉTOILES	MAGNITUDE	CARACTÉRISTIQUES
Thêta (θ) *Serpentis* Alya	4,6	Une bonne étoile double à observer au télescope, compagne de magnitude 5 à 20'' ; les deux sont blanches.
Xi (ξ) *Serpentis* Nehushtan	3,5	Étoile double avec une compagne un peu au sud, de magnitude 6 ; les deux sont à peine visibles à l'œil nu.

AUTRES OBJETS	MAGNITUDE	CARACTÉRISTIQUES
M 16, nébuleuse de l'Aigle	6	Une nébuleuse brillante fascinante, située à 7 000 années-lumière.
IC 4756	4,6	Un amas ouvert d'environ 80 étoiles.

LA LYRE ET HERCULE

Chacune de ces constellations contient le plus bel exemple observable d'un objet du ciel profond : le grand amas globulaire M 13 dans Hercule, et la nébuleuse Annulaire M 57 dans la Lyre.

Sises l'une à côté de l'autre, la Lyre, *Lyra*, et Hercule, *Hercules*, sont deux très belles constellations dont les étoiles brillantes tracent nettement les formes. Les quatre étoiles principales d'Hercule sont connues sous le nom de «Trapèze d'Hercule» (ou celui de «Keystone» chez les anglophones). L'étoile la plus au nord de cet astérisme est Êta (η) *Herculis* (ou Sofian) ; environ au tiers de la ligne conduisant de Êta à Zêta (ζ) *Herculis* (aussi appelée Ruticulus) se trouve le grand amas globulaire M 13. Tout juste visible à l'œil nu, M 13 devient une merveille vu aux jumelles ou avec un petit télescope. À côté se tient la constellation de la Lyre, dont l'étoile Alpha (α) *Lyræ*, ou Véga, est la cinquième étoile la plus brillante du ciel, et l'une des étoiles du Triangle d'été (voir p. 108-109). Un peu au nord de Véga se situe l'étoile quadruple Epsilon (ε) *Lyræ*, qui apparaît à l'œil nu, à condition d'avoir une très bonne vue, comme une étoile double. En revanche, un bon télescope est nécessaire pour observer l'extraordinaire anneau, semblable à un rond de fumée, de la nébuleuse annulaire M 57.

M 13, le Grand Amas d'Hercule 👁

Situé à 25 000 années-lumière de la Terre, M 13, le Grand Amas globulaire d'Hercule, est une île géante, sphérique, de plus de 250 000 étoiles et âgée d'environ 12 milliards d'années. Visible sur le côté du Trapèze d'Hercule, c'est l'amas globulaire le plus brillant de l'hémisphère Nord. À la limite de la visibilité à l'œil nu (on le distingue alors telle une étoile floue), M 13 apparaît aux jumelles d'une largeur équivalente à la moitié de la pleine lune, et il faut un télescope pour commencer à en distinguer les étoiles.
M 13 a un collègue qui s'offre aux astronomes de l'hémisphère Sud, le gigantesque amas globulaire Oméga *Centauri*, le plus grand de la Voie lactée, dans la constellation du Centaure (voir p. 142).

LA LAYRE

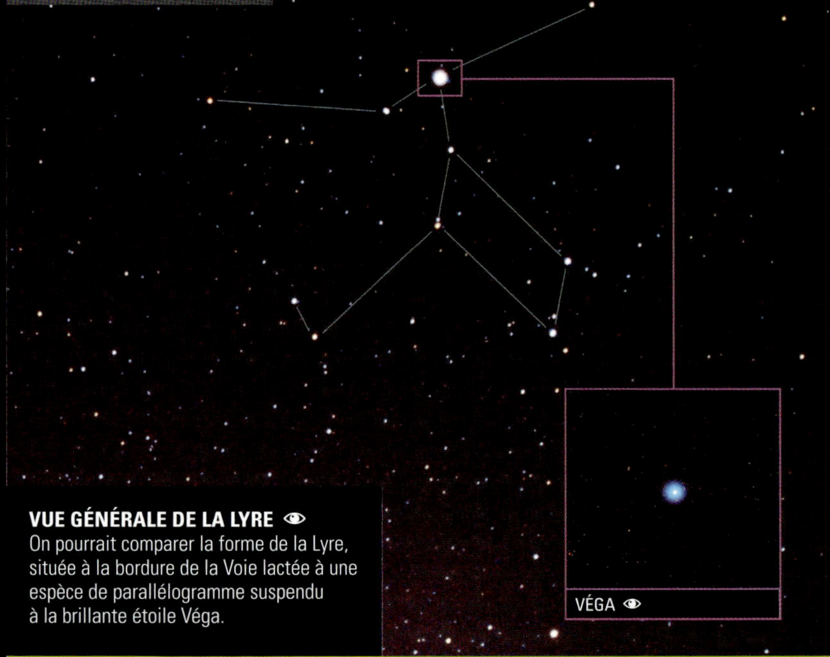

VUE GÉNÉRALE DE LA LYRE 👁
On pourrait comparer la forme de la Lyre, située à la bordure de la Voie lactée à une espèce de parallélogramme suspendu à la brillante étoile Véga.

HERCULE

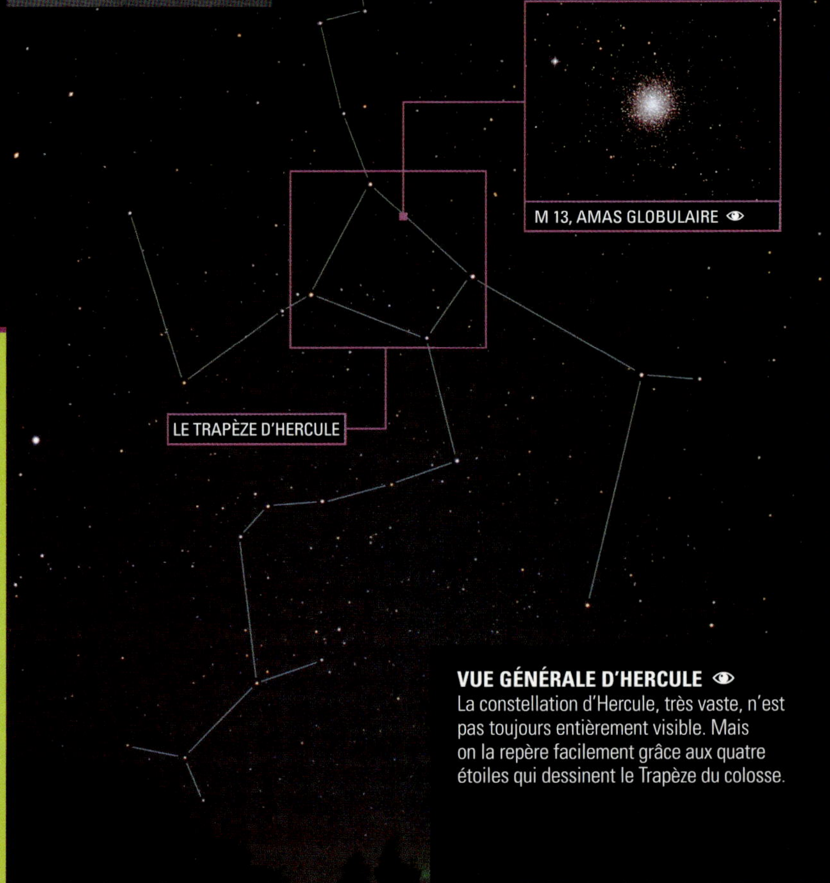

VUE GÉNÉRALE D'HERCULE 👁
La constellation d'Hercule, très vaste, n'est pas toujours entièrement visible. Mais on la repère facilement grâce aux quatre étoiles qui dessinent le Trapèze du colosse.

LYRA (Lyr)

LARG./PROF.	
RANG DE TAILLE	52e
VISIBILITÉ TOTALE	90° N – 42° S

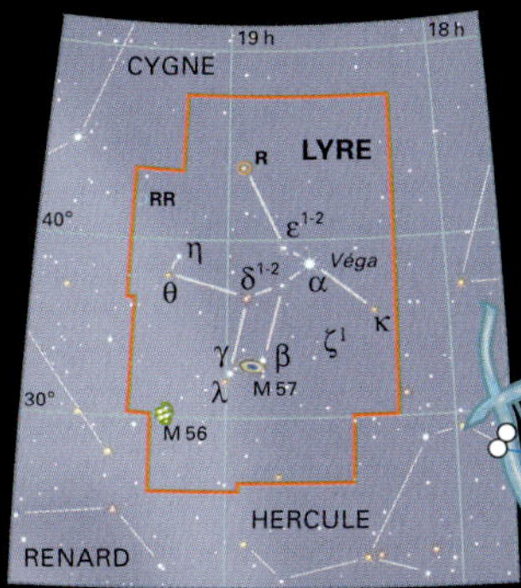

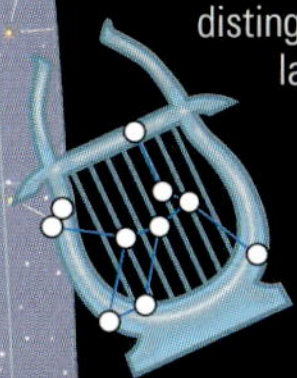

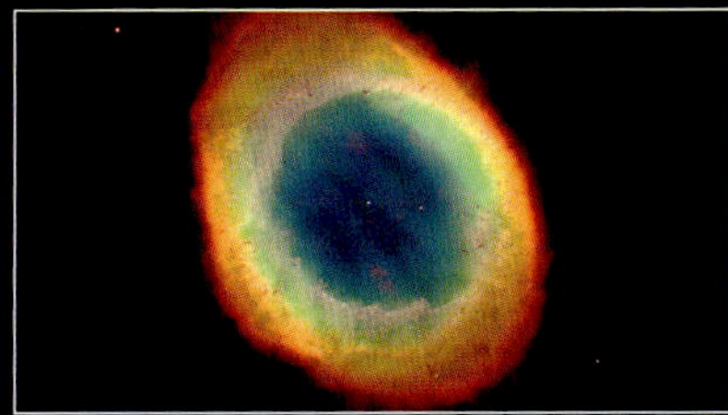

M 57, LA NÉBULEUSE ANNULAIRE
Dans un petit télescope, l'anneau de la nébuleuse de la Lyre apparaît tel un ovale brillant, et il faut un télescope de plus grande ouverture pour mieux distinguer cet anneau de « fumée » formé par la mort de l'étoile que l'on voit au centre.

CARTE DU CIEL : LA LYRE
Il faut une bonne volonté pour voir dans cette constellation la forme d'une lyre, et on la repère plutôt par son étoile brillante, Véga.

OBSERVER LA LYRE

ÉTOILES	MAGNITUDE	CARACTÉRISTIQUES
Alpha (α) *Lyræ* Véga	0	Une brillante étoile bleutée à 26 années-lumière.
Bêta (β) *Lyræ* Sheliak	3,3 à 4,4	Une étoile variable passant d'une magnitude de 3,3 à 4,4 en 13 jours.
Delta-1 (δ¹) *Lyræ*	5,6	Une large étoile double visible à l'œil nu.
Epsilon (ε) *Lyræ*	4,7	La fameuse « double double » de la Lyre : chacune des deux étoiles est elle-même une double.
Zêta (ζ) *Lyræ*	4,3	Une double observable aux jumelles avec une compagne de magnitude 5,9 à 45''. Les couleurs sont topaze et verdâtre.

AUTRES OBJETS	MAGNITUDE	CARACTÉRISTIQUES
M 57, nébuleuse annulaire	9	Une nébuleuse planétaire vue comme un ovale flou dans un petit télescope.

Orphée pénétra au royaume des **Enfers** grâce aux **accents enchanteurs de sa lyre.**

HERCULES (Her)

LARG./PROF.	
RANG DE TAILLE	5e
VISIBILITÉ TOTALE	90° N – 38° S

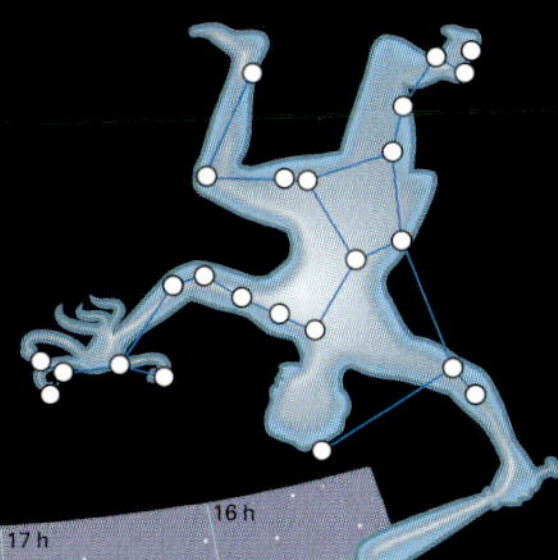

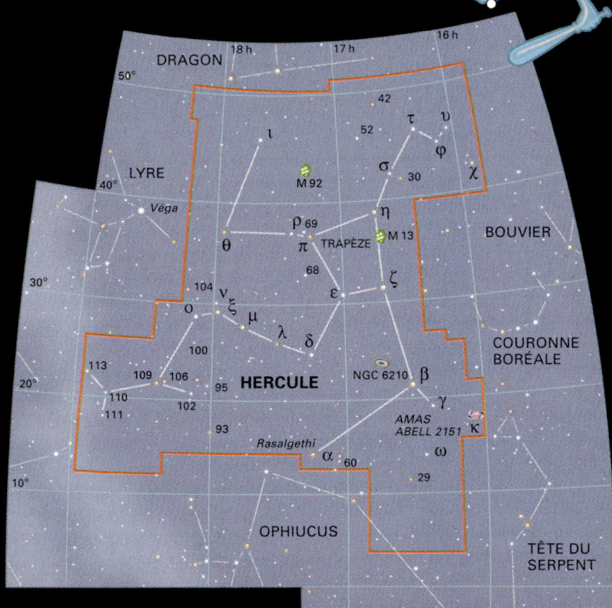

OBSERVER HERCULE

ÉTOILES	MAGNITUDE	CARACTÉRISTIQUES
Alpha (α) *Herculis* Rasalgethi	3,1	Une variable rouge qui descend parfois jusqu'à une magnitude de 4,1. Son diamètre fait 400 fois celui du Soleil.
Kappa (κ) *Herculis*	5,3	Une étoile double visible au télescope, avec une compagne de magnitude 6,5 à 30''. Les deux étoiles sont orange.

AUTRES OBJETS	MAGNITUDE	CARACTÉRISTIQUES
M 13, grand amas globulaire	5,7	Un fantastique amas globulaire situé à 25 200 années-lumière de la Terre.
M 92	6,5	Un amas globulaire plus petit et moins brillant que M 13, mais intéressant.

CARTE DU CIEL : HERCULE
Hercule est bordée par neuf constellations, et ses étoiles servent donc à cartographier une grande partie du ciel.

L'AMAS ABELL 2151
Cet amas de galaxies exige un puissant télescope afin d'en distinguer les galaxies spirales ou irrégulières, toutes en interaction à un stade précoce de leur développement

LE CYGNE

Le hasard a voulu que la forme dessinée par les cinq étoiles principales du Cygne, *Cygnus,* soit celle d'une croix, d'où son surnom de « Croix du Nord ».

La plus brillante étoile de la constellation est Deneb, Alpha (α) *Cygni*, qui marque la queue du Cygne. Albiréo, Bêta (β) *Cygni*, l'une des plus belles étoiles doubles, forme sa tête, et ses ailes déployées s'étendent de part et d'autre de la « croix » centrale. Sous l'aile droite se trouve 61 *Cygni*, une étoile double dont le « mouvement propre ») est décelable en quelques années. Un télescope professionnel dévoile les myriades d'étoiles du Cygne, de nombreuses nébuleuses et des amas d'étoiles, attendant une observation plus approfondie. Juste à droite de la queue du Cygne, la nébuleuse NGC 7000 est visible à l'œil nu par nuit bien noire. Sa forme, qui évoque celle de l'Amérique du Nord (avec le golfe du Mexique), lui a valu le nom de nébuleuse North America.

Au centre de la Voie lactée, le **Cygne** est l'une des plus **belles constellations** de l'hémisphère Nord.

Deneb et le Triangle d'été

Deneb signifie « la queue » en arabe. Beaucoup d'étoiles doivent d'ailleurs leur nom à la forme qu'elles représentent dans une constellation. Or, comme il existe toutes sortes d'oiseaux et d'animaux peuplant le ciel, ce nom de Deneb a subit maintes déclinaisons (Dénébola, etc.). Deneb, Altaïr et Véga forment le Triangle d'été (voir p. 106-107), l'un des arrangements stellaires les plus connus de l'hémisphère Nord. Si Deneb paraît un peu moins brillante que les deux autres, c'est qu'elle se trouve à 1 500 années-lumière de la Terre, alors qu'Altaïr et Véga sont respectivement distantes de 16 et 26 années-lumière. La luminosité de Deneb, une supergéante bleu-blanc, est en fait 60 000 fois supérieure à celle du Soleil.

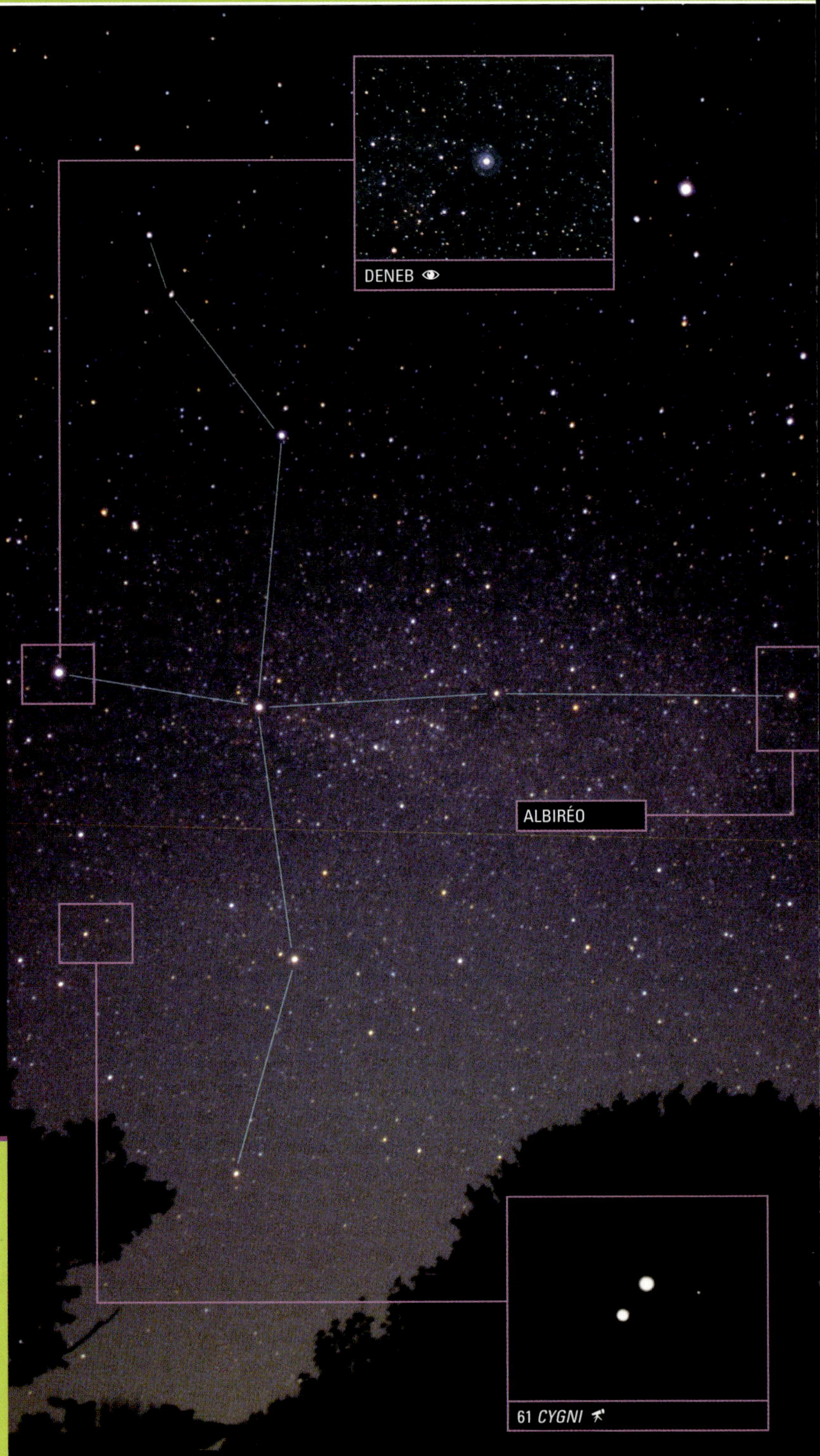

VUE GÉNÉRALE DU CYGNE
À l'œil nu, le Cygne est d'autant plus spectaculaire qu'il se trouve dans une vallée sombre de la Voie lactée, le Rift du Cygne, ou Sac à charbon boréal.

CYGNUS (Cyg)	
LARG./PROF.	✋✋✋/✋✋✋
RANG DE TAILLE	16e
VISIBILITÉ TOTALE	90° N – 28° S

CARTE DU CIEL : LE CYGNE
Tel un cygne volant vers le sud le long de la Voie lactée, le Cygne est l'une des constellations les plus faciles à repérer.

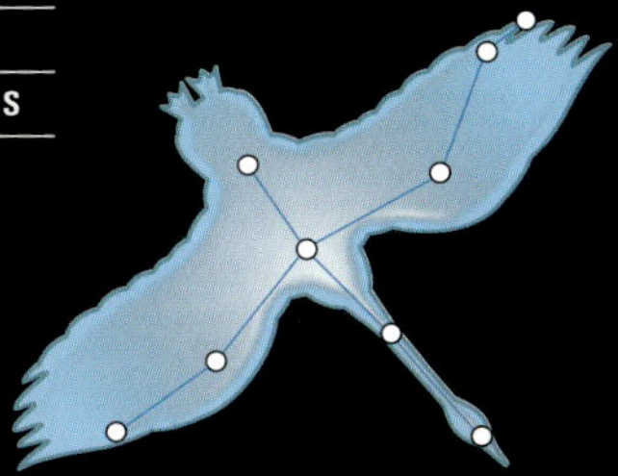

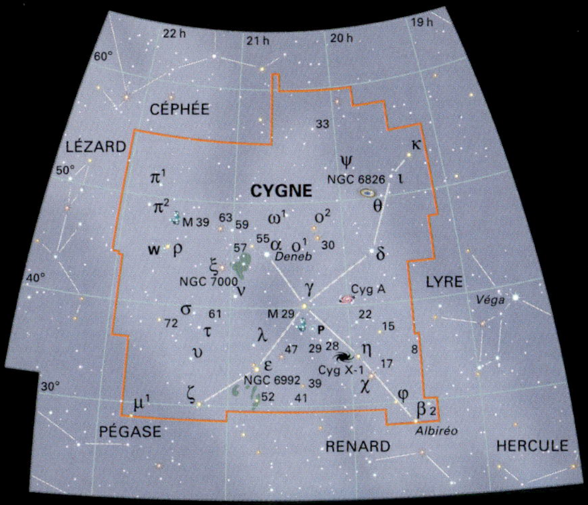

OBSERVER LE CYGNE

ÉTOILES	MAGNITUDE	CARACTÉRISTIQUES
Alpha (α) *Cygni* Deneb	1,3	Une lointaine et énorme étoile d'un diamètre de 300 fois celui du Soleil.
Bêta (β) *Cygni* Albiréo	3,2	Une belle étoile double avec une compagne de magnitude 5,1 située à 35''. Les couleurs doré et bleu.
Omicron-1 (o^1) *Cygni* (31 *Cygni*)	3,8	Une étoile double à voir aux jumelles, avec une compagne de magnitude 4,8 séparée de 1'30''. Les couleurs sont orange et turquoise.
61 *Cygni*	5,2	Une étoile double avec une compagne de magnitude 6 à 30''. Les deux étoiles sont orange.

AUTRES OBJETS	MAGNITUDE	CARACTÉRISTIQUES
M 39	4,6	Un amas ouvert d'environ 30 étoiles, distant de 825 années-lumière.
NGC 6960, 6992 et 6995, nébuleuse des voiles	7	Visibles dans un grand télescope, ces formations sont les restes d'une supernova.
NGC 7000, nébuleuse Noth America	4	Une nébuleuse brillante quatre fois plus grande que la pleine lune, mais dont la forme est invisible à l'œil nu.

ALBIRÉO
Dans un petit télescope, l'étoile double Albiréo, une géante dorée et une naine bleue, est assez espacée. La plus grande étoile a sa propre compagne, une naine trop rapprochée pour être vue.

LA NÉBULEUSE DES VOILES
Au centre de cette extension gazeuse se tenait jadis une étoile qui a explosé, libérant son atmosphère de gaz. L'ensemble est ce que l'on nomme la Boucle du Cygne. Mais en réalité, la seule partie que nous puissions voir ayant cette forme dentelée, ce nuage a pris le nom de nébuleuse des Voiles. L'expansion des gaz suggère que l'explosion en supernova a eu lieu il y a entre 5 000 et 15 000 ans.

NGC 7000, la nébuleuse Nord America

Juste à côté de Deneb se tient une espèce de tache légèrement plus brillante que la Voie lacté : la fameuse nébuleuse Nord America NGC 7000. Comme toutes les nébuleuses, il s'agit d'un nuage de gaz et sans doute de poussières interstellaires. La forme des nébuleuses, comme celle des nuages dans le ciel, dépend en grande partie de ce qui les éclaire. Certaines sont des pouponnières d'étoiles et sont donc éclairées par ces étoiles en formation tandis que d'autres ne sont que silhouettées par un fond plus brillant. NGC 7000 est un bel exemple de nébuleuse brillante visible parce qu'elle est éclairée par sa géante voisine, l'étoile Deneb.

NGC 7000
Cette nébuleuse doit son nom à la partie sombre au centre et à gauche qui rappelle la carte du continent nord-américain.

À PARTIR DU TRIANGLE D'ÉTÉ

Ces trois brillantes étoiles, disposées en triangle dans le ciel d'été et d'automne, forment un repère de base pour localiser les constellations voisines.

Le Triangle d'été n'est pas une constellation mais un « astérisme » (p. 43). Ses trois pointes sont : Altaïr de l'Aigle, Deneb du Cygne et Véga de la Lyre. Il se tient presque juste au-dessus de notre tête pour les observateurs des latitudes Nord moyennes.

1 VERS HERCULE

Localisez la brillante étoile Deneb, qui forme la pointe du Cygne, et tracez une ligne imaginaire en direction de la non moins brillante Véga, suivant ainsi l'un des côtés du Triangle d'été. Poursuivez cette ligne droite sur une longueur sensiblement égale à celle séparant Deneb de Véga, et vous parvenez à la constellation d'Hercule (voir p. 102-103), reconnaissable à ses quatre étoiles principales, dont l'astérisme dessine le Trapèze d'Hercule.

HERCULE

2 VERS LE SAGITTAIRE

Partez une fois encore de Deneb, la plus faible des étoiles du Triangle d'été et tracez une ligne imaginaire en direction d'Altaïr, l'étoile principale de l'Aigle. Notez que, chemin faisant, vous passerez à travers la petite constellation de la Flèche. Poursuivez votre ligne sur une distance égale à celle séparant Deneb et Altaïr, et vous parvenez à la constellation du Sagittaire avec son astérisme caractéristique en forme de théière.

OPHIUCUS

3 VERS OPHIUCUS

Ophiucus n'est pas une constellation facile à localiser. Heureusement, trois étoiles proches d'Altaïr dans la constellation de l'Aigle vont vous y aider. Partez du « bec » de l'Aigle, l'étoile Thêta (θ) *Aquilæ*, et tirez une droite imaginaire passant par l'étoile centrale de l'Aigle, Êta (η) *Aquilæ*, et Delta (δ) *Aquilæ*. Poursuivez cette ligne, et la prochaine étoile brillante que vous rencontrerez sera Rasalhague, dans Ophiucus.

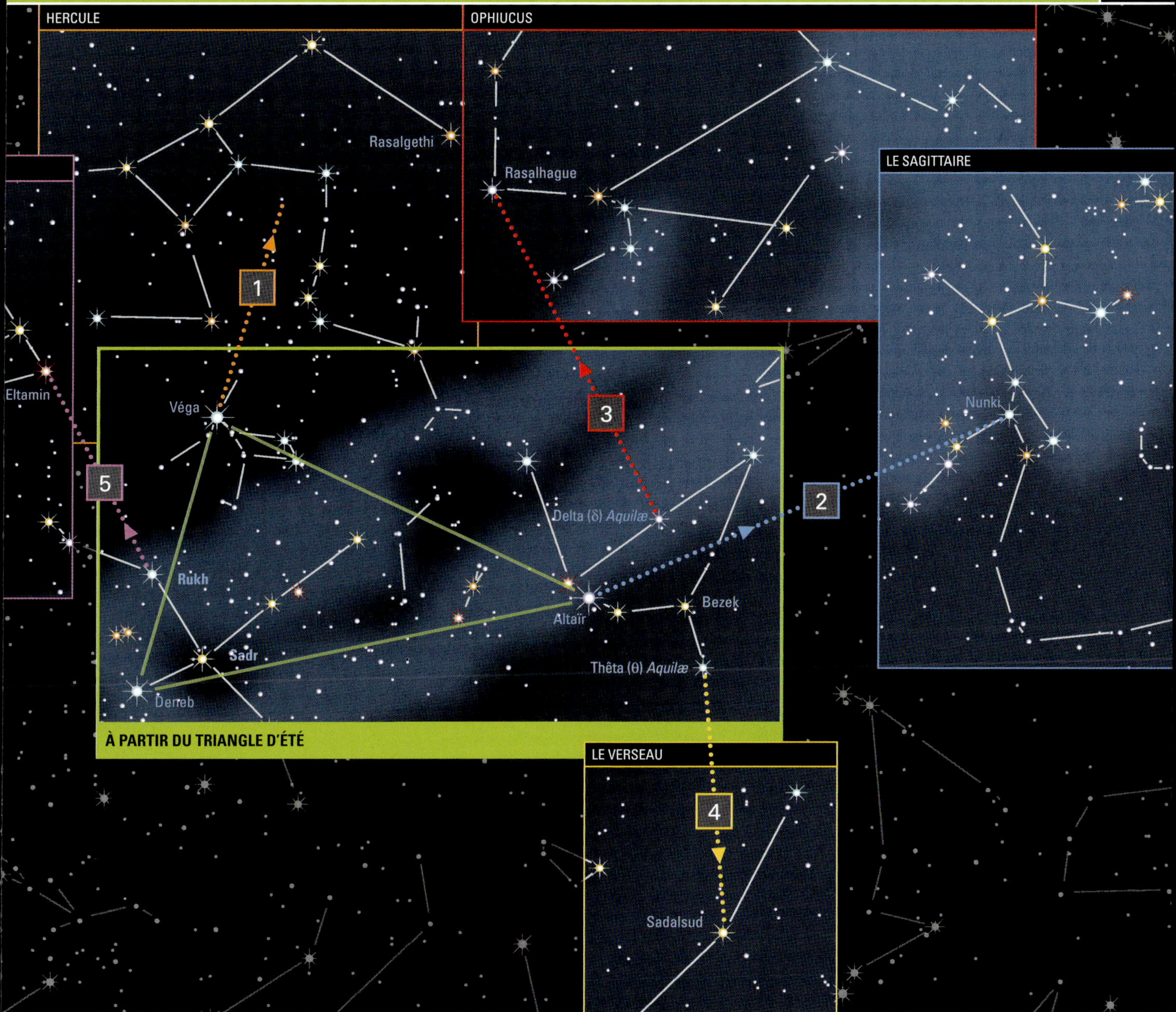

4 VERS LE VERSEAU

Encore une constellation difficile à localiser : le Verseau. Reprenons les mêmes étoiles que précédemment pour aller de l'Aigle vers Ophiucus, mais en partant cette fois dans le sens contraire : de Delta (δ) *Aquilæ* près d'Altaïr, vers Bezek – Êta (η) *Aquilæ* –, puis vers Thêta (θ) *Aquilæ*, jusqu'à atteindre Sadalsud, une étoile qui marque l'épaule du porteur d'eau dans la constellation du Verseau.

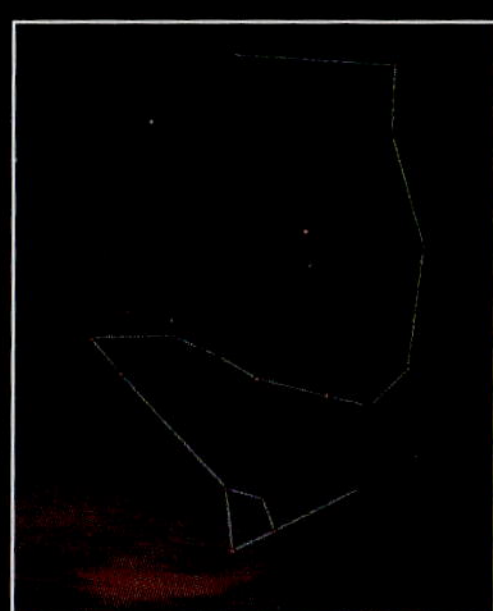
LE DRAGON

5 VERS LE DRAGON

Repartons de Deneb du Cygne. À partir de Deneb, il est facile de trouver l'étoile centrale du Cygne, Gamma (γ) *Cygni* ou Sadr, qui sera notre point de départ vers l'aile du Cygne marquée par l'étoile Delta (δ) *Cygni*, Rukh. En poursuivant cette ligne, vous parvenez à deux étoiles brillantes de la constellation du Dragon. Proches d'elles, deux autres étoiles moins lumineuses forment le losange qui indique la tête du Dragon.

L'AIGLE

L'Aigle, *Aquila*, se trouve dans la région sud de la Voie lactée. Son étoile principale, Alpha (α) *Aquilæ*, mieux connue sous le nom d'Altaïr, forme la pointe la plus australe du Triangle d'été.

L'Aigle possède un bon nombre d'étoiles brillantes, arrangées de telle façon que l'on reconnaît immédiatement sa forme. Et pourtant, l'Aigle est bordé par non moins de neuf constellations… C'est son étoile principale, Altaïr, qui permet d'identifier à coup sûr cette constellation, parce qu'elle appartient, avec Véga de la Lyre et Deneb du Cygne, au Triangle d'été, un astérisme si brillant qu'on le distingue malgré une forte pollution lumineuse. Par nuit bien noire, c'est un tout autre spectacle : l'Aigle resplendit sur le fond noir de la Voie lactée. Regardez Êta (η) *Aquilæ*, une étoile variable céphéide dont la période est d'une semaine, et les nébuleuses B 142 et B 143, deux larges taches dans la Voie lactée, que l'on peut observer aux jumelles.

L'**Aigle** resplendit intensément sur le fond sombre entourant la **Voie lactée.**

NGC 6709

À la limite de l'Aigle, proche de la bordure de la constellation d'Hercule, l'amas ouvert NGC 6709 se tient dans la Voie lactée, dans une région déjà inondée d'étoiles. Qu'importe, cette concentration d'une centaine d'étoiles formant un triangle, dont chaque sommet est une étoile brillante, est assez aisée à repérer avec des jumelles. Avec de tels objets, où les étoiles sont de faible luminosité, l'ouverture des jumelles utilisées est importante. Tandis qu'avec des jumelles de 60 mm d'ouverture, on ne verra de NGC 6709 qu'une tache blafarde, une ouverture de 70 mm permettra d'en individualiser les étoiles. En revanche, des jumelles aussi lourdes exigent l'emploi d'un trépied.

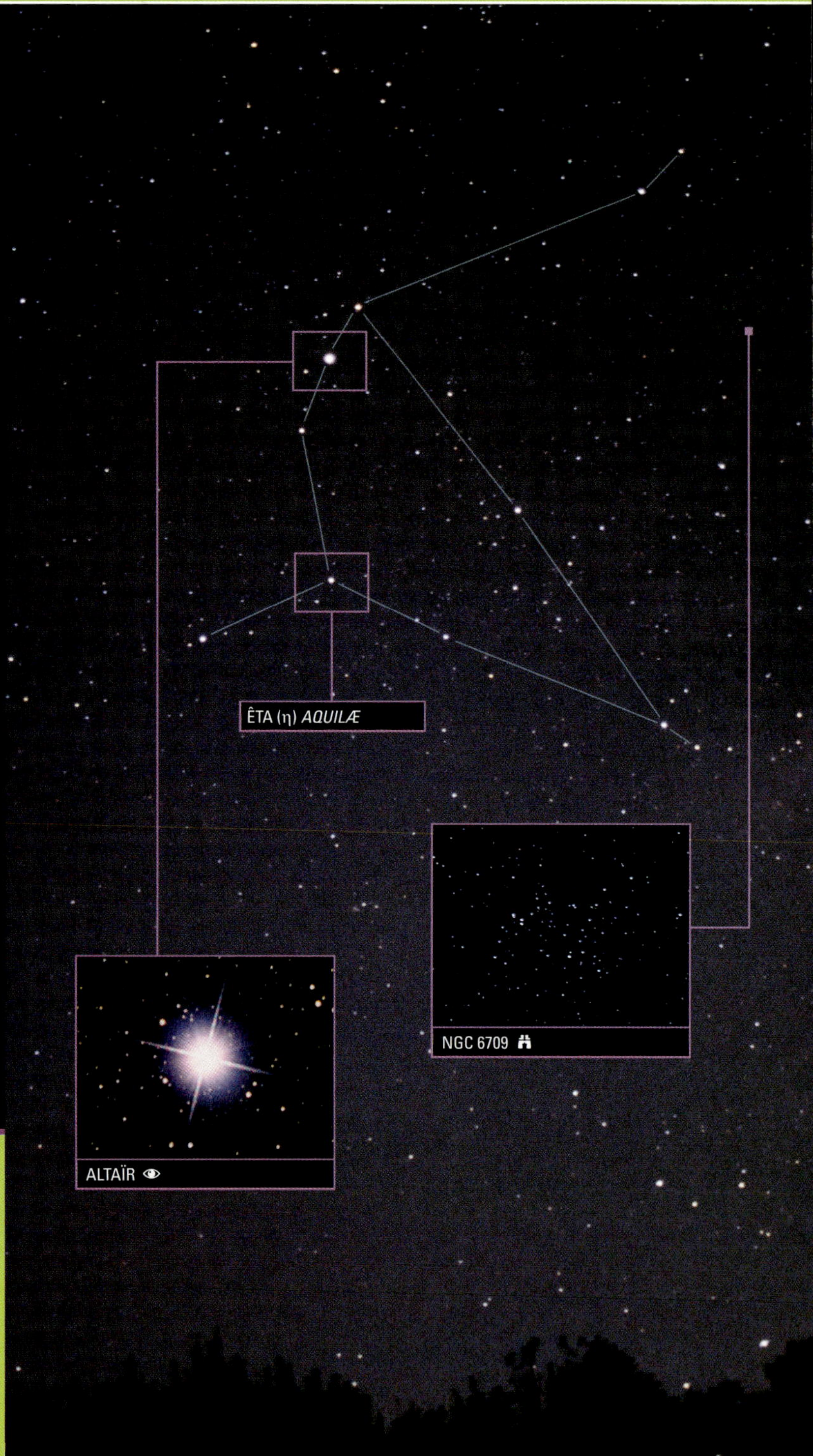

VUE GÉNÉRALE DE L'AIGLE
Altaïr et ses deux voisines, Alshaim et l'étoile orangée Tarazed, forment une courbe à partir de laquelle les autres étoiles de l'Aigle peuvent être localisées.

AQUILA (Aql)	
LARG./PROF.	
RANG DE TAILLE	22e
VISIBILITÉ TOTALE	78° N – 71° S

CARTE DU CIEL : L'AIGLE
La majorité des représentations de l'Aigle le proposent légèrement excentré, avec une aile très grande, démesurée. Les représentations plus classiques (à droite) n'oublient pas de placer dans son bec des éclairs de foudre, arme que l'aigle a apportée au dieu grec Zeus.

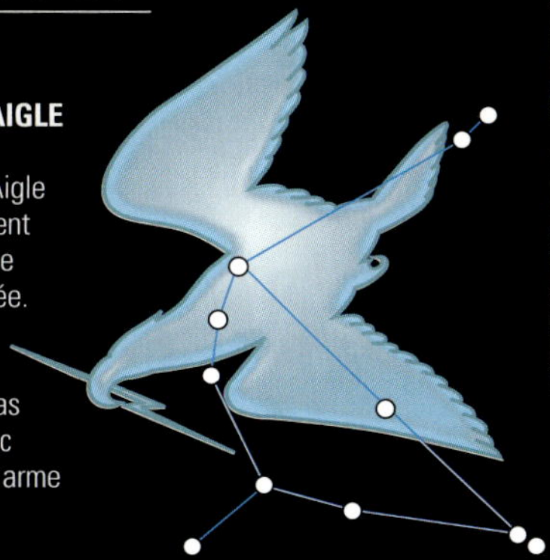

OBSERVER L'AIGLE

ÉTOILES	MAGNITUDE	CARACTÉRISTIQUES
Alpha (α) *Aquilæ* Altaïr	0,8	La 12e étoile la plus brillante du ciel, à 16,8 années-lumière de la Terre.
Êta (η) *Aquilæ* Bezek	3,9	Une variable céphéide (voir p. 90), passant en 7 jours d'une magnitude de 3,5 à 4,3.

AUTRES OBJETS	MAGNITUDE	CARACTÉRISTIQUES
NGC 6709	7,6	Un amas ouvert d'une centaine d'étoiles situé à environ 3 000 années-lumière.
B142 et B143, nébuleuse « E »	—	Une nébuleuse obscure constituée de nuages sombres au sein de la Voie lactée.

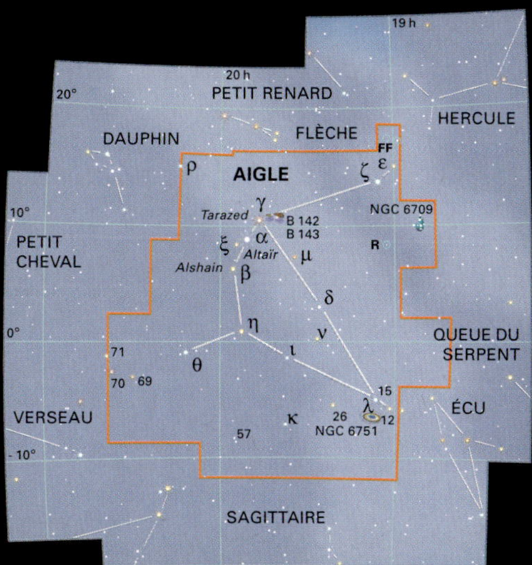

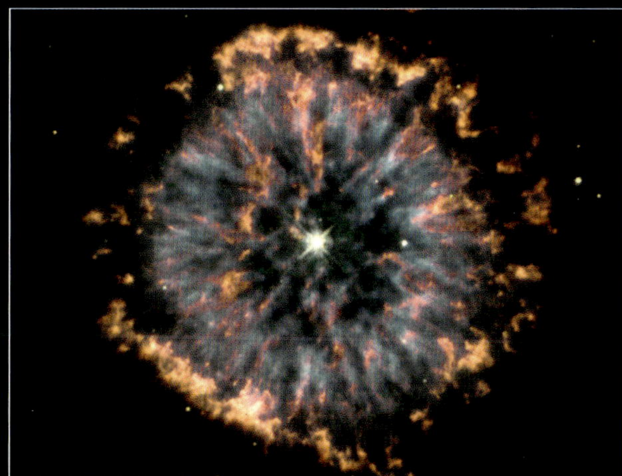

NGC 6751, LA NÉBULEUSE DE « L'ŒIL RAYONNANT »
Visible uniquement dans de grands télescopes, cette nébuleuse planétaire de l'Aigle a été photographiée par le télescope spatial Hubble. Cette image féerique a été réalisée avec plusieurs filtres colorés, isolant les divers gaz dont les températures diffèrent beaucoup, le bleu représentant la température la plus chaude.

B 142 et B 143

Généralement, ce sont les objets les plus brillants, contrastant avec la nuit noire ou présentant une forme particulière, qui attirent notre attention dans le ciel. Il existe pourtant quelques phénomènes sombres qui sont, eux aussi, prisés par les astronomes. La nébuleuse B 142 et sa voisine B 143 en font partie. Leurs formes combinées forment en effet, un E : la nébuleuse E, ainsi nommée par l'astronome Edward Barnard qui a catalogué les nébuleuses sombres au début du xxe siècle. Dans le ciel nocturne, tout se passe comme si les étoiles avaient évité cette région. En réalité, ce sont ces deux nuages de gaz et de poussières qui bouchent notre vue dans cette portion du ciel en forme de E.

LA NÉBULEUSE « E »
Cette forme sombre comprenant deux nébuleuses obscures, situées approximativement à 2 000 années-lumière, s'étend sur un diamètre équivalent à la pleine lune.

LE PETIT RENARD

Dans le ciel, le Petit Renard, *Vulpecula*, ne se distingue ni par sa forme ni par son étendue. Mais il a pour excuse d'être situé sur une région très brillante de notre Galaxie…

Sise dans une région de la Voie lactée très riche en étoiles et enserrée entre les remarquables constellations du Cygne, de la Lyre et de l'Aigle, le Petit Renard est bien souvent totalement négligé, et nombreux sont ceux, hormis les astronomes, qui n'en ont jamais entendu parler. Cela est regrettable, car le Petit Renard contient deux objets incontournables du ciel profond, que l'on peut observer avec des jumelles : l'amas du Cintre, plus formellement appelé l'amas de Brocchi, et M 27, la nébuleuse Dumbell. L'étoile principale du Petit Renard, Alpha (α) *Vulpeculæ*, ou Anser, (voir ci-dessous) est une géante rouge de magnitude 4. L'étoile voisine, qui forme avec elle un double visuel observable aux jumelles, est de magnitude 6.

Ce **faible** groupe d'étoiles abrite l'**amas du Cintre** et la nébuleuse **Dumbell**.

Une constellation moderne

L'étoile Alpha (α) *Vulpeculæ* est aussi appelée Anser, l'Oie, car son nom était à l'origine *Vulpecula cum Anser*, « le Petit Renard avec l'Oie ». Il s'agit d'une constellation « moderne », inventée au XVIIe siècle par l'astronome polonais Johannes Hevelius – qui a proposé la création de dix constellations, dont sept ont été officiellement adoptées. Parmi elles, les Chiens de Chasse et l'Écu, dénommée à l'origine par Hevelius *Scutum Sobiescanum*, l'Écu de Sobieski, en l'honneur du roi de Pologne Jean III Sobieski. Hevelius ayant travaillé sur des régions célestes aux étoiles peu brillantes (les autres ayant déjà été attribuées aux principales constellations) ses constellations sont souvent peu accessibles à l'œil nu.

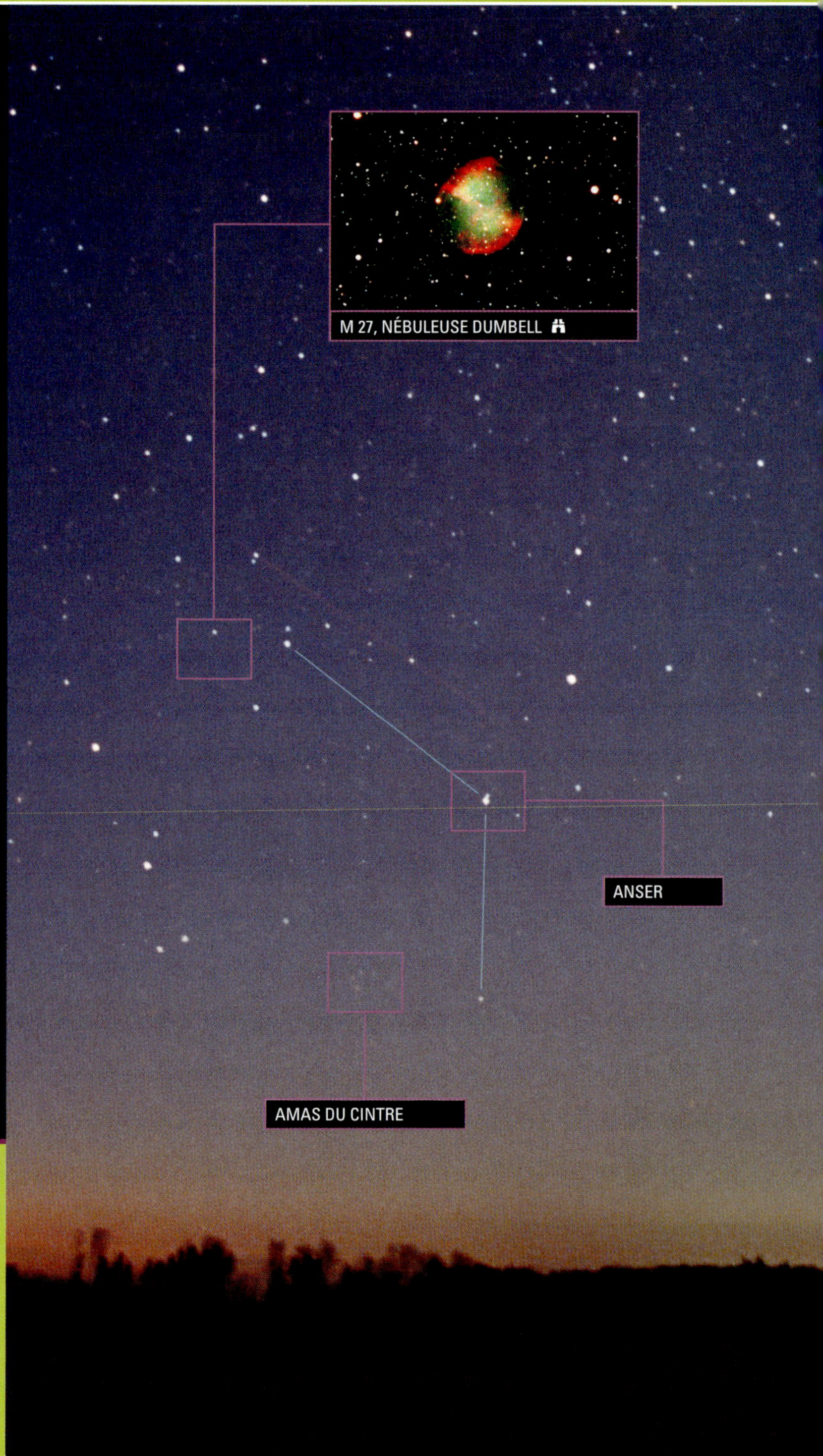

VUE GÉNÉRALE DU RENARD
Les deux principaux objets contenus dans le Renard, la nébuleuse Dumbell et l'amas du Cintre, se trouvent sur les bordures de cette faible constellation.

VULPECULA (Vul)	
LARG./PROF.	✋✋✋ / ✋
RANG DE TAILLE	55e
VISIBILITÉ TOTALE	90° N – 61° S

CARTE DU CIEL : LE PETIT RENARD
Les constellations de Pégase et d'Hercule peuvent aider à situer le Renard, de même que la brillante Véga, dans le Triangle d'été.

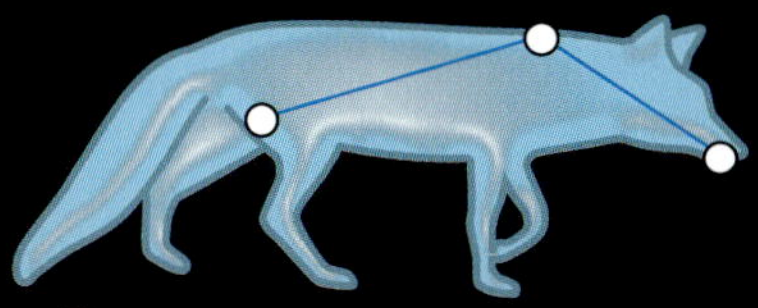

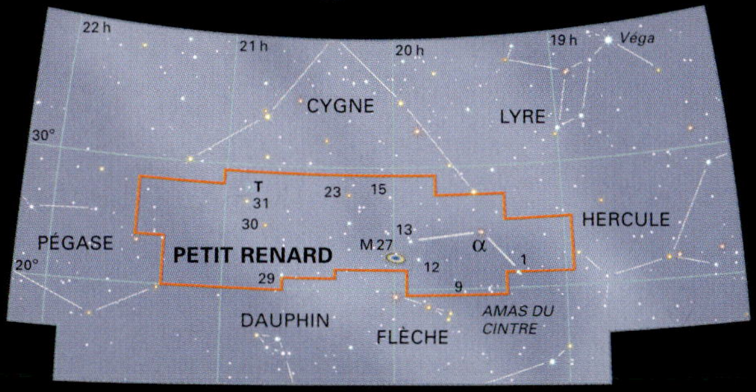

OBSERVER LE PETIT RENARD

ÉTOILES	MAGNITUDE	CARACTÉRISTIQUES
Alpha (α) *Vulpeculæ* Anser	4,4	Une étoile double avec une compagne de magnitude 5,8 située à 6'50''. Les étoiles sont rouge et orange.

AUTRES OBJETS	MAGNITUDE	CARACTÉRISTIQUES
M 27, nébuleuse Dumbell	7,6	Une nébuleuse planétaire qui paraît large vue avec un petit télescope.
(CR) 399, amas de Brocchi ou du Cintre	3,6	Longtemps catalogué comme un amas ouvert, il s'agit en fait d'un astérisme, visible avec des jumelles.

(CR) 399, L'AMAS DU CINTRE
Également connu sous le nom d'amas du Cintre ou amas de Brocchi, Collinder (CR) 399 tient son nom de l'arrangement de dix de ses étoiles. À l'œil nu, il apparaît tel une vague petite tache, et des jumelles révèlent sa forme particulière semblable à un cintre. On pense aujourd'hui qu'il ne s'agit pas réellement d'un amas, mais plutôt d'un astérisme, un alignement d'étoiles dû au hasard.

IMAGE COLORÉE
Une imagerie CCD (à gauche) ajoute de la couleur aux lobes de la nébuleuse M 27, constituée de gaz ionisés par radiations. La photo ci-dessus a été prise par le télescope spatial Hubble.

M 27, la nébuleuse Dumbell ou nébuleuse de l'Haltère

Avec sa forme bilobée, cette nébuleuse ressemble à un haltère (« dumbell » en anglais). Elle se trouve au sud de l'étoile 13 *Vulpeculæ*, qui forme le point central dans le bas d'un astérisme dessinant un grand M. Située dans une région très peuplée en étoiles de la Voie lactée, M 27 est un objet fascinant à observer. Aux jumelles, il apparaît de la taille d'un quart de pleine lune, mais un télescope révèle ses fabuleux détails. Distante de 1 000 années-lumière environ, cette nébuleuse planétaire a été créée par la mort d'une étoile rejetant son atmosphère dans l'espace.

PÉGASE ET LES POISSONS

Pégase, *Pegasus*, le cheval ailé, est une constellation adjacente à la celles des Poissons, *Pisces*. Le Carré de Pégase, aisément repérable, permet de localiser facilement les Poissons, situés juste au-dessous.

Les constellations de Pégase et des Poissons se trouvent dans une vaste région du ciel pauvre en étoiles, et on ne trouve autour d'elles pas d'étoiles brillantes ou de trésors de la Voie lactée pour en rehausser l'intérêt. Pégase est avant tout célèbre pour les quatre étoiles régulièrement espacées qui forment ce que l'on nomme le Grand Carré de Pégase. Cet astérisme bien visible est un véritable panneau de signalisation dans le ciel d'automne, permettant de repérer facilement les constellations voisines. Sous le Carré, entre les étoiles Algénib et Markab, se trouve un faible astérisme de sept étoiles appelé l'« Anneau » des Poissons, qui représente l'un des deux poissons de la constellation. La région étant assez vide, cette formation d'étoiles de magnitudes 4 ou 5 est assez facile à trouver. Le reste de la constellation suit une ligne d'étoiles peu visibles jusqu'à Alrescha, Alpha (α) *Piscium*, l'étoile principale des Poissons, puis la ligne change de sens pour remonter en zigzaguant vers le second poisson.

L'amas globulaire M 15

Lointaine île sphérique d'étoiles, l'amas globulaire M 15 est l'un des plus denses de la Voie lactée et l'un des plus impressionnants également. On estime son âge à 13,2 milliards d'années. Si cette évaluation est correcte, cela signifie que M 15 s'est formé très peu de temps après le big bang et la création de l'Univers. M 15 s'étend sur 175 années-lumière et ressemble, en un peu plus compact, au grand amas globulaire M 13 d'Hercule. On le trouve en partant de la tête de Pégase et en poursuivant une ligne droite entre les étoiles Thêta (θ) *Pegasi* et Epsilon (ε) *Pegasi*, ou Enif, « le museau », puis en continuant un peu au-delà. M 15 est visible aux jumelles, mais il faut un télescope pour distinguer ses étoiles les unes des autres.

PÉGASE

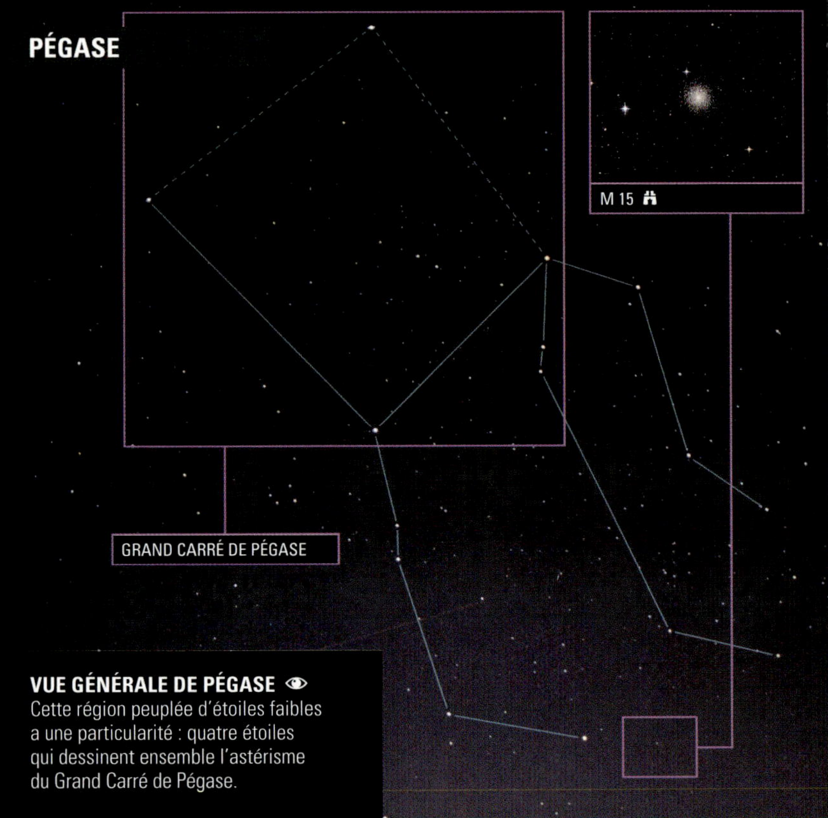

VUE GÉNÉRALE DE PÉGASE
Cette région peuplée d'étoiles faibles a une particularité : quatre étoiles qui dessinent ensemble l'astérisme du Grand Carré de Pégase.

LES POISSONS

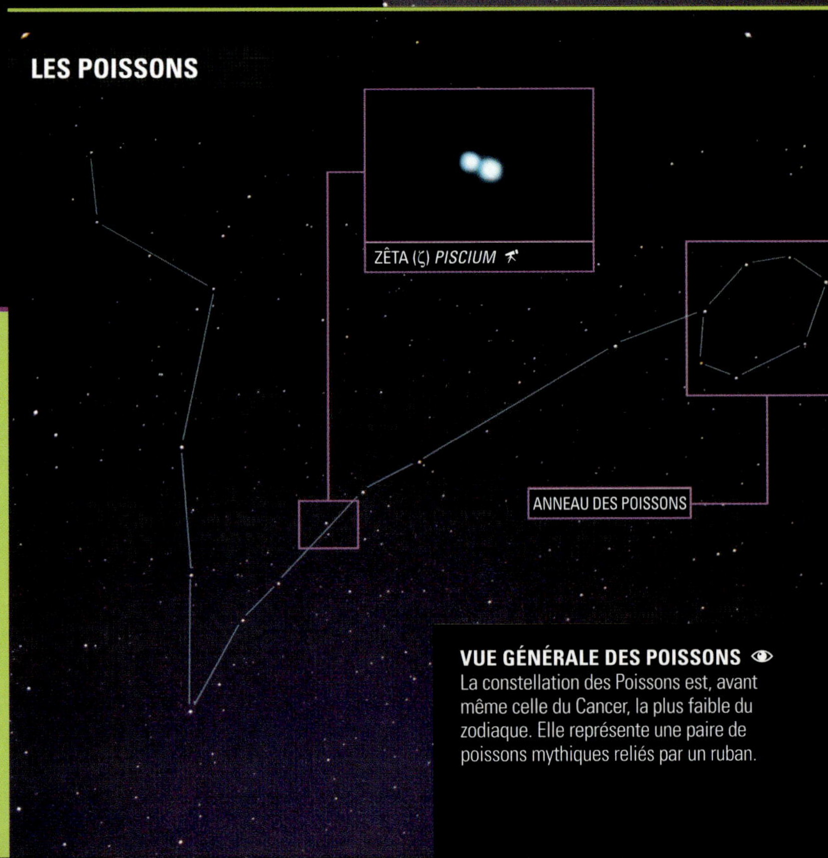

VUE GÉNÉRALE DES POISSONS
La constellation des Poissons est, avant même celle du Cancer, la plus faible du zodiaque. Elle représente une paire de poissons mythiques reliés par un ruban.

PEGASUS (Peg)	
LARG./PROF.	
RAND DE TAILLE	**7e**
VISIBILITÉ TOTALE	**90° N – 53° S**

CARTE DU CIEL : PÉGASE
Étrangement, l'une des quatre étoiles qui forment le Carré de Pégase n'est plus aujourd'hui considérée comme appartenant à la constellation de Pégase mais à sa voisine, Andromède.

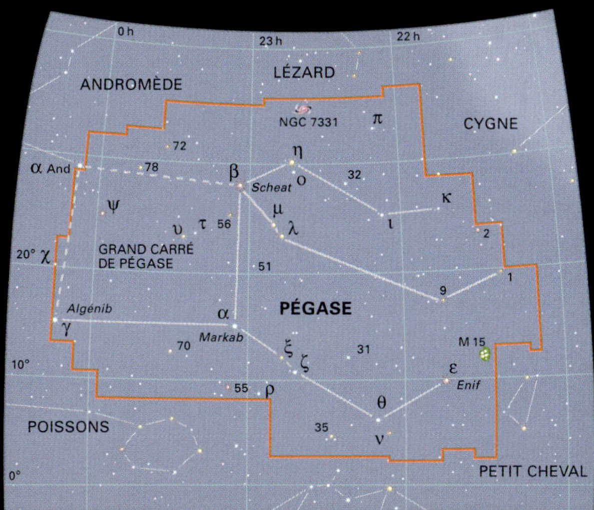

OBSERVER PÉGASE

ÉTOILES	MAGNITUDE	CARACTÉRISTIQUES
Alpha (α) *Pegasi* Markab	2,5	On pense que cette étoile est en train de devenir une géante rouge en s'approchant de la fin de sa séquence principale.
Bêta (β) *Pegasi* Scheat	2,5	Une variable irrégulière 95 fois plus grande que le Soleil.
Pi (π) *Pegasi*	4,3	Un large double visuel avec une compagne de magnitude 5,6 à 10''. Couleurs jaune et blanche.
51 *Pegasi*	5,5	La première étoile autour de laquelle a été trouvée une planète en orbite, en 1995.

AUTRES OBJETS	MAGNITUDE	CARACTÉRISTIQUES
M 15	6,2	Un bel amas globulaire distant de 36 000 années-lumière.

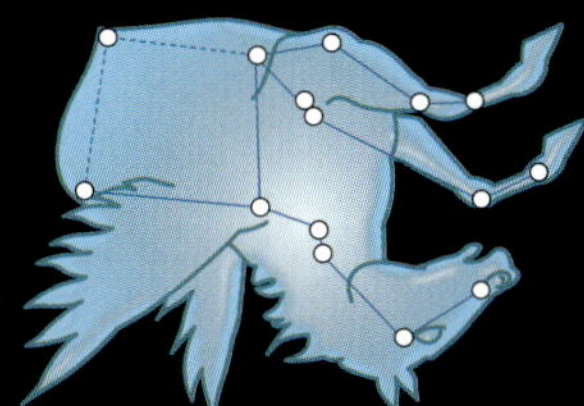

Dans la **mythologie** grecque, **Pégase** est la **monture** ailée du héros **Bellérophon**.

PISCES (Psc)	
LARG./PROF.	
RANG DE TAILLE	**14e**
VISIBILITÉ TOTALE	**83° N – 56° S**

CARTE DU CIEL : LES POISSONS
L'écliptique traversant cette constellation, elle reçoit la visite des planètes et de la Lune. Les Poissons contiennent le point vernal où le Soleil croise annuellement l'équateur céleste.

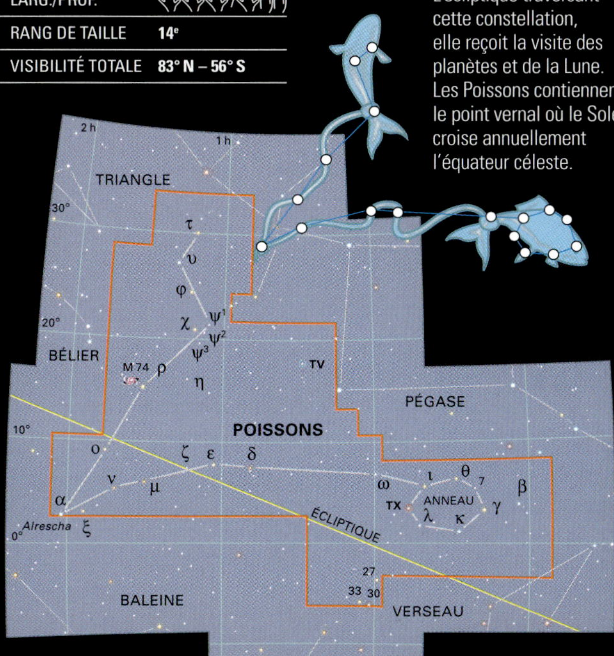

OBSERVER LES POISSONS

ÉTOILES	MAGNITUDE	CARACTÉRISTIQUES
Alpha (α) *Piscium* Alrescha	4,1	Deux étoiles proches, de magnitudes 4 et 5, à 140 années-lumière de la Terre.
Bêta (β) *Piscium* Fum al Samakah	4,5	Une étoile bleue à 493 années-lumière, située juste à côté de l'Anneau.
Zêta (ζ) *Piscium*	5,3	Une étoile double avec une compagne à 25'' de magnitude 6,5. Couleurs bleu et blanche.
Rhô (ρ) et 94 *Piscium*	5,4	Une double visible à l'œil nu avec l'étoile 94 *Piscium* de magnitude 5,6 à 7'30''. Couleurs jaune et dorée.

LE CERCLE CÉLESTE
Les sept étoiles de « l'Anneau », toutes de 4 ou 5 de magnitude, forment le corps du poisson austral. TX *Piscium*, la plus lointaine à gauche du cercle, est une géante rouge dont la magnitude varie irrégulièrement entre 4,8 et 5,2. Elle apparaît orange dans des jumelles.

À PARTIR DU CARRÉ DE PÉGASE

Bien que le Grand Carré de Pégase ne soit pas composé par des étoiles très brillantes, on le repère néanmoins très facilement car il se tient dans une partie du ciel quasi vide d'étoiles.

Le Carré de Pégase est constitué par trois étoiles de magnitudes 2 et 3, Alpha (α), Bêta (β), et Gamma (γ) *Pegasi*, et par une quatrième étoile appartenant à la constellation voisine d'Andromède, Alpha (α) *Andromedæ*.

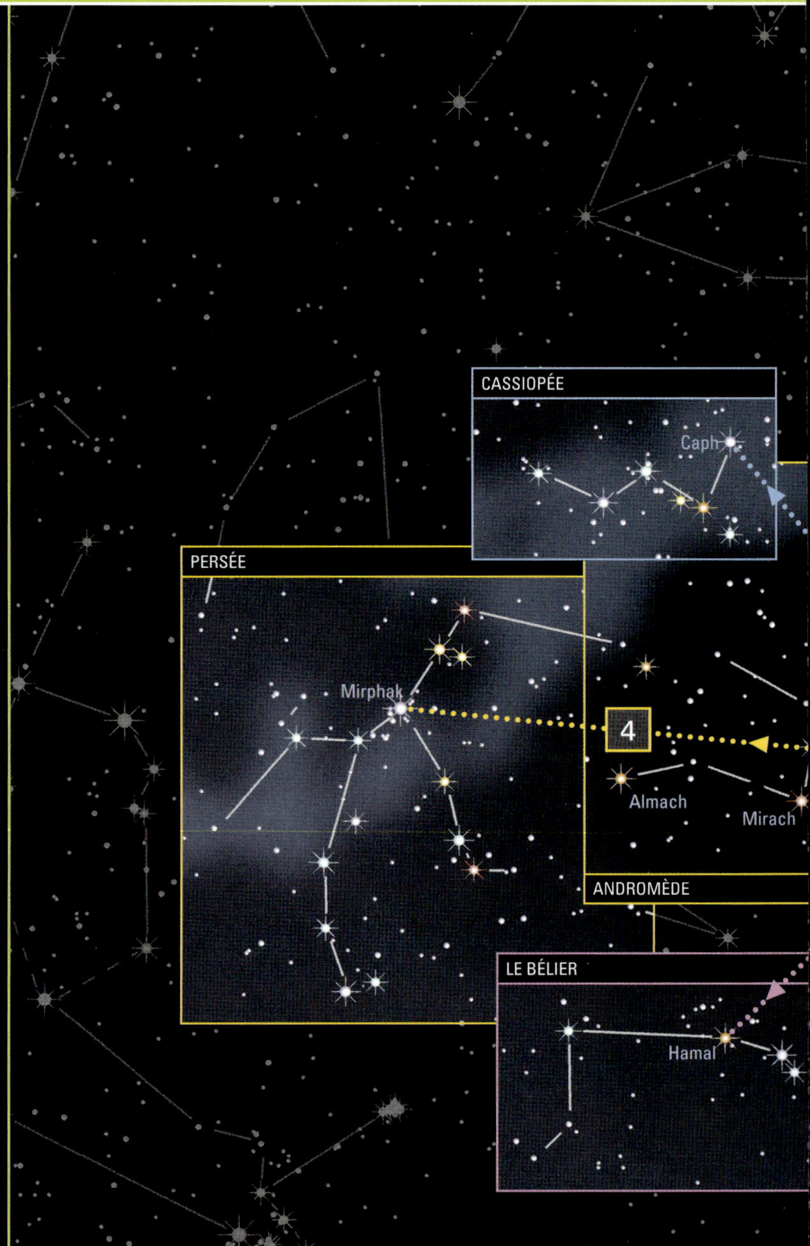

1 VERS LE CYGNE

Tirez une ligne diagonale imaginaire dans le Carré de Pégase en partant d'Algénib, ou Gamma (γ) *Pegasi* – qui se trouve sur l'aile dorsale du cheval ailé – en direction de l'étoile opposée, Bêta (β) *Pegasi*, Scheat. Continuez cette ligne sur environ deux fois la longueur déjà parcourue, et vous parvenez à Deneb, l'étoile principale du Cygne. Deneb est également l'une des étoiles du fameux astérisme du Triangle d'été (voir p. 106-107).

LE CYGNE

2 VERS CASSIOPÉE

Comme précédemment, nous partons de l'étoile Algénib, qui forme l'un des coins du Carré de Pégase. Tirez une ligne droite en remontant sur ce côté du Carré (qui fait la longueur d'un poing levé) en direction d'Alphératz, Alpha (α) *Andromedæ*. Poursuivez cette ligne jusqu'à la prochaine étoile brillante : c'est Caph, ou Bêta (β) *Cassiopeiæ*, la dernière étoile du grand W dessinant la constellation de Cassiopée.

CASSIOPÉE

3 VERS LE POISSON AUSTRAL

Commencez cette fois-ci par Bêta (β) *Pegasi*, ou Scheat, la plus brillante étoile de Pégase, qui forme l'un des coins du Carré. Tirez une ligne imaginaire le long de ce côté du Carré en direction de Markab, Alpha (α) *Pegasi*, puis continuez cette ligne sur environ trois fois la distance entre ces deux étoiles : vous atteignez la constellation du Poisson Austral et son étoile principale, Fomalhaut.

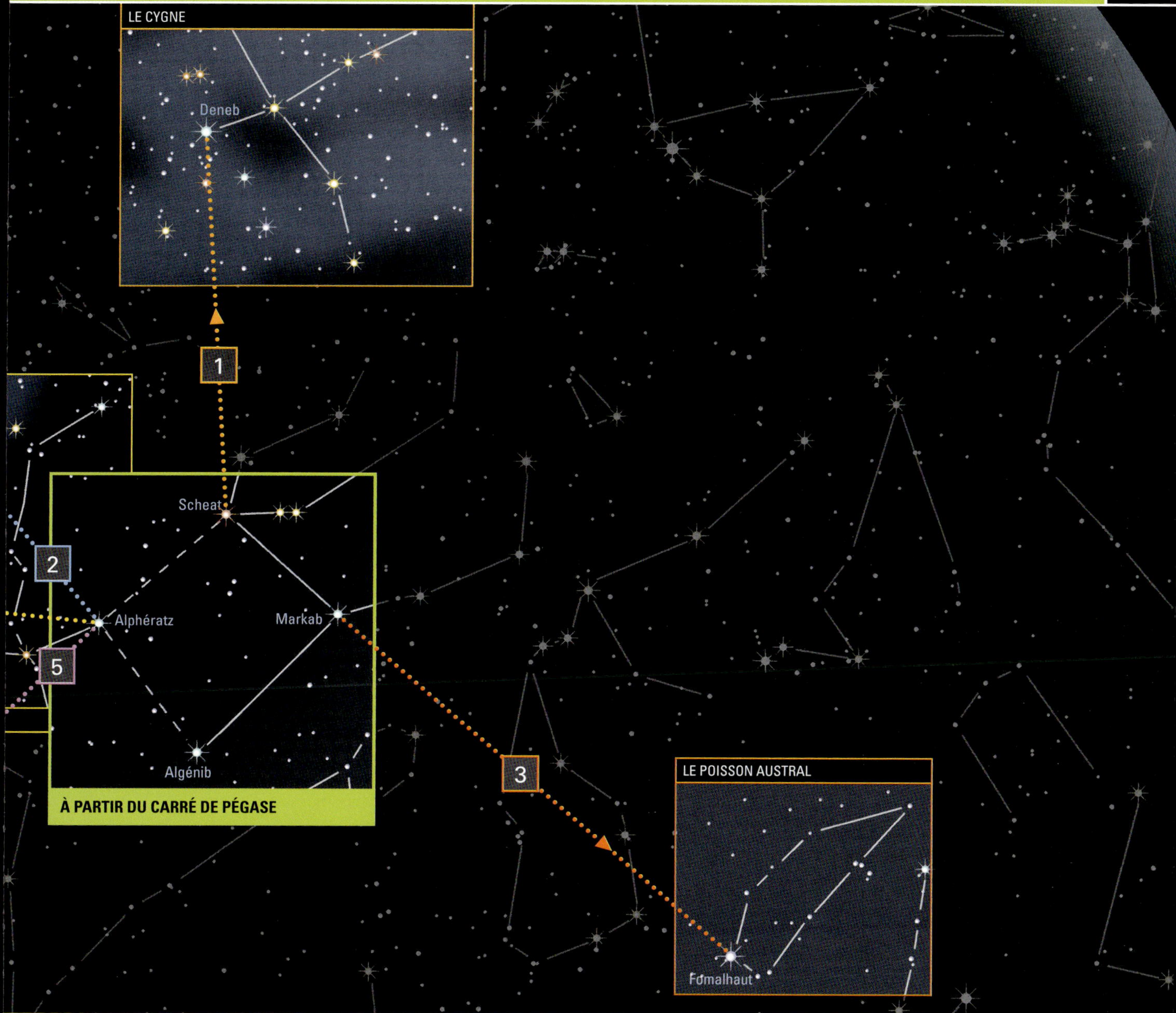

4 VERS ANDROMÈDE ET PERSÉE

Nous partons cette fois-ci de Markab, Alpha (α) *Pegasi*, en traçant une diagonale à travers le Carré en direction d'Alphératz, Alpha (α) *Andromedæ*. Cette ligne vous fera ensuite passer près de deux étoiles très brillantes, Mirach, Bêta (β) *Andromedæ* (de magnitude 2,5), et Almach, Gamma (γ) *Andromedæ* (magnitude 2,2). Poursuivez encore plus loin et la ligne aboutit à Mirphak (de magnitude 1,8), l'étoile principale de Persée.

LE BÉLIER

5 VERS LE BÉLIER

Partez de Bêta (β) *Pegasi*, ou Scheat, au coin supérieur du Carré de Pégase, et tracez une ligne passant par Alphératz, Alpha (α) *Andromedæ*. Poursuivez cette ligne sur deux fois la longueur déjà parcourue pour atteindre Hamal, ou Alpha (α) *Arietis*, dans le Bélier. Regardez alors la petite constellation du Triangle, proche du Bélier, qui contient M 33, la troisième plus grande galaxie de notre Groupe local.

ANDROMÈDE

Andromède n'a pas de forme déterminée : ses quatre étoiles principales tracent simplement une ligne brisée dans le ciel. Mais elle referme un objet de choix : la galaxie d'Andromède.

La tête d'Andromède, *Andromeda*, est marquée par Alpha (α) *Andromedæ*, ou Alphératz, l'une des quatre étoiles du Carré de Pégase, un moyen facile de localiser Andromède et un point de départ en direction de la fameuse galaxie d'Andromède, M 31. Visible à l'œil nu, elle est fascinante à observer avec des jumelles ou un petit télescope. La constellation contient encore d'autres objets remarquables : Gamma (γ) *Andromedæ*, ou Almach, une géante rouge avec une compagne bleue, un couple considéré comme l'un des plus beaux doubles, avec Albiréo du Cygne ; l'amas ouvert NGC 752, intéressant à observer aux jumelles ; enfin, la nébuleuse planétaire NGC 7662, la « Boule de Neige » bleue, qui se distingue dans un télescope par son disque bleu clair.

Deux fois plus grande que la Voie lactée, **Andromède** en est la galaxie la plus proche.

À partir d'Andromède

À partir de la constellation d'Andromède, il est facile de localiser M 31. Commencez en partant d'Alpha (α) *Andromedæ*, dans le Grand Carré de Pégase, puis filez vers le nord en direction de Delta (δ), puis de Bêta (β) *Andromedæ* et changez alors de direction pour aller vers Mu (μ), puis Nu (ν) *Andromedæ*. La galaxie d'Andromède est alors toute proche. Toujours en partant d'Andromède, vous pouvez également localiser l'amas ouvert NGC 752, depuis Gamma (γ) *Andromedæ* – le pied gauche d'Andromède – en allant vers le sud, en direction de Bêta (β) *Trianguli*, ou Deltotron, dans la constellation du Triangle. L'amas se niche entre ces deux étoiles, couvrant une surface assez large dans une région assez vide d'étoiles.

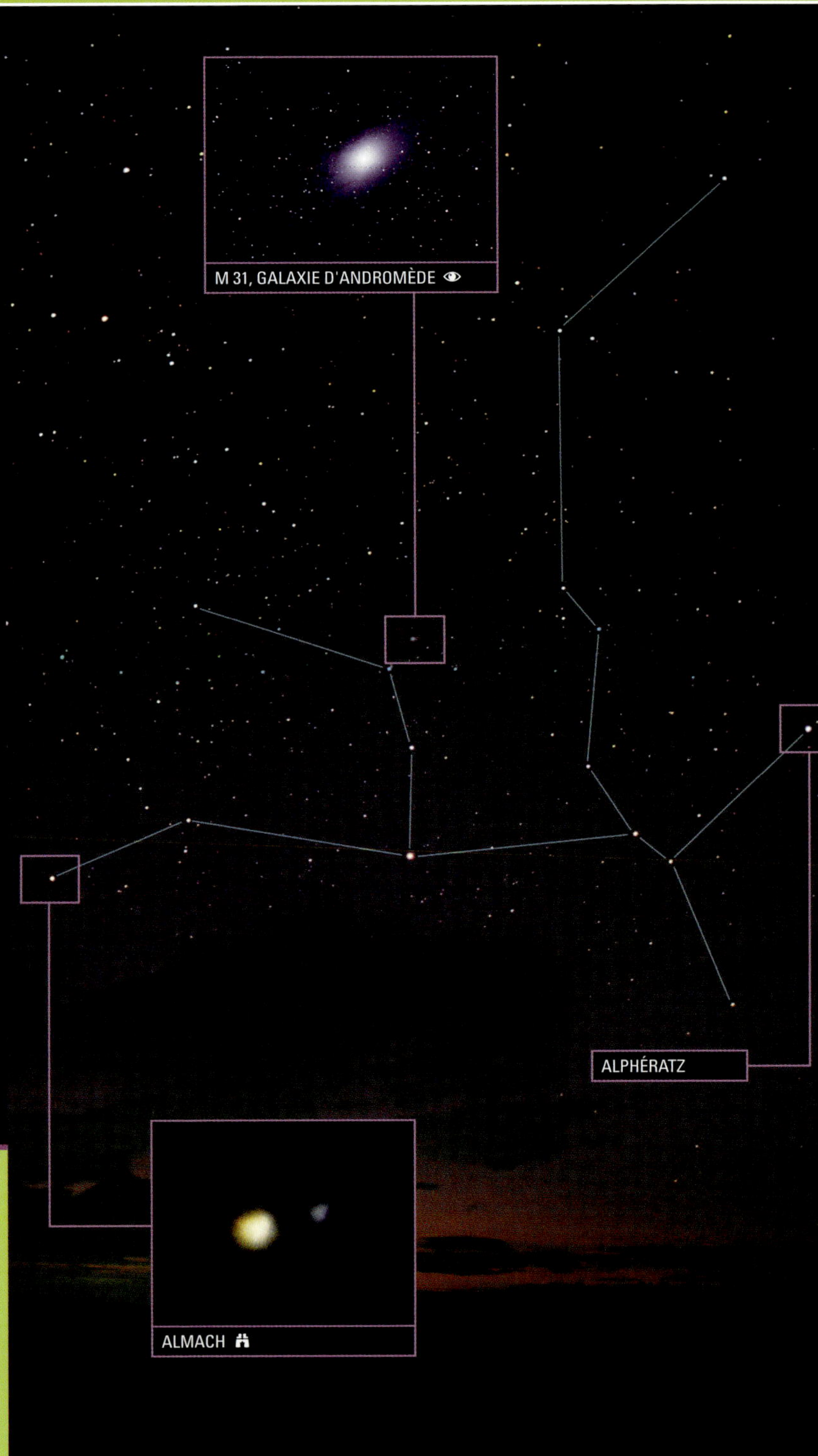

VUE GÉNÉRALE D'ANDROMÈDE
Les trois étoiles brillantes d'Andromède représentent la tête de la princesse (Alpha), son pelvis (Bêta) et son pied gauche (Gamma).

ANDROMEDA (And)	
LARG./PROF.	
RANG DE TAILLE	19e
VISIBILITÉ TOTALE	90° N – 37° S

CARTE DU CIEL : ANDROMÈDE

Vue à l'envers sur cette carte, Andromède se tient les bras écartés, attachée à un rocher en sacrifice au monstre marin *Cetus* (la constellation de la Baleine, située un peu plus loin, après les Poissons), tandis que Persée se précipite à son secours.

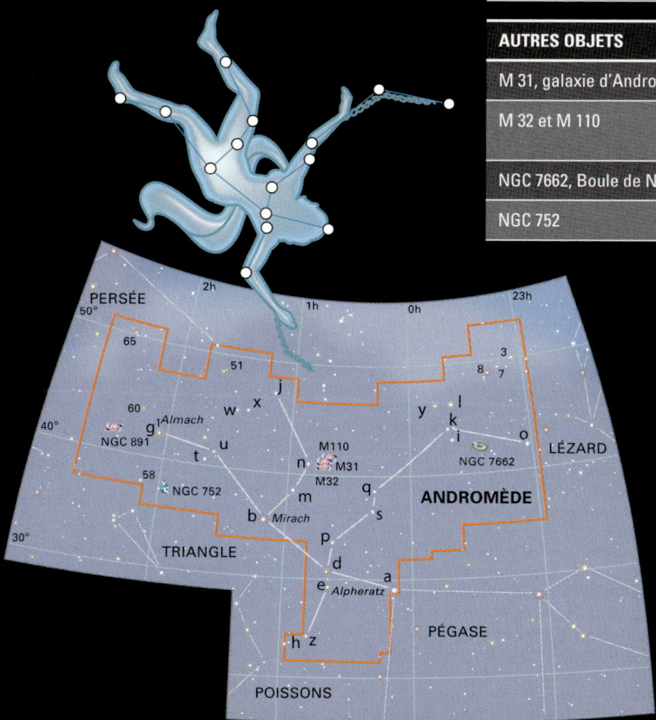

OBSERVER ANDROMÈDE

ÉTOILES	MAGNITUDE	CARACTÉRISTIQUES
Alpha (α) *Andromedæ* Alphératz	2,1	Une étoile bleutée, distante de 97 années-lumière.
Bêta (β) *Andromedæ* Mirach	2,1	Une géante rouge d'un diamètre de 90 fois celui du Soleil.
Gamma (γ) *Andromedæ* Almach	2,3	Une ravissante étoile double avec une compagne de magnitude 5,1 située à 10''. Couleurs dorée et verte.
56 *Andromedæ*	5,7	Un double visuel avec une compagne de magnitude 5,9 située à 3'20''. Les étoiles sont jaune et orange.

AUTRES OBJETS	MAGNITUDE	CARACTÉRISTIQUES
M 31, galaxie d'Andromède	4,5	Une galaxie spirale voisine de la Voie lactée.
M 32 et M 110	8,1 et 8,9	Deux galaxies naines, satellites de M 31. On peut les voir avec un télescope d'ouverture moyenne.
NGC 7662, Boule de Neige	9,2	Une nébuleuse planétaire visible dans un télescope.
NGC 752	5,5	Un amas ouvert d'environ 70 étoiles dans un groupe éparpillé.

CHAÎNE D'ÉTOILES
NGC 752 est un amas éparpillé d'étoiles, qui paraît très grand aux jumelles et ressemble à une chaîne d'étoiles brillantes et colorées dans sa partie sud. Ici, un télescope est moins efficace que des jumelles, qui permettront de mieux saisir la majestueuse étendue de l'amas.

M 31, la galaxie d'Andromède

Dans un ciel bien sombre, la galaxie d'Andromède apparaît à l'œil nu telle une tache ovale blanchâtre. Située à environ 2,5 millions d'années-lumière, M 31 est l'un des objets les plus lointains que nous puissions distinguer à l'œil nu. La luminosité de la galaxie d'Andromède est telle qu'elle reste visible aux jumelles, même depuis une ville. Rien d'étonnant à cela si l'on considère que la galaxie contiendrait mille milliards d'étoiles… M 31 a pour voisine M 33, une galaxie spirale située dans le Triangle, encore plus lointaine mais supposée être également visible à l'œil nu : un véritable défi pour les astronomes amateurs…

GIGANTISME GALACTIQUE
Si notre regard était capable de saisir la galaxie d'Andromède dans son entièreté, elle nous apparaîtrait d'un diamètre de six fois celui de la Lune.

VOISINAGE GALACTIQUE
La galaxie d'Andromède, ce splendide objet du ciel profond, est la galaxie importante la plus proche de la nôtre et le membre le plus grand du Groupe local, avec un diamètre de deux fois celui de la Voie lactée.

LE BÉLIER ET LE TRIANGLE

Le Bélier et le Triangle ne sont pas véritablement des constellations importantes, mais leur histoire remonte à des milliers d'années.

Dans les temps anciens, le Bélier, *Aries*, était considéré comme la première constellation du zodiaque – les douze constellations sises sur l'écliptique, le chemin apparent que suit le Soleil au cours d'une année. Le Triangle, *Triangulum*, a également une longue histoire sous son nom primitif de *Deltotron*, que les Grecs lui avait donné pour sa ressemblance avec la lettre Delta majuscule (Δ). Bien que petite, le Bélier est une constellation incontournable, car elle a jadis marqué le point vernal, à l'équinoxe de printemps, durant plus de 2 000 ans. Située entre le Taureau et les Poissons, on la repère grâce à une forme faite de trois étoiles proches des Poissons, qui dessinent la « tête » du Bélier : Alpha (α), Bêta (β) et Gamma (γ) *Arietis*, Hamal, Sheratan et Mesarthim. Le Triangle est tout aussi peu spectaculaire que le Bélier, avec ses trois seules étoiles dont aucune n'est de première magnitude, mais elle abrite M 33, une galaxie spirale parmi les plus grandes du Groupe local. Durant un certain temps, le Triangle s'est trouvé voisin de deux minuscules constellations, le Triangle mineur et *Musca Borealis*, qui n'existent plus aujourd'hui.

LE BÉLIER

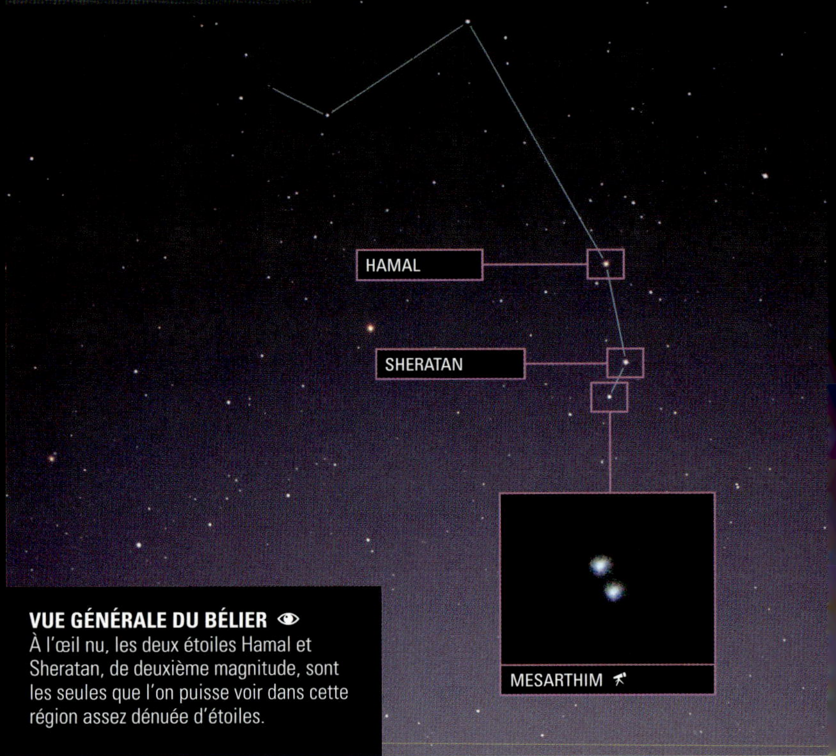

VUE GÉNÉRALE DU BÉLIER
À l'œil nu, les deux étoiles Hamal et Sheratan, de deuxième magnitude, sont les seules que l'on puisse voir dans cette région assez dénuée d'étoiles.

LE TRIANGLE

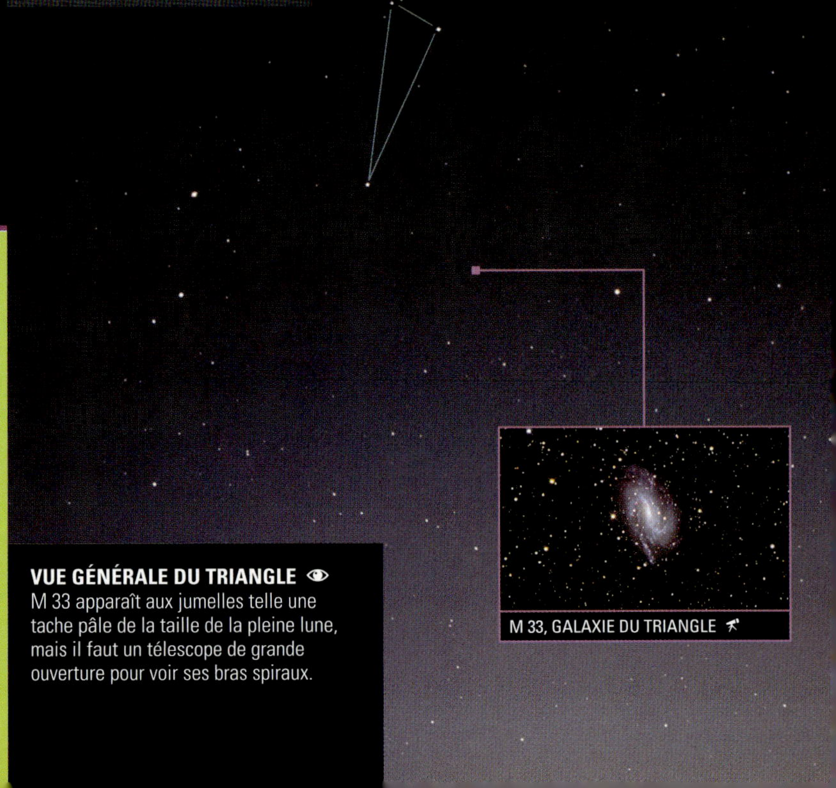

VUE GÉNÉRALE DU TRIANGLE
M 33 apparaît aux jumelles telle une tache pâle de la taille de la pleine lune, mais il faut un télescope de grande ouverture pour voir ses bras spiraux.

M 33, la galaxie du Triangle

Situé à trois millions d'années-lumière de distance, M 33 est l'objet le plus lointain que nous puissions supposément voir à l'œil nu. Trois millions d'années : si l'on pense qu'il faut huit minutes à la lumière du Soleil pour nous atteindre, cela laisse songeur… M 33 est la troisième plus grande galaxie de notre Groupe Llocal, après M 31, la galaxie d'Andromède, et la Voie lactée. Voisine de la galaxie d'Andromède (voir p. 116-117), M 33 subit les effets gravitationnels de cette géante, et il n'est pas impossible qu'elle en soit un satellite. M 33 couvre une surface semblable à celle de la pleine lune mais, sa lumière étant dispersée durant son long voyage, il faut une nuit très sombre pour la distinguer à l'œil nu.

ARIES (Ari)	
LARG./PROF.	
RANG DE TAILLE	**39e**
VISIBILITÉ TOTALE	**90° N – 58° S**

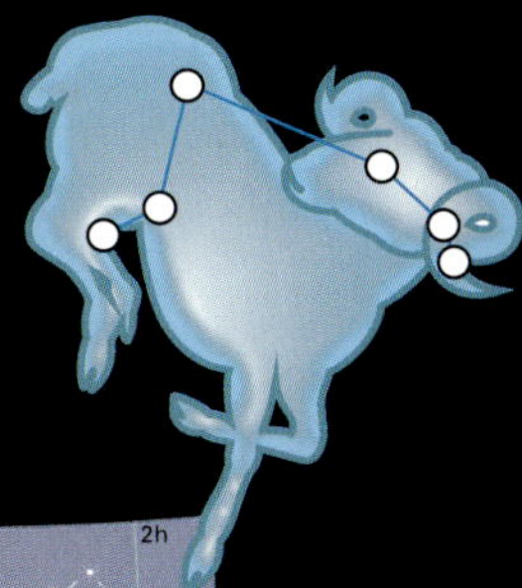

CARTE DU CIEL : LE BÉLIER

Le Bélier est situé sur l'écliptique. Cela signifie que la Lune et les planètes traversent occasionnellement la constellation, que l'on repère alors plus aisément.

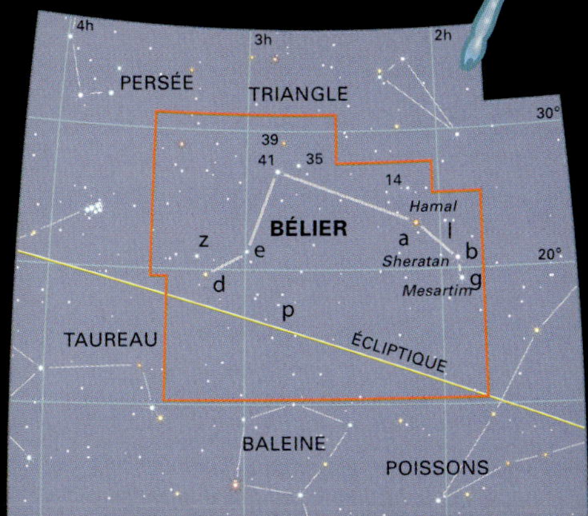

OBSERVER LE BÉLIER

ÉTOILES	MAGNITUDE	CARACTÉRISTIQUES
Alpha (α) *Arietis* Hamal	2	Une grande étoile d'un diamètre de 15 fois celui du Soleil.
Bêta (β) *Arietis* Sheratan	2,7	Une étoile bleutée située à environ 60 années-lumière de la Terre.
Gamma (γ) *Arietis* Mesarthim	4,8	Une belle étoile double à voir au télescope, avec une compagne de magnitude quasi identique à 10″.

LE PREMIER POINT DU BÉLIER

Il y a encore 2 000 ans, le Bélier était l'endroit où se situait le point vernal de l'équinoxe, c'est-à-dire l'endroit où, venant du sud pour aller vers le nord, le Soleil traversait l'équateur céleste. On appelait cela le « Premier Point du Bélier », qui marquait le début du printemps dans l'hémisphère Nord et de l'automne dans l'hémisphère Sud. Après avoir traversé les Poissons, ce point arrive aujourd'hui près du Verseau.

TRIANGULUM (Tri)	
LARG./PROF.	
RANG DE TAILLE	**78e**
VISIBILITÉ TOTALE	**90° N – 52° S**

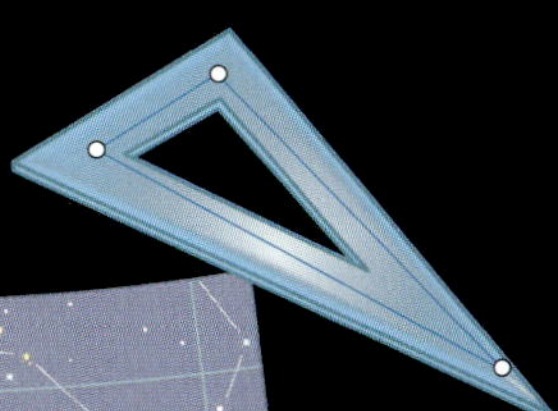

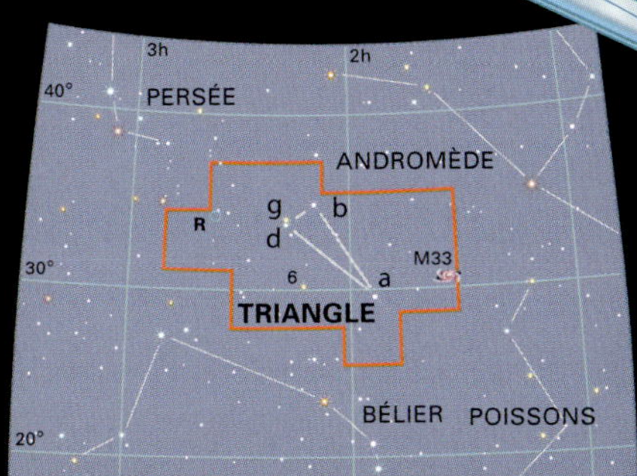

CARTE DU CIEL : LE TRIANGLE

À droite de la carte ci-contre se trouve l'objet céleste qui incite à observer le Triangle : la galaxie spirale M 33.

OBSERVER LE TRIANGLE

ÉTOILES	MAGNITUDE	CARACTÉRISTIQUES
Alpha (α) *Trianguli* Ras al Muthallah	3,4	Une étoile jaune environ trois fois plus grande que le Soleil.
Bêta (β) *Trianguli* Deltotron	3	L'étoile la plus brillante de la constellation, à environ 125 années-lumière.
R *Trianguli*	5,4 à 12,6	Une variable de type Mira, dont la magnitude varie de 5,4 à 12,6 en 267 jours.

AUTRES OBJETS	MAGNITUDE	CARACTÉRISTIQUES
M 33, galaxie du Triangle	5,7	La forme ovale de cette galaxie peut être vue aux jumelles.

GALAXIE SPIRALE

M 33 représente un bon exemple de galaxie spirale floconneuse, une galaxie dont les bras se divisent puis se séparent en morceaux. C'est une galaxie spirale plus typique que la galaxie d'Andromède.

Dans l'Antiquité, le **Triangle** représentait probablement le **delta du Nil**, ou peut-être l'Île de **Sicile**.

PERSÉE

Persée, brandissant son épée, est une constellation facile à repérer. Située dans une région riche du ciel, elle propose beaucoup d'étoiles et de nombreux objets du ciel profond à observer.

De nombreux objets situés dans Persée, *Perseus*, sont visibles à l'œil nu, mais cette constellation mérite une véritable « promenade » avec des jumelles. Ayant la Voie lactée en toile de fond, Persée contient des nébuleuses et des amas en abondance. L'étoile principale Alpha (α) *Persei*, Mirphak, est le centre d'une collection de jeunes et chaudes étoiles, connue sous le nom d'« amas mouvant », située à 600 années-lumière. L'amas ouvert M 34 est visible à l'œil nu, mais il faut des jumelles pour distinguer ses 80 étoiles, et le double amas ouvert de la Poignée de l'Épée est splendide aux jumelles. Enfin, Persée est le lieu d'une des plus grandes pluies de météorites de l'année, les Perséides, avec un pic d'une centaine d'« étoiles filantes » les 12 et 13 août.

Le **double amas** ouvert de la **Poignée de l'Épée** est une **merveille** du ciel nocturne.

L'œil du démon

L'étoile la plus intéressante de Persée est sans conteste Bêta (β) *Persei*, Algol, qui démontre parfaitement que rien n'est statique dans l'Univers. Algol est une binaire à éclipse dont la luminosité change en l'espace d'une seule nuit. Les étoiles de ce couple tournent en effet l'une autour de l'autre en 2 jours et 20 heures. Les deux étoiles se trouvant quasiment sur notre ligne de visée, nous les voyons chacune à son tour éclipser l'autre. Dans la représentation classique de la constellation, Algol (« Al Ghoul ») représente l'œil de Méduse, la Gorgone, et, comme la luminosité de cette étoile est variable, elle a reçu le surnom évocateur d'« œil clignotant du démon ».

VUE GÉNÉRALE DE PERSÉE
Mirphak est l'étoile principale de Persée, sur son épaule droite. Une ligne incurvée depuis Mirphak, passant par la jambe gauche, mène aux Pléiades puis au Taureau.

PERSEUS (Per)	
LARG./PROF.	✋✋ / ✋✋
RANG DE TAILLE	24e
VISIBILITÉ TOTALE	90° N – 31° S

CARTE DU CIEL : PERSÉE
Persée se trouve dans une région assez riche du ciel, entre les constellations de Cassiopée et du Cocher. Se rendant au combat contre le monstre marin Cetus, il brandit son épée de la main droite et tient la tête coupée de Méduse dans sa main gauche.

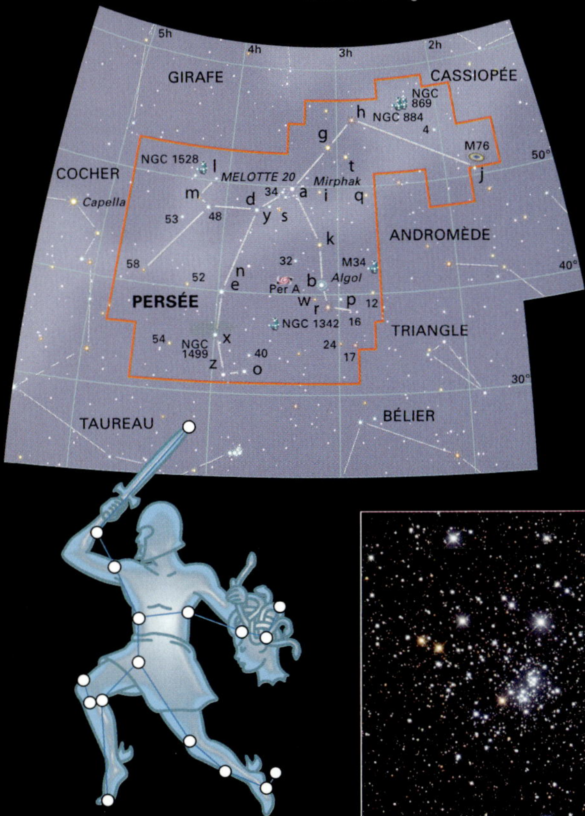

OBSERVER PERSÉE

ÉTOILES	MAGNITUDE	CARACTÉRISTIQUES
Alpha (α) *Persei* Mirphak	1,8	Une étoile d'un jaune-blanc, dont le diamètre est 62 fois plus grand que celui du Soleil.
Bêta (β) *Persei* Algol	2,1	Une variable à éclipse qui descend à une magnitude de 3,4 en 10 heures, avec une période de 2 jours, 20 heures et 4 minutes exactement.
Êta (η) *Persei* Miram	3,8	Une étoile double avec une compagne De magnitude 8,5. Couleurs orange et bleue.

AUTRES OBJETS	MAGNITUDE	CARACTÉRISTIQUES
M 34	5,6	Un amas ouvert à environ 1 400 années-lumière
NGC 869 et 884, amas double de la Poignée de l'Épée	4,3	Un magnifique double amas ouvert. NGC 869 et 884 sont respectivement situés à 6 800 et 7 200 années-lumière.
NGC 1528	6,4	Un amas ouvert d'à peu près 50 étoiles ; une bonne cible pour un petit télescope.

LA POIGNÉE DE L'ÉPÉE 👁
Bien que visibles à l'œil nu comme deux taches blanchâtres, compactes dans la Voie lactée, des jumelles ou un petit télescope permettront d'admirer ce double amas stellaire, chacun de la taille de la pleine lune. Vus l'un à côté de l'autre, NGC 869 et 884 sont d'une incroyable beauté.

La légende de Persée

Comme plusieurs constellations dans cette région du ciel, Persée trouve son origine dans la mythologie grecque. La reine Cassiopée, épouse du roi Céphée, était si fière de sa beauté et de celle de sa fille Andromède que cela rendit jaloux Poséidon, le dieu des Mers. Afin de l'apaiser, Andromède fut enchaînée à un rocher et offerte en sacrifice au monstre marin Cetus. Persée, après avoir combattu Méduse – du sang versé de la Gorgone jaillit Pégase, le cheval ailé sur lequel Persée s'enfuit –, vint au secours d'Andromède ; il la délivra et enchaîna Cetus au rocher. Le sort de chacun aurait été vu dans les yeux de Méduse, dont Persée transportait la tête dans un sac.

L'AMOUR HÉROÏQUE
Andromède a épousé Persée, son sauveur. À sa mort, la déesse Athéna l'a placée dans le ciel auprès de son mari et de sa mère Cassiopée.

LE COCHER

Le Cocher, *Auriga*, trace une forme simple et lumineuse dans le ciel hivernal, facile à identifier pour les observateurs de l'hémisphère Nord.

S'il est des constellations dont la forme reflète le nom, comme le Lion ou la Croix, pour d'autres, il faut faire preuve de plus d'imagination. Le Cocher fait partie de cette seconde catégorie – difficile d'y voir un cocher –, mais ses étoiles principales se repèrent aisément. La première de toutes est Capella, ou Alpha (α) *Aurigæ*, la sixième étoile la plus brillante de tout le ciel nocturne. La spécialité de Capella du Cocher est qu'il ne s'agit pas en fait d'une seule étoile, mais de quatre. La luminosité de Capella est actuellement combinée avec celle de deux étoiles brillantes jaunes, qui orbitent l'une autour de l'autre en 104 jours. Ce sont deux grandes étoiles, environ dix fois plus grandes que le Soleil, et toutes deux sont elles-mêmes orbitées par une autre étoile, une naine rouge. Capella signifie « chèvre » en latin, et trois petites étoiles au sud, Epsilon (ε), Zêta (ζ), et Êta (η) *Aurigæ*, ont reçu le nom de « chevreaux ». Comme le Cocher s'étend sur la Voie lactée, il y a plusieurs objets du ciel profond à observer aux jumelles ou au télescope : tout particulièrement une chaîne d'amas d'étoiles, M 36, M 37 et M 38, ainsi que NGC 2281, un amas dispersé de plusieurs groupes d'étoiles, situé un peu en dehors de la constellation.

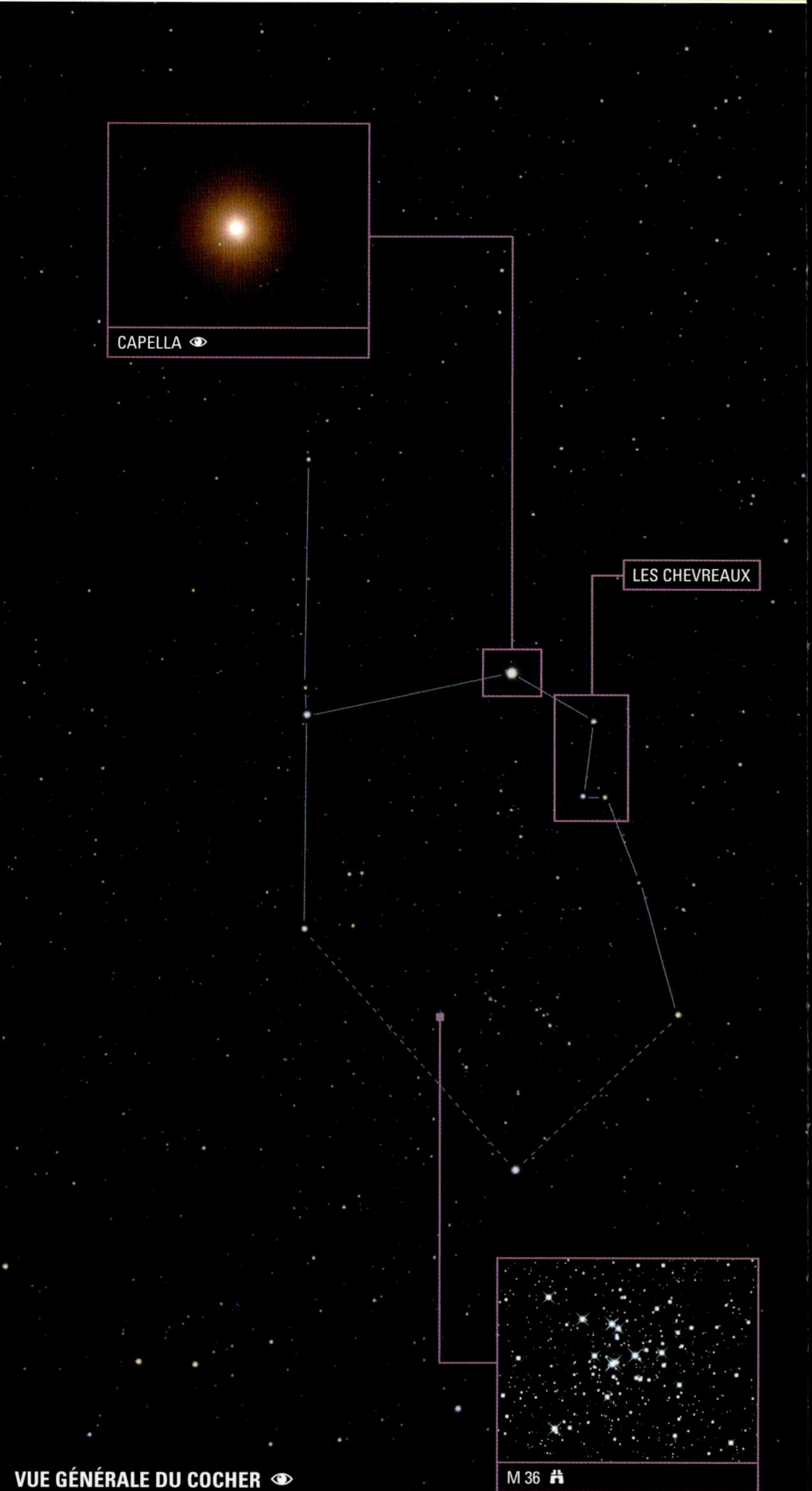

VUE GÉNÉRALE DU COCHER
Le Cocher est identifié au mythique cocher grec Erichtonius. Certaines cartes incluent El Nath du Taureau (Bêta (β) *Tauri*) dans cette constellation.

M 36, M 37, et M 38

Proches les uns des autres, ces amas ouverts sont visibles tous les trois dans le champ d'une paire de jumelles à grand angle et sont à observer ensemble. Ils se trouvent sur une ligne brisée traversant le Cocher perpendiculairement à une ligne allant de Thêta (θ) *Aurigæ* à Bêta (β) *Tauri*, dans le Taureau. M 36, le plus petit des trois, apparaît comme le plus dispersé. M 37 est l'amas le plus brillant, le plus âgé et le plus étendu. Son diamètre est égal aux deux tiers de la pleine lune et il contient le plus grand nombre d'étoiles, environ 500, dont une douzaine de géantes rouges. M 38, très proche de M 36, se reconnaît à une forme rappelant la lettre grecque Pi (π), dessinée par ses étoiles principales.

AURIGA (Aur)	
LARG./PROF.	
RANG DE TAILLE	**21e**
VISIBILITÉ TOTALE	**90° N – 34° S**

CARTE DU CIEL : LE COCHER
La particularité du Cocher réside dans le fait qu'il faut emprunter une étoile à la constellation voisine du Taureau, Bêta (β) *Tauri*, pour compléter sa forme. Malgré cela, il faut encore beaucoup d'imagination pour y voir un quelconque cocher !

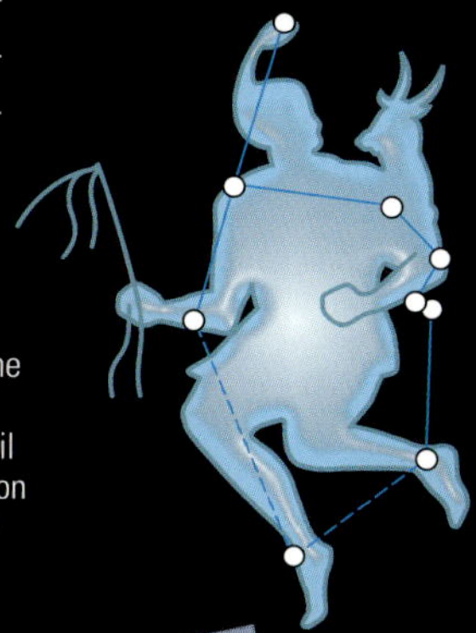

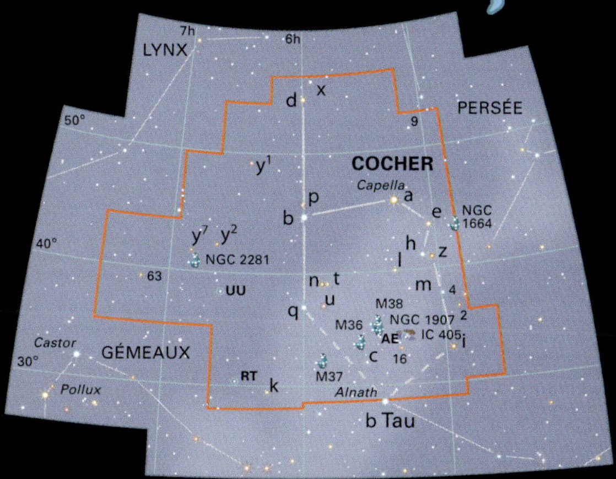

OBSERVER LE COCHER

ÉTOILES	MAGNITUDE	CARACTÉRISTIQUES
Alpha (α) *Aurigæ* Capella	0,1	Un système de quatre étoiles à 42 années-lumière.
Bêta (β) *Aurigæ* Menkalinan	1,9	La lumière de cette étoile provient de deux étoiles orbitant l'une autour de l'autre en quatre jours.
Epsilon (ε) *Aurigæ* Al Anz	3,1	Binaire à éclipses, sa magnitude tombe à 3,8 sur un cycle de 27 ans.
RT *Aurigæ*	5	Une variable céphéide qui chute à la magnitude 5,8 tous les 31,5 jours.

AUTRES OBJETS	MAGNITUDE	CARACTÉRISTIQUES
M 36	6	Cet amas ouvert peut être vu dans le même champ d'une paire de jumelles avec M 37 et M 38 (voir ci-dessous).
M 37	5,6	Un grand amas ouvert d'environ 500 étoiles.
M 38	6,4	Un amas ouvert situé à 4 200 années-lumière de la Terre.
NGC 2281	5,4	Un amas ouvert dispersé d'environ 30 étoiles.

NÉBULEUSE FLAMBOYANTE
La nébuleuse flamboyante IC 405, pouponnière d'étoiles, est éclairée par AE *Aurigæ*, de magnitude 6. Cette étoile vagabonde a sans doute été éjectée lors d'une collision d'étoiles binaires, collision dont serait peut-être également issue Mu (μ) *Columbæ*.

BINAIRES À ÉCLIPSES
Epsilon (ε) Aurigæ est une supergéante orbitée par une petite « étoile noire », peut-être entourée par un nuage de poussière (ci-contre).

Epsilon (ε) *Aurigæ*

Epsilon (ε) *Aurigæ*, ou Al Anz, l'un des « chevreaux » de Capella, est à première vue une étoile banale. Mais, comme cela est fréquent dans l'histoire de l'astronomie, on apprend toujours quelque chose de nouveau sur ce que l'on pensait connaître grâce aux nouvelles technologies. Al Anz en est un bon exemple : nous avons récemment découvert qu'il s'agit d'un système binaire, avec un géante rouge autour de laquelle orbite une mystérieuse compagne assez « sombre », qui l'éclipse tous les 27 ans. C'est la plus longue période connue pour les binaires à éclipses. Des études plus approfondies nous permettront de savoir qui est cette « étoile noire »…

LE TAUREAU

La constellation du Taureau, *Taurus,* contient des objets du plus haut intérêt, parmi lesquels le groupe d'étoiles des Pléiades et la nébuleuse du Crabe.

Connue des Égyptiens, des Babyloniens et peut-être déjà des peuples préhistoriques, le Taureau est l'un des plus anciennes constellations. Il abrite notamment une magnifique étoile mourante : la nébuleuse du Crabe, M 1. Son étoile principale, Aldébaran, la treizième étoile la plus brillante du ciel, est également en fin de vie ; elle évolue en une étoile orange-rouge, d'une taille 45 fois supérieure à celle du Soleil. Aldébaran est également au centre d'un groupe d'étoiles connu sous le nom des Hyades. Mais le Taureau doit surtout sa réputation à l'amas des Pléiades, reconnaissable à l'œil nu. Dans des jumelles, les Pléiades apparaissent en paquets d'amas stellaires sur le fond de la Voie lactée, dominés par sept étoiles brillantes, les Sept Sœurs de la mythologie grecque.

Une peinture de la **grotte de Lascaux** représente un **taureau** entouré d'**étoiles**.

M 45, les Pléiades ou Sept Sœurs

Les Pléiades sont un des joyaux du ciel nocturne qui, à l'œil nu, apparaît comme un groupe dispersé d'étoiles. Il ne s'agit là que des membres les plus brillants d'un amas ouvert assez compact d'environ 500 étoiles. Ce groupe est aussi connu sous le nom des Sept Sœurs (bien qu'il contienne neuf étoiles désignées), mais le nombre d'étoiles visibles à l'œil nu varie en fonction des conditions et du lieu d'observation : la pollution lumineuse des villes peut en faire descendre le nombre à 4, alors qu'un bon « seeing » permet de distinguer 10 étoiles. Dans des jumelles, les Pléiades sont tout simplement splendides, et les étoiles les plus faibles de l'amas se comptent alors pas dizaines.

M 45, LES PLÉIADES

THÊTA-1 (θ^1) *TAURI*

VUE GÉNÉRALE DU TAUREAU
Cette grande constellation se retrace aisément en partant des Pléiades en direction des Hyades, puis vers les deux étoiles marquant la pointe des cornes.

TAURUS (Tau)	
LARG./PROF.	(mains) / (mains)
RANG DE TAILLE	17[e]
VISIBILITÉ TOTALE	88° N – 58° S

CARTE DU CIEL : LE TAUREAU
C'est pour se conformer à la légende que la partie avant du Taureau est la seule représentée. En effet, Zeus, ayant séduit la princesse phénicienne Europa en prenant l'apparence d'un taureau, l'a emmenée sur son dos jusqu'en Crète, en nageant. On ne voit donc pas la partie arrière de son corps, submergée par les flots.

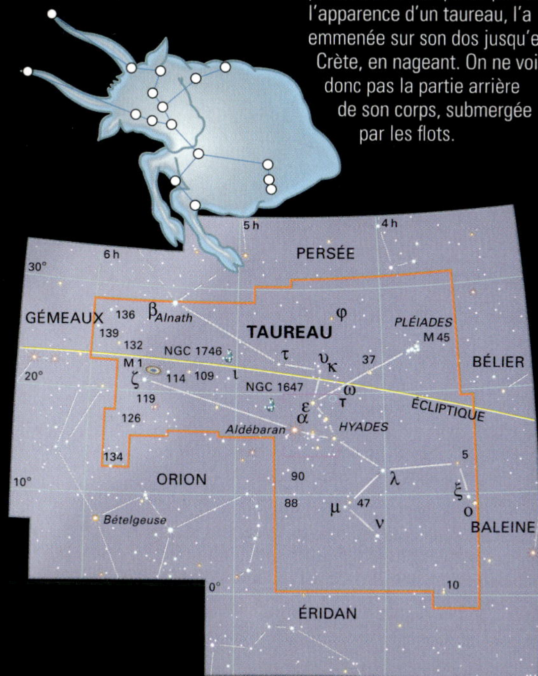

OBSERVER LE TAUREAU

ÉTOILES	MAGNITUDE	CARACTÉRISTIQUES
Alpha (α) *Tauri* Aldébaran	0,9	Un grande étoile orange, l'œil du Taureau dans sa représentation classique.
Bêta (β) *Tauri* El Nath	1,7	Une étoile bleue à 131 années-lumière de la Terre.
Zêta (ζ) *Tauri*	2,9 à 3,2	Une variable irrégulière d'une magnitude allant de 2,9 à 3,2.
Thêta-1 (θ^1) *Tauri*	3,8	Une étoile double avec Thêta-2 (θ^2), de magnitude 3,4. Couleurs jaune et blanche.
Sigma-1 (σ^1) *Tauri*	5,1	Une étoile double avec Sigma-2 (σ^2), de magnitude 4,7. Les deux sont blanches.

AUTRES OBJETS	MAGNITUDE	CARACTÉRISTIQUES
M 1, nébuleuse du Crabe	8,4	Un reste de supernova distant de 6 300 années-lumière.
M 45, les Pléiades	1,5	Un splendide amas ouvert, à découvrir avec des jumelles.

ALDÉBARAN, LE « SUIVEUR »
Aldébaran peut être considérée comme l'« œil » orange dans le groupe d'étoiles des Hyades, qui forme la face du Taureau. En fait, Aldébaran n'appartient pas aux Hyades et se trouve deux fois plus proche de nous. Aldébaran vient du mot arabe signifiant « le suiveur », parce qu'elle semble suivre les Pléiades dans le ciel.

BEAUTÉ MORTELLE
M 1 est faite de filaments de gaz en dispersion depuis l'explosion d'une supernova il y a 1 000 ans. Elle est devenue une minuscule mais très dense étoile tournant sur elle-même : un pulsar.

M 1, la nébuleuse du Crabe

Le premier objet que Charles Messier a inscrit dans son catalogue se situe dans le Taureau : M 1, la nébuleuse du Crabe. Il s'agit des restes d'une supernova qui a explosé en juillet 1054. Des astronomes chinois avaient noté l'événement, spécifiant que l'étoile était devenue si brillante que l'on pouvait la voir en plein jour durant 23 jours. Depuis, les débris de cette supernova n'ont cessé de se propager dans l'espace. D'une magnitude de 8,4, le Crabe est peu visible sans l'usage d'un grand télescope, mais on le repère facilement : l'objet est juste au-dessus de Zêta (ζ) *Tauri*, qui marque la pointe de la corne basse du Taureau.

LES GÉMEAUX

Les Gémeaux, *Gemini*, les fameux jumeaux, font partie de ces brillantes constellations qui font tout le charme des rudes mois hivernaux dans l'hémisphère Nord.

Conduite par ses deux étoiles principales, qui lui ont donné son nom, et faite de deux lignes parallèles, la constellation des Gémeaux est facile à repérer. Alpha (α) et Bêta (β) *Geminorum*, les célèbres jumeaux Castor et Pollux, nous semblent très proches dans le ciel. Castor, l'étoile principale Alpha, est étrangement moins brillante que sa seconde Pollux, comme cela arrive parfois. Cela tient au fait que Castor, de couleur bleu-blanc, crée un contraste important avec son jumeau, de couleur orange pâle. Avec un télescope, on voit que la constellation des Gémeaux est parsemée d'objets intéressants, dont des étoiles doubles et le bel amas ouvert M 35. À la limite de la visibilité à l'œil nu, M 35 se dévoile aux jumelles.

Les anciens **Grecs** croyaient que **Zeus** avait transformé les **jumeaux** en étoiles.

Castor

Bien qu'étant considérées comme jumelles, les étoiles Castor et Pollux sont tout sauf semblables. De fait, Castor est une étoile ou, plus exactement, un système d'étoiles, fort remarquable. Le point lumineux que l'on voit à l'œil nu devient une étoile double (magnitudes 1,9 et 2,9) bleue et blanche dans un petit télescope. Ces deux étoiles gravitent l'une autour de l'autre en 468 jours environ. Chacune de ces deux étoiles a elle-même une compagne, soit encore deux doubles. Ce n'est pas tout : une naine rouge de la neuvième magnitude s'avère faire également partie de ce groupe, et est elle aussi une étoile double… Ce qui fait de Castor un système sextuple d'étoiles.

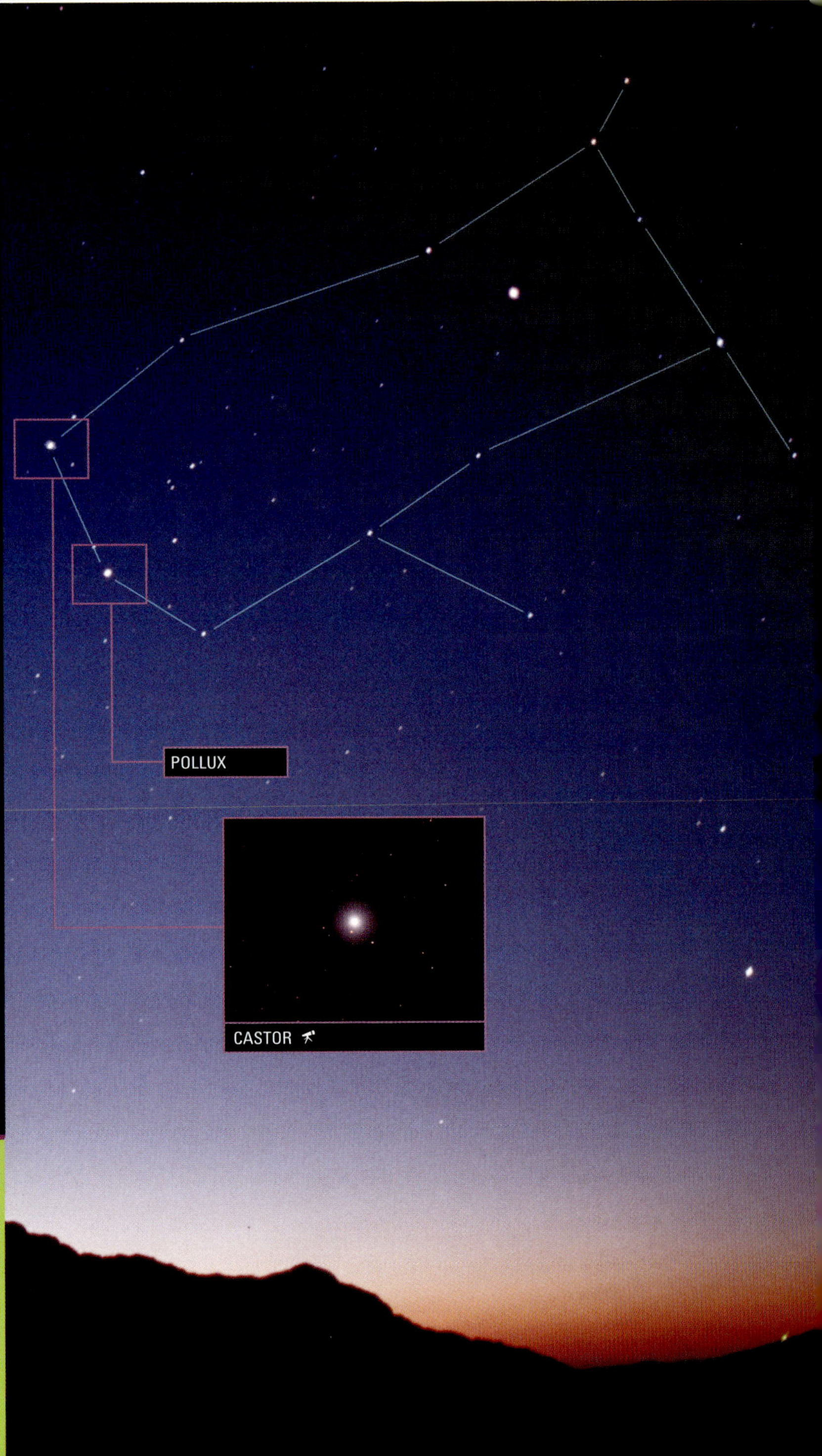

VUE GÉNÉRALE DES GÉMEAUX
Castor et Pollux sont côte à côte, entre le Taureau et le Cancer. Le point brillant au centre n'est pas une étoile mais la planète Saturne, de passage dans les Gémeaux.

GEMINI (Gem)	
LARG./PROF.	
RANG DE TAILLE	30e
VISIBILITÉ TOTALE	90° N – 55° S

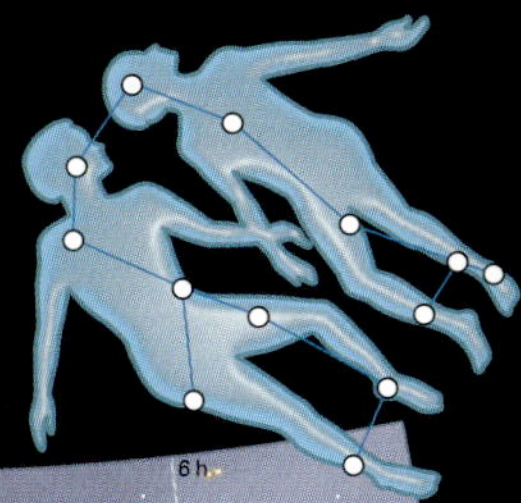

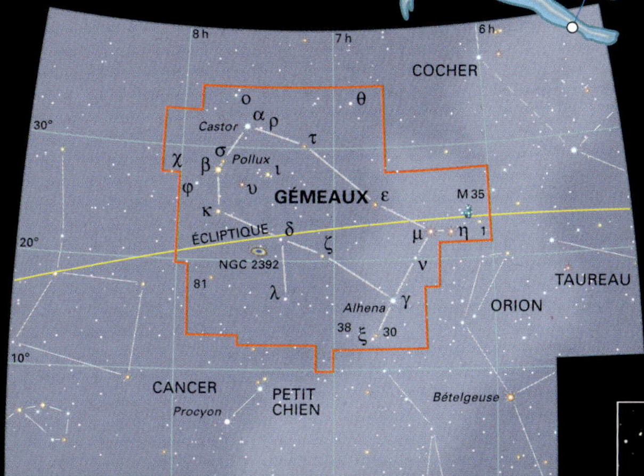

CARTE DU CIEL : LES GÉMEAUX
Comptant parmi les constellations du zodiaque, la constellation des Gémeaux est traversée par l'écliptique, ce trajet apparent que suit le Soleil durant l'année. Les étoiles Castor et Pollux marquent la tête des jumeaux, dont les pieds baignent dans la Voie lactée.

OBSERVER LES GÉMEAUX

ÉTOILES	MAGNITUDE	CARACTÉRISTIQUES
Alpha (α) *Geminorum* Castor	1,9	Une étoile brillante distante de 52 années-lumière.
Bêta (β) *Geminorum* Pollux	1,2	Une brillante et grande étoile, dont le diamètre fait huit fois celui du Soleil.
Zêta (ζ) *Geminorum* Mekbuda	3,6 à 4,2	Une variable céphéide (voir p. 90) dont la période est de 10,2 jours.
Êta (ε) *Geminorum* Propus	3,2 à 4,2	Une variable semi-régulière d'une période de 233 jours environ.

AUTRES OBJETS	MAGNITUDE	CARACTÉRISTIQUES
M 35	5,3	Un amas ouvert qui couvre dans le ciel une surface égale à la Pleine Lune.
NGC 2392, nébuleuse Eskimo	8,6	Une nébuleuse planétaire qui paraît tel un ovale bleu-gris au télescope.

ÉTOILES JUMELLES
Bêta (β) *Geminorum*, Pollux, est beaucoup plus chaude que son « frère jumeau » Castor, Alpha (α) *Geminorum*, et bien plus proche de la Terre, à 34 années-lumière au lieu de 52 pour Castor.

UN AMAS ÉPARPILLÉ
Situé juste au nord de Propus, Êta (η) *Geminorum*, M 35 est un grand amas ouvert aux étoiles assez dispersées. À 2 800 années-lumière, sa magnitude apparente est de 5,3 ; il est donc visible à l'œil nu, mais il faut un télescope d'une assez large ouverture pour distinguer ses quelques 200 étoiles qui sont éparpillées en longueur.

NGC 2392, la nébuleuse Eskimo ou du Clown

Cette nébuleuse planétaire est ainsi nommée parce qu'elle ressemble à un visage entouré par un capuchon de fourrure, ou encore à une face de clown. Le point brillant au centre est une étoile semblable au Soleil, qui a éjecté son atmosphère il y a 10 000 ans et donné cette étrange structure. L'enveloppe externe montre des filaments orange produits par les dernières explosions, qui se sont heurtées à un courant de matériaux plus denses, produisant un effet similaire à celui de pierres placées dans un courant rapide. Le globe blanchâtre au centre est formé de deux « lobes » qui s'étendent depuis la zone équatoriale de l'étoile.

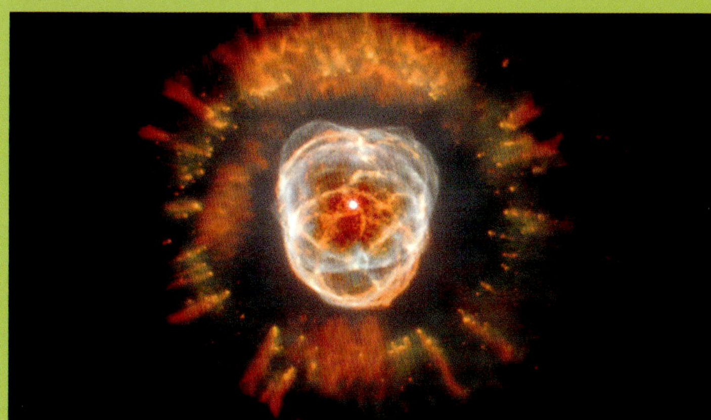

CAPUCHE CÉLESTE
Cette amusante photo de NGC 2392, distante de 3 800 années-lumière, a été réalisée par le télescope spatial Hubble.

LE LION ET LE CANCER

Ces constellations voisines sont fort différentes : tandis que le Lion, *Leo*, domine sa partie du ciel avec ses étoiles brillantes, le Cancer, aux étoiles faibles, est bien difficile à distinguer.

Le Lion est l'une des rares constellations dont la forme générale ressemble assez à la figure éponyme, ce qui permet de la reconnaître facilement. Elle représente le lion légendaire que le héros grec Hercule a dû terrasser comme premier de ses douze travaux. Entourée par des étoiles moins brillantes, la forme de cette vaste constellation se repère rapidement dans le ciel grâce à la tête du Lion, marqué par un astérisme de six étoiles dessinant une sorte de faucille. L'étoile principale du Lion, Alpha (α) *Leonis*, ou Régulus – parfois aussi appelée *Cor Leonis*, le « cœur du Lion » – se trouve très proche de l'écliptique, ce qui lui vaut d'être parfois en conjonction avec la Lune ou d'être éclipsée par elle. Le Cancer, ou le Crabe, n'aurait que peu d'intérêt s'il ne contenait pas le bel amas ouvert M 44, aussi appelé La Ruche, ou *Præsepe*, voire encore la Crèche. Ce magnifique objet du ciel profond est l'un des rares amas que l'on puisse voir à l'œil nu, et c'est pourquoi une visite du Cancer, avec ou sans jumelles, est incontournable pour les astronomes amateurs.

M 44, l'amas de la Ruche 👁

Parce qu'il est visible telle une petite tâche floue à l'œil nu, l'amas ouvert du Cancer M 44, dit la Ruche ou la Crèche, est connu depuis des milliers d'années. Logé entre Gamma (γ) et Delta (δ) *Cancri*, il est distant de 577 années-lumière, ce qui en fait l'un des amas les plus proches de nous. Il contient plusieurs centaines d'étoiles, dont de nombreuses étoiles doubles. Son autre nom, *Præsepe*, « mangeoire » en latin, traduirait le fait que les Latins (comme les Grecs avant eux) ont vu l'amas M 44 comme la crèche où les deux ânes représentés par les étoiles *Asellus Borealis*, l'« âne du Nord » (Gamma (γ) *Cancri*) et *Asellus Australis*, l'« âne du Sud » (Delta (δ) *Cancri*), viennent se nourrir.

LE LION

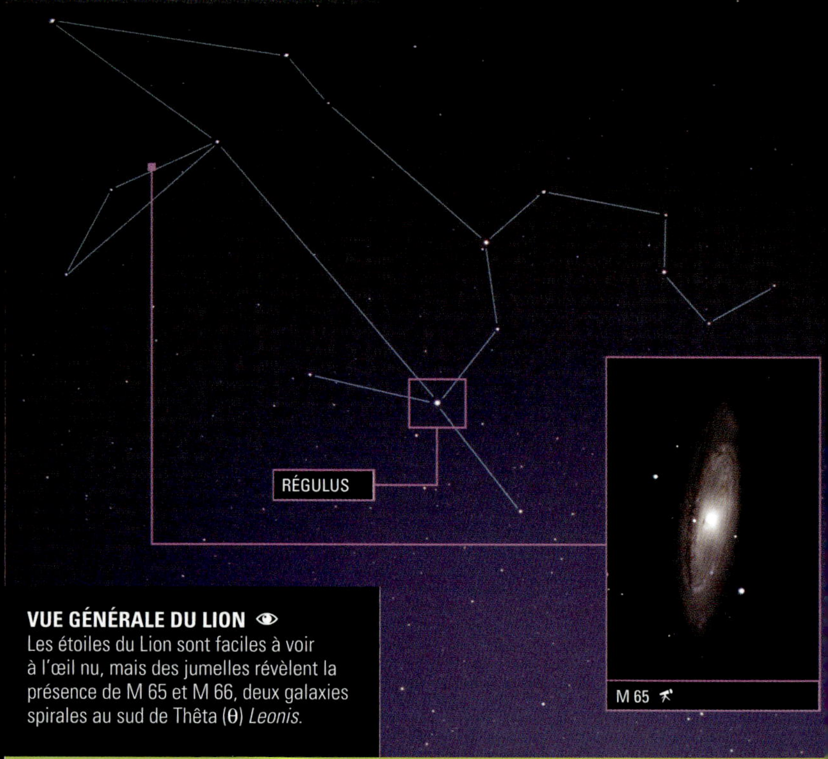

VUE GÉNÉRALE DU LION 👁
Les étoiles du Lion sont faciles à voir à l'œil nu, mais des jumelles révèlent la présence de M 65 et M 66, deux galaxies spirales au sud de Thêta (θ) *Leonis*.

LE CANCER

VUE GÉNÉRALE DU CANCER 👁
La forme la plus évidente du Cancer est l'amas d'étoiles de la Ruche. Observé aux jumelles, cela ressemble à des abeilles volant autour d'une ruche.

LEO (Leo)	
LARG./PROF.	🖐🖐🖐 / 🖐🖐🖐
RANG DE TAILLE	**12e**
VISIBILITÉ TOTALE	**82° N – 57° S**

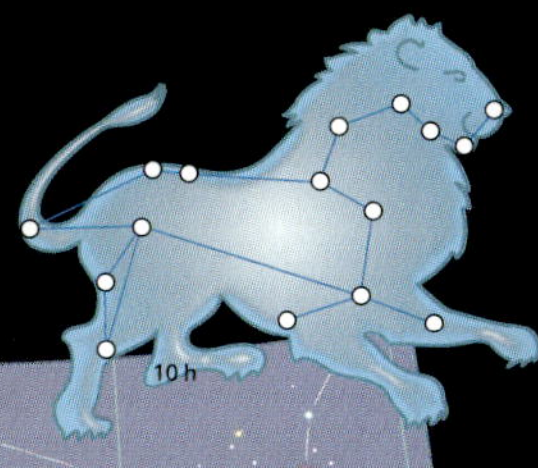

CARTE DU CIEL : LE LION
Les étoiles dessinant une faux représentent la tête du Lion, et celles les plus à l'est, le reste de son corps au repos.

OBSERVER LE LION

ÉTOILES	MAGNITUDE	CARACTÉRISTIQUES
Alpha (α) *Leonis* Régulus	1,4	La plus brillante étoile de la constellation, une blanche située à 78 années-lumière.
Bêta (β) *Leonis* Dénébola	2,2	Une étoile bleutée qui marque la position de la queue du Lion.
Gamma (γ) *Leonis* Algiéba	2,3	Une grande étoile double, à voir au télescope, avec une compagne à 5", de magnitude 3,6. Les deux sont jaunes.

AUTRES OBJETS	MAGNITUDE	CARACTÉRISTIQUES
M 65	10,3	Une galaxie spirale observable aux jumelles ou, mieux, avec un télescope.
M 66	8,9	Une galaxie spirale située tout près de M 65.

LES LÉONIDES 👁
Cette pluie de météorites, dont le pic annuel est vers le 17 novembre, doit son nom au fait que les tracés des météorites ont pour radiant la constellation du Lion. Parfois très abondantes, les Léonides sont un rendez-vous très attendu par les astronomes.

CANCER (Cnc)	
LARG./PROF.	🖐🖐 / 🖐🖐
RANG DE TAILLE	**31e**
VISIBILITÉ TOTALE	**90° N – 57° S**

CARTE DU CIEL : LE CANCER
La forme générale produite par les étoiles du Cancer est difficile à considérer comme un crabe.

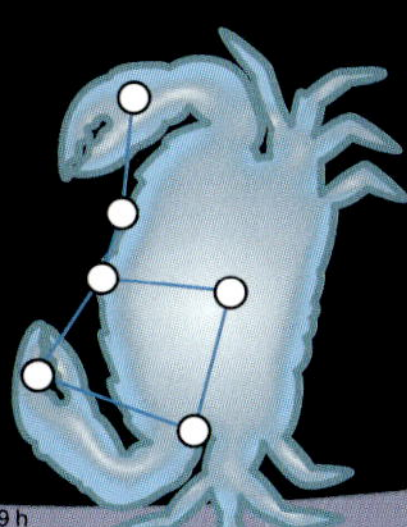

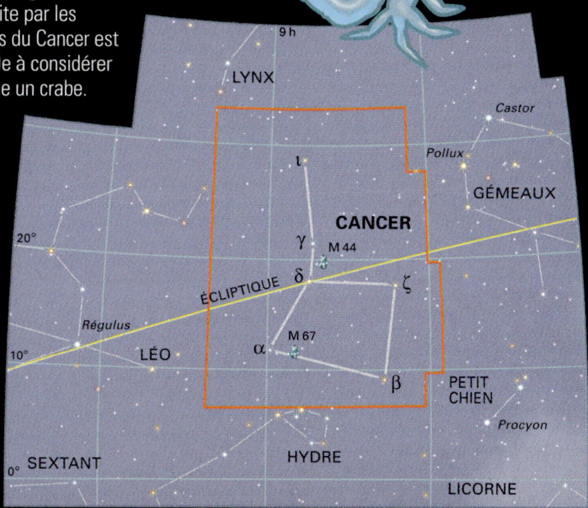

OBSERVER LE CANCER

ÉTOILES	MAGNITUDE	CARACTÉRISTIQUES
Alpha (α) *Cancri* Acubens	4,3	L'étoile marque la pince inférieure du crabe.
Bêta (β) *Cancri* Altarf	3,5	Une étoile géante rouge-orangé ; c'est la plus brillante de la constellation.
Zêta (ζ) *Cancri* Tegmine	4,7	Une étoile double avec une compagne de magnitude 6,2 à 5" de distance.
Iota (ι) *Cancri*	4	Une étoile double avec une compagne de magnitude 6 à 30". Couleurs jaune et bleu.

AUTRES OBJETS	MAGNITUDE	CARACTÉRISTIQUES
M 44, amas de la Ruche ou *Præsepe*	3,7	Un grand amas ouvert visible à l'œil nu dans de bonnes conditions.
M 67	6,1	Un amas ouvert que l'on trouve facilement avec des jumelles.

Au cœur du Cancer, le **superbe amas de la Ruche** est une **cible privilégiée** pour les astronomes amateurs.

LA LICORNE ET LE PETIT CHIEN

Avec un peu d'imagination, on devine la forme de l'animal qui a inspiré le nom de la Licorne, *Monoceros*. Le Petit Chien, *Canis Minor*, avec ses deux seules étoiles, est difficile à distinguer.

Le ciel contient de nombreuses constellations mais, bien sûr, seules les plus brillantes aux formes reconnaissables sont bien connues, et les autres sont souvent négligées. C'est le cas de la Licorne, perdue qu'elle est entre les feux de ses voisines Orion, le Grand Chien et le Petit Chien, dont les brillantes étoiles illuminent le ciel d'hiver dans l'hémisphère Nord. Pourtant, le fait que la Licorne ait la Voie lactée en toile de fond fait qu'elle héberge de nombreux objets visibles au télescope. Le Petit Chien, pour sa part, n'est juste qu'un trait dans le ciel avec rien d'autre à offrir à l'astronome occasionnel que son étoile Alpha (α) *Canis Minoris*, ou Procyon. Il est vrai que ce n'est pas une étoile banale : la huitième étoile la plus brillante du ciel, elle n'est qu'à 11 années-lumière du système solaire et c'est l'une de nos plus proches voisines. Procyon forme un vaste triangle d'étoiles brillantes avec Bételgeuse d'Orion et Sirius du Grand Chien. Ce qui est utile pour localiser la Licorne qui se trouve au centre de ce triangle.

NGC 2244 et la nébuleuse de la Rosette

NGC 2244 est un amas ouvert constitué d'un groupe étendu d'étoiles de sixième magnitude. Cet amas a été formé il y a plusieurs millions d'années par les gaz et les matériaux de NGC 2237, la nébuleuse de la Rosette qui l'entoure. Dans des jumelles, NGC 2244 apparaît tel un parallélogramme et, lorsque les conditions sont parfaites, la nébuleuse de la Rosette semble l'entourer comme un halo fantomatique. La taille apparente de la Rosette fait environ deux fois celle de la pleine lune, et son aspect rouge peut être rendu sur une photographie amateur. L'ensemble de la nébuleuse de la Rosette, située à 5 000 années-lumière, s'étend sur 130 années-lumière de diamètre.

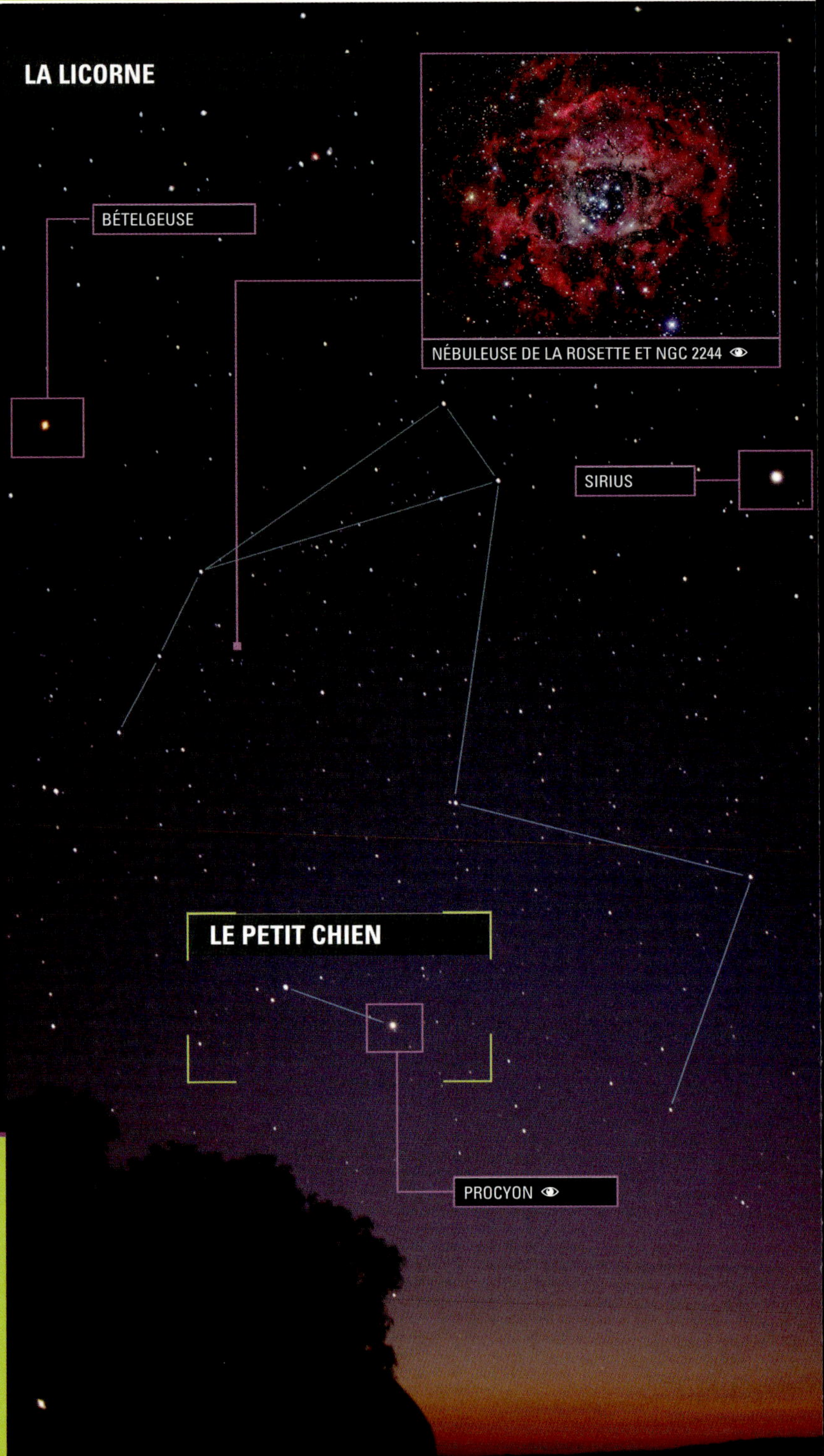

VUE GÉNÉRALE DE LA LICORNE ET DU PETIT CHIEN
La Licorne se développe dans le « Triangle d'hiver » formé par Sirius, Bételgeuse et Procyon, une étoile du Petit Chien.

MONOCEROS (Mon)

LARG./PROF.	
RANG DE TAILLE	**35ᵉ**
VISIBILITÉ TOTALE	**78° N – 78° S**

NGC 2264, LES « LUMIÈRES DE NOËL »
NGC 2264, appelée l'amas de l'Arbre de Noël (inversé à 180° sur cette photo), est un splendide amas ouvert d'environ 250 étoiles. La plus brillante, sur le « tronc » de l'Arbre, est 15 *Monocerotis*. Au sommet de l'Arbre se trouve la zone sombre de la nébuleuse du Cône, un immense nuage de gaz et de poussières.

OBSERVER LA LICORNE

ÉTOILES	MAGNITUDE	CARACTÉRISTIQUES
Alpha (α) *Monocerotis* Unicorni	3,9	Une étoile jaune à environ 144 années-lumière.
Bêta (β) *Monocerotis* Eite	3,7	Une étoile triple, la plus brillante de la constellation. Une bonne cible à observer.

AUTRES OBJETS	MAGNITUDE	CARACTÉRISTIQUES
M 50	6,1	Un amas ouvert facilement accessible avec des jumelles.
NGC 2237, nébuleuse de la Rosette	9	Cette belle nébuleuse rouge ne peut être vue qu'avec de bonnes jumelles
NGC 2244	4,8	Un amas d'étoiles imbriqué dans la nébuleuse de la Rosette (voir ci-dessus).
NGC 2264, amas de l'Arbre de Noël	3,9	Un groupe d'étoiles brillantes, par delà la nébuleuse du Cône.

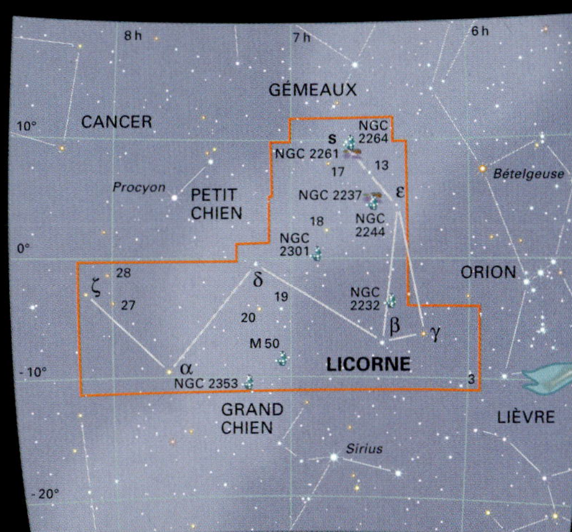

CARTE DU CIEL : LA LICORNE
Parce que la Licorne, se superpose au trajet de la Voie lactée, cette carte propose plusieurs objets du ciel profond.

CANIS MINOR (CMi)

LARG./PROF.	
RANG DE TAILLE	**71ᵉ**
VISIBILITÉ TOTALE	**89° N – 77° S**

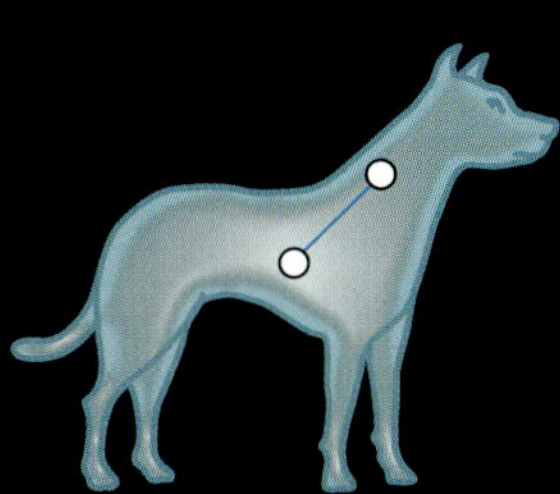

CARTE DU CIEL : LE PETIT CHIEN
En dépit du fait que la Voie lactée traverse le Sud de cette constellation, il n'y a pas là d'objets du ciel profond intéressants.

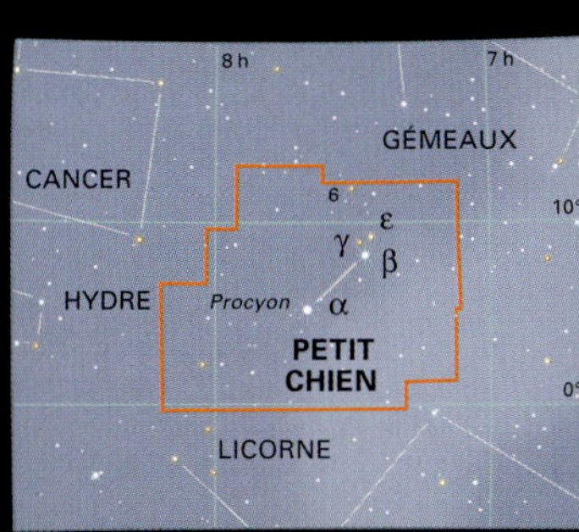

OBSERVER LE PETIT CHIEN

ÉTOILES	MAGNITUDE	CARACTÉRISTIQUES
Alpha (α) *Canis Minoris* Procyon	0,4	Une étoile jaune-blanche à 11,6 années-lumière de la Terre.
Bêta (β) *Canis Minoris* Gomeisa	2,9	Cette étoile a un diamètre de quatre fois celui du Soleil. Le nom Gomeisa signifie « la femme à l'œil larmoyant ».

Canis Minor, le plus petit des **deux chiens d'Orion,** existe surtout par sa brillante étoile Procyon.

ORION

Orion est l'une des plus belles constellations du ciel et ses nombreuses étoiles très brillantes sont disposées de façon immédiatement reconnaissable.

Quiconque a regardé une fois le ciel nocturne en hiver aura été frappé par cette gigantesque formation que l'on nomme le Baudrier ou la Ceinture d'Orion, et par ses trois étoiles brillantes, de la même magnitude, presque parfaitement alignées. Juste un peu au sud de l'étoile centrale du Baudrier se trouve l'un des joyaux du ciel : M 42, la nébuleuse d'Orion. Ce vaste nuage de gaz et de poussières, formant une partie de l'épée d'Orion, est une pouponnière d'étoiles, visible à l'œil nu par ciel bien noir, où il apparaît comme un petit nuage de fumée. Orion contient encore bien d'autres objets du ciel profond passionnants pour tous les astronomes. Cette constellation est également un bon point de départ pour se repérer dans le ciel (voir p. 136-137).

Cette **fameuse** constellation domine le **ciel boréal** durant les mois d'**hiver.**

Bételgeuse 👁

La supergéante rouge Alpha (α) *Orionis* est plus connue sous sa dénomination commune Bételgeuse. Ce nom viendrait d'une expression arabe signifiant « l'épaule du géant », bien que son origine exacte se soit perdue dans la nuit des temps au fil des transcriptions (on parle aussi de « l'étoile centrale » ou de la « maison d'Orion »). Bételgeuse fait partie des rares étoiles dont on a pu mesurer exactement la taille, la plupart des étoiles étant trop lointaines et n'apparaissant que comme un point brillant, même dans les plus grands télescopes. Bételgeuse est immense : son diamètre fait plus de 1 000 fois le diamètre solaire et, si elle occupait la place du Soleil, sa surface dépasserait l'orbite de Mars.

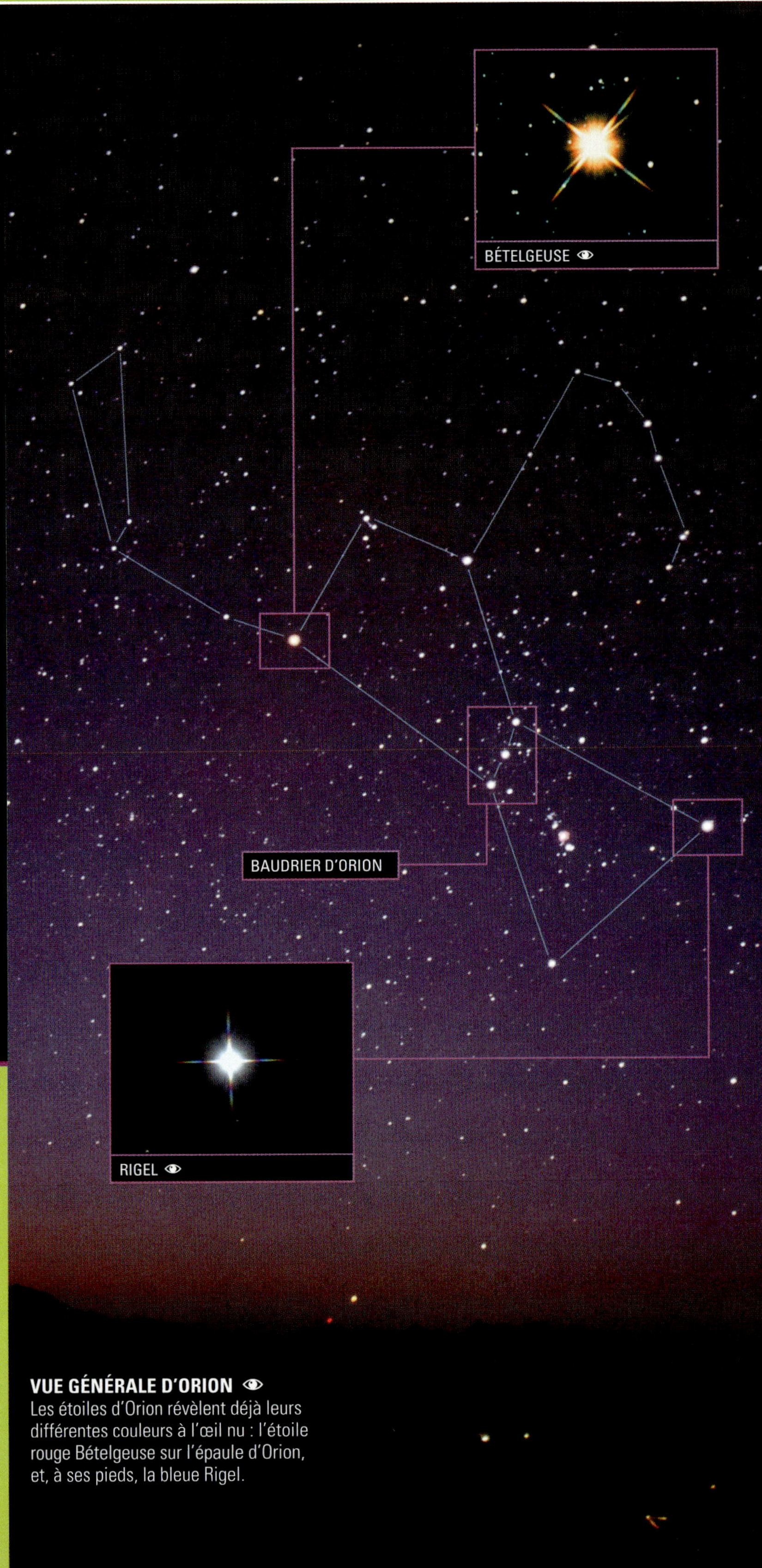

VUE GÉNÉRALE D'ORION 👁
Les étoiles d'Orion révèlent déjà leurs différentes couleurs à l'œil nu : l'étoile rouge Bételgeuse sur l'épaule d'Orion, et, à ses pieds, la bleue Rigel.

ORION (Ori)	
LARG./PROF.	
RANG DE TAILLE	26e
VISIBILITÉ TOTALE	79° N – 67° S

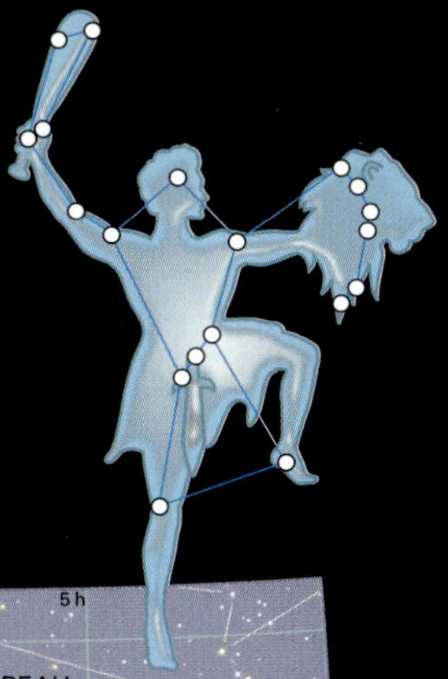

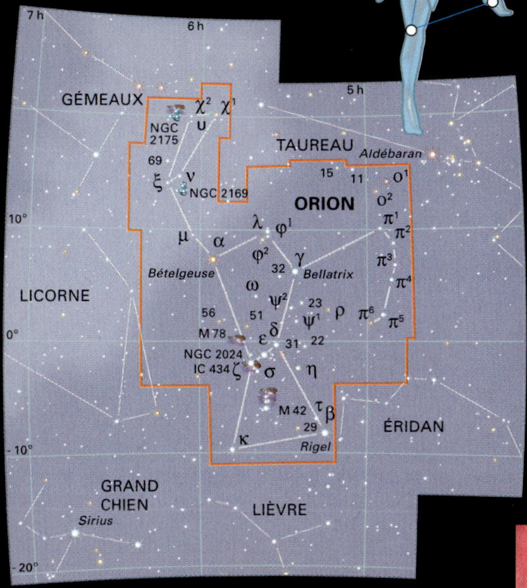

CARTE DU CIEL : ORION
Les étoiles d'Orion forment un chasseur avec une massue dans une main et un bouclier dans l'autre, qu'il tient pour se protéger du Taureau. Une ligne distinctive de trois étoiles situe le Baudrier d'Orion ; suspendue au baudrier, l'épée d'Orion contient des amas et des nébuleuses dont la spectaculaire nébuleuse d'Orion.

OBSERVER ORION

ÉTOILES	MAGNITUDE	CARACTÉRISTIQUES
Alpha (α) *Orionis* Bételgeuse	0 à 1,3	Une super géante rouge dont la magnitude varie sur un cycle de six ans.
Bêta (β) *Orionis* Rigel	0,2	Une supergéante bleue dont le diamètre fait dix fois celui de Bételgeuse.
Gamma (γ) *Orionis* Bellatrix	1,6	Une géante bleue qui marque la seconde épaule d'Orion, face à Bételgeuse.
Delta (δ) *Orionis* Mintaka	2,3	Une étoile double avec une compagne de magnitude 6,7. Couleurs blanche et bleue.
Epsilon (ε) *Orionis* Alnilam	1,7	L'étoile située au centre du Baudrier d'Orion.
Zêta (ζ) *Orionis* Alnitak	1,7	Une étoile double au sud-ouest du Baudrier d'Orion.

AUTRES OBJETS	MAGNITUDE	CARACTÉRISTIQUES
M 42, nébuleuse d'Orion	4	Une grande nébuleuse à émission apparaissant comme une tache lumineuse à l'œil nu.
M 78	8,3	Une nébuleuse à réflexion visible aux jumelles.
NGC 2169	5,9	Un amas ouvert d'environ 30 étoiles.
B 33, nébuleuse à Tête de Cheval	—	Une nébuleuse sombre, placée devant une nébuleuse brillante (IC 434) assez facile à repérer.

LA NÉBULEUSE À TÊTE DE CHEVAL
Cette nébuleuse sombre, rendue ici par des techniques récentes d'imagerie, est située juste au-dessous d'Alnitak, Zêta (ζ) *Orionis*, dans le Baudrier d'Orion. La Tête de Cheval est un nuage de poussières extrêmement dense, qui se profile sur la brillante nébuleuse rose IC 434.

M 42, la nébuleuse d'Orion

Même un petit télescope suffit à rendre compte de la stupéfiante beauté de M 42, la nébuleuse d'Orion. Sans que les couleurs n'apparaissent, on voit une zone centrale de quatre étoiles formant ce que l'on nomme le Trapèze d'Orion. Autour se développe une délicate région dentelée, qui cache en réalité des événements d'une violence inouïe : des « boulets » supersoniques de gaz viennent frapper les nuages d'hydrogène. À 1 350 années-lumière, ce nuage serait une pouponnière d'environ 2 000 étoiles, et ne représenterait qu'une petite partie d'une très vaste nébuleuse couvrant toute la constellation.

LA NÉBULEUSE D'ORION
M 42 est traversée par un « chemin » de poussières (ci-dessus) venant de M 43, une nébuleuse plus petite. À droite, une photo prise par Hubble montre le Trapèze.

À PARTIR D'ORION

Lumineuse, aisément repérable et parsemée de figures géométriques, la constellation d'Orion est un bon point de départ pour localiser de nombreux autres objets.

Orion, le Chasseur, est dépeint tel un homme tenant une massue dans une main et un bouclier dans l'autre. L'une des épaules est marquée par la supergéante rouge Bételgeuse, et l'un des pieds par la supergéante bleue Rigel, l'étoile la plus brillante de la constellation.

1 VERS LE GRAND CHIEN

Au centre de la constellation se trouve le fameux Baudrier d'Orion, fait de trois étoiles à peu près semblables. Tracez une ligne imaginaire poursuivant la ligne du Baudrier du côté où se trouve Bételgeuse, la supergéante rouge, et poursuivez cette ligne jusqu'à une étoile très brillante : c'est Sirius du Grand Chien, Alpha (α) *Canis Majoris*, l'étoile la plus brillante de tout le ciel nocturne.

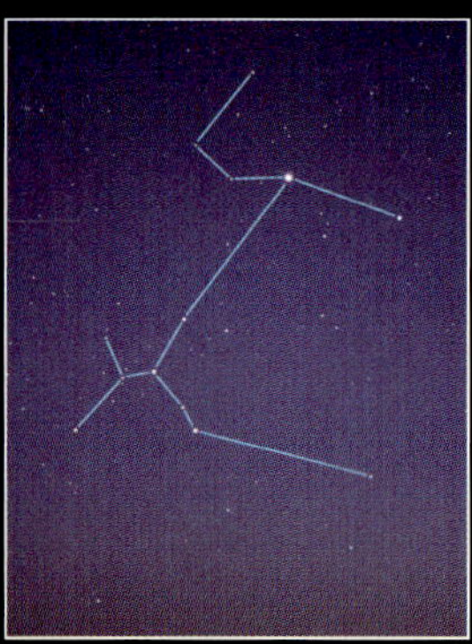

LE GRAND CHIEN

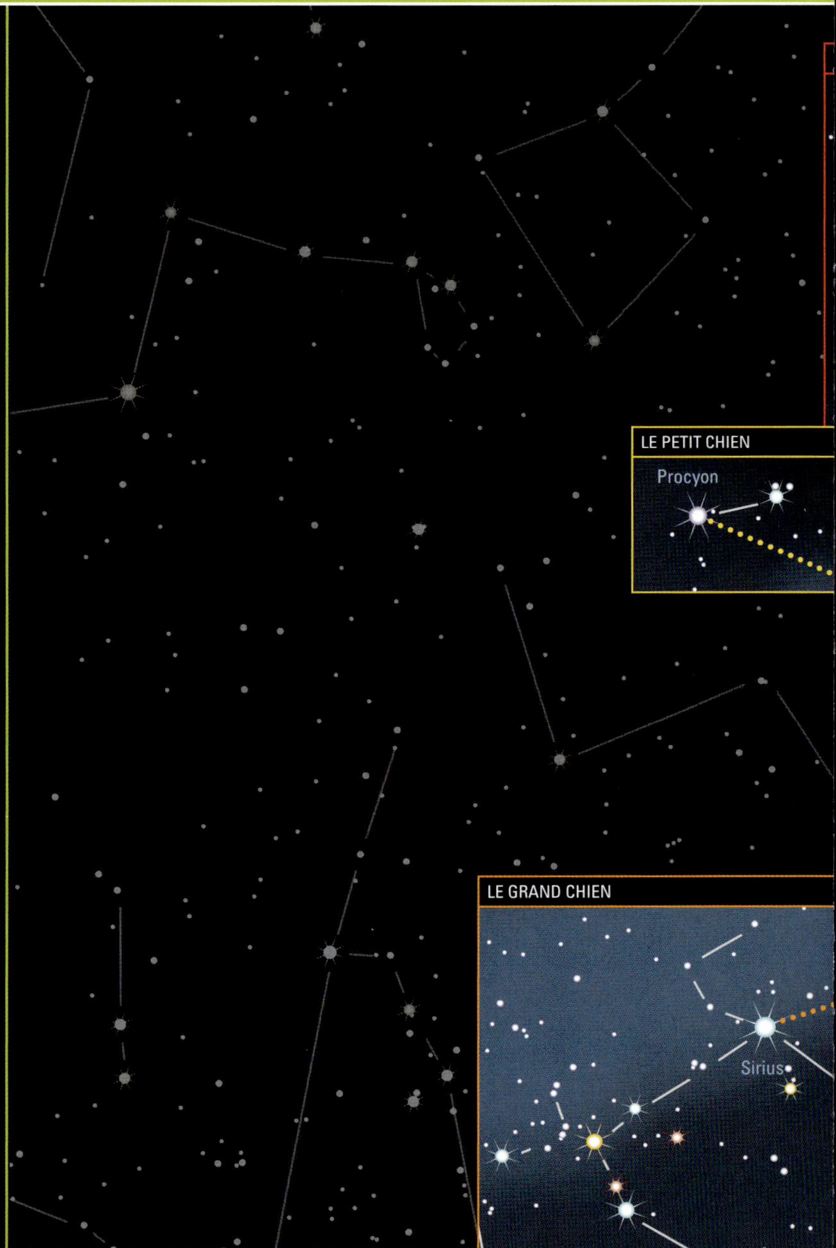

2 VERS LE TAUREAU

Une fois encore le point de départ est le Baudrier d'Orion, mais en partant cette fois dans le sens contraire, en « remontant ». La destination est Aldébaran, Alpha (α) *Tauri*, une étoile rouge qui marque l'œil du Taureau. En continuant cette ligne imaginaire, nous arrivons à l'amas ouvert des Pléiades (dit des Sept Sœurs), visible à l'œil nu. Ce tracé qui va de Sirius (voir ci-dessus) aux Pléiades est connu depuis la plus haute Antiquité.

LE TAUREAU

3 VERS LES GÉMEAUX

Nous partons maintenant de l'étoile la plus brillante marquant le pied d'Orion : Rigel, la supergéante bleue. Tracez une ligne entre Rigel et Bételgeuse (en traversant le Baudrier) et poursuivez cette ligne sur environ deux fois sa longueur. Vous parviendrez tout près de Castor, Alpha (α) *Geminorum* et de son frère jumeau Pollux, un peu moins brillante ; ce sont les deux étoiles principales des Gémeaux.

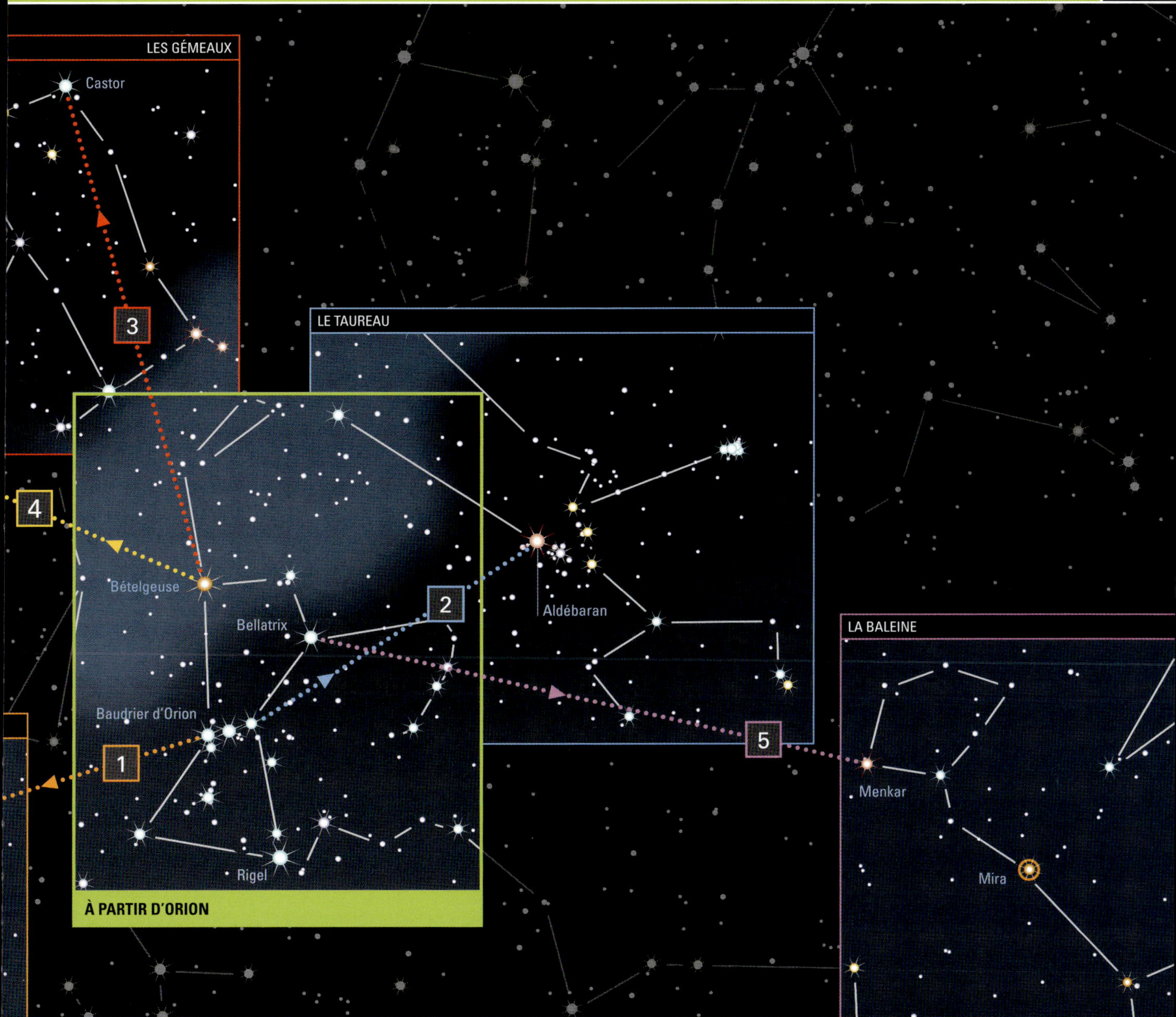

4 VERS LE PETIT CHIEN

Marquant la seconde épaule d'Orion, à l'opposée de Bételgeuse, se trouve l'étoile Bellatrix, à partir de laquelle nous prenons la direction de Procyon. Partez de Bellatrix pour aller vers Bételgeuse, puis poursuivez cette ligne imaginaire de façon légèrement incurvée et vous parviendrez jusqu'à Procyon, dans le Petit Chien. C'est une étoile facile à repérer puisqu'elle fait partie des dix plus brillantes du ciel.

LE PETIT CHIEN

5 VERS LA BALEINE

À partir des mêmes étoiles, on peut atteindre la vaste constellation de la Baleine, aux étoiles peu brillantes et donc peu aisée à repérer. Partez cette fois de Bételgeuse en direction de Bellatrix et poursuivez une ligne imaginaire en conservant la même trajectoire descendante. Traversez le sud du Taureau et vous atteindrez ensuite une étoile esseulée, peu brillante : c'est Menkar, Alpha (α) *Ceti*, à la tête de la Baleine.

LA CROIX DU SUD

La Croix du Sud, *Crux*, est l'une des formes les plus célèbres du ciel nocturne. C'est un repère incontournable de l'hémisphère Sud, permettant de localiser de nombreux objets aux alentours.

La Croix, *Crux*, est la plus petite des 88 constellations (à peine la largeur d'une main tendue à bout de bras) ; elle abrite pourtant l'un des plus beaux amas ouverts, la Boîte à Bijoux, et l'une des plus grandes nébuleuses obscures, le Sac à Charbon. La Croix est une constellation immanquable, notamment par sa forme facilement reconnaissable, mais aussi parce qu'elle est un repère dans le ciel de l'hémisphère Sud, tout comme le Chariot dans l'hémisphère Nord. On utilise en effet ses étoiles Alpha (α) *Crucis* et Gamma (γ) *Crucis* pour trouver le pôle Sud céleste, autour duquel pivote le ciel austral.

La forme de la Croix est reproduite sur les **drapeaux** de l'**Australie,** de la **Nouvelle-Zélande**, de **Samoa** et de la **Papouasie-Nouvelle-Guinée**.

Le Sac à Charbon

Cet épais nuage de poussières interstellaires semble avoir été grossièrement creusé dans le fleuve rutilant de la Voie lactée. En réalité, le Sac à Charbon ne marque pas une absence d'étoiles mais est formé d'une couche si épaisse de poussières interstellaires que celle-ci empêche toute lumière de la traverser. Il s'agit là d'un exemple type de nébuleuse sombre, d'autant plus intéressant qu'il est proche de nous, à 600 années-lumière. Les nébuleuses sombres sont semblables aux nébuleuses brillantes (telles que M 42 d'Orion), mais elles n'ont pas d'étoiles internes ou voisines pour les illuminer. Assez vaste, le Sac à Charbon déborde sur les limites des constellations proches du Centaure et de la Mouche.

VUE GÉNÉRALE DE LA CROIX DU SUD
Au cœur de la Voie lactée, la Croix du Sud se trouve dans un environnement splendide à voir à l'œil nu.

CRUX (Cru)	
LARG./PROF.	✋/✋
RANG DE TAILLE	88e
VISIBILITÉ TOTALE	25° N – 90° S

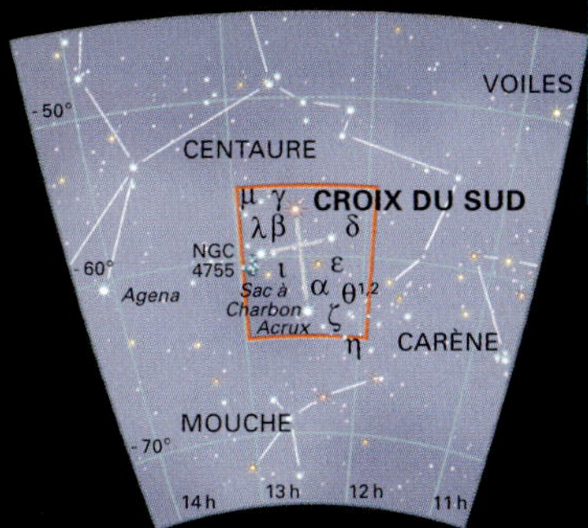

CARTE DU CIEL : LA CROIX DU SUD
La Croix se situe entre les « jambes » de la constellation voisine, le Centaure. Connue des Grecs, la Croix est également présente dans les mythologies aborigène et maori.

OBSERVER LA CROIX DU SUD

ÉTOILES	MAGNITUDE	CARACTÉRISTIQUES
Alpha (α) *Crucis* Acrux	0,8	Une étoile binaire visible dans un petit télescope.
Gamma (γ) *Crucis* Gacrux	1,3	Un double optique avec une compagne de magnitude 6,5 à 2′. Couleurs rouge et blanche.
Mu (μ) *Crucis*	4	Une étoile double avec une compagne de magnitude 5,1 située à 35″. Un beau double à observer aux jumelles.

AUTRES OBJETS	MAGNITUDE	CARACTÉRISTIQUES
NGC 4755, la Boîte à Bijoux	4,2	Un amas ouvert situé autour de l'étoile Kappa (κ) *Crucis*, distant d'environ 6 500 années-lumière.
Le Sac à Charbon	—	Une nébuleuse sombre visible à l'œil nu, qui apparaît comme un « accroc » sur le fond de la Voie lactée.

LA FAUSSE CROIX 👁
Assez proche de la Croix, l'astérisme de la Fausse Croix peut être confondue avec elle et entraîner des erreurs de navigation. La Fausse Croix (à droite sur la photo) est formée avec deux étoiles des Voiles et deux de la Carène. La Croix (à gauche sur la photo) se distingue par la présence d'une cinquième étoile, Epsilon (ε) *Crucis*, située quasiment sur la ligne allant d'Alpha (α) à Delta (δ) *Crucis*.

GAMMA (γ) *CRUCIS* 🔭
Au sommet de la Croix du Sud se tient Gamma (γ) *Crucis*, ou Gacrux, une géante rouge de deuxième magnitude, à 88 années-lumière. Des jumelles dévoilent un double optique six fois plus lointain.

UN TRÉSOR CACHÉ
Situé juste au nord du Sac à Charbon, l'amas NGC 4755 est la splendide Boîte à Bijoux, vue ici avec un petit télescope.

NGC 4755, la Boîte à Bijoux 👁

NGC 4755 est un petit amas ouvert qui apparaît à l'œil nu comme une étoile un peu floue, mais dans des jumelles, on peut observer dans toute leur splendeur sa cinquantaine d'étoiles aux multiples couleurs : c'est l'une des merveilles du ciel nocturne, un véritable bijou. Au centre se trouve une chaîne de trois étoiles assez proches, dont la plus au Nord paraît rouge, contrastant avec le bleu de ses deux voisines. En dépit de son apparente proximité, la Boîte à Bijoux, distante de plus de 7 000 années-lumière, est douze fois plus éloignée que le Sac à Charbon.

À PARTIR DE LA CROIX DU SUD

Équivalent austral du Chariot, la Croix du Sud est un point de départ grâce auquel on peut localiser le pôle Sud céleste et de nombreuses constellations.

La Croix du Sud est la plus petite constellation et aussi l'une des plus connues. Placée sur le fond riche d'étoiles de la Voie lactée, elle est composée de seulement quatre étoiles disposées en croix. Son axe vertical, traversé par une barre horizontale, pointe vers le pôle Sud céleste.

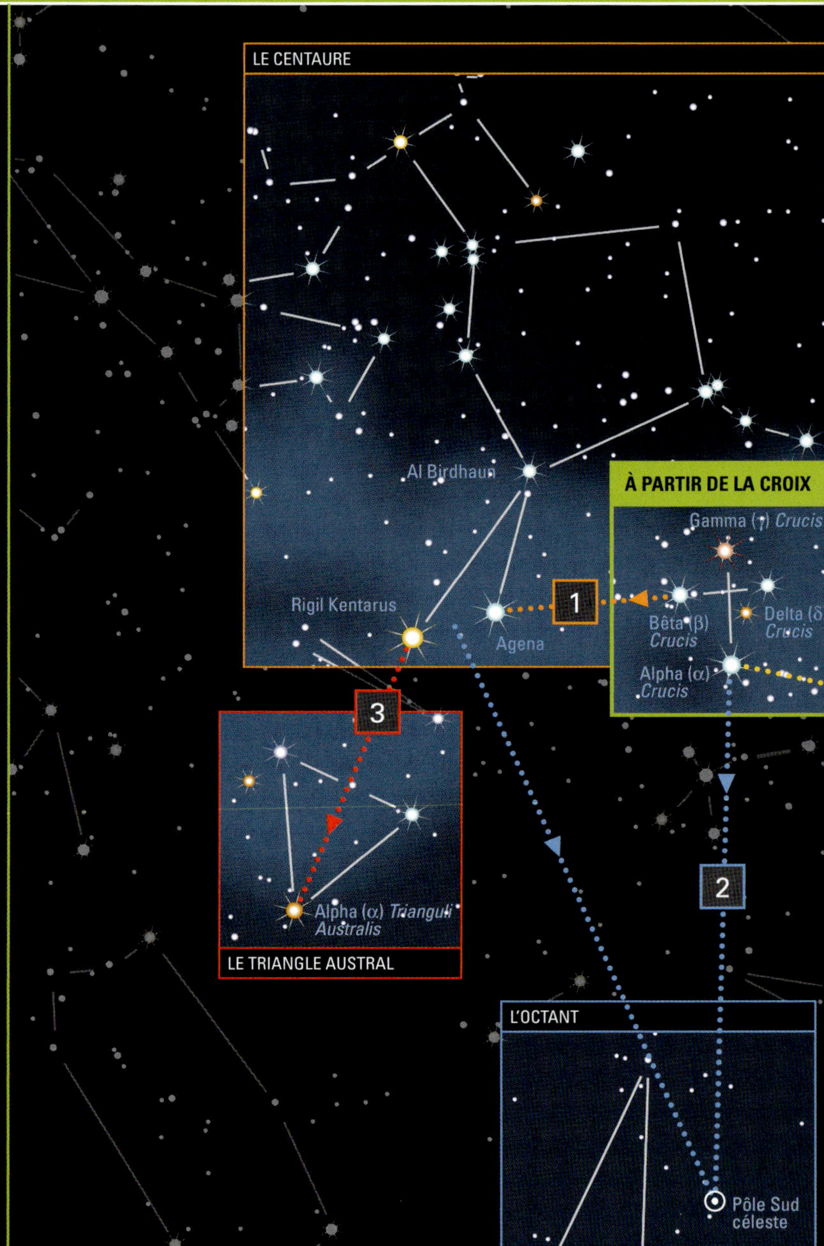

1 VERS LE CENTAURE

Partez de Delta (δ) *Crucis*, l'étoile la plus faible sur l'axe horizontal de la Croix, et tracez une ligne vers Bêta (β) *Crucis* (ou Mimosa), sur le même axe. Poursuivez jusqu'à une étoile brillante : c'est Bêta (β) *Centauri* (Agena ou Hadar). Vous atteignez ensuite l'étoile principale du Centaure, encore plus brillante : Alpha (α) *Centauri* (Rigil Kentarus).

LE CENTAURE

2 VERS L'OCTANT ET LE PÔLE SUD

Aucune étoile ne marquant le pôle Sud céleste, on le localise grâce aux étoiles alentours – Polaris Australis, de l'Octant, en est la plus proche, mais elle est à peine visible à l'œil nu. Tirez un repère entre Alpha (α) et Bêta (β) *Centauri*, puis, au milieu de celles-ci, tracez une ligne perpendiculaire. Tracez une deuxième ligne prolongeant l'axe vertical de la Croix au-delà d'Alpha (α) *Crucis*. Le pôle Sud céleste se situe à l'intersection de ces deux lignes.

LE TRIANGLE AUSTRAL

3 VERS LE TRIANGLE AUSTRAL

Dans la constellation du Centaure, tracez une ligne partant d'Al Birdhaun – Epsilon (ε) *Centauri* – en direction de Rigil Kentarus. Poursuivez cette ligne jusqu'à rencontrer une étoile brillante (magnitude 1,9) : c'est Atria, Alpha (α) *Trianguli Australis*, l'apex (le sommet) du Triangle austral. La constellation forme un triangle quasiment équilatéral et ses deux autres étoiles, à distance égale l'une de l'autre, se déploient en direction du Centaure.

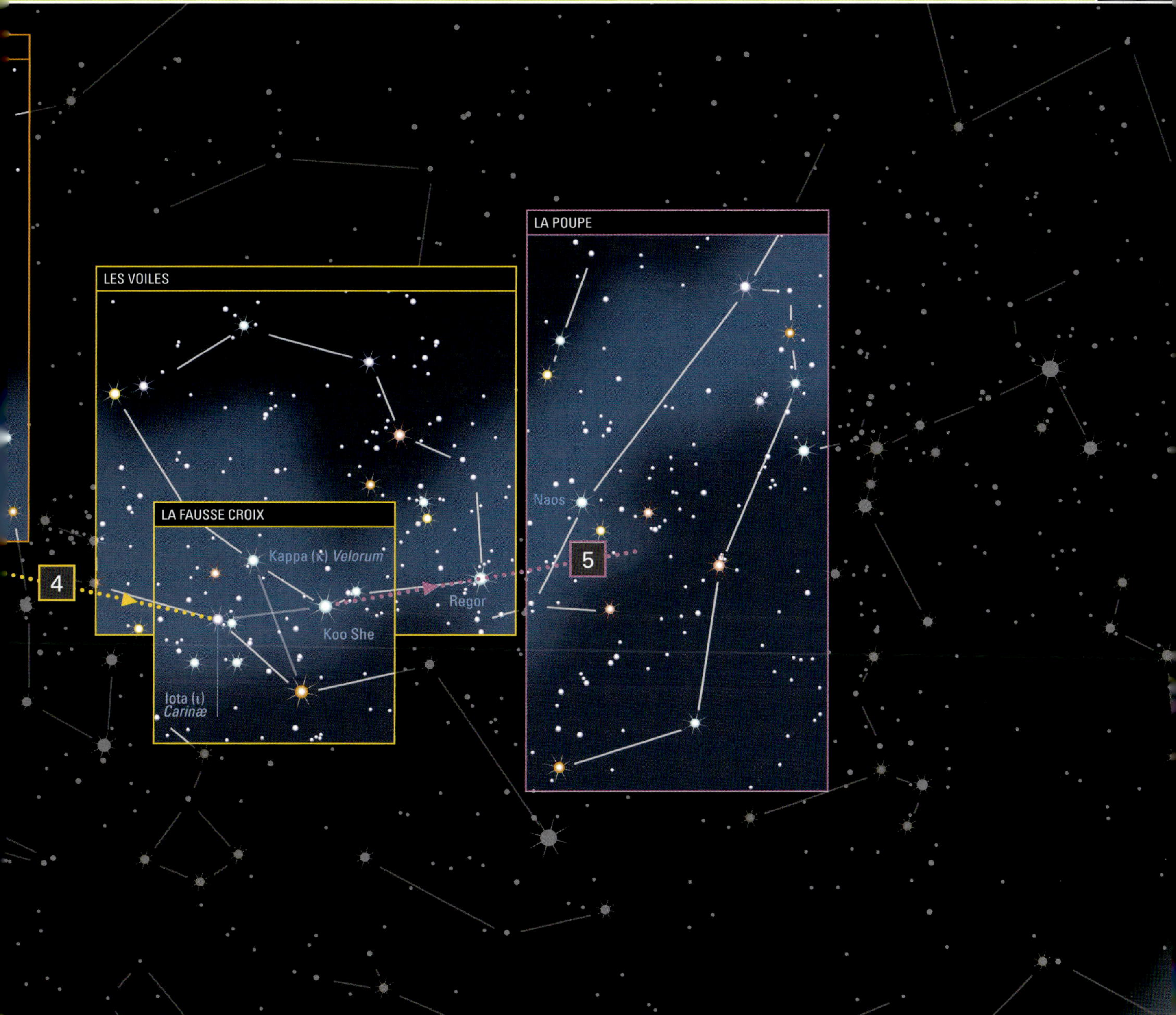

4 VERS LA FAUSSE CROIX

Dans le ciel austral, un astérisme en forme de croix risque d'induire en erreur les astronomes débutants, qui peuvent la confondre avec la Croix du Sud. Pour trouver cet astérisme, connu sous le nom de la Fausse Croix, tracez une ligne à partir d'Agena dans le Centaure en direction de Alpha (α) *Crucis*. Poursuivez cette ligne sur environ deux fois la distance déjà parcourue et vous atteignez Iota (ι) *Carinæ* une étoile de la Fausse Croix.

LA POUPE

5 VERS LES VOILES ET LA POUPE

Les deux étoiles traversant la Fausse Croix sont Iota (ι) *Carinæ* (de la Carène) et Koo She, Delta (δ) *Velorum* (des Voiles). Tracez une ligne imaginaire entre ces deux étoiles et prolongez-là au-delà de Koo She. Vous attendrez Regor, Gamma (γ) *Velorum*, l'étoile principale de la constellation des Voiles. En continuant un peu tout en remontant vers le Nord, vous trouverez l'étoile la plus brillante de la Poupe : Naos, ou Zêta (ζ) *Puppis*.

LE CENTAURE

Le Centaure, *Centaurus* contient l'étoile la plus proche de nous, ainsi que le superbe amas globulaire Oméga *Centauri*.

Vaste et brillante constellation, le Centaure, propose plusieurs objets remarquables. Dix de ses étoiles dépassent la magnitude 3, et les quatre étoiles marquant les « pieds » du Centaure se situent dans une partie splendide de la Voie lactée. La constellation contient notamment deux formations magnifiques : l'amas ouvert associé à la nébuleuse IC 2944 et le fameux amas globulaire Oméga *Centauri*. Les deux principales étoiles du Centaure, Alpha (α) *Centauri*, ou Rigil Kentarus, et Bêta (β) *Centauri*, Agena ou encore Hadar, paraissent proches dans le ciel mais sont en fait assez éloignées l'une de l'autre : Agena est distante de 320 années-lumière et Rigil Kentarus se situe à un peu plus de 4 années-lumière. C'est le système d'étoiles le plus proche de nous, au sein duquel Proxima *Centauri*, une naine rouge de magnitude 11 visible seulement avec un télescope, est l'étoile la plus proche de la Terre.

Proxima du Centaure est l'étoile **la plus proche** de la Terre.

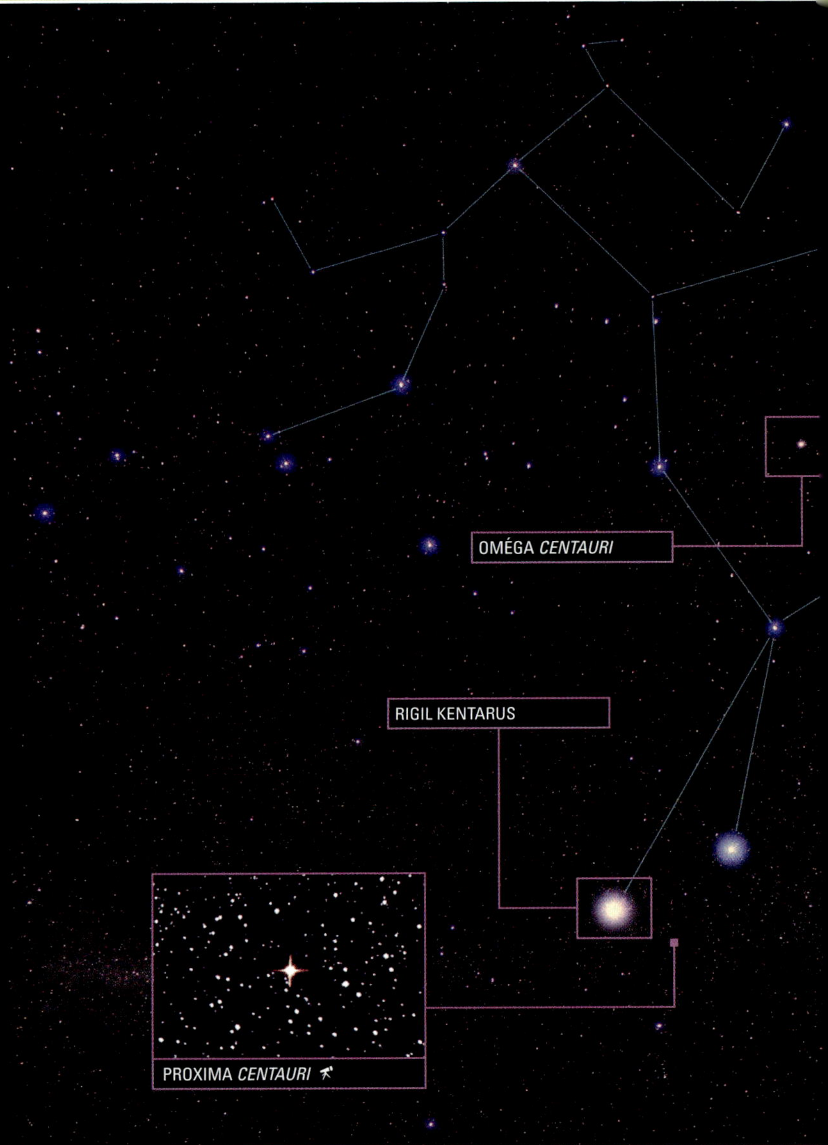

NGC 5139, Oméga *Centauri*

À l'œil nu, NGC 5139 ressemble à une étoile un peu floue. Si l'on parvient avec un petit télescope à mieux distinguer sa forme ovale, seul un télescope de grande ouverture permet de séparer en partie le million d'étoiles que recèle Oméga *Centauri*. C'est le plus grand amas globulaire de la Voie lactée, environ 10 fois plus massif que les autres amas globulaires connus. C'est également l'un des plus proches de notre système solaire, à 17 000 années-lumière, et c'est, par conséquent, l'amas globulaire le plus brillant du ciel. De récentes études situant la formation d'Oméga *Centauri* il y a 12 milliards d'années, soit à peu près l'âge de l'Univers, laissent à penser qu'il est aussi le plus vieil amas globulaire de la Voie lactée.

UN AMAS D'UN MILLION D'ÉTOILES
Oméga *Centauri* apparaît dans un petit télescope comme une forme ovale (à gauche). Un télescope de grande ouverture dévoile individuellement ses innombrables étoiles (ci-dessus)

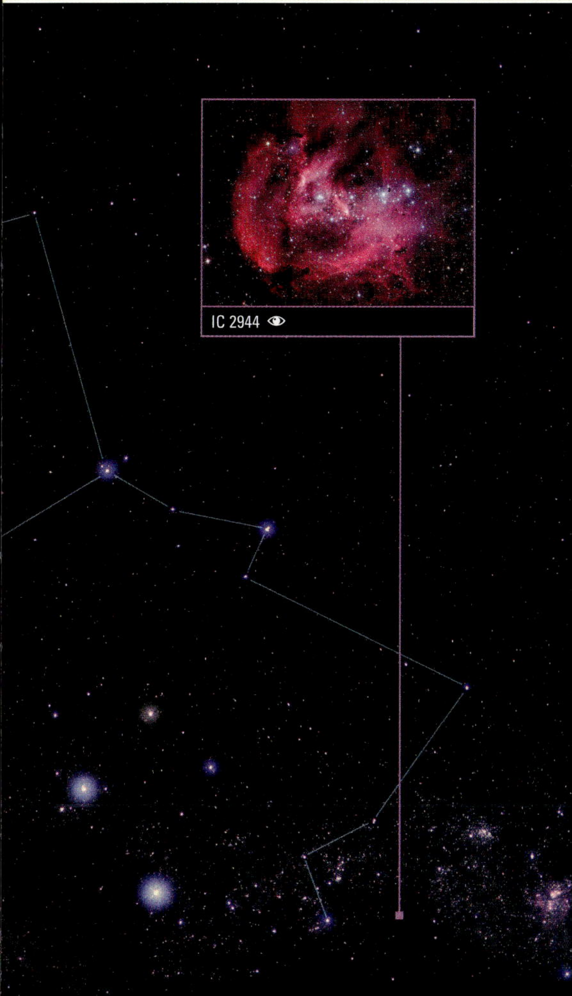

IC 2944 👁

VUE GÉNÉRALE DU CENTAURE 👁
Les étoiles principales de la constellation se situent un peu à l'écart : à gauche, la brillante étoile jaune Rigil Kentarus, et à sa droite Agena, d'égale luminosité.

CENTAURUS (Cen)	
LARG./PROF.	🖐🖐🖐 / 🖐🖐
RANG DE TAILLE	**9e**
VISIBILITÉ TOTALE	**25° N – 90° S**

CARTE DU CIEL : LE CENTAURE
La carte montre bien que la figure formée par les étoiles de cette constellation rappelle la créature mythologique du Centaure.

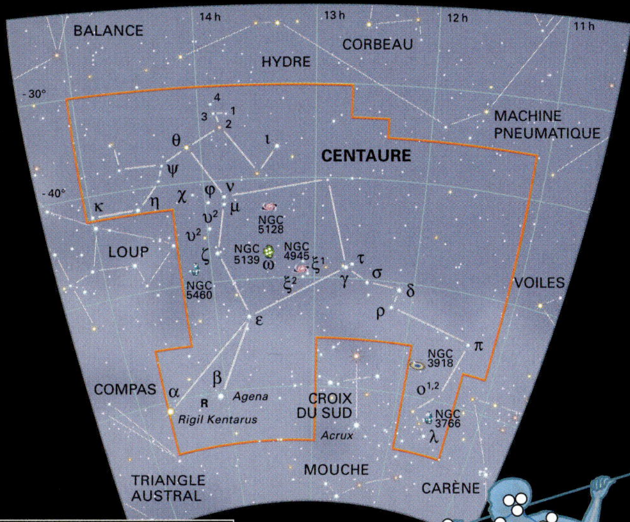

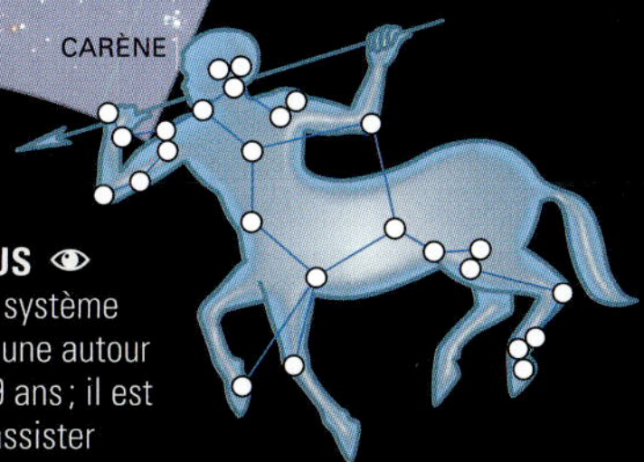

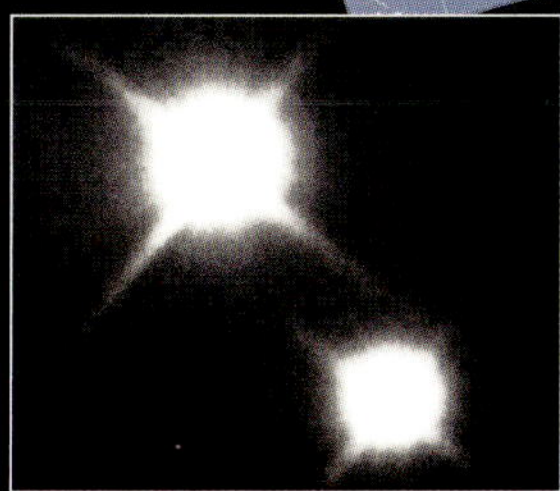

RIGIL KENTARUS 👁
Les étoiles de ce système binaire orbitent l'une autour de l'autre en 79,9 ans ; il est donc possible d'assister à un cycle complet au cours d'une vie humaine.

Proxima Centauri

Cette naine rouge de onzième magnitude, découverte en 1915 seulement, n'a rien d'extraordinaire vue au télescope… Si ce n'est qu'il s'agit de l'étoile la plus proche du Soleil, à 4,2 années-lumière. On pense qu'elle pourrait appartenir au système d'Alpha (α) *Centauri*, mais sa période orbitale étant d'un million d'années environ, certains astronomes se demandent si Proxima *Centauri* est liée ou non à ce système par la gravité. D'autre part, sa proximité avec la Terre a conduit les scientifiques à s'interroger sur l'existence d'une éventuelle planète habitable en orbite autour de Proxima *Centauri*. Mais comme il s'agit d'une étoile froide, émettant des radiations, les chances de trouver une telle planète sont très minces.

OBSERVER LE CENTAURE

ÉTOILES	MAGNITUDE	CARACTÉRISTIQUES
Alpha (α) *Centauri* Rigil Kentarus	-0,3	Une binaire très brillante, avec une compagne de magnitude 1,4.
R *Centauri*	5,3 à 11,8	Une variable de type Mira, dont la longue période est de 546 jours.
Proxima *Centauri*	11,1	L'étoile la plus proche du Soleil, à 4,2 années-lumière.

AUTRES OBJETS	MAGNITUDE	CARACTÉRISTIQUES
NGC 3766, amas de la Perle	5,3	Un amas ouvert visible à l'œil nu, mais un télescope est nécessaire pour distinguer ses quelque 100 étoiles.
NGC 3918, nébuleuse planétaire Bleue	8,5	Une nébuleuse planétaire qui apparaît dans un petit télescope comme un disque bleu semblable à Uranus.
NGC 5139, Oméga *Centauri*	3,7	Un fantastique amas globulaire âgé de 12 milliards d'années, situé à 17 000 années-lumière de la Terre.
IC 2944	5,5	Une nébuleuse proche de Lamda (λ) *Centauri*, traversée en son centre par un alignement de quatre étoiles.

LA CARÈNE

La Carène, *Carina*, est en partie située sur la Voie lactée, et l'autre partie de la constellation, bien qu'elle occupe une région moins étoilée, contient la très brillante étoile Canopus.

La Carène abrite une remarquable collection de divers objets du ciel profond, comprenant Canopus, la deuxième étoile la plus brillante du ciel, l'immense étoile Êta (η) *Carinæ*, elle-même située dans la fameuse nébuleuse de la Carène, ou encore l'amas ouvert des Pléiades australes. La plupart de ces objets ne sont pas visibles à l'œil nu, mais ils sont tous accessibles avec des jumelles. La Carène était à l'origine incluse dans l'immense constellation *Argo Navis*, « le navire des Argonautes », créée par Ptolémée. Au XVIIIe siècle, l'astronome français Nicolas de Lacaille décomposa le « navire » en trois parties : la Carène, *Carina*, les Voiles, *Vela*, et la Poupe, *Puppis*. Le Navire Argo comprenait l'astérisme de la Fausse Croix (voir p. 140-141), formé par quatre étoiles : Epsilon (ε) et Iota (ι) *Carinæ*, et, dans la constellation voisine des Voiles, Delta (δ) et Kappa (κ) *Velorum*. Contrairement à la Croix du Sud, la Fausse Croix n'est pas située sur la Voie lactée mais se tient sur son bord, et ses étoiles sont moins brillantes et moins colorées.

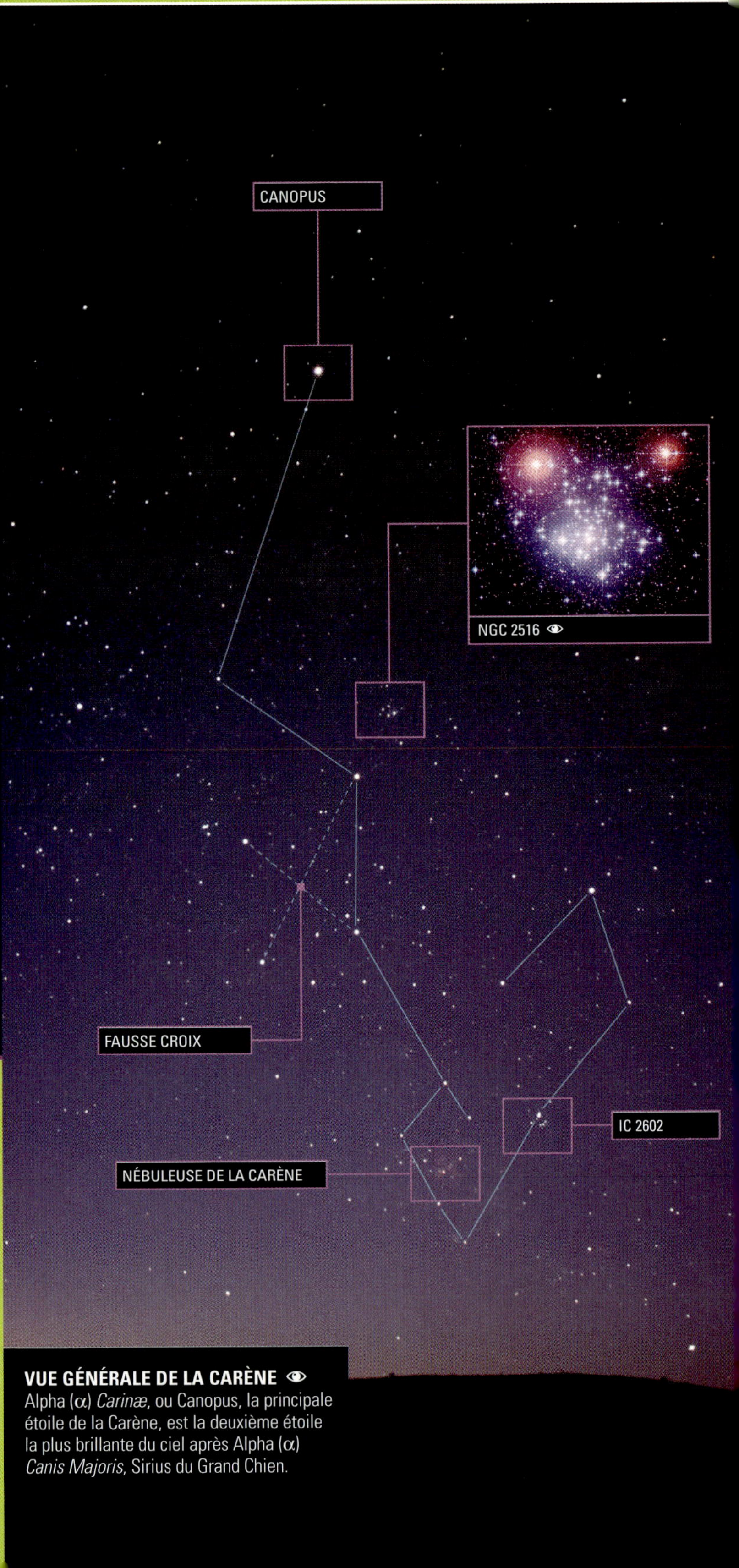

VUE GÉNÉRALE DE LA CARÈNE
Alpha (α) *Carinæ*, ou Canopus, la principale étoile de la Carène, est la deuxième étoile la plus brillante du ciel après Alpha (α) *Canis Majoris*, Sirius du Grand Chien.

NGC 2516

Découvert en 1751-1752 par l'astronome Nicolas de Lacaille, NGC 2516 est un brillant et vaste amas ouvert d'une centaine d'étoiles. Distant de 1 300 années-lumière, il apparaît à l'œil nu environ de la taille de la pleine lune. Des jumelles permettront d'observer la forme d'une fine croix, et de révéler les multiples couleurs de ses étoiles, la plus brillante d'entre elles atteignant la cinquième magnitude. Au centre de l'amas, on peut également distinguer les spirales de trois sortes de chaînes, traçant une forme qui lui a valu le surnom d'« Arroseur de Jardin » (*Garden Sprinkler*). NGC 2516 est aussi parfois appelé l'« amas Diamant », en raison de la remarquable clarté de ses étoiles.

CARINA (Car)	
LARG./PROF.	
RANG DE TAILLE	**34e**
VISIBILITÉ TOTALE	**14° N – 90° S**

IC 2602

Cet amas logé autour de l'étoile Thêta (θ) *Carinæ* est visible à l'œil nu, mais il gagne à être observé aux jumelles, dans lesquelles il révèlent ses splendides couleurs.

OBSERVER LA CARÈNE

ÉTOILES	MAGNITUDE	CARACTÉRISTIQUES
Alpha (α) *Carinæ* Canopus	-0,7	Une étoile blanche distante de 310 années-lumière ; c'est la deuxième étoile la plus brillante.
Êta (η) *Carinæ* Foramen	6,2	Une variable irrégulière qui a atteint la magnitude de -0,8 en avril 1843 ; distante de 7 000 années-lumière.
R *Carinæ*	3,9 à 10,5	Une variable de type Mira, avec une période de 308 jours environ.

AUTRES OBJETS	MAGNITUDE	CARACTÉRISTIQUES
NGC 2516	3,8	Un grand amas ouvert observable à l'œil nu.
NGC 2808	6,3	C'est l'un des amas globulaires massifs de notre Galaxie, contenant environ 1 million d'étoiles.
NGC 3372, nébuleuse de la Carène	1	Une nébuleuse à émission qui apparaît comme une bande ovale orangée dans un petit télescope.
IC 2602, Pléiades australes	1,9	Un amas ouvert situé à 479 années-lumière ; bien visible dans des jumelles.

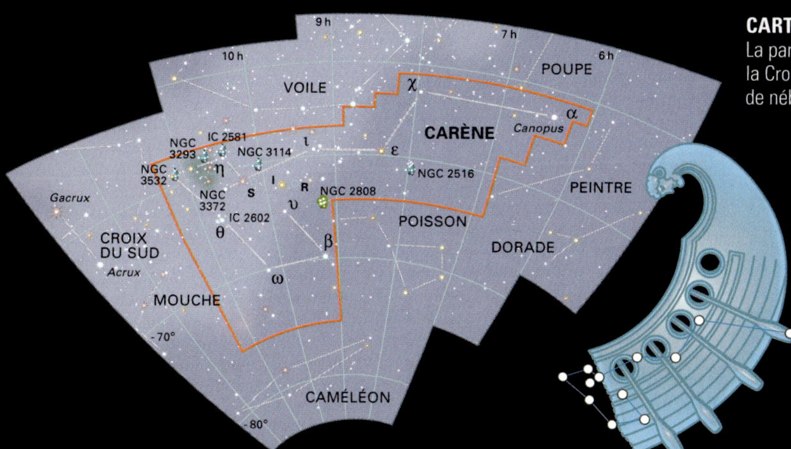

CARTE DU CIEL : LA CARÈNE

La partie nord de la Carène, du côté de la Croix du Sud, est parsemée d'amas et de nébuleuses visibles dans des jumelles.

Canopus de la Carène est la **deuxième étoile la plus brillante** du ciel.

NGC 3372, la nébuleuse de la Carène

La nébuleuse de la Carène – ou d'Êta (η) *Carinæ* – est sans conteste le clou de cette constellation. Elle compte de nombreuses étoiles, mêlées aux gaz qui les ont formées. Des études récentes montrent qu'il s'agirait d'un système multiple, dont la plus grande étoile, Êta (η) *Carinæ*, serait 100 fois plus massive et 4 millions de fois plus brillante que le Soleil. Mais Êta (η) *Carinæ* se maintient à peine par les effets de la gravitation, et les radiations quelle émet par bouffées la grignotent peu à peu. La plus notable de ses explosions, qui eut lieu en 1843, fit pendant un temps d'Êta (η) *Carinæ* la deuxième étoile la plus brillante du ciel.

POUPONNIÈRE D'ÉTOILES

La nébuleuse à émission de la Carène, à 7 500 années-lumière, est l'une des grandes régions de la Voie lactée dans laquelle se forment de jeunes étoiles.

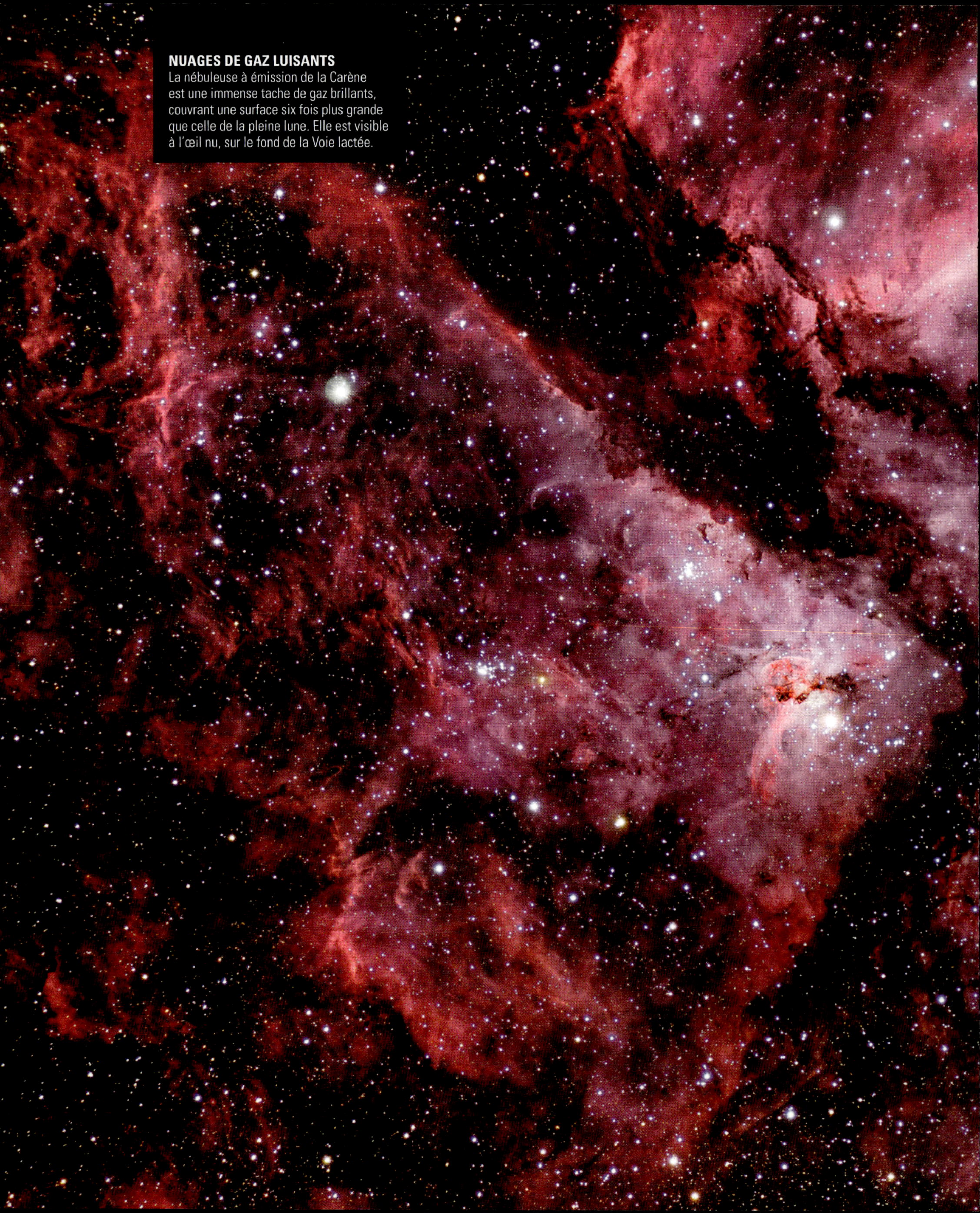

NUAGES DE GAZ LUISANTS
La nébuleuse à émission de la Carène est une immense tache de gaz brillants, couvrant une surface six fois plus grande que celle de la pleine lune. Elle est visible à l'œil nu, sur le fond de la Voie lactée.

LES VOILES

Les deux étoiles les plus au nord des Voiles, associées à deux étoiles de sa voisine la Carène, forment l'astérisme de la Fausse Croix, facile à repérer et qui permet de localiser les Voiles.

Les Voiles, *Vela*, appartenait jadis à la vaste constellation du Navire Argo, qui fut divisée en trois constellations (voir p. 144-145). Cette division a entraîné quelques complications dans les noms des étoiles. Ainsi, les Voiles n'ont par exemple pas d'étoiles alpha (α) ou bêta (β), et l'étoile principale de la constellation est Gamma (γ) *Velorum*, aussi appelée Regor, située à l'une de ses extrémités. Les Voiles hébergent l'amas NGC 2547, composé d'une cinquantaine d'étoiles ; il est visible à l'œil nu, mais des jumelles permettront de distinguer en son centre un fuseau d'étoiles orienté du nord au sud. Dans les Voiles se trouve également la supernova des Voiles, la plus grande trace de résidus d'une explosion d'étoile en supernova, que l'on peut observer dans un grand télescope.

Traversant les **Voiles**, la **Voie lactée** offre une **magnifique** région d'**amas stellaires.**

NGC 3132, la nébuleuse Eight-Burst

NGC 3132 doit son nom de nébuleuse Eight-Burst à ses boucles de gaz qui, en se resserrant, paraissent former un huit, comme on peut l'observer dans un grand télescope. NGC 3132 est aussi parfois appelée la nébuleuse Annulaire Australe, en raison de sa ressemblance avec la nébuleuse Annulaire de la Lyre, M 57. Dans un petit télescope, elle apparaît comme une forme ovale, avec une étoile centrale de dixième magnitude. Cette nébuleuse est un sujet d'études scientifiques, car elle est le lieu de phénomènes encore inexpliqués : par exemple, pourquoi sa forme est-elle asymétrique et comment les chemins de poussières que l'on observe en son centre se sont-ils formés ?

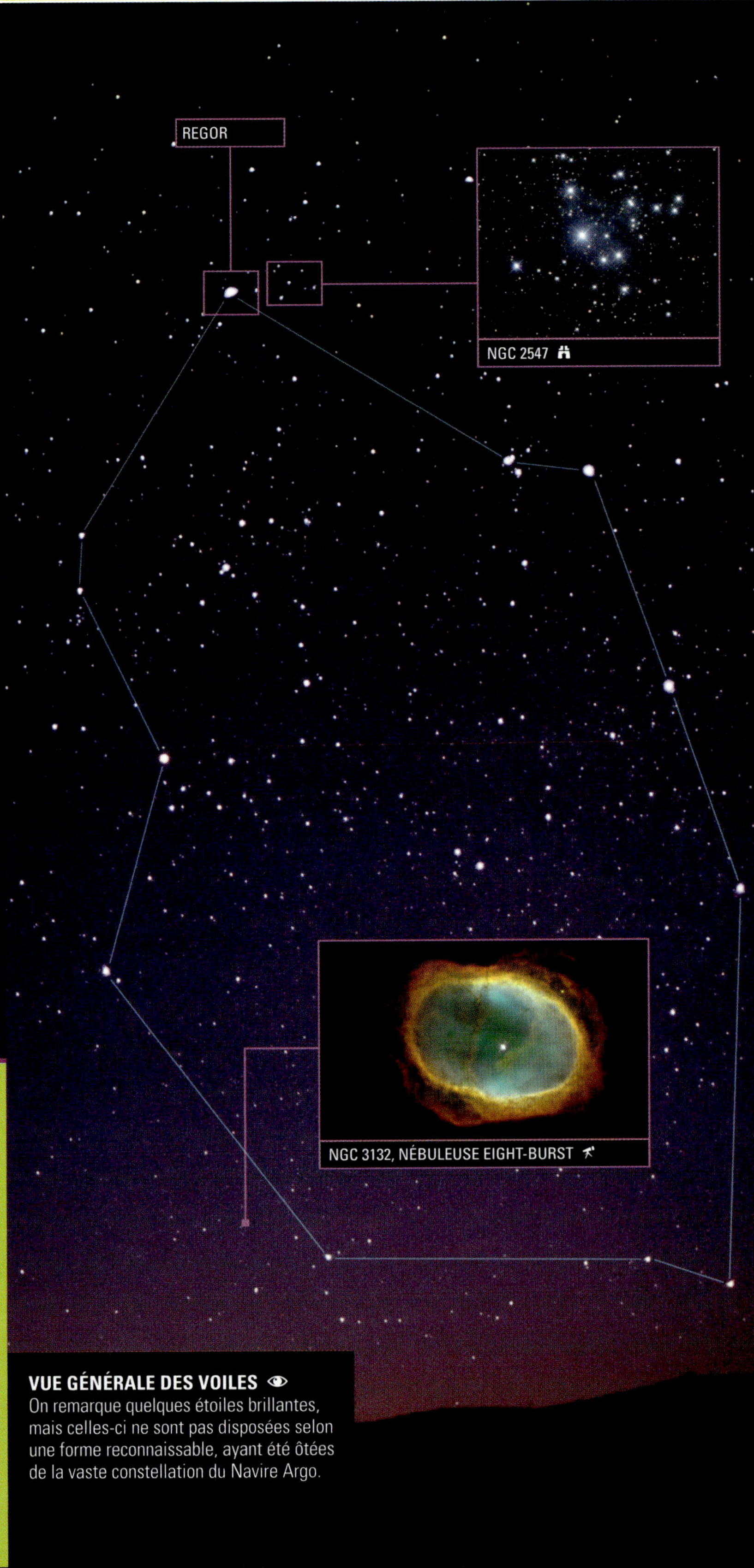

VUE GÉNÉRALE DES VOILES
On remarque quelques étoiles brillantes, mais celles-ci ne sont pas disposées selon une forme reconnaissable, ayant été ôtées de la vaste constellation du Navire Argo.

VELA (Vel)

LARG./PROF.	
RANG DE TAILLE	32e
VISIBILITÉ TOTALE	2° N – 90° S

CARTE DU CIEL : LES VOILES
Sur le fond de la Voie lactée, les Voiles sont à observer dans des jumelles, dans lesquelles elles dévoilent de nombreuses étoiles et amas.

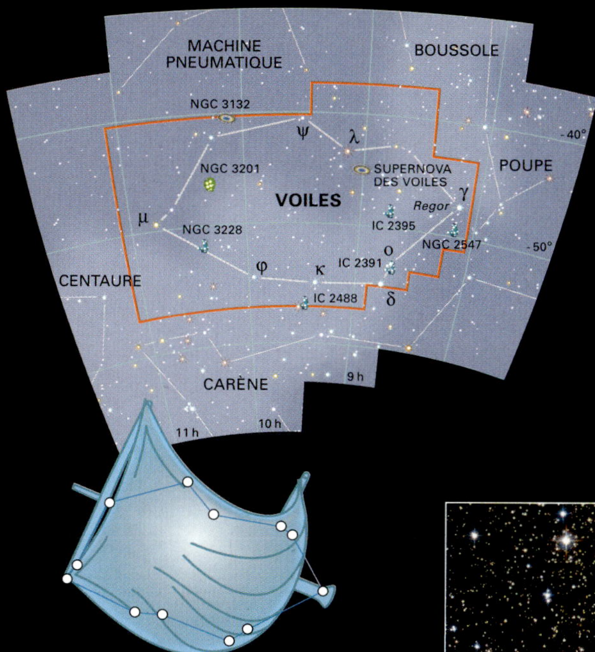

OBSERVER LES VOILES

ÉTOILES	MAGNITUDE	CARACTÉRISTIQUES
Gamma (γ) *Velorum* Regor	1,8	Une étoile double avec une compagne de magnitude 4,3 qui orbite en 78,5 jours.

AUTRES OBJETS	MAGNITUDE	CARACTÉRISTIQUES
NGC 2547	4,7	Un bel amas ouvert d'étoiles joliment disposées, visible avec des jumelles.
NGC 3132, nébuleuse Eight-Burst	8,1	Une nébuleuse planétaire dont la forme ovale et l'étoile centrale apparaissent dans un petit télescope.
NGC 3201	8,2	Un amas globulaire visible aux jumelles, mais dont les étoiles ne se distinguent que dans un télescope.
IC 2391	2,5	Un amas ouvert de 30 étoiles, à environ 580 années-lumière.

M 3201, L'AMAS GÉANT ROUGE
D'apparence moins compacte que la majorité des autres amas globulaires, M 3201 contient de nombreuses et brillantes géantes rouges (à droite), qui confère à l'ensemble de l'amas un aspect rougeâtre. De magnitude 8,2, M 3201 n'est pas visible à l'œil nu.

La supernova des Voiles

Il existe des restes nombreux et variés de supernovæ, parsemés dans le ciel nocturne. En étudiant leur taille et leur distance, il est possible de savoir à quand remonte l'explosion d'une étoile. Ainsi, la supernova des Voiles, située entre Gamma (γ) et Lambda (λ) *Velorum*, aurait explosé il y a 12 000 ans. Les matériaux de l'étoile sont maintenant répartis sur un rayon de 55 années-lumière et ses restes sur 800 années-lumière, ce qui confère à cette supernova une surface apparente de dix fois celle de la pleine lune. Les filaments de gaz et de poussières éjectés au-delà ne peuvent être observés que dans un puissant télescope.

UN BIG BANG
L'explosion de l'étoile qui a produit la supernova des Voiles (ci-dessus) a peut-être été aussi brillante que la Lune. NCG 2736, la nébuleuse du Crayon (ci-contre) est un reliquat de cette explosion.

LA DORADE

La Dorade, *Dorado*, serait une constellation sans grande importance si elle n'abritait cette merveille visible à l'œil nu qu'est le Grand Nuage de Magellan.

S'étendant en partie dans la Dorade, le Grand Nuage de Magellan (ou LMC, *Large Magellanic Cloud*), est une galaxie naine proche de la nôtre. Elle est ainsi nommé en référence au navigateur Fernand de Magellan, qui a découvert cette galaxie en voguant vers l'Afrique du Sud. Le LMC est la plus vaste de deux petites galaxies qui sont sans doute des satellites de la Voie lactée, et, semble-t-il, des parties détachées de notre Galaxie. Des jumelles ou un petit télescope y révèlent un grand nombre de nébuleuses et d'amas ouverts ou globulaires. Un objet observé au sein du Grand Nuage, 30 *Doradus*, a longtemps été considéré comme une étoile, jusqu'à ce que des télescopes plus performants nous permettent de voir qu'il s'agissait d'une nébuleuse : la nébuleuse de la Tarentule, NGC 2070, un large nuage brillant tout proche du Grand Nuage de Magellan.

Le **Grand Nuage de Magellan** est à environ 180 000 années-lumière de la **Voie lactée.**

Le Grand Nuage de Magellan (LMC)

Nos connaissances sur le LMC ont évolué à mesure qu'ont progressé les instruments d'astronomie. Autrefois considéré comme la galaxie externe la plus proche de la nôtre, à environ 180 000 années-lumière, on sait que le LMC n'est que la troisième plus proche depuis qu'ont été découvertes les galaxies elliptiques naines du Grand Chien et du Sagittaire. De même, le LMC fut classé parmi les galaxies irrégulières, mais il possède en son centre une barre d'étoiles d'où se dessine une faible structure spiralée, remettant en question toute catégorie. Dix fois plus petit que notre Galaxie, le LMC est la quatrième plus grande galaxie de notre Groupe local. Il nous apparaît d'une taille de 20 fois celle de la pleine lune.

VUE GÉNÉRALE DE LA DORADE
Les étoiles formant la Dorade dessinent sa forme depuis le nord du Grand Nuage de Magellan. La Dorade est représentée nageant vers le pôle Sud céleste.

GRAND NUAGE DE MAGELLAN

DORADO (Dor)	
LARG./PROF.	
RANG DE TAILLE	72e
VISIBILITÉ TOTALE	20° N – 90° S

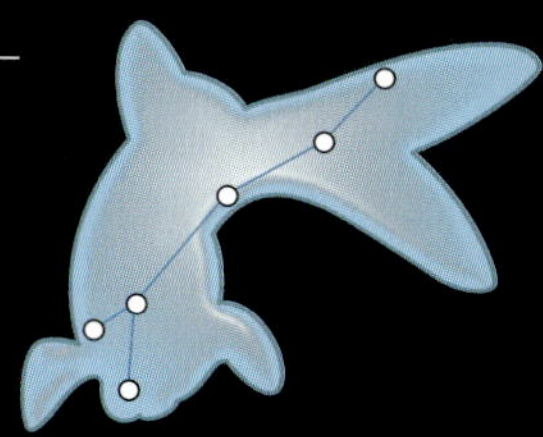

CARTE DU CIEL : LA DORADE
La Dorade est entourée par des constellations aussi faibles qu'elle, comme l'Horloge ou le Burin.

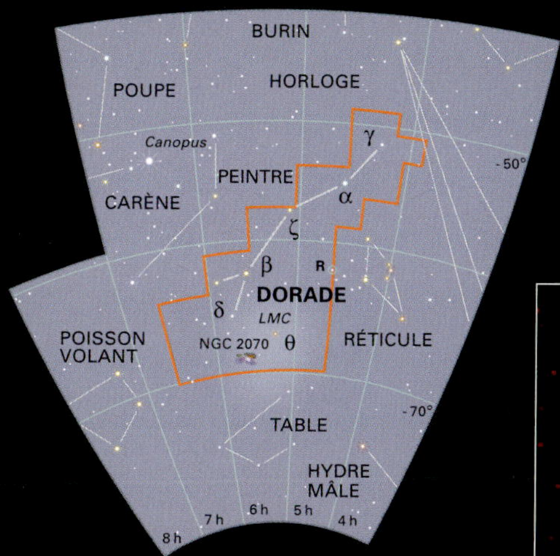

OBSERVER LA DORADE

ÉTOILES	MAGNITUDE	CARACTÉRISTIQUES
Alpha (α) *Doradus* Bole	3,3	Une étoile assez faible, pourtant la principale de la Dorade ; c'est une binaire composée d'une petite étoile B tournant autour d'une géante A.
Bêta (β) *Doradus*	3,5 à 4,1	Une variable céphéide parmi les plus brillantes, sur une période de 9,8 jours.
R *Doradus*	4,8 à 6,6	Une géante rouge variable de type Mira, avec une longue période semi-régulière de 11 mois.

AUTRES OBJETS	MAGNITUDE	CARACTÉRISTIQUES
Grand Nuage de Magellan (LMC)	0,4	Une galaxie naine irrégulière, à 180 000 années-lumière. À voir dans des jumelles ou un petit télescope.
NGC 2070, nébuleuse de la Tarentule	5	Une vaste nébuleuse à émission, qui couvrirait la moitié du ciel si elle était proche comme la nébuleuse d'Orion.

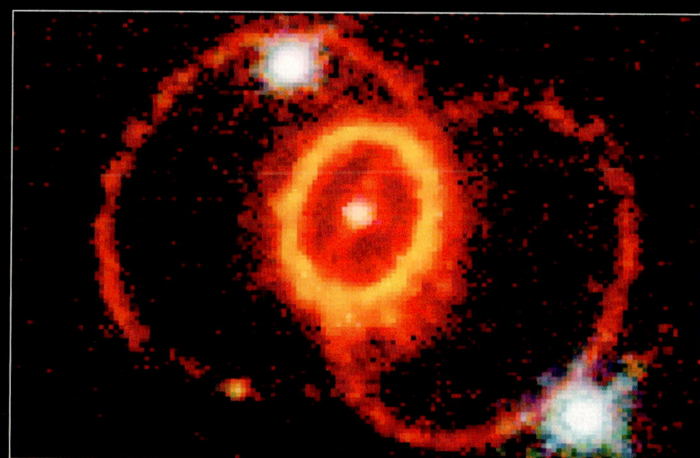

LA SUPERNOVA 1987 A
La première explosion en supernova qu'il a été possible de voir dans un télescope s'est produite dans le Grand Nuage de Magellan, en février 1987 et a été visible à l'œil nu durant deux mois. À droite, une image prise par le télescope spatial Hubble.

LA NÉBULEUSE DE LA TARENTULE
Les bras gazeux de la nébuleuse rappellent la forme d'une araignée. Elle apparaît à l'œil nu comme une tache laiteuse, de la taille de la pleine lune.

NGC 2070, la nébuleuse de la Tarentule

La magnifique nébuleuse de la Tarentule se trouve sur l'un des côtés de la barre d'étoiles du Grand Nuage de Magellan, et c'est l'une de ses principales pouponnières d'étoiles. Sa luminosité et sa taille peuvent être appréciées proportionnellement à celles de la nébuleuse d'Orion M 42, située dans notre Galaxie, à 1 350 années-lumière. Bien qu'elle soit visible à l'œil nu, NGC 2070 est située à une distance d'environ 160 000 années-lumière, ce qui signifie qu'il s'agit d'un objet aussi brillant que gigantesque, 20 fois plus grand que M 42. Les longs bras d'hydrogène de la Tarentule jaillissent de son centre jusqu'à une distance de 1 800 années-lumière…

LE TOUCAN

La constellation du Toucan, *Tucana*, abrite le Petit Nuage de Magellan, l'une des galaxies satellites de la Voie lactée.

L'hémisphère céleste austral contient nombre d'objets du ciel profond qui, avant l'invention du télescope, ont été considérés comme étant de simples étoiles. C'est le cas de l'amas globulaire 47 *Tucanæ*, ou NGC 104. En l'observant dans un petit télescope, on se demande lequel des deux amas 47 *Tucanæ* ou Oméga *Centauri* (dans le Centaure) est le plus impressionnant. 47 *Tucanæ* se situe à 13 400 années-lumière de nous et appartient à notre Galaxie, contrairement à Oméga *Centauri*. Le Toucan abrite encore un plus petit amas globulaire, NGC 362. Près de 47 *Tucanæ* se trouve le Petit Nuage de Magellan, SMC (*Small Magellanic Cloud*), une petite galaxie irrégulière, satellite de la nôtre. C'est l'un des objets les plus éloignés visibles à l'œil nu ; il apparaît alors comme une tache floue et laiteuse, mais des jumelles dévoileront ses nombreux amas d'étoiles et nébuleuses.

À l'œil nu, l'amas **47 *Tucanæ***, de magnitude 4, apparaît comme une **étoile floue**.

Le Petit Nuage de Magellan (SMC)

Le SMC est une galaxie naine irrégulière en orbite autour de la Voie lactée, à 200 000 années-lumière. C'est la cinquième plus grande galaxie du Groupe local qui en contient 30, dont les plus importantes sont notre Voie lactée et M 31 d'Andromède ; entre ces deux objets se situe le centre de gravité du Groupe local, constitué pour l'essentiel de galaxies naines et dont le seul autre membre imposant est M 33 du Triangle. Avec sa forme en coin, le SMC semble être un bout détaché de la Voie lactée, comme le Grand Nuage de Magellan (LMC). Apparaissant à l'œil nu d'une taille de sept fois celle de la pleine lune, le SMC contient de multiples nébuleuses et amas stellaires, que l'on peut individualiser dans un petit télescope.

PETITE NUAGE DE MAGELLAN

VUE GÉNÉRALE DU TOUCAN
On peut repérer le Toucan grâce à sa ligne brisée de trois étoiles, traçant presque un arc de cercle : du nord au sud, Bêta (β), Zêta (ζ) et Epsilon (ε) *Tucanæ*.

TUCANA (Tuc)	
LARG./PROF.	
RANG DE TAILLE	48e
VISIBILITÉ TOTALE	14°N – 90° S

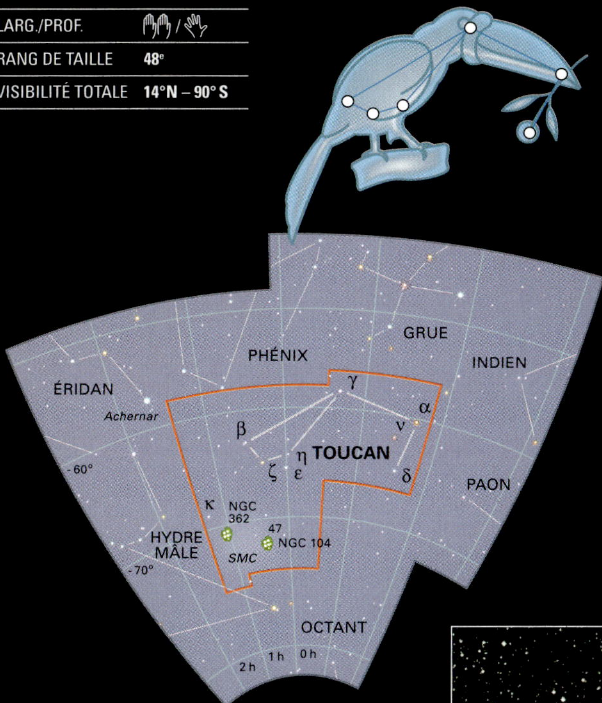

CARTE DU CIEL : LE TOUCAN
À l'exception du Petit Nuage de Magellan et de la brillante étoile Achernar dans la constellation voisine de l'Éridan, le Toucan se trouve dans une région du ciel peu peuplée d'étoiles.

OBSERVER LE TOUCAN

ÉTOILES	MAGNITUDE	CARACTÉRISTIQUES
Bêta (β) *Tucanæ*	4,4	Un système de 6 étoiles dont la plus brillante forme une double avec une compagne de magnitude 4,5.
Kappa (κ) *Tucanæ*	5,1	Une étoile double avec une compagne de magnitude 7,3 à 5'30''.

AUTRES OBJETS	MAGNITUDE	CARACTÉRISTIQUES
Petit Nuage de Magellan (SMC)	2,3	Une galaxie naine irrégulière située à 200 000 années-lumière ; sa région centrale est cataloguée NGC 292.
NGC 104, 47 *Tucanæ*	4	Un amas globulaire très dense, considéré comme étant l'un des plus spectaculaires du genre.

NGC 362

Le second amas globulaire du Toucan est NGC 362 (à droite) qui, plus petit et moins lumineux que 47 *Tucanæ*, ne peut être vu qu'avec des jumelles ou un télescope. Bien que paraissant lié au SMC par sa partie nord, c'est en réalité un objet du ciel profond de la Voie lactée.

NGC 104, 47 *Tucanæ*

Aujourd'hui catalogué comme un objet du ciel profond 47 *Tucanæ* était jadis considéré comme étant une étoile : la 47e en ascension droite de la constellation du Toucan, avant que l'on découvre qu'il s'agit en fait du deuxième plus grand et plus brillant amas globulaire du ciel. Dans un télescope, on découvre un amas globulaire du type extrêmement dense, avec un centre brillant. 47 *Tucanæ* est d'une largeur apparente équivalente à celle de la pleine lune, et est situé à 13 400 années-lumière du système solaire. Un calcul tenant compte de ces paramètres permet d'estimer sa taille réelle à 120 années-lumière de diamètre.

UN AMAS TRÈS DENSE
47 *Tucanæ* (ci-dessus) contient plusieurs millions d'étoiles – assez pour former une petite galaxie. Le centre de l'amas est si dense (à droite) que les collisions stellaires doivent y être très nombreuses.

LE PAON

La constellation du Paon doit son nom à son étoile principale, surnommée *Peacock* (« paon » en anglais) dans un almanach britannique des années 1930.

Proche du pôle Sud, le Paon, *Pavo*, se situe sur les franges de la Voie lactée. Outre la bande d'étoiles de notre Galaxie venant obstruer la vue, l'astronome peut regarder très loin dans le ciel profond. À l'œil nu, on distingue peu d'objets notables dans la constellation du Paon, mais une étude plus approfondie permet de découvrir quelques groupes d'étoiles faibles, dont certaines sont doubles comme la grande Mu (μ) *Pavonis*, ou Phi (ϕ) *Pavonis*, qui forment un trio avec leur voisine Rhô (ρ) *Pavonis*. À l'extrémité de la queue du Paon, Thêta (θ) *Pavonis* est l'une des trois étoiles dessinant une chaîne semblable au Baudrier d'Orion. Avec un télescope, on peut observer dans le Paon les objets remarquables que sont la grande galaxie NGC 6744, ainsi que NGC 6752, le troisième plus grand amas globulaire.

Le Paon est **par sa taille** la **44e** des **88 constellations** répertoriées.

NGC 6744

Cette galaxie spirale barrée, semblable à une tache ovale dans un télescope d'ouverture moyenne, se présente quasiment de face par rapport à la Terre. Il faut toutefois un puissant télescope pour distinguer ses bras spiraux, et seules des images spatiales nous permettent de mieux comprendre ce qu'est exactement cette galaxie, distante de 25 à 30 millions d'années-lumière. Si nous pouvions avoir une vision extérieure de notre Galaxie, elle ressemblerait probablement à NGC 6744, avec un arrangement de grands bras spiraux et une barre traversant son vaste cœur allongé. NGC 6744 a, comme la Voie lactée, une petite galaxie satellite, qui apparaît d'une taille semblable à celle du Petit Nuage de Magellan.

VUE GÉNÉRALE DU PAON
Le Paon se trouve sur les bords de la Voie lactée. Avec sa très haute déclinaison, la constellation, occupe une région du haut ciel austral peu riche d'étoiles brillantes.

PAVO (Pav)

LARG./PROF.	(symboles)
RANG DE TAILLE	44e
VISIBILITÉ TOTALE	15° N–90° S

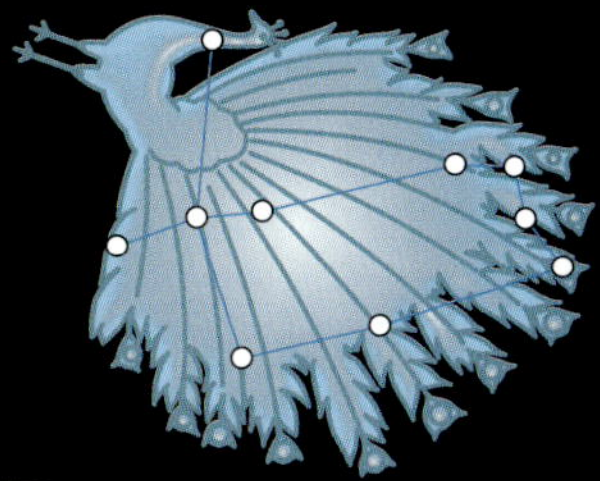

CARTE DU CIEL : LE PAON
Le Paon se tient au nord de l'Octant, la constellation la moins brillante de cette région du pôle Sud céleste.

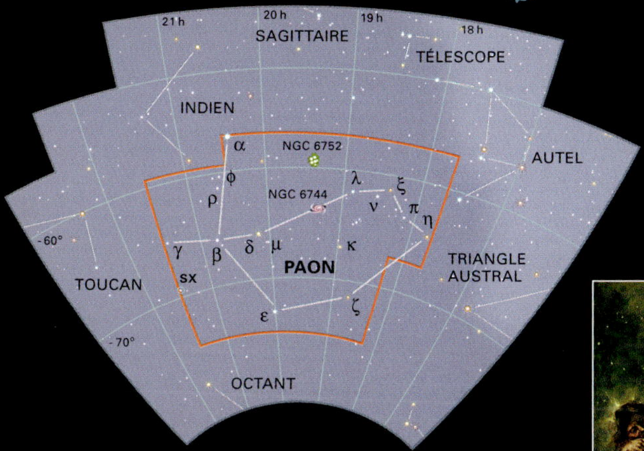

OBSERVER LE PAON

ÉTOILES	MAGNITUDE	CARACTÉRISTIQUES
Alpha (α) *Pavonis* *Peacock*	1,9	Une double brillante, dans le « cou » du Paon.
Kappa (κ) *Pavonis*	3,9 à 4,8	Une étoile variable de type céphéide, avec une période de 9 jours.
Mu (μ) *Pavonis*	5,3	Une double avec une compagne de magnitude 5,7. Couleur orange.

AUTRES OBJETS	MAGNITUDE	CARACTÉRISTIQUES
NGC 6744, galaxie spirale	9,2	Une galaxie spirale barrée, très vaste et très éloignée.
NGC 6752, amas globulaire	5,4	Un grand amas globulaire à observer dans un petit télescope pour en distinguer les étoiles.

LE PAON ET LA MYTHOLOGIE
Dans la mythologie grecque, le paon était l'oiseau sacré d'Héra, l'épouse de Zeus. Elle se déplaçait dans un traîneau tiré par des paons, comme l'illustre ce tableau de Rubens, *La Naissance de la Voie lactée* (1636-1637). La Voie lactée serait née du lait qui jaillit du sein d'Héra, alors qu'elle allaitait Hercule ; en grec, *galaxias* signifie « lait ».

AMAS AUSTRAL
Le bel amas globulaire NGC 6752, à la limite de la visibilité à l'œil nu, reste relativement peu observé du fait de sa haute déclinaison sud.

NGC 6752

Cet amas globulaire est l'un des plus agréables à observer. D'une taille apparente d'environ la moitié de la pleine lune – dépassée seulement par Oméga *Centauri* et 47 *Tucanæ* –, il est facile à trouver avec des jumelles. Son observation est agrémentée par la présence d'une étoile de magnitude 7,6, n'appartenant pas à l'amas central mais située au sud de celui-ci. Si l'œil nu ne permet pas d'évaluer l'éloignement des objets les uns par rapport aux autres, on sait toutefois que cette étoile est une binaire, située à 788 années-lumière du système solaire. Cette information nous permet de calculer que NGC 6752 se trouve à environ 15 000 années-lumière de distance.

LA BALANCE ET L'HYDRE

Si la Balance, *Libra*, est connue pour être l'une des constellations du zodiaque, l'Hydre, *Hydra*, se distingue par sa taille : c'est la plus vaste constellation du ciel.

La Balance se caractérise avant tout par ses étoiles : certaines comptent parmi les plus belles étoiles doubles, et d'autres se distinguent par leurs noms traditionnels singuliers. Alpha (α) *Libræ* est ainsi appelée Zuben Elgenubi, la « pince du Sud » en arabe, et Bêta (β) *Libræ* se nomme Zuben Eschamali, la « pince du Nord », car la Balance constituait autrefois les pinces de la constellation du Scorpion. Depuis la Balance, il est facile de localiser l'Hydre, les deux constellations étant contiguës. L'Hydre représente le Serpent à sept têtes de la mythologie grecque, vaincu par Hercule. La constellation est en effet assez « monstrueuse » par sa taille, puisqu'elle s'étend sur un tiers du ciel nocturne. Pourtant, elle ne croise pas une seule fois la Voie lactée et ne compte qu'une seule étoile brillante, Alpha (α) *Hydræ*, de magnitude 2. La queue de l'Hydre commence à la droite de Sigma (σ) *Libræ*, et en suivant son parcours vers la Licorne, on trouve tout de même quelques objets notables : l'étoile variable R *Hydræ*, la galaxie M 83, l'amas ouvert M 48 et la lumineuse nébuleuse planétaire de l'Œil NGC 3242, ou Fantôme de Jupiter.

M 48

Cet amas ouvert âgé de 300 millions d'années, distant de 1 500 années-lumière, se trouve entre l'Hydre et la Licorne. M 48 (ou NGC 2548) est une collection dispersée d'environ 80 étoiles, qui apparaît à l'œil nu comme une tache pâle, d'une taille un peu supérieure à celle de la pleine lune. Vu dans des jumelles ou un petit télescope, l'amas dévoile en son sein un étonnant mélange d'étoiles orange et jaunes. M 48 avait été observé pour la première fois en 1771 par l'astronome Charles Messier, mais, en raison d'une erreur de calcul dans sa position, l'objet a été mal placé dans le catalogue Messier, et est donc resté introuvable. Il a été redécouvert indépendamment en 1783 par l'astronome Johann Bode.

LA BALANCE

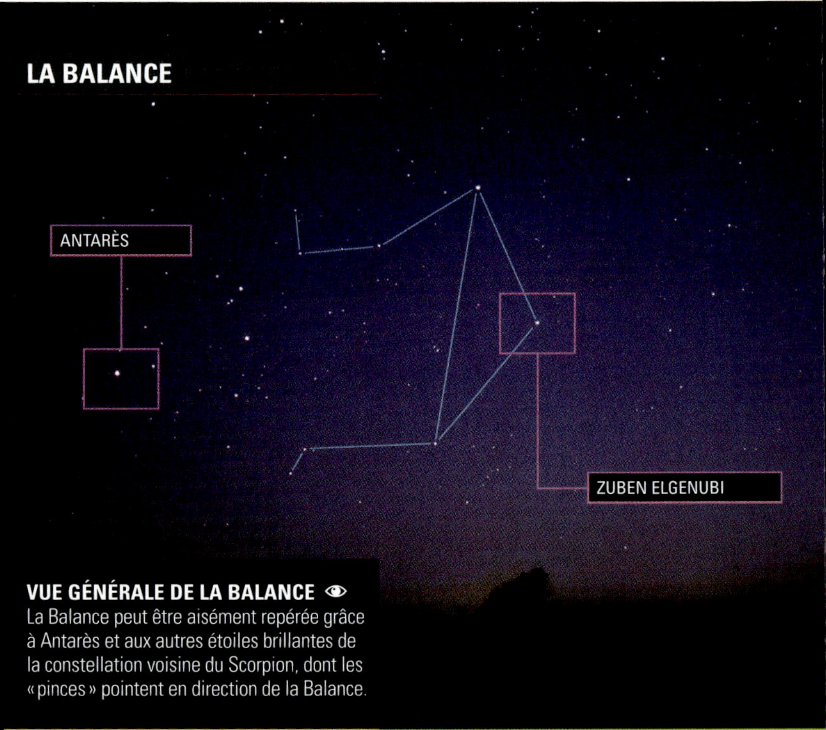

VUE GÉNÉRALE DE LA BALANCE
La Balance peut être aisément repérée grâce à Antarès et aux autres étoiles brillantes de la constellation voisine du Scorpion, dont les « pinces » pointent en direction de la Balance.

L'HYDRE

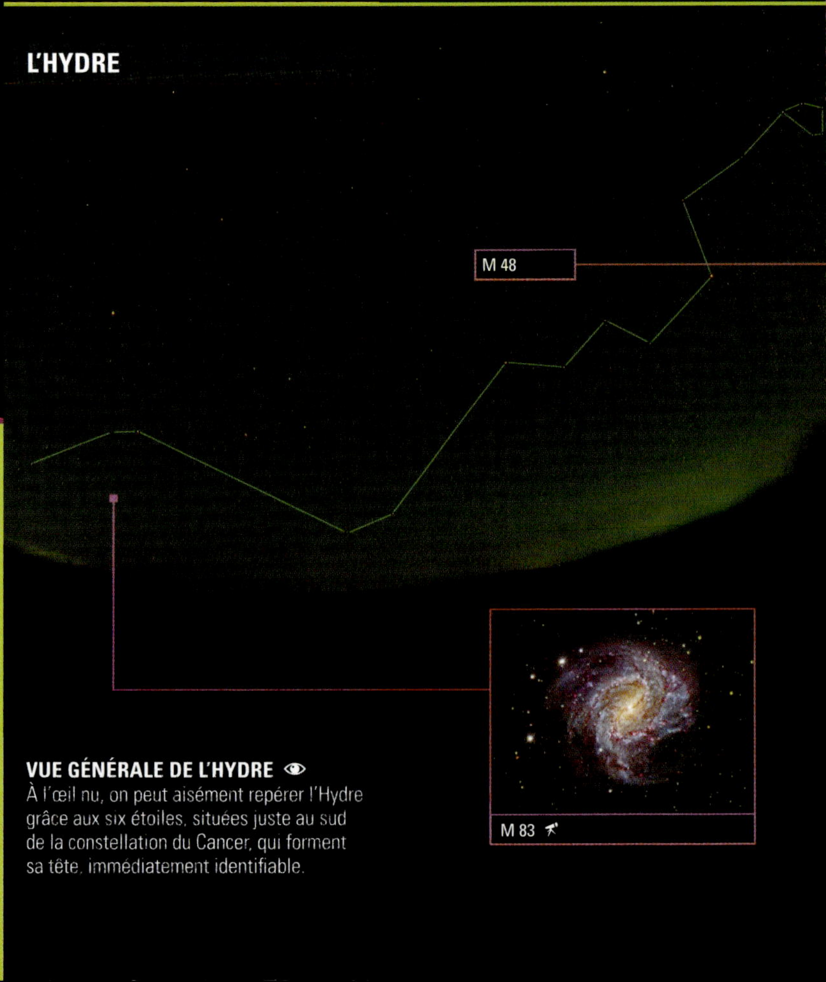

VUE GÉNÉRALE DE L'HYDRE
À l'œil nu, on peut aisément repérer l'Hydre grâce aux six étoiles, situées juste au sud de la constellation du Cancer, qui forment sa tête, immédiatement identifiable.

LIBRA (Lib)	
LARG./PROF.	
RANG DE TAILLE	**29e**
VISIBILITÉ TOTALE	**60° N – 90° S**

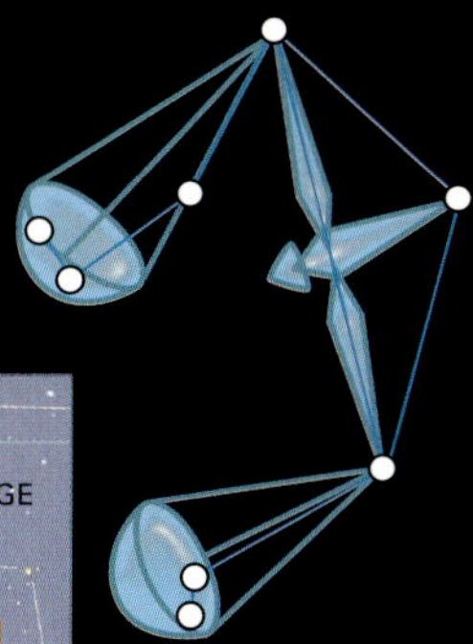

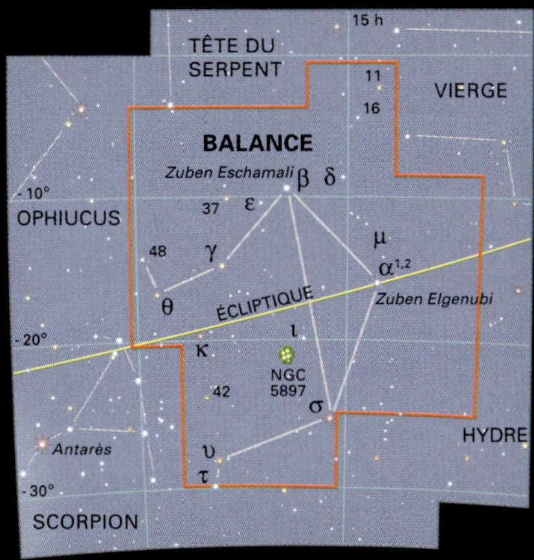

OBSERVER LA BALANCE

ÉTOILES	MAGNITUDE	CARACTÉRISTIQUES
Alpha (α) *Libræ* Zuben Elgenubi ou Kiffa australe	2,8	La « Pince australe », visible à l'œil nu ; une étoile double avec une petite compagne de magnitude 5,2. Couleurs bleutée et jaune.
Delta (δ) *Libræ* Zuben Elakribi	4,9 à 5,9	Une belle binaire à éclipse de type Algol, dont la magnitude chute sur une période de 2 jours et 8 heures.

CARTE DU CIEL : LA BALANCE

L'écliptique passant juste au centre de la Balance, la Lune ainsi que plusieurs planètes viennent de temps à autre illuminer cette constellation.

ALPHA (α) *LIBRÆ*

Aussi appelée Zuben Elgenubi ou Kiffa australe, Alpha (α) *Libræ* est une étoile double visible à l'œil nu, située à 77 années-lumière. C'est un bel objet à observer par nuit sombre, avec ses deux étoiles de magnitudes 2,8 et 5,2, distinctes dans des jumelles. Proche de l'écliptique, elle est parfois éclipsée par la Lune.

OBSERVER L'HYDRE

ÉTOILES	MAGNITUDE	CARACTÉRISTIQUES
54 *Hydræ*	5,3	Toute proche de la Balance, une étoile double avec une compagne de magnitude 7,4. Les étoiles sont jaune et pourpre.
R *Hydræ*	4,5 à 9,5	Une variable de type Mira, avec une période de 389 jours.

AUTRES OBJETS	MAGNITUDE	CARACTÉRISTIQUES
M 48	5,8	Un grand amas ouvert visible à l'œil nu, situé à 1 500 années-lumière de la Terre.
M 83 ou NGC 5236	7,5	Une galaxie spirale face à la Terre ; surnommée « la Toupie australe ».
NGC 3242	7,7	Une nébuleuse planétaire, également connue sous le nom de nébuleuse de l'Œil ou Fantôme de Jupiter.

HYDRA (Hya)	
LARG./PROF.	
RANG DE TAILLE	**1re**
VISIBILITÉ TOTALE	**54° N – 83° S**

CARTE DU CIEL : L'HYDRE

L'Hydre couvre une surface de 1 303 degrés carrés dans le ciel, ce qui fait d'elle, à 9 degrés carrés près, la plus grande constellation devant celle de la Vierge.

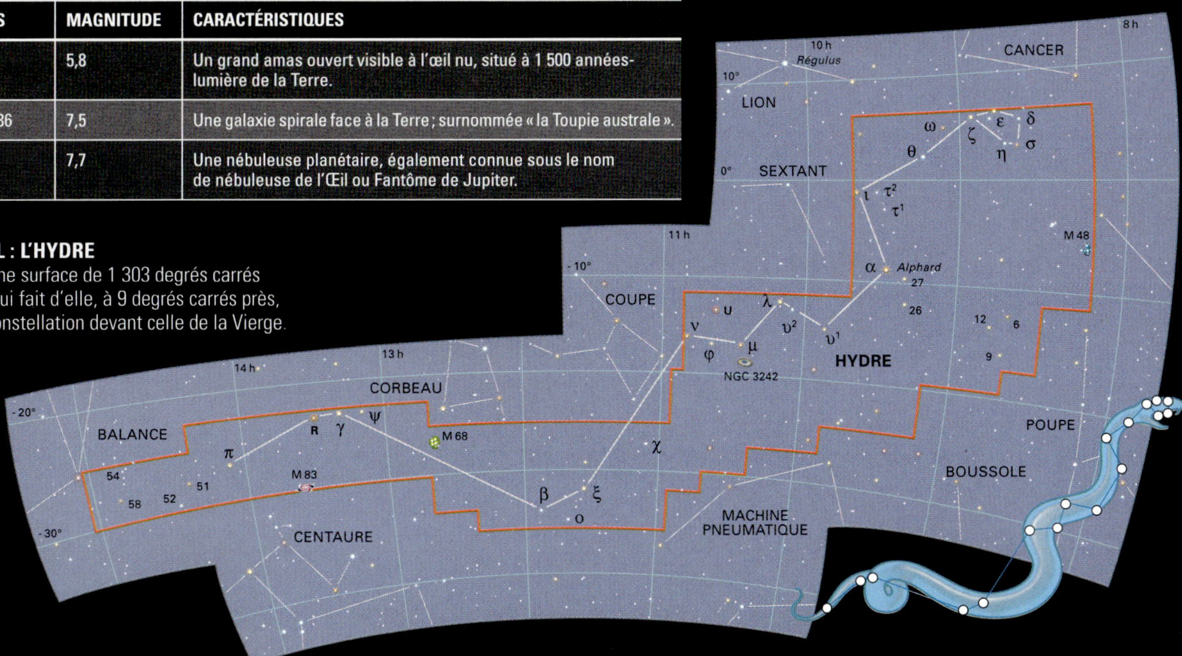

LA POUPE

La Poupe contient quelques beaux amas ouverts, dont M 46 et M 47, suffisamment proches pour être observés aux jumelles dans le même champ de vision.

La Poupe, *Puppis*, est la plus grande partie de l'ancienne constellation du Navire Argo, divisée par l'astronome Nicolas de Lacaille en trois constellations : la Carène, les Voiles et la Poupe (voir p. 144-145 et 148-149). Malheureusement, Nicolas de Lacaille n'a pas redésigné les étoiles après ce découpage, et c'est ainsi que la Poupe ne contient pas d'étoile Alpha (α), son étoile principale étant Zêta (ζ) *Puppis*, ou Naos (du grec « navire »). Naos est une supergéante bleue dont la température de surface atteint 42 000 °C, ce qui fait d'elle l'étoile la plus chaude visible à l'œil nu. Naos est toute proche de la constellation des Voiles, traversée par la Voie lactée. Si nous observons alors la Voie lactée, nous sortons du plan galactique : elle apparaît moins brillante que dans le Scorpion ou le Sagittaire, où l'on regarde vers le centre de la Galaxie.

La Poupe est proche d'une ligne reliant **Sirius** à **Canopus**, les **étoiles les plus brillantes.**

M 46, M 47 et NGC 2438

L'imposant amas ouvert M 46 apparaît à l'œil nu comme une tache plus brillante dans la bande de la Voie lactée. C'est un amas serré d'étoiles de magnitudes assez semblables, et que l'on parvient à distinguer les unes des autres dans un télescope. M 46 est distant de 5 000 années-lumière environ et forme une paire avec M 47, un amas ouvert voisin mais beaucoup plus proche de nous, à 1 500 années-lumière. Composé d'une cinquante d'étoiles, M 47 est aussi le plus brillant des deux. Dans la région céleste de M 46 se trouve NGC 2438, une nébuleuse planétaire de magnitude 10,8. Elle en réalité environ deux fois plus lointaine que M 46 : leur proximité n'est qu'apparente et les deux objets ne sont pas reliés.

VUE GÉNÉRALE DE LA POUPE
La Poupe contient une jolie collection de petits groupes d'étoiles visibles à l'œil nu, qui sont splendides observés dans des jumelles.

PUPPIS (Pup)	
LARG./PROF.	
RANG DE TAILLE	**20e**
VISIBILITÉ TOTALE	**39° N – 90° S**

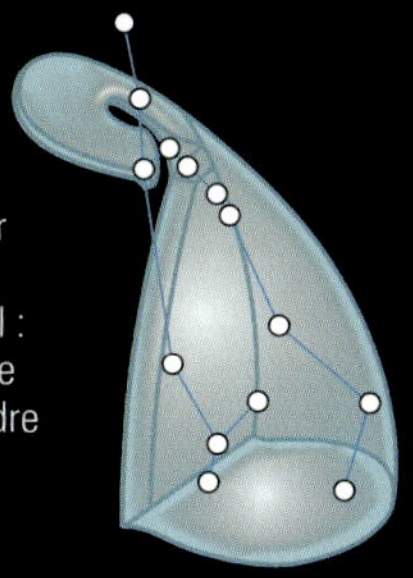

CARTE DU CIEL : LA POUPE
La Poupe peut se repérer à partir des deux étoiles les plus brillantes du ciel : elle est tout proche d'une ligne qui ferait se rejoindre Sirius du Grand Chien et Canopus de la Carène.

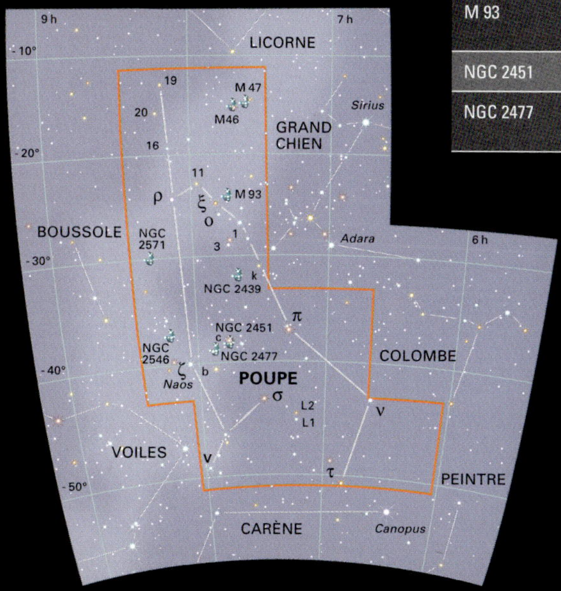

OBSERVER LA POUPE

ÉTOILES	MAGNITUDE	CARACTÉRISTIQUES
Kappa (κ) *Puppis*	4,5	Une belle étoile double avec une compagne de magnitude 4,6 à 10''.
Zêta (ζ) *Puppis* Naos	2,2	Une supergéante bleue dont la masse est de 60 fois celle du Soleil ; l'étoile principale de la Poupe.
L1 Puppis	4,9	Un double optique avec l'étoile L2 Puppis.
V Puppis	4,4 à 4,9	Une binaire à éclipse dont la magnitude varie en un jour et demi.

AUTRES OBJETS	MAGNITUDE	CARACTÉRISTIQUES
M 46	6,1	Un amas ouvert distant de 5 400 années-lumière, avec la nébuleuse planétaire NGC 2438 dans sa ligne de visée.
M 47	4,4	Un amas ouvert assez brillant d'une quarantaine d'étoiles dispersées, visibles dans des jumelles ; situé à 1 500 années-lumière.
M 93	6,2	Un des plus petits amas ouverts, très brillant, dont la forme rappelle un triangle, ou pour certains un Z ou encore une étoile de mer.
NGC 2451	2,8	Un amas ouvert compact, distant de 850 années-lumière.
NGC 2477	5,7	Un amas ouvert ressemblant à un amas globulaire peu dense, très beau à voir avec un petit télescope.

PETIT GROUPE D'ÉTOILES
L'amas ouvert M 93, composé de 80 étoiles environ, se tient à proximité de l'équateur céleste. Il s'agit d'un petit et très jeune amas, s'étendant sur 25 années-lumière « seulement », et âgé tout au plus de 100 millions d'années. Il est situé à environ 3 600 années-lumière du système solaire.

DES ÉTOILES PLUS UNE ÉTOILE
Sur le bord de NGC 2477 se trouve l'étoile b *Puppis* (à droite sur la photo), de magnitude 4,5, qui vient ajouter à la beauté de cet amas.

NGC 2477

Avec ses quelque 300 étoiles groupées en cercle, NGC 2477 est le plus bel amas d'étoiles de la Poupe. Ses étoiles sont si nombreuses – certaines de ses étoiles formant des espèces d'arcs – qu'il ressemble à un amas globulaire assez dispersé. D'une taille apparente à peu près équivalente à celle de la pleine lune, NGC 2477 est distant de 4 200 années-lumière environ du système solaire et se situe sur une ligne reliant Zêta (ζ) *Puppis* (Naos) et Pi (π) *Puppis* (Ahadi). Cet amas a été découvert en 1751 par l'astronome Nicolas de Lacaille, qui l'a alors classé parmi les nébuleuses, lorsqu'il a divisé le Navire Argo en trois constellations.

LE GRAND CHIEN

Le Grand Chien, *Canis Major*, compte parmi les constellations les plus anciennes et les plus renommées, car elle contient l'astre le plus brillant de tout le ciel nocturne : Sirius, une étoile blanche de magnitude - 1,4.

Le Grand Chien, qui représente dans le ciel nocturne le plus grand des deux chiens d'Orion, est une constellation bien connue, traversée par la Voie lactée. Elle n'offre pourtant pas un champ d'étoiles bien spectaculaire, car regarder en direction du Grand Chien revient à regarder hors du plan galactique. Le Grand Chien est composé de six étoiles brillantes, dont la très brillante Alpha (α) *Canis Majoris*, plus connue sous le nom de Sirius. Cette étoile étant très facile à repérer, il est dès lors aisé de localiser l'ensemble de la constellation. De plus, le Grand Chien se trouve en droite ligne dans le prolongement d'une autre région bien connue, celle des étoiles du Baudrier d'Orion (voir p. 134-135). Si vous tracez une ligne imaginaire qui relierait les trois étoiles du Baudrier, en la prolongeant d'un côté, vous atteindrez les Pléiades, et de l'autre côté la brillante Sirius. Enfin, le Grand Chien abrite les amas ouverts M 41, NGC 2360, ainsi que NGC 2362, aussi appelé l'amas Tau (τ) *Canis Majoris*.

M 41

Situé à 2 300 années-lumière, l'amas ouvert M 41, contient à peu près 80 étoiles. Cet amas était déjà connu des Grecs dans l'Antiquité, ce qui est étrange, car ses étoiles sont de septième magnitude, voire plus faibles, et M 41 atteint à peine la limite de la visibilité à l'œil nu… Large de 25 années-lumière environ et tout proche de Sirius (à quatre degrés au sud), M 41 apparaît telle une tache blanchâtre, d'une taille comparable à celle de la pleine lune. Avec des jumelles, on parvient à distinguer ses étoiles les unes des autres, et un télescope montre des chaînes d'étoiles s'échappant de son centre. Placé au zénith de la sphère céleste, M 41 est invisible depuis l'hémisphère Sud durant le mois de janvier.

VUE GÉNÉRALE DU GRAND CHIEN
Canis Major, le plus grand des deux chiens suivant Orion à travers le ciel nocturne, est l'une des multiples constellations brillantes qui illuminent le ciel d'été boréal.

CANIS MAJOR (CMa)	
LARG./PROF.	✋/👐
RANG DE TAILLE	43e
VISIBILITÉ TOTALE	56° N – 90° S

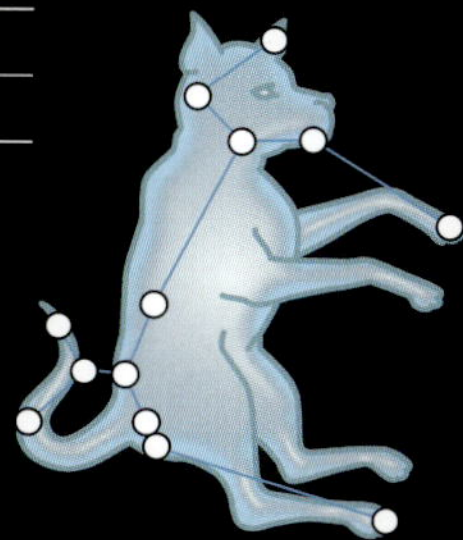

CARTE DU CIEL : LE GRAND CHIEN
C'est la 43e plus grande constellation. Le Grand Chien se tient dressé sur ses pattes dans le ciel et tient Sirius dans sa gueule.

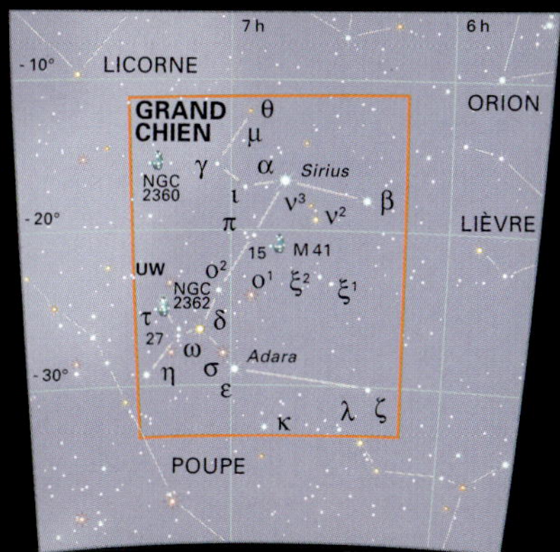

Sirius, également appelée l'**étoile du Chien**, se situe à **8,6 années-lumière** de notre système solaire.

OBSERVER LE GRAND CHIEN

ÉTOILES	MAGNITUDE	CARACTÉRISTIQUES
Alpha (α) *Canis Majoris* Sirius	- 1,4	L' étoile la plus brillante du ciel nocturne, dite l'étoile du Chien ; elle a pour compagne une naine blanche, Sirius B.

AUTRES OBJETS	MAGNITUDE	CARACTÉRISTIQUES
M 41	4,5	Un amas ouvert à 2 300 années-lumière, d'une taille apparente semblable à la pleine lune.
NGC 2360	7,2	Un amas ouvert assez dense, composé de fines étoiles serrées ; à observer aux jumelles.
NGC 2362	4,4	Un amas ouvert de 40 étoiles, connu sous le nom d'amas Tau (τ) *Canis Majoris*.

NGC 2362 👁
Cet amas ouvert, ici coloré car l'image est issue d'une photo infrarouge, est aisé à localiser à l'œil nu grâce à sa brillante étoile Tau (τ) *Canis Majoris*, de magnitude 4,4. NGC 2362 est âgé d'environ 25 millions d'années. Observé dans un télescope, il apparaît de forme arrondie ; il est entouré par un halo, qui est un reliquat de la nébuleuse de laquelle il est issu.

L'ÉTOILE DU CHIEN
Cette image montre bien le contraste entre Sirius, à gauche, et sa compagne bleu-blanc, à droite.

Sirius 👁

Sirius est deux fois plus grande et 23 fois plus brillante que le Soleil. Il n'est donc pas surprenant qu'une étoile aussi lumineuse soit connue depuis des milliers d'années. Dans l'Antiquité, les Égyptiens avaient noté que lorsque Sirius était visible dès l'aube, cela correspondait aux crues annuelles du Nil (d'où l'importance de Sirius, alors appelée Sothis, dans le calendrier égyptien). En 1862, on remarqua que l'étoile oscillait légèrement sur sa position : on découvrit alors Sirius B, une étoile compagne orbitant autour de Sirius sur une période de 50 ans. Sirius B est la première étoile naine qui fut découverte.

LA BALEINE ET LA RÈGLE

Les constellations de la Baleine, *Cetus*, et de la Règle, *Norma*, sont peu lumineuses mais contiennent des objets extraordinaires : la célèbre étoile Mira *Ceti* et la jolie nébuleuse planétaire Shapley 1.

La Baleine chevauche l'équateur céleste au Sud du Bélier et des Poissons, et s'étend sur une large partie vide du ciel. Seules deux étoiles brillantes éclairent un peu cette longue mais peu lumineuse constellation. La Baleine est surtout réputée pour son étoile variable de longue période, Omicron (ο) *Ceti*, plus connue sous le nom de Mira, « l'Admirable ». Mira a été découverte en 1596 par le pasteur et astronome allemand David Fabricius, qui lui a donné ce nom de Mira *Ceti* (« l'Admirable de la Baleine »), devenu ensuite le terme éponyme des autres étoiles variables à longues périodes découvertes après celle-ci. La petite constellation de la Règle, a été introduite par Nicolas de Lacaille, vers 1750. Ressemblant davantage à une équerre qu'à une règle, elle se situe dans la Voie lactée, près du Scorpion. Encore plus faible que la Baleine, son étoile principale, Gamma-2 (γ^2) *Normæ*, ne dépasse pas 4,1 de magnitude. Mais la Règle abrite quelques beaux amas, tels que NGC 6067 et NGC 6087, et la splendide nébuleuse Shapley 1.

Mira *Ceti*

Omicron (ο) *Ceti*, dite Mira, est un exemple type d'étoile variable par pulsation (voir p. 19). Certaines variables sont en fait des étoiles doubles – un système binaire –, l'une tournant autour de l'autre, et pouvant éclipser complètement ou partiellement sa compagne lorsqu'elles sont alignées (dans l'axe de la Terre), d'où leur fluctuation de luminosité. D'autres étoiles variables, et notamment Mira, connaissent des pulsations dues aux forces internes qui agissent en elles. Mira, 300 fois plus grande et 15 000 fois plus brillante que le Soleil, varie considérablement de luminosité sur une période de 332 jours, passant d'une magnitude de 2 à 10, ce qui signifie qu'elle est souvent invisible à l'œil nu.

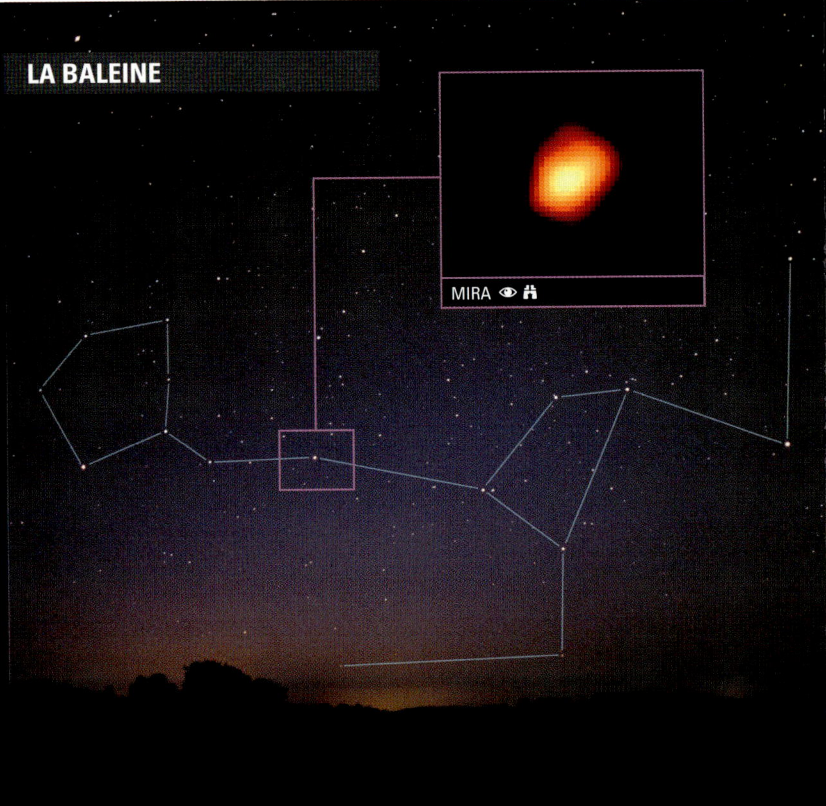

VUE GÉNÉRALE DE LA BALEINE
La Baleine est la quatrième plus grande constellation, mais elle se déploie en grande partie dans la région équatoriale, vide de toute étoile brillante.

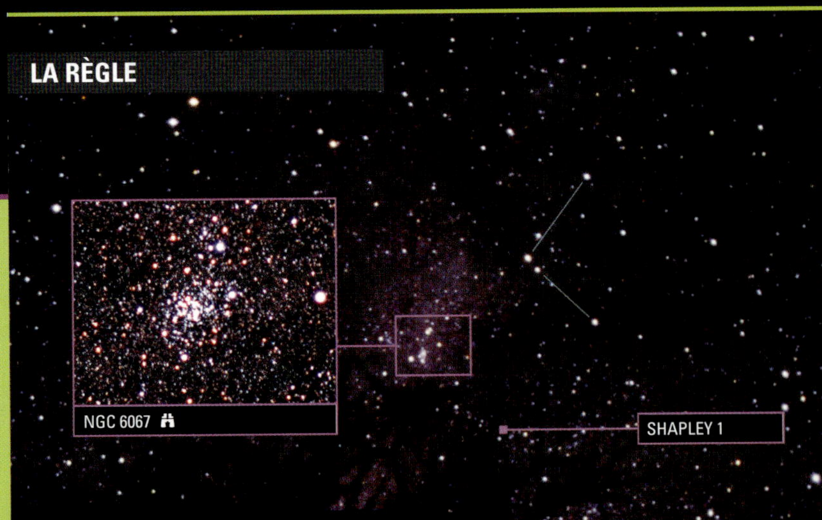

VUE GÉNÉRALE DE LA RÈGLE
La Règle est composée de quatre étoiles, disposées de telle façon qu'elles forment à peu près un angle droit; elle offre des vues splendides sur la bande de la Voie lactée.

CETUS (Cet)	
LARG./PROF.	
RANG DE TAILLE	**4e**
VISIBILITÉ TOTALE	**65° N – 79° S**

CARTE DU CIEL : LA BALEINE

La Baleine étant située juste sous la ligne de l'écliptique, elle est occasionnellement traversée par les planètes du système solaire.

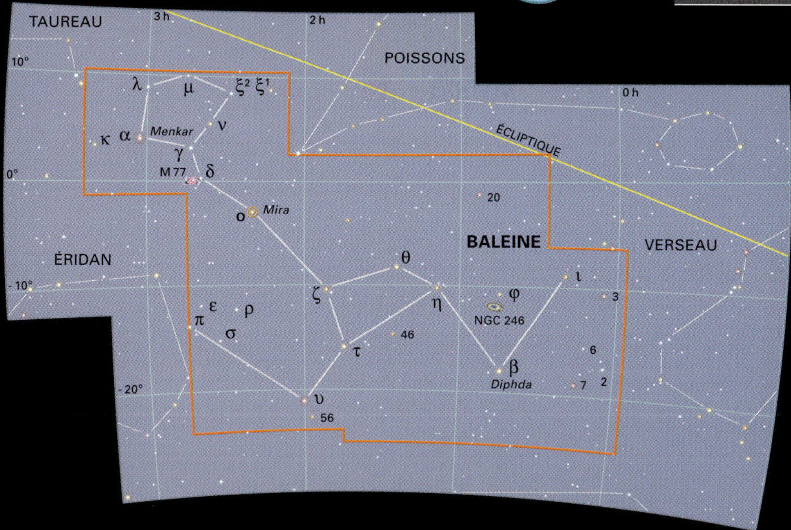

OBSERVER LA BALEINE

ÉTOILES	MAGNITUDE	CARACTÉRISTIQUES
Alpha (α) *Ceti* Menkar	2,5	Une étoile rouge, double optique avec une compagne bleue, 93 *Ceti*, de magnitude 5,6.
Omicron (o) *Ceti* Mira	2 à 10	Une étoile variable de longue période de 332 jours.

AUTRES OBJETS	MAGNITUDE	CARACTÉRISTIQUES
M 77	8,9	Une galaxie spirale à 47 millions d'années-lumière, visible avec un bon télescope.

M 77
L'une des plus grandes galaxies du catalogue Messier, M 77 est une galaxie de type Seyfert, avec un centre extrêmement brillant. Dans un petit télescope elle apparaît telle une étoile floue.

Cetus est connu comme étant le **monstre marin** de la légende grecque.

NORMA (Nor)	
LARG./PROF.	
RANG DE TAILLE	**74e**
VISIBILITÉ TOTALE	**29° N – 90° S**

CARTE DU CIEL : LA RÈGLE

Créée avec les étoiles de constellations voisines (l'Autel, le Scorpion et le Loup), aucune des étoiles de la Règle n'a de nom commun.

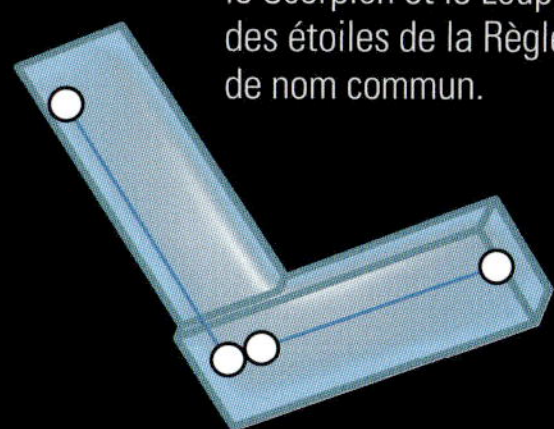

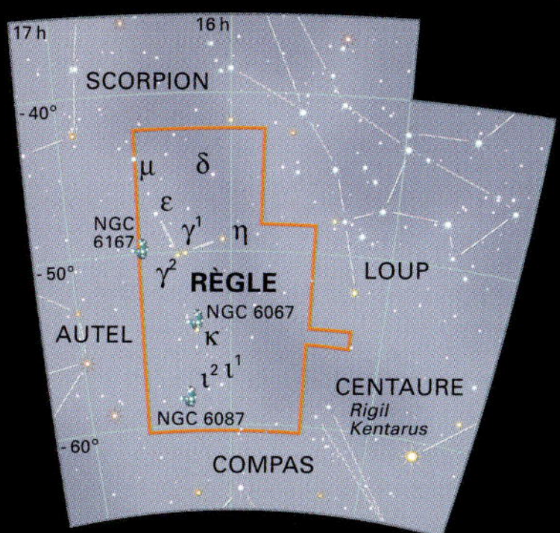

OBSERVER LA RÈGLE

ÉTOILES	MAGNITUDE	CARACTÉRISTIQUES
Gamma-2 (γ²) *Normæ*	4,1	Un double visuel avec une étoile de magnitude 5, Gamma-1 (γ¹) *Normæ*.

AUTRES OBJETS	MAGNITUDE	CARACTÉRISTIQUES
NGC 6067	7,7	Un amas ouvert d'une centaine d'étoiles, situé à 4 600 années-lumière de la Terre.
NGC 6087	5,4	Un brillant amas irrégulier à observer aux jumelles.
Shapley 1	13	Une grande nébuleuse planétaire symétrique pour de grands télescopes.

SHAPLEY 1
Cette nébuleuse planétaire annulaire est un objet absolument extraordinaire à observer dans un grand télescope. Comme elle est placée selon un angle parfait pour l'observation, nous voyons son « anneau » de matériaux, quasi circulaire, et, au centre de l'anneau, une étoile de magnitude 14.

LE VERSEAU

Le Verseau, *Aquarius*, contient quelques célèbres objets du ciel profond, dont la nébuleuse planétaire la plus proche de la Terre. C'est aussi le radiant de la pluie météoritique des Delta Aquarides.

Le Verseau, parfois appelé l'Échanson, fait partie de ces quelques constellations connues depuis la plus haute Antiquité, en grande partie parce qu'elle est située sur l'écliptique, ce chemin que le Soleil paraît suivre autour de la Terre en une année. Le Soleil passe devant le Verseau entre le 16 février et le 11 mars. De fait, tous les objets du système solaire, dont les planètes, passent à un moment ou l'autre devant le Verseau – actuellement la douzième constellation du zodiaque –, ce qui participe à l'intérêt de cette constellation, autrement peu visible. En effet, l'étoile principale du Verseau, Alpha (α) *Aquarii*, ou Sadalmelik, ne dépasse pas une magnitude de 2,9. Certaines étoiles du Verseau forment pourtant quelques astérismes facilement identifiables, tel que celui de l'Urne – la « jarre » de l'échanson servant à boire aux dieux –, dessinant un Y avec les étoiles Gamma (γ), Zêta (ζ), Êta (η), et Pi (π) *Aquarii*. Il est possible de localiser le Verseau à partir du Carré de Pégase, mais aussi de l'Anneau des Poissons, ou encore du Triangle d'été (voir p. 108-109).

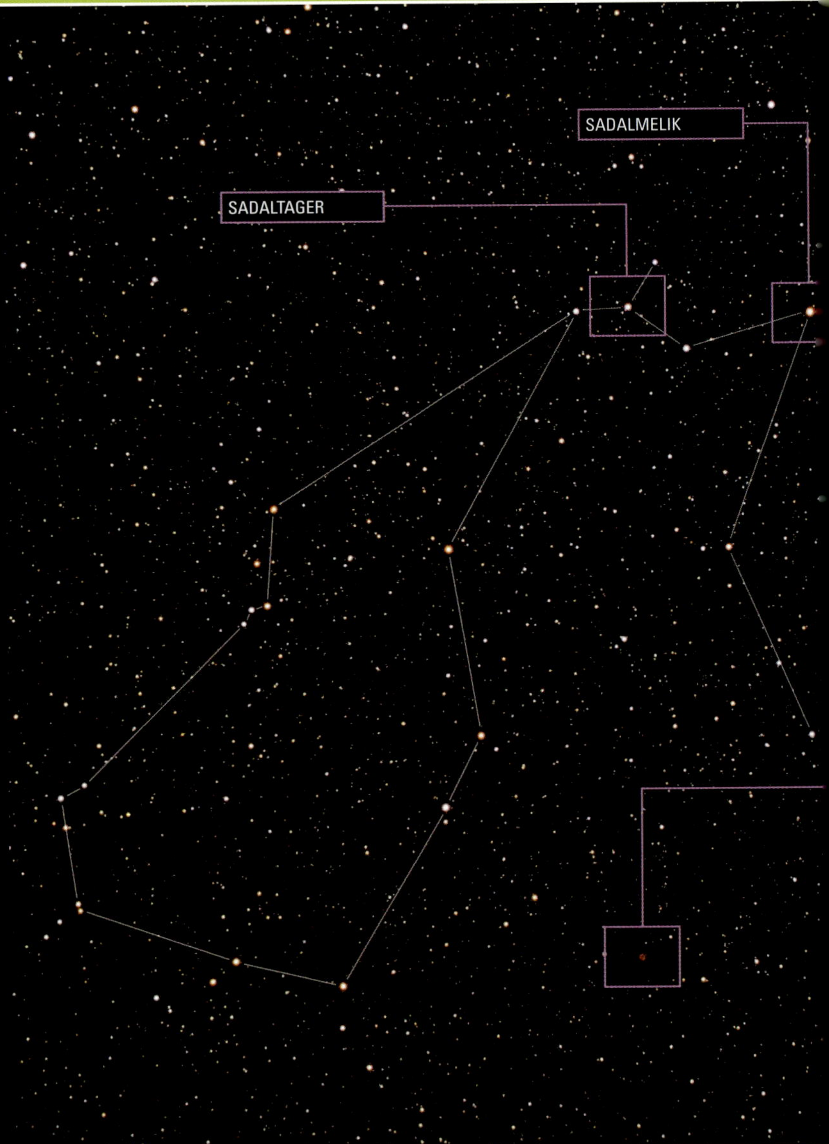

NGC 7009, la nébuleuse Saturne

« Saturne ! » En observant NGC 7009 avec un grand télescope, on pense tout de suite à cette planète, à laquelle ressemble la nébuleuse, y compris jusqu'à ses appendices qui rappellent les dernières rangées d'anneaux de Saturne. Un télescope moins puissant ne laissera apparaître qu'un petit disque – une forme planétaire – verdâtre. NGC 7009 est un bel exemple de nébuleuse planétaire, formée à l'origine par une étoile peu massive, ayant éjecté ses couches externes pour finir en une naine blanche de magnitude 11,5, entourée par une nébuleuse de gaz. L'observation comparée de NGC 7009 et NGC 7293, la nébuleuse Hélix, permet de comprendre l'infinie variété des objets du ciel profond.

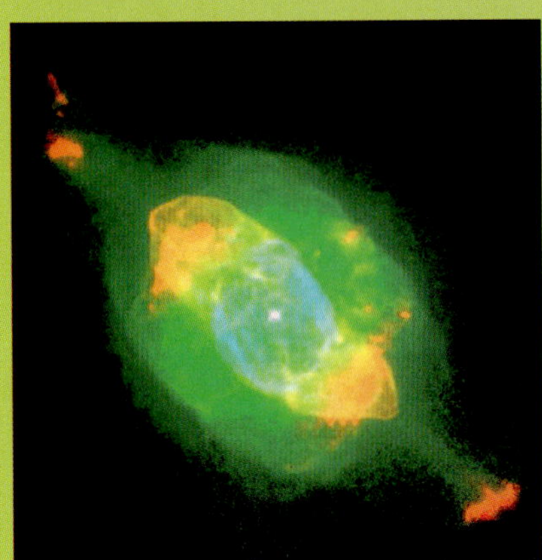

UNE NÉBULEUSE ANNULAIRE
À gauche, une photo prise par le télescope spatial Hubble montre les extensions en forme d'anneaux auxquelles la nébuleuse Saturne doit son nom. Dans un petit télescope, elle apparaît telle un disque bleu-vert (ci-dessus).

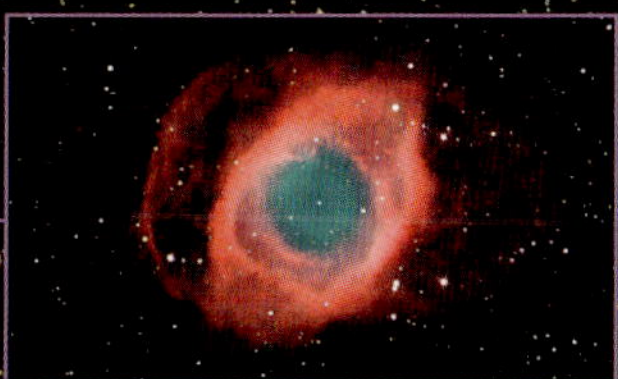

NGC 7293, NÉBULEUSE HÉLIX

VUE GÉNÉRALE DU VERSEAU
Proche de la Voie lactée et des brillantes constellations de la Lyre, de l'Aigle et du Cygne, le Verseau n'est pas facile à repérer, si ce n'est par sa « jarre », l'astérisme appelé l'Urne formant un Y inversé.

AQUARIUS (Aqr)	
LARG./PROF.	
RANG DE TAILLE	**10e**
VISIBILITÉ TOTALE	**65° N – 86° S**

CARTE DU CIEL : LE VERSEAU
Le Verseau s'étend sur 980 degrés carrés, ce qui en fait la dixième constellation en taille. Pour les Grecs, elle représentait l'échanson Ganymède, servant à boire aux dieux.

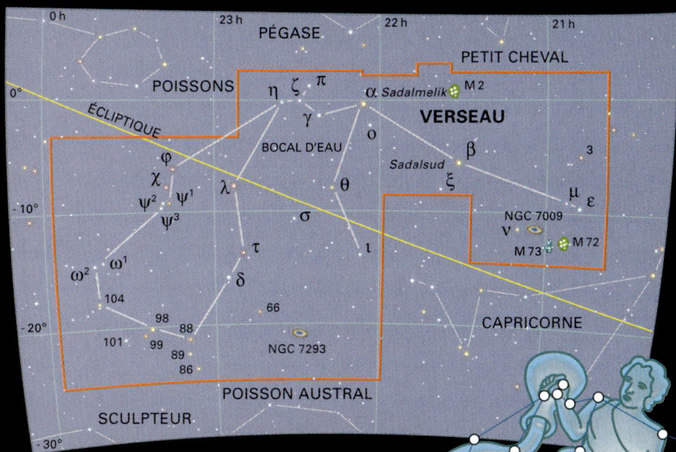

UN AMAS TRÈS DENSE
M 2 est l'un des amas globulaires les plus grands et les plus riches en étoiles connus. Découvert par l'astronome Jean-Dominique Maraldi en 1746, il se tient à la frontière entre le Verseau et le Petit Cheval. Quasi invisible à l'œil nu, il apparaît aux jumelles comme une tache diffuse, une sorte d'étoile « crépue », du fait de son extrême densité.

NGC 7293, la nébuleuse Hélix

Dans un petit télescope, la nébuleuse Hélix, également appelée l'« Œil de Dieu » en raison de sa forme, apparaît comme un disque pâle et flou. De plus grands instruments révèlent ses structures, mais les techniques avancées de l'astrophotographie sont nécessaires pour en saisir les couleurs. La nébuleuse Hélix, d'une magnitude de 7,3, nous apparaît depuis la terre comme la plus grande nébuleuse planétaire, de la taille d'une moitié de pleine lune. Mais sa taille réelle n'est que de 2,2 années-lumière, soit à peu près la moitié de la distance séparant le Soleil de son étoile la plus proche, Proxima *Centauri*. C'est aussi la nébuleuse planétaire la plus proche de nous, à 700 années-lumière.

OBSERVER LE VERSEAU

ÉTOILES	MAGNITUDE	CARACTÉRISTIQUES
Alpha (α) *Aquarii* Sadalmelik	3	La deuxième plus brillante étoile de la constellation après Bêta (β) *Aquarii*, ou Sadalsud, de magnitude 2,9.
Zêta-2 (ζ^2) *Aquarii* Sadaltager	4,4	Une étoile double avec Zêta-1 (ζ^1) *Aquarii*, une compagne de magnitude 4,6 à 5''.

AUTRES OBJETS	MAGNITUDE	CARACTÉRISTIQUES
M 2	6,5	Un amas globulaire très grand et très dense, aux plus de 100 000 étoiles, situé à 37 500 années-lumière.
NGC 7009, nébuleuse Saturne	8	Une nébuleuse planétaire qui apparaît dans un télescope semblable à Saturne.
NGC 7293, nébuleuse Hélix	7,3	La nébuleuse planétaire la plus proche de la Terre ; elle nous apparaît aussi grande qu'une moitié de pleine lune.

LE CAPRICORNE ET L'ÉCU

Difficiles à discerner, ces deux constellations valent pourtant la peine d'être recherchées, car le Capricorne abrite un bel amas globulaire, et l'Écu niche sur la bande de la Voie lactée.

Sises toutes les deux dans la même région du ciel, le Capricorne, *Capricornus*, et l'Écu, *Scutum*, ont quelque chose en commun : leurs étoiles les plus brillantes ne dépassent pas la troisième ou quatrième magnitude, d'où la difficulté de les repérer dans le ciel. Le Capricorne est la plus petite constellation du zodiaque (et se trouve donc sur l'écliptique, où elle reçoit la visite du Soleil et des planètes) ; elle représente sans doute Ea, l'ancien dieu babylonien des eaux. Au nord du Capricorne, l'Écu s'étend sur une région très belle de la Voie lactée, cette région qui semble jaillir de la constellation du Sagittaire. Pour trouver facilement l'Écu, il faut donc utiliser le Sagittaire : l'Écu se trouve un peu au nord de l'astérisme de la Théière (*Teapot*), dans le Sagittaire. Pour localiser le Capricorne, on peut tracer une ligne imaginaire allant de Véga de la Lyre vers Altaïr de l'Aigle ; en poursuivant cette ligne, on atteint Alpha (α) *Capricorni* (Algiedi) et Bêta (β) *Capricorni* (Dabih), les étoiles principales du Capricorne.

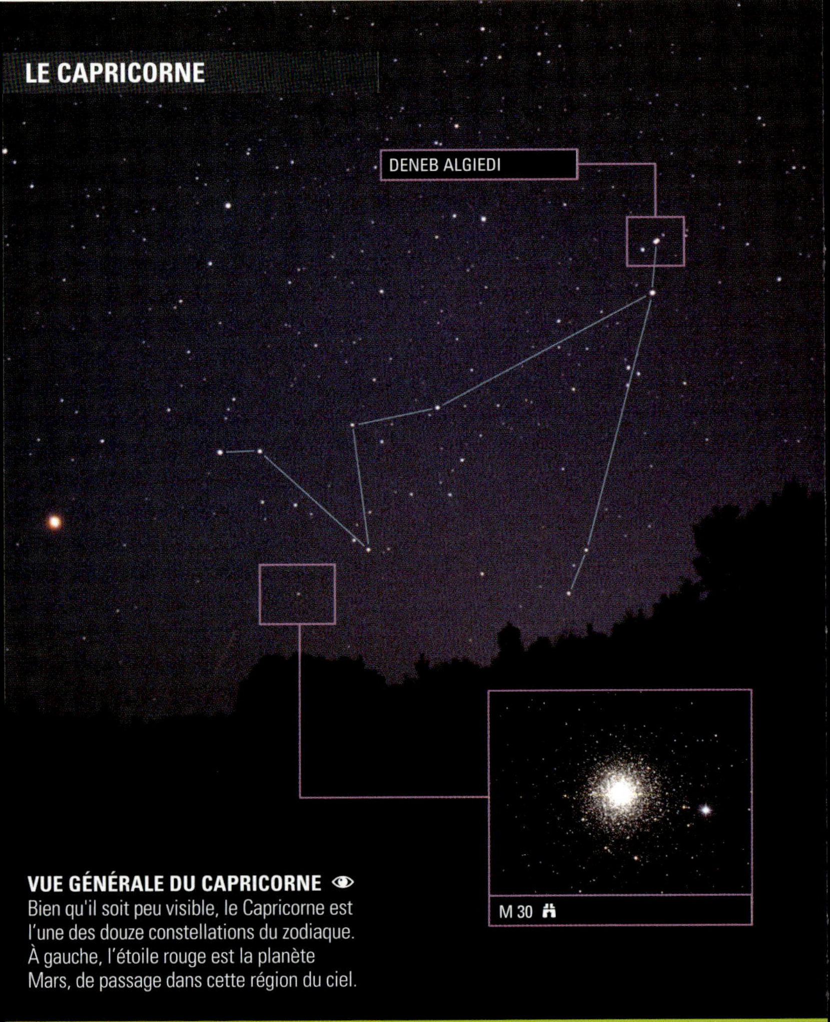

VUE GÉNÉRALE DU CAPRICORNE
Bien qu'il soit peu visible, le Capricorne est l'une des douze constellations du zodiaque. À gauche, l'étoile rouge est la planète Mars, de passage dans cette région du ciel.

M 11, l'amas du Canard sauvage

Avec un bon seeing (sans pollution lumineuse), on peut apercevoir cet amas ouvert à l'œil nu. Situé dans la constellation de l'Écu, à 5 600 années-lumière, M 11 apparaît comme une tache plus brillante sur le fond de la Voie lactée, environ de la taille d'une moitié de pleine lune. Il faut un télescope pour parvenir à séparer quelques-unes de ses 3 000 étoiles, qui forment une sorte de grand V auquel l'amas doit son nom, car il évoque la formation de vol des canards sauvages. M 11 se trouve dans une région de la constellation appelée le Nuage d'étoiles de l'Écu, l'une des parties les plus brillantes de la Voie lactée. Proche de M 11 se trouve l'étoile principale de l'Écu, Alpha (α) *Scuti*, de magnitude 3,9.

VUE GÉNÉRALE DE L'ÉCU
Cinquième plus petite constellation, l'Écu, entre l'Aigle et le Sagittaire, est difficile à localiser même par nuit bien noire, car elle est traversée par la Voie lactée.

CAPRICORNUS (Cap)	
LARG./PROF.	
RANG DE TAILLE	**40e**
VISIBILITÉ TOTALE	**62° N – 90° S**

CARTE DU CIEL : LE CAPRICORNE
Les étoiles du Capricorne dessinent une forme presque triangulaire. Delta (δ) *Capricorni*, ou Deneb Algiedi, est l'étoile la plus brillante de la constellation, située à la queue du Capricorne.

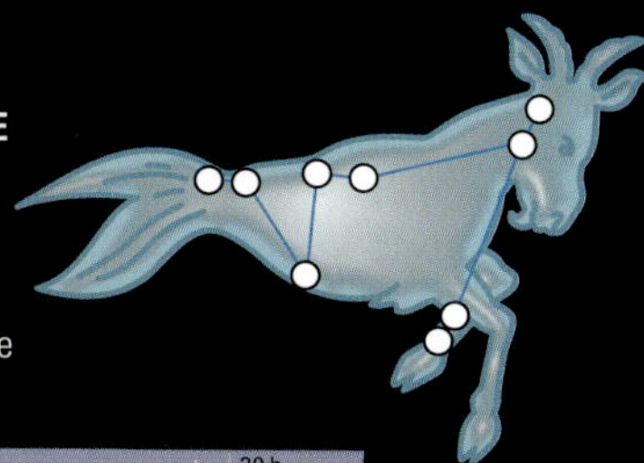

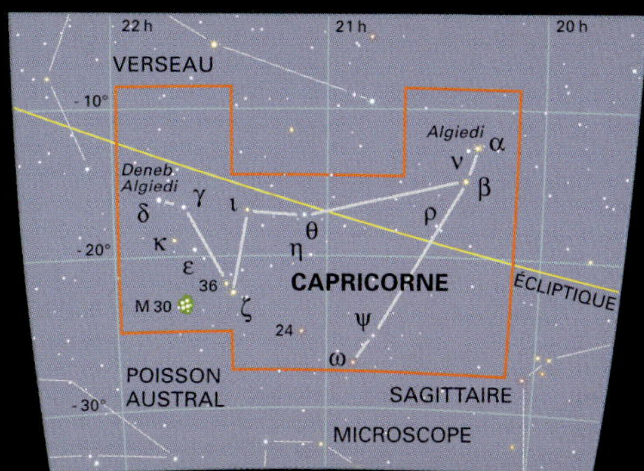

OBSERVER LE CAPRICORNE

ÉTOILES	MAGNITUDE	CARACTÉRISTIQUES
Alpha-2 (α^2) *Capricorni* Secunda Algiedi	3,6	Forme un double optique avec Alpha-1 (α^1) *Capricorni*, ou Prima Algiedi, de magnitude 4,3. Les deux sont de couleur dorée, séparée de 61'30''.
Bêta (β) *Capricorni* Dabih	3,1	Une étoile double visible aux jumelles, avec une compagne de magnitude 6,1 à 3'25''. Couleurs jaune et blanche.

AUTRES OBJETS	MAGNITUDE	CARACTÉRISTIQUES
M 30	5,8	Un bel amas ouvert situé à environ 6 000 années-lumière ; à voir dans un télescope.

M 30
Amas globulaire dont le centre s'est délité, M 30 est une boule dense d'étoiles large de 90 années-lumière, qui fonce vers notre système solaire à la vitesse de 182 km/s. M 30 est un bel amas ouvert, à observer dans un petit télescope.

SCUTUM (Sct)	
LARG./PROF.	
RANG DE TAILLE	**84e**
VISIBILITÉ TOTALE	**74° N – 90° S**

CARTE DU CIEL : L'ÉCU
Cette constellation était à l'origine appelée *Scutum Sobiescanum*, l'Écu de Sobieski, et son étoile majeure se nommait Sobieski.

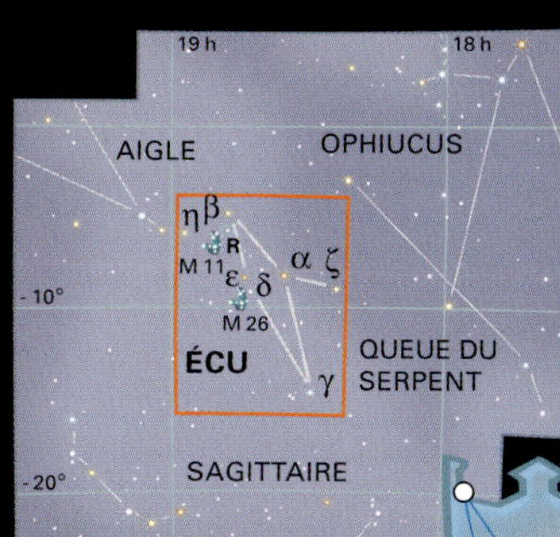

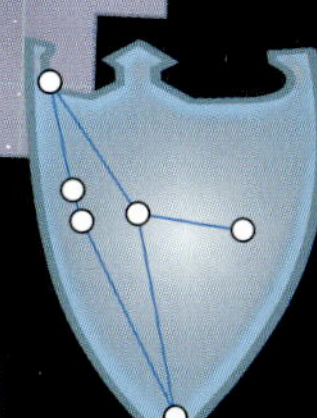

L'astronome polonais **Hevelius** a nommé l'Écu en l'**honneur** du roi de **Pologne**, Jean Sobieski.

OBSERVER L'ÉCU

AUTRES OBJETS	MAGNITUDE	CARACTÉRISTIQUES
M 11, amas du Canard sauvage	5,8	Un amas ouvert situé à 5 600 années-lumière de la Terre ; très beau à observer au télescope.
M 26	8	Un amas ouvert pas aussi spectaculaire que M 11 mais intéressant à observer au télescope.

VOL DE CANARDS
Considéré comme l'un des plus beaux amas ouverts, M 11 dessine un grand V, rappelant la formation de vol des canards sauvages, qui n'est pas toujours apparent sur les photographies.

LE SAGITTAIRE

Le Sagittaire, *Sagittarius*, est traversé en partie par la Voie lactée, qui l'illumine et lui apporte une foule de nébuleuses et de riches amas stellaires.

À la frontière entre le Sagittaire et le Scorpion se situe le point qui marque le centre de notre Galaxie ; aussi, lorsque nous observons cette constellation, nous regardons également vers le cœur de la Galaxie. De ce fait, il n'est guère étonnant que la constellation du Sagittaire soit parsemée de nébuleuses, d'amas ouverts ou globulaires de toute beauté, et que la luminosité de la Voie lactée en cet endroit dissimule en partie la forme de la constellation. Bien que sises sur la bande de la Voie lactée, quelques étoiles du Sagittaire dessinent toutefois une forme facilement identifiable, un astérisme connu sous le nom de Théière, ou *Teapot*. Les étoiles principales de la constellation, Alpha (α) et Bêta (β) *Sagittarii*, Rukbat et Arkab, n'appartiennent pas à ce astérisme, mais sont deux faibles étoiles formant l'antérieur droit du Sagittaire.

Sagittarius A*, le centre de la Voie lactée, abriterait un **trou noir supermassif.**

M 17, NÉBULEUSE OMÉGA

VUE GÉNÉRALE DU SAGITTAIRE
Le quadrangle auquel appartient l'étoile Sigma (σ) *Sagittarii*, ou Nunki, forme l'anse de la Théière ; Gamma (γ) *Sagittarii* en dessine le bec.

M 8, la nébuleuse de la Lagune

Cette nébuleuse, l'une des plus grandes du ciel, est un bon exemple de nébuleuse à émission, étant éclairée par les étoiles qui se sont créées en son centre. Avec des jumelles, M 8 apparaît tel un ovale grisâtre avec une tache brillante un peu excentrée. Dans un télescope apparaissent de petites formes sombres connues sous le nom de globules de Bok. Ces régions de la nébuleuse sont en fait autant de nuages protostellaires, engendrés par la gravité des gaz et des poussières environnants. Des explosions nucléaires provoquées par l'accroissement des températures dans leurs centres naîtront là une ou plusieurs étoiles.

UNE LAGUNE DE POUSSIÈRES
De grands télescopes révèlent cette « lagune » sombre de poussières, qui traverse le nuage de la nébuleuse et a donné son surnom à M 8.

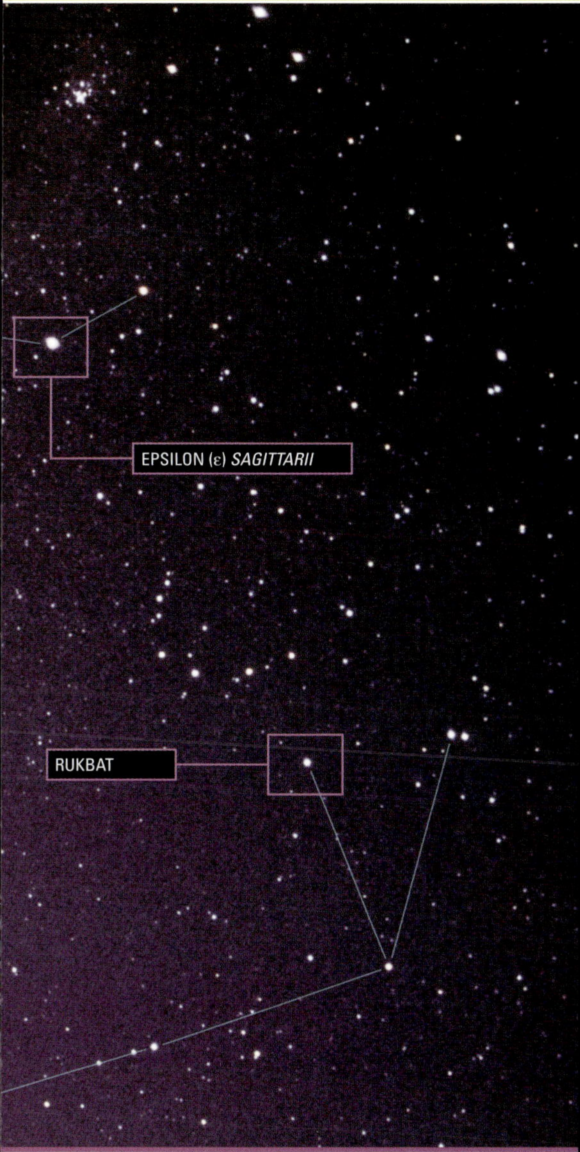

SAGITTARIUS (Sgr)	
LARG./PROF.	
RANG DE TAILLE	15e
VISIBILITÉ TOTALE	44° N – 90° S

CARTE DU CIEL : LE SAGITTAIRE
La région du Sagittaire s'étendant au nord de la Théière est celle où l'on trouve le plus grand nombre d'objets du ciel profond.

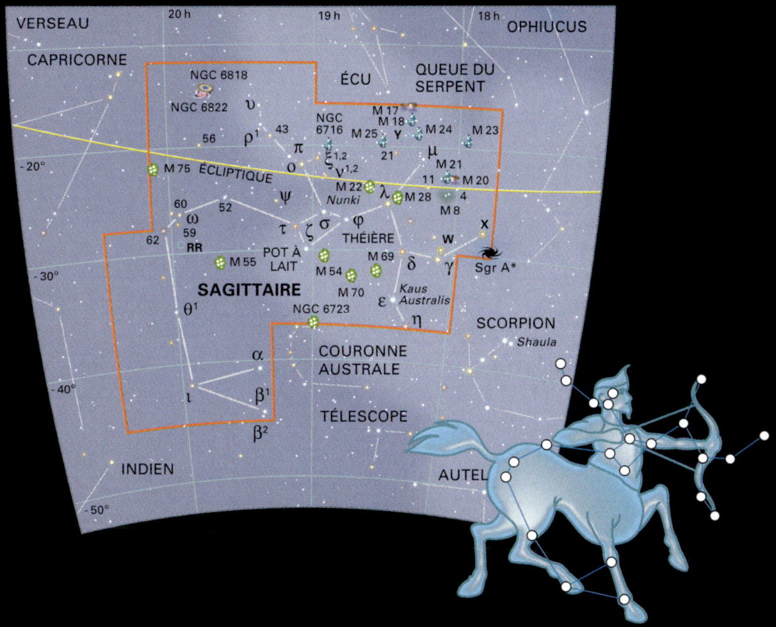

OBSERVER LE SAGITTAIRE

ÉTOILES	MAGNITUDE	CARACTÉRISTIQUES
Alpha (α) *Sagittarii* Rukbat	4	Une étoile bleutée, située à 170 années-lumière de la Terre.
Bêta-1 (β¹) *Sagittarii* Arkab	4	Une double bleue, visible à l'œil nu, avec une compagne blanche , Bêta-2 (β²) *Sagittarii*, de magnitude 4,3.
Epsilon (ε) *Sagittarii*	1,8	L'étoile la plus brillante de la constellation.

AUTRES OBJETS	MAGNITUDE	CARACTÉRISTIQUES
M 8, nébuleuse de la Lagune	5,8	Une nébuleuse à émission distante de 5 200 années-lumière, avec un amas d'environ 25 étoiles.
M 17, nébuleuse Oméga	7	Dans des jumelles, cette nébuleuse à émission apparaît de couleur grise et de forme triangulaire.
M 20, nébuleuse Trifide	9	Une petite et ronde nébuleuse à émission, à voir au télescope.
M 22	5,1	Un grand amas globulaire d'une taille apparente presque égale à celle de la pleine lune.
M 23	5,5	Un bel amas ouvert situé à 2 150 années-lumière.
M 24, Nuage d'étoiles du Sagittaire	4,5	Un champ d'étoiles couvrant un morceau de la Voie lactée, d'un diamètre apparent de 3 fois la pleine Lune.
M 25	4,6	Un amas ouvert d'une trentaine d'étoiles, remarquable dans des jumelles.

M 17, la nébuleuse Oméga

Cette nébuleuse est un nuage de gaz irradiants dont la forme distinctive rappelle effectivement la lettre Oméga majuscule (Ω) de l'alphabet grec, ou encore un fer à cheval, ce qui lui vaut parfois le surnom de nébuleuse du Fer à Cheval. Comme toutes les nébuleuses à émission, M 17 apparaît d'un gris pâle à l'œil nu, mais les photographies révèlent sa coloration rouge, due à son hydrogène ionisé. Visible avec des jumelles, M 17 est très intéressante à observer avec un petit télescope, qui révélera dans le même champ de vision NGC 6618, un petit amas stellaire ouvert niché dans le nuage. Ces deux objets se trouvent à 4 900 années-lumière de notre système solaire.

LE SCORPION

Aisément repérable, le Scorpion, *Scorpius*, est un véritable parc d'attraction pour l'astronome, avec ses étoiles brillantes, ses nombreux objets du ciel profond, et la Voie lactée en toile de fond.

L'observateur de l'hémisphère Nord peut difficilement apprécier toutes les beautés du Scorpion, qui s'étend principalement sous le ciel austral. Ses principales étoiles, dont la très brillante Alpha (α) *Scorpii*, dite Antarès, forment au sud de la constellation la queue du Scorpion prêt à piquer. La créature a cependant perdu ses pinces, que les Romains ont jadis utilisées pour créer la constellation voisine de la Balance. Antarès du Scorpion est une supergéante variant entre les magnitudes 0,9 et 1,2 en quatre ou cinq jours. Son diamètre est 800 fois supérieur à celui du Soleil et, si Antarès était placée dans notre système solaire, ses couches de surface dépasseraient l'orbite de Mars, dont elle a la même couleur apparente rouge. Le nom Antarès signifie à l'origine « anti-Arès », c'est-à-dire « anti-Mars », Arès étant le nom grec et Mars le nom latin du même dieu. La rencontre de Mars et d'Antarès a lieu lorsque Mars passe par le Scorpion, situé sur l'écliptique. Une autre curiosité de la constellation est Delta (δ) *Scorpii*, à l'origine de magnitude 2,3, devenue depuis 2000 une variable pouvant atteindre la magnitude de 0,6.

NGC 6231, la Table du Scorpion

Sans doute âgé tout au plus de 3 millions d'années, NGC 6231 est un jeune et important amas ouvert d'une centaine d'étoiles, situé un peu trop au sud pour avoir été répertorié par Charles Messier dans son catalogue d'origine. Cette « Table » du Scorpion est à 5 900 années-lumière du système solaire, et si elle n'est visible à l'œil nu que comme un petit groupe d'étoiles, son spectacle est splendide avec des jumelles ou un petit télescope. Juste à côté de ce groupe se trouve l'étoile Zêta-1 (ζ^1) *Scorpii*, de cinquième magnitude, qui pourrait elle aussi appartenir à l'amas. Cette étoile a une compagne visuelle de quatrième magnitude, Zêta-2 (ζ^2) *Scorpii*, qui est beaucoup plus proche du système solaire.

M 6, AMAS DU PAPILLON

NGC 6231, TABLE DU SCORPION

VUE GÉNÉRALE DU SCORPION
La queue recourbée du Scorpion est sa forme la plus facilement repérable, ses pinces ayant été utilisées pour former la constellation voisine de la Balance.

SCORPIUS (Sco)	
LARG./PROF.	
RANG DE TAILLE	33e
VISIBILITÉ TOTALE	44° N – 90° S

CARTE DU CIEL : LE SCORPION
Proche du Scorpion, le centre de notre Galaxie rehausse le nombre et la variété des amas visibles dans la constellation.

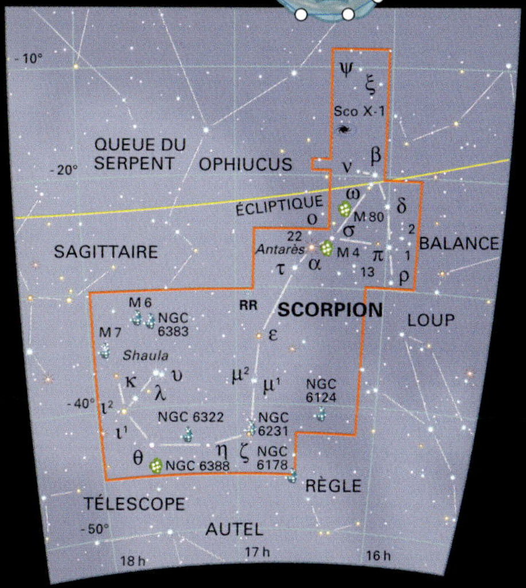

Le Scorpion n'est **entièrement visible** depuis la Terre qu'**à partir de 40° N**, la latitude de **Madrid.**

OBSERVER LE SCORPION

ÉTOILES	MAGNITUDE	CARACTÉRISTIQUES
Alpha (α) *Scorpii* Antarès	1	La 16e plus brillante étoile du ciel, 10 000 fois plus lumineuse que le Soleil.
Bêta-1 (β¹) *Scorpii* Acrab	2,6	Une étoile double avec Bêta-2 (β²) *Scorpii*, de magnitude 4,9.
Zêta-1 (ζ¹) *Scorpii* Graffias	4,7	Une étoile double avec une compagne plus brillante située à 6'30", Zêta-2 (ζ²) *Scorpii*, de magnitude 3,6. Couleurs orange et bleuté.
Mu-1 (μ¹) *Scorpii*	3	Un double visible à l'œil nu avec l'étoile Mu-2 (μ²) *Scorpii* de magnitude 3,6. Les deux sont d'une couleur bleutée.

AUTRES OBJETS	MAGNITUDE	CARACTÉRISTIQUES
M 4	6	Un amas globulaires proche de la Terre, à 6 800 années-lumière de distance.
M 6, amas du Papillon	4,2	Un amas ouvert situé juste au nord de M 7, dans une zone plus sombre de la Voie lactée, ce qui facilite son observation.
M 7, amas Ptolémée	3,3	Un très bel amas ouvert avec environ 80 étoiles de magnitude 10 ; à observer aux jumelles.
M 80	7,3	Un petit amas globulaire qu'il faut chercher avec des jumelles ; son centre est d'apparence très compacte.
NGC 6231, Table du Scorpion	2,5	Un amas ouvert sis sur la bande de la Voie lactée, qui apparaît grand dans des jumelles.

M 7, l'amas Ptolémée

Le splendide amas ouvert M 7, est souvent appelé « l'amas Ptolémée », en référence à l'astronome grec qui en fit la découverte en l'an 130 ap. J.-C. L'amas Ptolémée est considéré comme le plus bel amas du Scorpion. D'une taille apparente à peu près égale à deux fois celle de la pleine lune, M 7 n'est visible à l'œil nu que comme une zone un peu plus brillante de la Voie lactée, mais des jumelles révéleront la beauté de ses étoiles. M 7 est proche de la queue du Scorpion, où se trouve l'amas ouvert M 6, aussi appelé l'amas du Papillon ; deux fois plus lointain que M 7, il apparaît plus petit et moins lumineux.

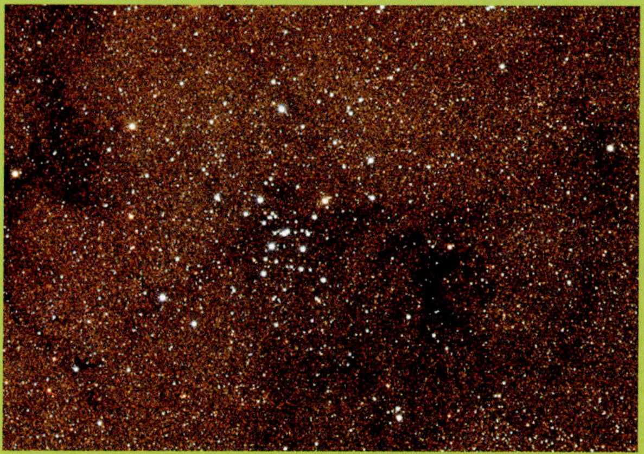

UN AMAS BRILLANT
Situé à 780 années-lumière de la Terre, M 7 a la Voie lactée pour toile de fond, ce qui rehausse la luminosité de ses étoiles de sixième magnitude.

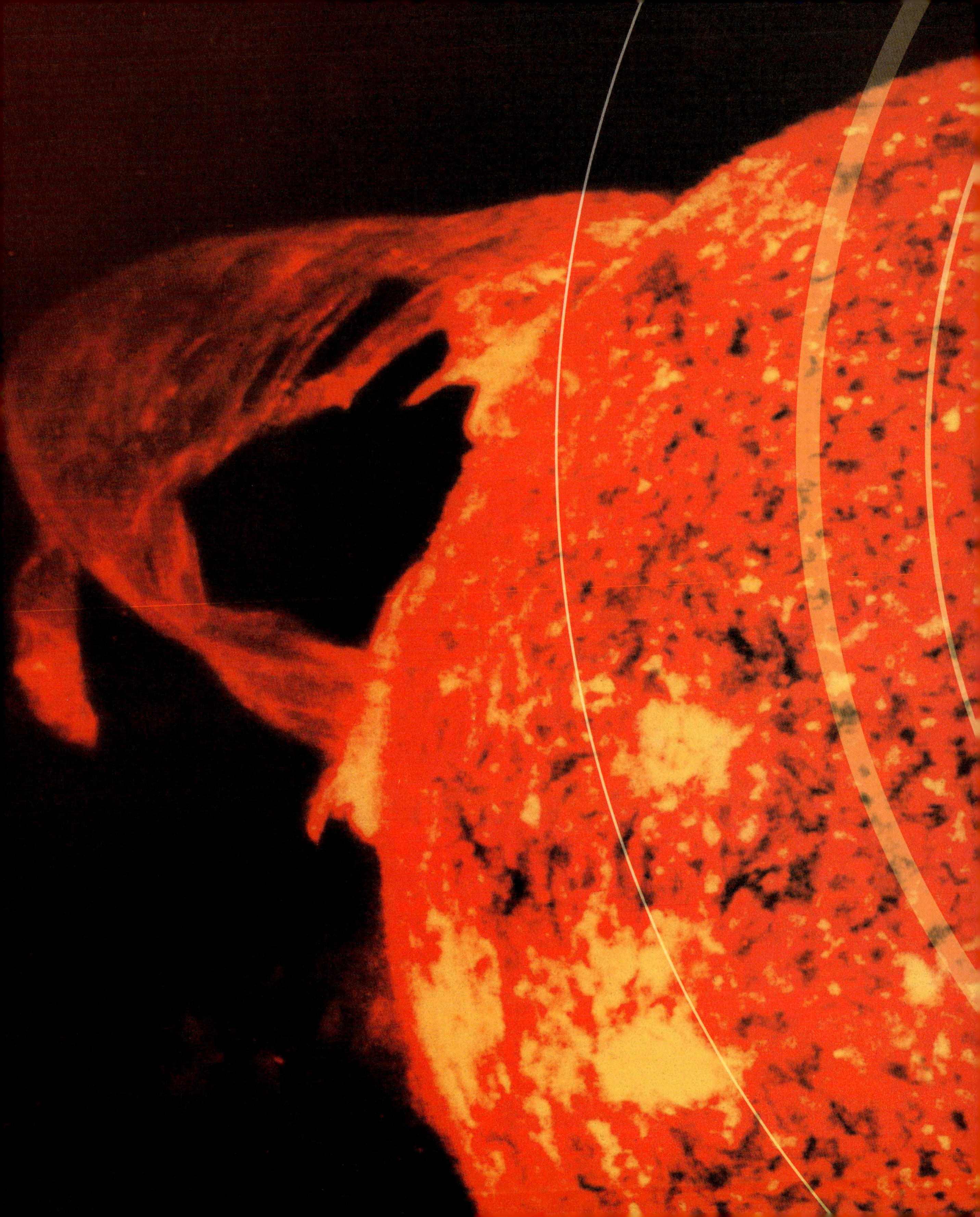

5

LE SYSTÈME SOLAIRE

Le système solaire est composé du Soleil et de tout ce qui tombe dans son champ de gravité : des planètes en orbite, qui ont parfois leurs propres satellites, des ceintures d'astéroïdes, des comètes et d'autres corps faits de roche et de glace… Tout ce qui fait qu'il soit si passionnant pour l'astronome amateur !

LE SYSTÈME SOLAIRE VU DEPUIS LA TERRE

Si l'observation de l'Univers est l'occupation de toute une vie, il y a déjà, dans notre propre système solaire, pléthore d'objets fascinants à regarder.

Des planètes en orbite

Les planètes les plus observées sont sans aucun doute Jupiter, Saturne et Mars ; la première pour ses satellites et ses bandes de nuages, la deuxième pour son fantastique système d'anneaux et la dernière pour sa proximité avec la Terre. Entre le Soleil et la Terre se trouve Vénus, qui brille telle une étoile mais dont on ne peut voir aucun détail de surface, recouverte qu'elle est par une épaisse atmosphère. Sans oublier Mercure, furtive et moins brillante. Au-delà de Saturne, Uranus et Neptune sont deux planètes géantes gazeuses, mais dont l'éloignement fait que nous ne les percevons pas à l'œil nu.

LES PRINCIPAUX ACTEURS
Au total, huit planètes sont liées par la gravitation au Soleil. La Terre est l'une des quatre planètes rocheuses dont l'orbite se déroule entre le Soleil et la ceinture d'astéroïdes. Au-delà de cette ceinture, Jupiter est la première des quatre géantes gazeuses.

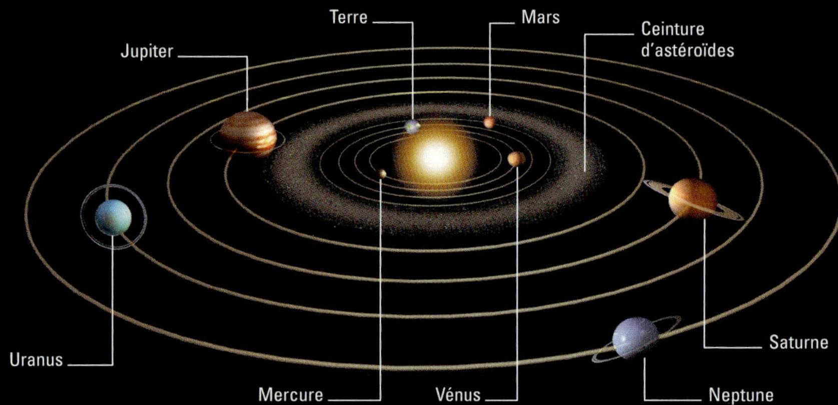

Un espace où tout est en mouvement

Le lent déplacement des planètes dans le ciel ou bien le flash rapide des météorites sont là pour nous rappeler que tout bouge dans notre système solaire, ce qui rend notre voisinage spatial si intéressant à observer. La Lune et les planètes suivent des chemins établis et bien connus (voir page ci-contre), mais d'autres objets sont imprévisibles, telles ces comètes qui, traversant notre système solaire, nous proposent parfois leur incroyable mais temporaire spectacle visible à l'œil nu. Il y a également ces phénomènes atmosphériques que sont les aurores polaires, qui colorent le ciel nocturne durant quelques heures, et la contribution de l'Homme au spectacle : la trace furtive des satellites artificiels.

DES TRAITS DE FEU
En traversant l'atmosphère, les météorites s'enflamment, laissant des traits de feu visibles en toute saison et en tout lieu, parfois même le jour.

CONJONCTION
Vénus (la plus brillante), Mars et Jupiter (la plus à gauche) sont ici en conjonction. Suivant elle aussi l'écliptique, il arrive que la Lune vienne se mêler à ce jeu.

Le trajet des planètes

La façon dont s'est formé le système solaire (voir p. 14-15), par éjectats centrifuges de ses matériaux, a fait que toutes les planètes orbitent sensiblement dans un même plan : le plan dit de l'écliptique (voir aussi p. 34). Dans ce même plan, suivant la ligne de l'écliptique, le hasard a placé douze constellations, que nous nommons les constellations du zodiaque. Dès lors, les almanachs et autres éphémérides d'astronomie n'ont plus qu'à signaler la présence, mois par mois, de telle ou telle planète dans telle constellation. L'astronome doit alors repérer la constellation désignée, puis dénicher l'étoile supplémentaire, l'intruse (généralement bien plus brillante), pour être certain qu'il s'agit là d'une planète. Les planètes tournant toutes à des allures différentes, il arrive occasionnellement que deux, trois, jusqu'à cinq d'entre elles se retrouvent presque alignées dans une même région du ciel : c'est ce que l'on appelle une conjonction. Lors de tels événements, on prend alors mieux conscience de la « profondeur » du ciel, car l'on peut se rendre compte, par exemple, que Jupiter est réellement beaucoup plus éloignée que Mars.

Lorsque se croisent les chemins

La majorité des objets du système solaire tournant presque dans le même plan, il arrive que deux d'entre eux se trouvent parfaitement alignés, l'un passant devant l'autre. Lorsqu'il s'agit du Soleil, de la Terre et de la Lune, cela donne une éclipse de Soleil ou de Lune. Si le Soleil, la Terre et Mercure ou bien Vénus sont alignés, c'est alors un transit : Mercure ou Vénus traversent le disque solaire vu depuis la Terre. Enfin, la Lune passe parfois devant une planète, la cachant à notre vue : c'est ce que l'on appelle une occultation.

OCCULTATION
Ici en phase croissante, la Lune croise le chemin de Jupiter. Elle va alors l'occulter à notre vue, jusqu'à ce que Jupiter émerge de l'autre côté.

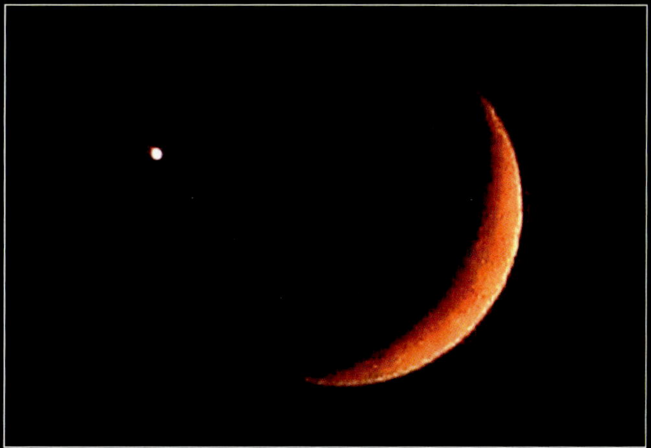

OBSERVER LES PLANÈTES

Le moment et l'emplacement où l'on peut voir telle ou telle planète dépendent de sa position et de son mouvement par rapport à la Terre.

Positions relatives

Mercure et Vénus sont dites « planètes inférieures » ou, plutôt, « planètes internes », parce que leur orbite est située entre celle de la Terre et le Soleil. Le meilleur moment pour les observer est lorsqu'elles se trouvent à leur « élongation » maximale, c'est-à-dire lorsque, vues depuis la Terre, elles sont au plus loin du Soleil (voir le schéma ci-contre). C'est important pour observer Mercure qui est très proche du Soleil. Les planètes internes ne s'élèvent jamais haut dans le ciel, et semblent suivre le Soleil lorsqu'il se couche ou se lève.
Les planètes qui orbitent au-delà de la Terre, Mars, Jupiter, Saturne, Uranus et Neptune, sont dites « planètes extérieures » et peuvent parfois être visibles toute la nuit, traversant le ciel de part en part. Une planète extérieure est plus grande et plus brillante (mieux observable) lorsqu'elle est au plus proche de la Terre : à l'opposition. Une planète à l'opposition se lève quand le Soleil se couche, est au zénith à minuit, puis se couche au lever du Soleil. Cette différence de mouvement représente la différence de visibilité entre les planètes internes et extérieures.

LES PLANÈTES INTERNES

Mercure et Vénus, les planètes internes, orbitent plus près du Soleil que la Terre. Pour cette raison, une partie de leur orbite nous est cachée par le rayonnement solaire et, lorsque nous les voyons, elles montrent des « phases », comme le fait la Lune. Quand elles se trouvent derrière le Soleil, bien sûr, nous ne les voyons pas. Quand elles s'approchent de la Terre, nous commençons à distinguer leur côté illuminé par le Soleil. Le meilleur moment pour les observer est à leur élongation maximale : le point où une planète vue depuis la Terre est à son angle maximal par rapport au Soleil. Elles présentent alors une demi-phase. La planète s'approche ensuite de la Terre et est alors en phase décroissante. Le point où elle se trouve exactement entre le Soleil et la Terre (où nous ne pouvons pas la voir) est appelé la « conjonction inférieure ». Enfin, elle dépasse la Terre et le processus recommence à l'envers : phase croissante, etc. À l'élongation est (EE), la planète est visible le soir, et à l'élongation ouest (EW), elle sera visible le matin.

LES PLANÈTES INTERNES VUES DEPUIS LA TERRE

Par simplification, la Terre est représentée immobile. La planète interne (Vénus ici) apparaît la plus grande lors de ses phases croissante et décroissante ; nous voyons la plus grande partie de son disque lorsqu'elle est plus loin et plus petite.

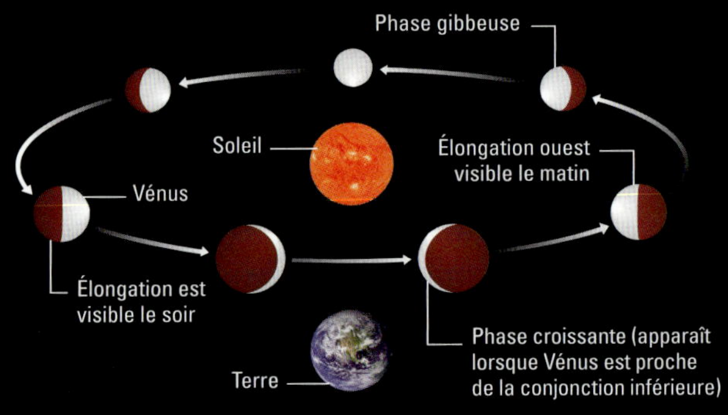

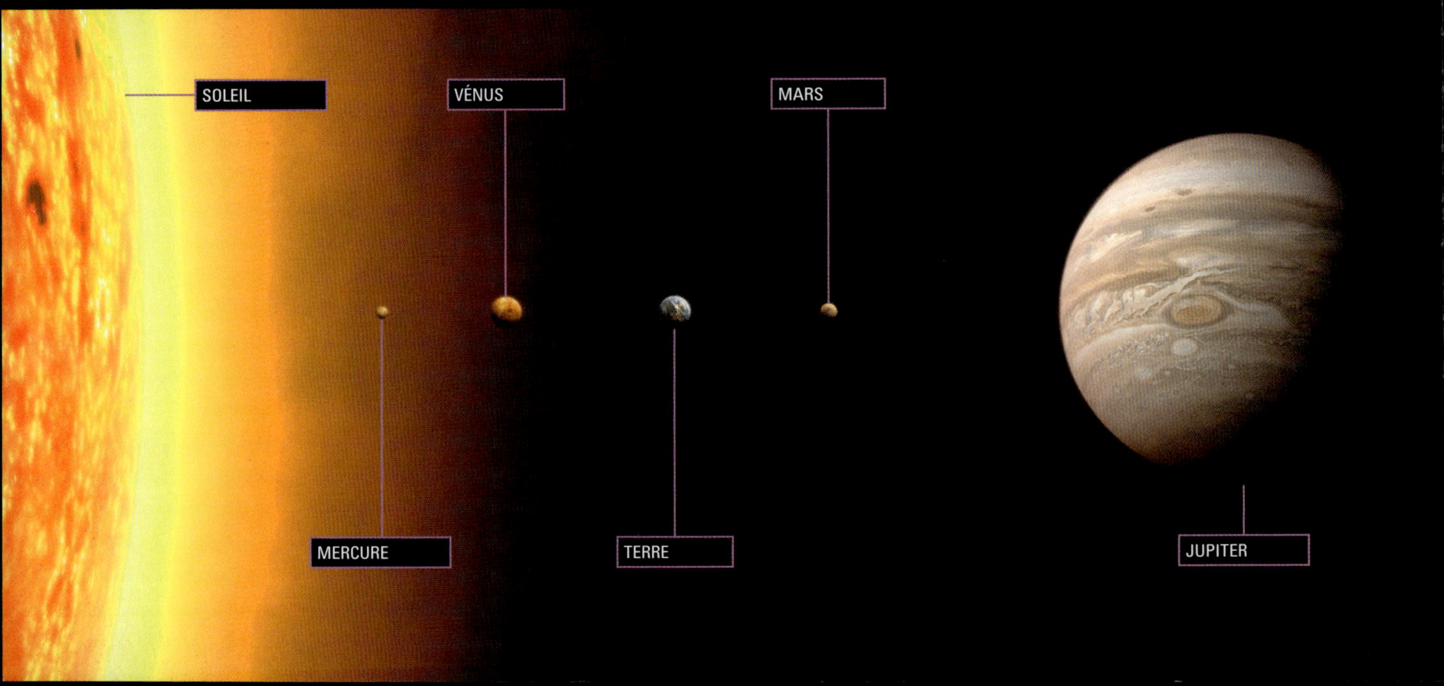

Que pouvons-nous voir ?

Toutes les planètes sont visibles à l'œil nu, à l'exception de Neptune (Uranus étant à la limite de la visibilité). Elles apparaissent alors comme des étoiles plus ou moins brillantes mais, avec des jumelles, Vénus, Mars, Jupiter et Saturne montrent déjà leur disque planétaire; tandis que Mercure, Uranus et Neptune demeurent des petits points brillants. Un petit télescope n'améliore pas grand-chose pour observer Mercure et Vénus, mais livre des détails de surface extraordinaires pour Mars, Jupiter et Saturne, comme les calottes polaires martiennes, les bandes et taches de Jupiter et les anneaux de Saturne qui deviennent clairement visibles. Avec un plus grand télescope, Uranus et Neptune présentent enfin, mais faiblement, leur disque planétaire bleu-vert.

VOIR DE MIEUX EN MIEUX
La planète Saturne vue ici du haut (et tournant dans le sens horaire), à l'œil nu, avec des jumelles, un petit télescope et en image CCD.

Le mouvement rétrograde

Lorsque l'on observe les planètes extérieures, on les voit se mouvoir d'ouest en est. Toutefois, lorsque l'une d'entre elles s'approche de son opposition avec la Terre (le Soleil, la Terre et la planète alignés), son mouvement vers l'est s'arrête, puis elle repart en arrière, durant plusieurs mois, et s'arrête de nouveau pour reprendre, cette fois, son cheminement vers l'est.
Ce mouvement dit rétrograde est dû aux différences de vitesses orbitales de la Terre et de la planète. Imaginons deux coureurs dans un stade : le plus rapide, la Terre, est à la corde et rattrape un coureur plus lent à la ligne externe. Ce dernier lui semble ralentir puis, au moment où il est à sa hauteur (l'opposition), s'arrêter. Continuant sa course, la Terre a l'impression que l'autre s'éloigne vers l'arrière. Il lui faudra une certaine distance pour comprendre que l'autre continue de courir dans le même sens.

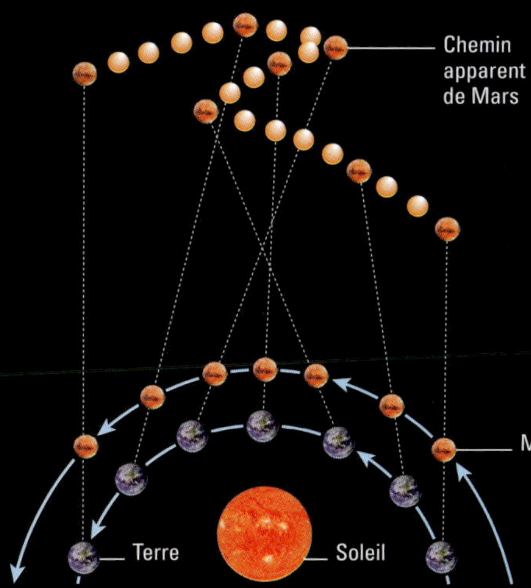

MARCHE À L'ENVERS
Une planète extérieure est à l'opposition (au plus près de la Terre) lorsque la Terre est juste entre elle et le Soleil. C'est durant ce temps, tandis que nous rattrapons et dépassons la planète, que s'observe le mouvement rétrograde.

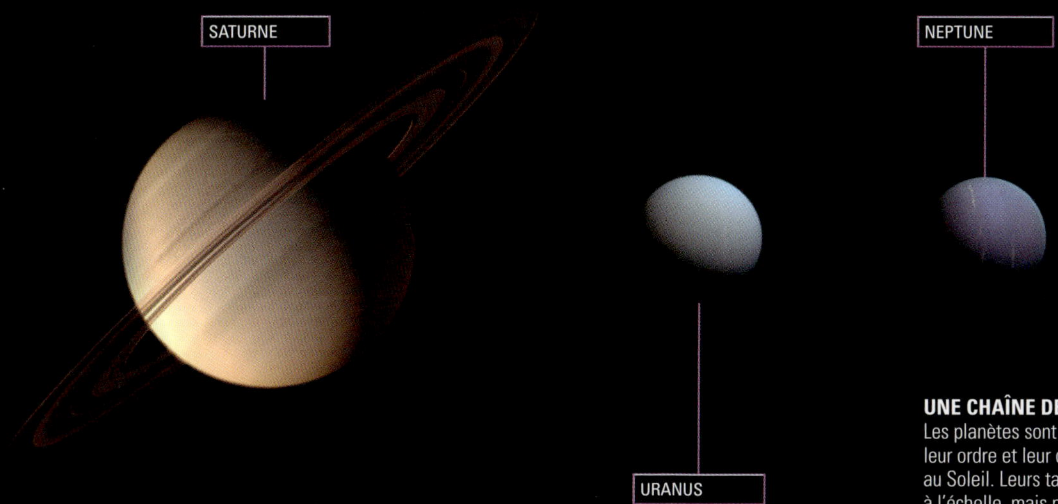

UNE CHAÎNE DE PLANÈTES
Les planètes sont ici présentées selon leur ordre et leur distance par rapport au Soleil. Leurs tailles respectives sont à l'échelle, mais pas les distances entre leurs positions orbitales.

MERCURE ET VÉNUS

Ces deux planètes internes sont très différentes. L'une, Mercure, petite et peu lumineuse, est la « planète furtive » et l'autre, Vénus, brille comme une étoile : l'étoile du Berger.

Les voisines du Soleil

Un petit monde rocheux, une surface criblée de cratères après des millions d'années de bombardements météoritiques, telle est la planète Mercure. Plus loin du Soleil, Vénus est une plus grande planète, mais sa surface est recouverte de nuages d'acide sulfurique au sein d'une épaisse atmosphère de dioxyde de carbone, le tout planant sur un paysage dominé par d'énormes volcans et de vastes étendues de lave solidifiée. Et Vénus tourne si lentement sur elle-même que ses jours sont plus longs que ses années ; elle met moins de temps à faire le tour du Soleil qu'à effectuer une rotation autour de son axe. Mais c'est la planète qui s'approche le plus de la Terre, à 40 millions de km, soit 100 fois la distance Terre-Lune. Ces deux planètes internes orbitant entre le Soleil et la Terre, nous les voyons toujours en « phases » (voir p. 176) ainsi qu' il en va pour la Lune.

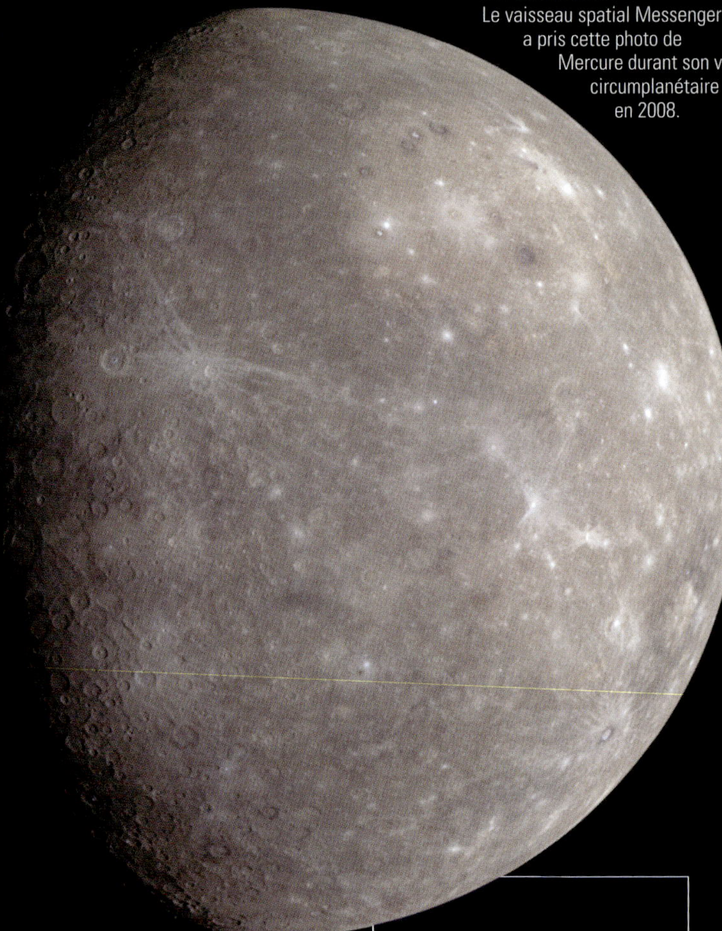

UN MONDE NU
Le vaisseau spatial Messenger a pris cette photo de Mercure durant son vo circumplanétaire en 2008.

MERCURE EN CHIFFRES

DISTANCE MOYENNE AU SOLEIL	**57,9 millions de km**
ORBITE SOLAIRE EN	**88 jours**
ROTATION EN	**58 jours 15 heures 30 minutes**
PLUS GRANDE MAGNITUDE	**-1,9**
AU PLUS LOIN DE LA TERRE	**221,9 millions de km**
AU PLUS PRÈS DE LA TERRE	**77,3 millions de km**
PLUS GRANDE TAILLE ANGULAIRE	**12,9 arcsecondes**
NOMBRE DE SATELLITES	**0**

TAILLES COMPARÉES

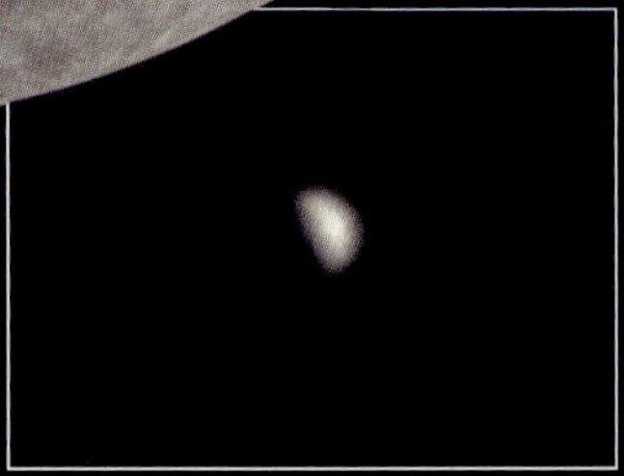

MERCURE AU TÉLESCOPE
Mercure étant toujours basse sur l'horizon, nous ne la voyons qu'à travers une épaisse couche atmosphérique plus ou moins agitée, donc plus sous la forme d'une tache diffuse que comme un disque planétaire.

Observer Mercure

La petite taille de Mercure, la distance qui la sépare de la Terre et sa proximité par rapport au Soleil font qu'observer cette planète relève du défi. On l'aperçoit parfois en début de soirée ou au petit matin à l'œil nu, mais il faut en profiter car cette « fenêtre » ne dure jamais plus d'une semaine, son orbite solaire étant très rapide. Elle n'est pas appelée la planète furtive pour rien. La taille apparente maximale de Mercure étant de 12,9 secondes d'arc, on ne peut percevoir, même avec un bon télescope, que de vagues formes ombrées sur sa surface.

LES TRANSITS

Mercure comme Vénus se déplacent très vite dans le ciel, souvent proches de l'horizon, et il est difficile de suivre leur orbite. Il existe pourtant des moments où cela est possible : lorsque l'une ou l'autre effectue un « transit », traversant le disque solaire tel que nous le voyons depuis la Terre. Pour Mercure, cela survient 12 ou 13 fois par siècle. Pour Vénus, c'est à la fois plus rare et plus prévisible. Il y a d'abord une paire de transits, les deux étant séparés de 8 ans, puis 105 années sans rien, puis de nouveau une paire de transits, les deux étant séparés cette fois de 12 ans, et encore 121 ans sans rien.

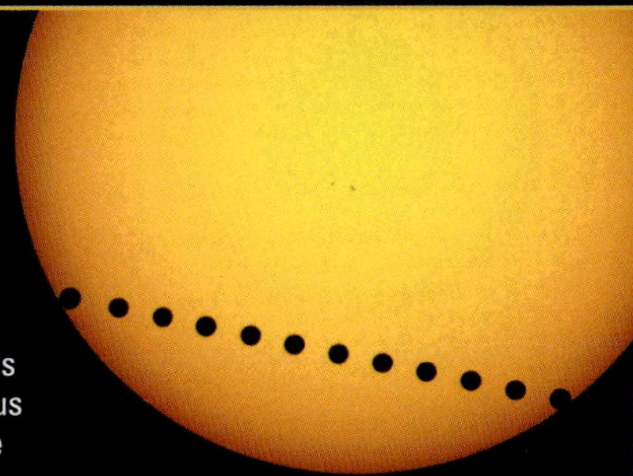

VÉNUS EN TRANSIT
Attention, il ne faut jamais observer le Soleil ni un transit comme ci-dessus sans suivre de strictes précautions (voir p. 54).

VÉNUS EN CHIFFRES

DISTANCE MOYENNE AU SOLEIL	**108,2 millions de km**
ORBITE SOLAIRE EN	**224,7 jours**
ROTATION EN	**243 jours 0 heure 30 minutes**
PLUS GRANDE MAGNITUDE	**-4,6**
AU PLUS LOIN DE LA TERRE	**261 millions de km**
AU PLUS PRÈS DE LA TERRE	**38,2 millions de km**
PLUS GRANDE TAILLE ANGULAIRE	**66 arcsecondes**
NOMBRE DE SATELLITES	**0**

TAILLES COMPARÉES

Observer Vénus

À l'œil nu, Vénus est le troisième objet le plus brillant du ciel, après le Soleil et la Lune. Avec les rayons solaires se réfléchissant sur son épaisse atmosphère et du fait de sa proximité avec la Terre tandis qu'elle passe de son élongation est à son élongation ouest, Vénus mérite bien son surnom d'« étoile du soir » ou d'« étoile du matin ». Se trouvant plus éloignée du Soleil que ne l'est Mercure, Vénus est moins furtive et nous pouvons la suivre le soir ou le matin durant près de six mois. Vénus nous apparaît plus grande dans sa phase croissante : elle est alors si proche de la Terre que, techniquement, nous devrions pouvoir apercevoir ses phases à l'œil nu ; mais sa brillance est telle que cela est impossible. Avec des jumelles, en revanche, c'est très facile et surprenant. Le meilleur moment pour observer Vénus n'est pas la nuit noire, la planète y brille trop, mais le début de soirée ou de matinée, lorsque le contraste des lumières est moins grand. À noter que parfois, en haute montagne, on aperçoit Vénus en plein jour.

UN MONDE MYSTÉRIEUX
L'orbiter Pioneer a pris pour la première fois cette photo du disque vénusien en 1979.

VÉNUS AU TÉLESCOPE
Un télescope montre la partie de Vénus illuminée par le Soleil (la phase) d'un blanc aveuglant, sa couche atmosphérique parfois à peine visible.

MARS

Brillante et d'un rouge violent, Mars a fasciné ses observateurs depuis des milliers d'années et, les techniques ayant évolué, elle continue d'être source de spéculations et d'études approfondies.

La planète rouge

Bien que deux fois plus petite que la Terre, Mars est la planète qui ressemble le plus à la nôtre. Sa surface (la seule surface planétaire que nous pouvons observer en détail depuis la Terre) est relativement nue, mais parsemée de volcans, de cratères et de gigantesques vallées – la plus vaste, Valles Marineris, atteint 4 000 km de longueur. Son plus grand volcan, Olympus Mons, s'étale sur une base de 650 km et monte jusqu'à 24 km d'altitude, ce qui en fait le plus haut volcan du système solaire. La surface martienne est recouverte d'une poussière rougeâtre, riche en oxydes de fer, que soulèvent parfois de brusques tornades. Mars possède deux satellites, Phobos et Deimos, sans doute des astéroïdes capturés par son champ gravitationnel.

Observer Mars

La plupart du temps, lorsqu'elle est loin de l'opposition, Mars est une planète assez rapide, traversant approximativement un signe zodiacal chaque mois. Elle n'a alors rien de remarquable : elle apparaît dans le ciel telle une étoile banale de magnitude 1,7. Et puis, tous les vingt-six mois environ, lorsque vient le temps de l'opposition avec la Terre, tout change : Mars, se rapprochant, devient très brillante, la deuxième planète la plus brillante après Vénus. Ensuite, la Terre, plus rapide, rattrape puis dépasse Mars qui redevient moins brillante et plus petite. En fait, Mars est facile à observer deux mois avant et après son opposition, période attendue impatiemment par les astronomes. L'orbite très elliptique de Mars fait qu'elle est particulièrement proche de la Terre lors de certaines oppositions, tous les 15 ou 17 ans.

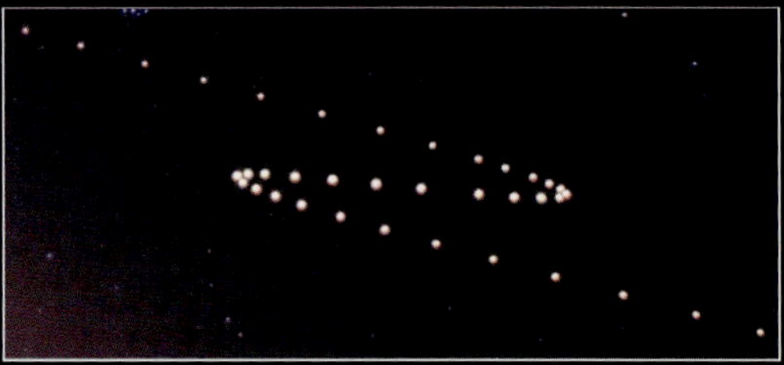

CHANGEMENT DE DIRECTION
Mars est l'objet idéal pour observer le mouvement rétrograde (voir p. 177). Dans cette image montrant son trajet sur plusieurs mois, nous la voyons rebrousser chemin avant de repartir en avant.

MARS EN CHIFFRES

DISTANCE MOYENNE AU SOLEIL	227,9 millions de km
ORBITE SOLAIRE EN	686,9 jours
ROTATION EN	24 heures 37 minutes 23 secondes
PLUS GRANDE MAGNITUDE	-2,9
AU PLUS LOIN DE LA TERRE	401,3 millions de km
AU PLUS PRÈS DE LA TERRE	54.5 millions de km
PLUS GRANDE TAILLE ANGULAIRE	25,7 arcsecondes
NOMBRE DE SATELLITES	2

TAILLES COMPARÉES

CHANGEMENT DE TAILLE
Ces deux photos prises par le télescope spatial Hubble montrent la taille apparente de Mars lorsqu'elle est au plus loin de la Terre, presque en conjonction (à droite), ou au plus près, à l'opposition (à gauche). Les deux mois entourant l'opposition sont l'occasion de fantastiques observations des détails de la surface martienne.

À la découverte de Mars

Du « Nergal » des Babyloniens au Mars des Romains, de nombreuses civilisations ont donné à cette planète rouge sang le nom de leur dieu de la guerre. Au cours du XIXe siècle, l'amélioration des télescopes a donné un regain d'intérêt à cette planète avec la découverte de ses détails de surface. C'est ainsi que l'astronome italien Giovanni Schiaparelli a cru distinguer ce qu'il appelait des « canaleti », les fameux canaux martiens. Ils n'existent pas, mais Schiaparelli les a dessinés sur des cartes de Mars, et il existe encore sur cette planète plusieurs détails de surface qui portent son nom.

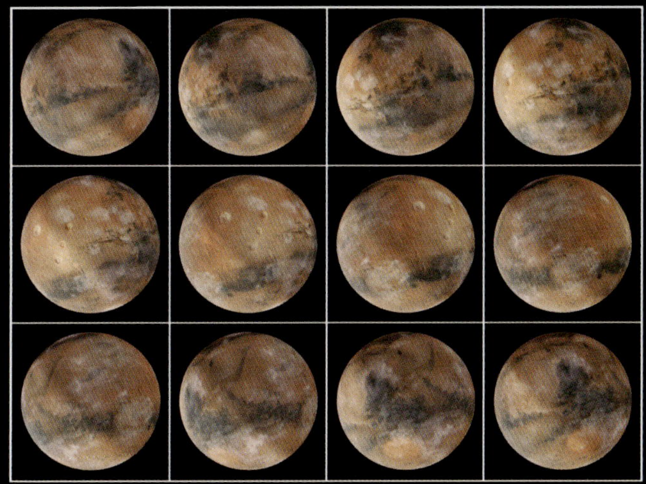

CHANGEMENTS DE VUES
Ces diverses illustrations présentent une rotation complète de Mars. Rangée du haut : la grande cicatrice faite par la Valles Marineris se distingue au-dessous de l'équateur. Rangée centrale : Olympus Mons se déplace comme le trou d'une boule de bowling. Rangée du bas : le disque orange du bassin d'impact Hellas est juste au-dessus du pôle Sud et sous la vaste plaine Utopia Planitia.

Paysages martiens

Les principaux détails de surface de Mars peuvent être vus en zones sombres ou claires avec un petit télescope lors des oppositions, notamment les calottes polaires faites de glace d'eau et de dioxyde de carbone. Avec un plus grand télescope, les principales caractéristiques topographiques gagnent en définition et l'on peut même discerner des tempêtes, voire des nuages blancs. Mars tourne sur elle-même en 37 minutes de plus que la Terre, ce qui nous donne tout le temps d'observer un détail de sa surface avant qu'il ne disparaisse de notre vue.

LES LUNES DE MARS

Mars possède deux satellites : le plus proche, Phobos, a un diamètre de 13 km et le plus lointain, Deimos, un diamètre de 23 km. Leur petite taille les rend très difficiles à observer d'autant qu'ils disparaissent souvent dans l'éclatante lumière martienne (ci-dessous, tout à droite, Phobos transitant sur la surface de Mars). Toutefois, lorsque Mars est à l'opposition et que ses « lunes » sont situées aussi loin que possible de la planète, ces mini-satellites de magnitudes 11,7 (Phobos) et 12,8 (Deimos) peuvent être repérés dans un télescope de taille moyenne.

JUPITER

Par-delà l'orbite des planètes rocheuses commence le royaume des planètes géantes gazeuses dont Jupiter est la reine.

Un monde de tempêtes

Jupiter est la plus grande planète de notre système solaire, avec un diamètre de 11 fois celui de la Terre. C'est un vaste globe ceinturé par de puissantes tempêtes, son atmosphère d'hydrogène et d'hélium étant constamment poussée par des vents dépassant 625 km/h. Sa force gravitationnelle lui a permis de capturer de nombreux satellites, ainsi qu'un très fin système d'anneaux. Jupiter étant composée des mêmes matériaux que le Soleil, on pourrait penser qu'il s'agit d'une étoile ratée, ce qui est faux : Jupiter n'a pas une masse suffisante pour que s'y enclenchent des réactions nucléaires. Mais il est vrai de dire que, si Jupiter avait été plus grande et avait contenu 12 fois plus de matériaux, sa température interne aurait été suffisante pour qu'elle reçoive la qualification d'objet quasi-stellaire ou de naine brune.

Observer Jupiter

Jupiter est d'autant plus facile à repérer à l'œil nu que, même lorsque sa magnitude est au plus faible, elle dépasse encore celle de Sirius, l'étoile la plus brillante du ciel. Son orbite lointaine fait qu'elle traverse lentement les cieux, au rythme d'à peu près une constellation du zodiaque par an. Elle se trouve à l'opposition (au plus proche de la Terre) tous les 13 mois. À ce moment-là, Jupiter devient une cible appréciée, et même une simple paire de jumelles révèle son disque planétaire et ses quatre principaux satellites. Il faut un télescope pour voir que Jupiter est aplatie sur ses pôles en raison de sa grande vitesse de rotation : pour une circonférence équatoriale de 143 000 km, la circonférence de pôle à pôle n'est que de 134 000 km. Cette rapidité de rotation de Jupiter fait également qu'elle est une planète intéressante à observer, sa surface apparente changeant constamment.

UNE LUNE ORBITANT AUTOUR DE JUPITER
Bien que située à 500 000 km, la lune la plus proche de Jupiter, Io, laisse ici clairement planer son ombre sur la planète.

JUPITER EN CHIFFRES

DISTANCE MOYENNE AU SOLEIL	**778,3 millions de km**
ORBITE SOLAIRE EN	**11,86 années**
ROTATION EN	**9 heures 50 minutes 30 secondes**
PLUS GRANDE MAGNITUDE	**-2,9**
AU PLUS LOIN DE LA TERRE	**968,1 millions de km**
AU PLUS PRÈS DE LA TERRE	**588,5 millions de km**
PLUS GRANDE TAILLE ANGULAIRE	**59 arcsecondes**
NOMBRE DE SATELLITES	**63+**

TAILLES COMPARÉES

JUPITER VUE AU TÉLESCOPE
Avec un petit télescope, on aperçoit les quatre principales « lunes » de Jupiter, telles de brillantes étoiles d'un côté ou de l'autre de la planète, ainsi que les raies sombres situées de part et d'autre de l'équateur, les ceintures équatoriales Nord ou Sud.

LA GRANDE TACHE ROUGE (GTR)
La GTR est une gigantesque tempête soulevée par le rayonnement infrarouge du cœur de Jupiter et par la rotation rapide de la planète. Elle change toujours de forme, de taille et de couleur et tourne dans le sens antihoraire en sept jours.

Ceintures et zones

Dans un petit télescope, les bandes entourant Jupiter sont bien discernables ; une bande sombre de gaz chauds est une ceinture, et une bande légère, de gaz plus froids, est une zone. Deux ceintures cernent l'équateur jovien et sont toujours très visibles : les ceintures nord et sud équatoriales. Les bords des ceintures et des zones changent continuellement, ce qui trahit les violentes turbulences de l'atmosphère jovienne. La rotation rapide de Jupiter sur elle-même (moins de dix heures) fait que l'observateur peut voir un point déterminé traverser toute la planète en une seule nuit. La formation la plus célèbre de Jupiter est la Grande Tache rouge, qui emplit l'espace de la zone sud tropicale et s'inscrit dans la ceinture sud équatoriale. Ce gigantesque cyclone tournant sur lui-même a été repéré pour la première fois il y a 350 ans ; il est si vaste que presque trois Terre pourraient s'y tenir. Comme les gaz se déplacent de bas en haut et se réchauffent, la GTR change de forme et de couleur, parfois presque invisible, d'autres fois d'un rouge flamboyant.

OBSERVER LES SATELLITES DE JUPITER

On décompte plus de 60 satellites pour Jupiter et il y en aurait sans doute une centaine. Mais la majorité n'étant que de petits morceaux de roches et de glace, un astronome muni de jumelles ou d'un petit télescope ne verra que les quatre lunes principales : Io, Europe, Ganymède et Callisto (dans l'ordre en partant de Jupiter). Ce sont les fameux quatre satellites « galiléens » découverts par Galilée avec son premier télescope en janvier 1610. Ils apparaissent tels des points lumineux s'alignant de chaque côté de l'équateur jovien, changeant de position tandis qu'ils tournent autour de la planète. Parfois, certains semblent « manquer à l'appel » : ils se trouvent en fait devant ou derrière le disque jovien. L'orbite de Io est à peine plus grande que celle de notre Lune, mais l'énorme gravitation jovienne fait qu'elle boucle cette orbite en 1 jour et 18,5 heures, ce qui fait qu'on la voit se déplacer dans le ciel en une heure d'observation.

LES LUNES DE JUPITER
Cette illustration montre le déplacement des quatre satellites galiléens au fil des heures. En haut, les satellites sont, de gauche à droite : Io, Ganymède, Europe et Callisto.

SATURNE

Saturne est la deuxième plus grande planète du système solaire. À l'œil nu, on la distingue par sa couleur crémeuse, mais il faut un télescope pour apercevoir son système d'anneaux.

Des anneaux et des lunes

Toutes les planètes géantes gazeuses, Jupiter, Uranus ou Neptune, possèdent un système d'anneaux, mais aucune n'a rien de semblable aux anneaux de Saturne. Faits de milliards de minuscules mais brillantes particules de glace qui reflètent la lumière solaire, les anneaux de Saturne, orbitant autour de la planète, font un effet inoubliable. Ce système d'anneaux s'étire sur 280 000 km tandis que son épaisseur ne dépasse pas 1 km. Leur origine reste mystérieuse, mais on pense qu'ils existent depuis la formation de Saturne elle-même, changeant au fil des temps par la collision de mini-satellites et de particules qui les forment. Saturne a 60 satellites environ dont l'un, Titan, plus grand que Mercure, a sa propre atmosphère.

LES LUNES DE SATURNE

Avec un petit télescope, on peut voir quelques satellites de Saturne ; par ordre de magnitude décroissante : Titan (8,4), Rhéa (9,7), Téthys (10,3), Dioné (10,4) et Japet (10,1 à 11,9). Hypérion, qui évoque une sorte d'éponge couverte de glace, est avec des dimensions de 410 x 260 x 220 km, le plus grand objet sans forme régulière du système solaire. Peut-être n'est-ce qu'une partie d'un objet plus grand brisé jadis. Le plus petit, Pandore, à la forme étrange, est un satellite « berger » dont le rôle est de maintenir l'ordre dans l'anneau F.

ENCELADE, UNE LUNE DE SATURNE

Une orbite lointaine

Les effets de la gravitation universelle sont tels que plus une planète s'éloigne du Soleil, plus sa vitesse orbitale se ralentit. Orbitant bien au-delà de Jupiter, Saturne met ainsi plus de deux années à traverser entièrement un signe du zodiaque. Son opposition avec la Terre survient toutes les 54 semaines. À ce moment-là, Saturne apparaît à l'œil nu telle une étoile à l'éclat blanchâtre ou jaunâtre et, avec un télescope grossissant une trentaine de fois, la planète avec son système d'anneaux offre un spectacle inoubliable.

SATURNE VUE AU TÉLESCOPE
La surface de Saturne propose peu de détails, hormis quelques formes ombrées, et c'est son système d'anneaux qui s'étend sur 2,25 fois la largeur de la planète qui offre toute la beauté de celle-ci, même dans un petit télescope.

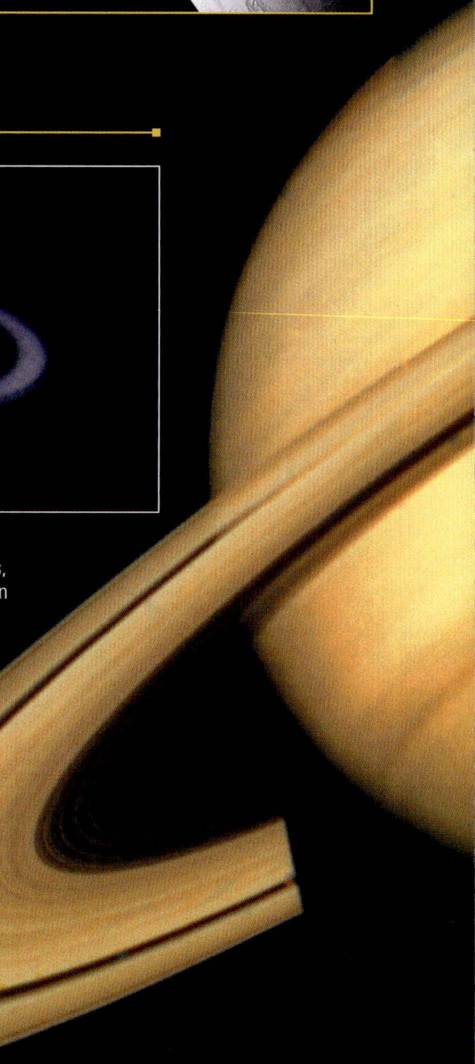

SATURNE EN CHIFFRES

DISTANCE MOYENNE AU SOLEIL	**1,427 million de km**
ORBITE SOLAIRE EN	**29,46 années**
ROTATION EN	**10 heures 40 minutes**
PLUS GRANDE MAGNITUDE	**-0,3**
AU PLUS LOIN DE LA TERRE	**1,658 million de km**
AU PLUS PRÈS DE LA TERRE	**1,195 million de km**
PLUS GRANDE TAILLE ANGULAIRE	**20,1 arcsecondes**
NOMBRE DE SATELLITES	**61 +**

TAILLES COMPARÉES

Les anneaux de Saturne

Le changement d'aspect des anneaux est fascinant à observer : sur une période d'environ sept ans et demi, ils passent d'un état quasi invisibles à leur ouverture maximale de 27° d'inclinaison, qui nous permet de percevoir nombre de leurs détails. Cette inclinaison maximale nous offre en outre plus de lumière solaire, ce qui rend la planète plus brillante. La planète en elle-même ne nous propose que peu de détails de surface, d'une part parce qu'elle est lointaine, de l'autre parce que, contrairement à Jupiter, ses conditions atmosphériques n'engendrent pas de contrastes de couleur importants. On peut cependant apercevoir de légères bandes sombres dans son atmosphère.

ROTATION INCLINÉE
Saturne est inclinée de 27° sur son axe de rotation et présente alternativement au Soleil son pôle Nord ou Sud (saisons). Cette inclinaison change aussi notre vision de la planète et de ses anneaux.

Observer les anneaux

Un petit ou moyen télescope d'amateur permet juste de percevoir un trait sombre dans le système d'anneaux, trait que l'on nomme la division de Cassini et qui sépare les deux principaux anneaux de 4 700 km. Il faut un télescope de plus grande ouverture pour découvrir les sept anneaux désignés selon les lettres : D, C, B, A, F, G et E (en s'éloignant de la planète). Cet ordre bizarre est celui dans lequel nous les avons découverts. Depuis la Terre, nous ne pouvons voir en effet que les anneaux A, B et C. B est le plus brillant, et C le plus sombre. Faiblement lumineux, cet anneau C (appelé « anneau de crêpe » en raison de son apparence laiteuse) est plus facile à observer lorsqu'il se trouve devant le brillant disque planétaire . Au sein de l'anneau A, cherchez le minimum d'Encke, qui ressemble à une bande sombre. À la limite de l'anneau A, il y a un autre espace, appelé la césure d'Encke. Les autres anneaux, césures et divisions, ne sont pas visibles depuis la Terre.

LES ANNEAUX VISIBLES DE SATURNE
Cette photo a été prise par la mission spatiale Cassini, mais un grand télescope d'amateur montrera également les anneaux A, B et C.

UNE GÉANTE GAZEUSE
Monstrueuse boule de gaz et de liquides, Saturne est entourée par un spectaculaire système d'anneaux fait de particules de glace. La planète a de nombreux satellites, dont trois apparaissent sur cette photo.

URANUS ET NEPTUNE

Dans la nuit profonde et l'espace glacé, loin du Soleil, tournent les deux géantes gazeuses bleues : Uranus et Neptune.

Les plus lointaines planètes

Ces deux planètes externes forment un duo, semblables qu'elles sont en taille, en composition et en apparence. Elles sont essentiellement composées d'hydrogène et d'hélium, avec de l'eau, de l'ammoniac et du méthane, ce dernier élément leur donnant leur couleur bleue. Simple balle bleu-vert, Uranus ne présente pas de détails de surface, tandis que Neptune, d'un bleu translucide, est parsemée de quelques taches, ouragans et nuages blancs faits de méthane gelé. Neptune enregistre les vents les plus rapides connus, jusqu'à 2 000 km/h. Les deux planètes ont un système d'anneaux mais ceux-ci, étroits et ténus, n'ont rien à voir avec ceux de Saturne. Uranus est la plus grande des deux, mais son diamètre ne dépasse celui de Neptune que de 1 500 km. Les deux, enfin, comptent de nombreux satellites, visibles à l'aide de puissants télescopes.

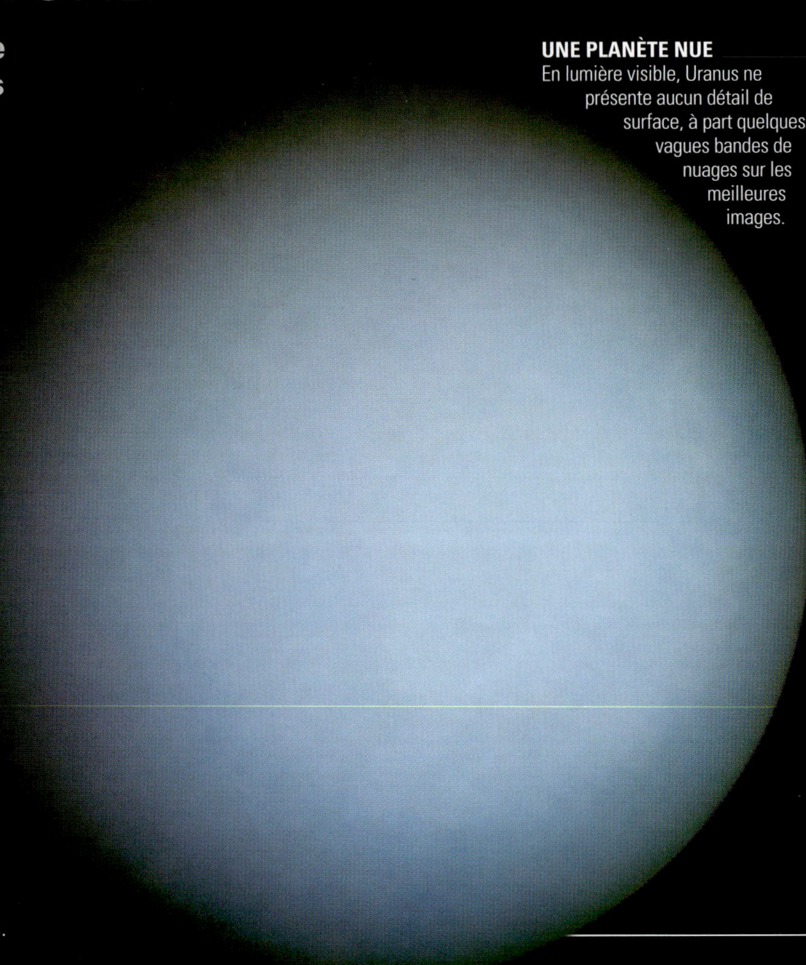

UNE PLANÈTE NUE
En lumière visible, Uranus ne présente aucun détail de surface, à part quelques vagues bandes de nuages sur les meilleures images.

URANUS VUE AU TÉLESCOPE
Même vue à travers un bon télescope, Uranus ne montre qu'un disque verdâtre sans intérêt. La planète est si lointaine qu'elle ne reçoit que 0,25 % de la lumière solaire reçue par la Terre.

URANUS EN CHIFFRES

DISTANCE MOYENNE AU SOLEIL	2,871 millions de km
ORBITE SOLAIRE EN	84,01 années
ROTATION EN	17 heures 14 minutes
PLUS GRANDE MAGNITUDE	5,5
AU PLUS LOIN DE LA TERRE	3,157 millions de km
AU PLUS PRÈS DE LA TERRE	2,582 millions de km
PLUS GRANDE TAILLE ANGULAIRE	3,7 arcsecondes
NOMBRE DE SATELLITES	27 +

TAILLES COMPARÉES

À la découverte de mondes lointains

Uranus et Neptune doivent leur (récente) découverte à l'invention du télescope. Uranus est la première planète a avoir été découverte ainsi en 1761, par William Herschel, avec un télescope de 15 cm d'ouverture, dans son jardin de Bath, en Grande-Bretagne. Au fil des observations, Uranus a montré des irrégularités dans son orbite, phénomènes qui pouvaient être attribués à la présence d'une autre planète, plus éloignée. La chasse à la huitième planète était lancée, et Neptune fut découverte par calculs mathématiques en 1846, dans la constellation du Verseau.

L'INCLINAISON D'URANUS

L'aspect le plus étonnant d'Uranus est son inclinaison sur son axe de rotation, si forte que la planète paraît rouler sur cet axe telle une balle sur le sol. Par comparaison, la Terre a une inclinaison de 23,5°, Jupiter de 3,1°et Saturne de 29,6°, alors que l'inclinaison d'Uranus est de 97,86°. Cette anomalie est sans doute due à une ancienne collision entre Uranus et un autre objet céleste. La seule planète dont l'inclinaison est encore plus forte est Vénus, qui a pratiquement été mise à l'envers avec une inclinaison de 177,3°.

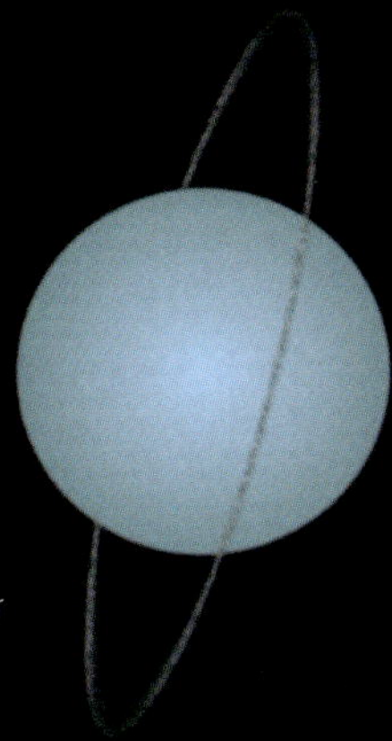

EN ROULANT SUR SON ORBITE
Toutes les planètes présentent un certain angle d'inclinaison sur leur axe de rotation, mais celui-ci est si important pour Uranus que son équateur et le fin anneau qui l'entoure semblent quasi verticaux, comme si Uranus roulait sur son orbite.

NEPTUNE EN CHIFFRES

DISTANCE MOYENNE AU SOLEIL	**4,497 millions de km**
ORBITE SOLAIRE EN	**164,79 années**
ROTATION EN	**16 heures 7 minutes**
PLUS GRANDE MAGNITUDE	**7,8**
AU PLUS LOIN DE LA TERRE	**4,678 millions de km**
AU PLUS PRÈS DE LA TERRE	**4,306 millions de km**
PLUS GRANDE TAILLE ANGULAIRE	**2,3 arcsecondes**
NOMBRE DE SATELLITES	**13+**

TAILLES COMPARÉES

Observer Uranus et Neptune

Plus la distance avec le Soleil s'accroît, plus la quantité de lumière reçue, et donc reflétée, diminue. C'est la raison pour laquelle l'observation de ces deux lointaines planètes est difficile. Avec une orbite de 84 ans, Uranus voyage lentement dans le ciel et met 7 ans pour traverser un signe du zodiaque. Neptune se trouvant 1,6 milliard de kilomètres plus loin, avec une orbite de 165 ans, met 15 ans pour traverser un signe. Les deux planètes viennent à l'opposition chaque année, mais leur distance est déjà si grande que, comparativement, le faible rapprochement de l'opposition n'apporte rien pour l'observation. À noter qu'à ce moment-là, la magnitude d'Uranus est de 5,5, soit à la limite de la visibilité à l'œil nu. Des jumelles et un petit télescope permettent de localiser aisément Uranus, mais comme un point lumineux, et un télescope de bonne taille est nécessaire pour en voir un peu plus. De même pour Neptune, invisible à l'œil nu avec une magnitude de 7,8, mais dont le disque planétaire peut être révélé au télescope.

UN MONDE DE VENT
Cette photo rapprochée prise par Voyager 2 révèle le système venteux très rapide de Neptune.

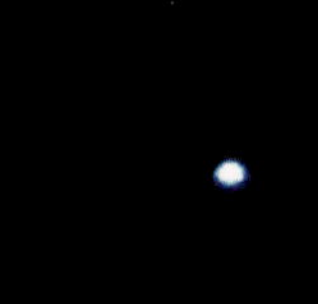

NEPTUNE VUE AU TÉLESCOPE
Neptune est plus petite qu'Uranus, mais la couleur bleu vif de son atmosphère fait qu'elle est plus facilement visible sur le fond noir de l'espace.

PLANÈTES NAINES ET ASTÉROÏDES

Outre les huit planètes, le Soleil est entouré de nombreux petits objets, dont les principaux sont classés parmi les planètes naines et les astéroïdes.

Les planètes naines

Entre sa découverte en 1930 par Clyde Tombaugh et l'année 2006, Pluton a été considérée comme la neuvième planète du système solaire. Mais, dès la fin du XXe siècle, il était devenu évident que Pluton n'était pas le seul objet de cette importance gravitant au-delà de l'orbite de Neptune, mais qu'il appartenait à une catégorie de corps mineurs de taille semblable ou plus grande. Afin de limiter le nombre d'objets appelés « planètes », l'Union astronomique internationale a officiellement déclassé Pluton de son rang de planète et a proposé pour les corps similaires le nom de « planètes naines » (cinq actuellement). Les deux planètes naines principales sont Pluton et Éris, très lointaines, tandis que Cérès, classée comme l'astéroïde le plus grand, appartient à la ceinture d'astéroïdes orbitant entre Mars et Jupiter.

PLUTON ET CHARON
Pluton (au centre) a trois lunes : Charon (en bas), Nix et Hydra. C'est le seul objet céleste dont la rotation est synchrone avec l'orbite de sa lune principale.

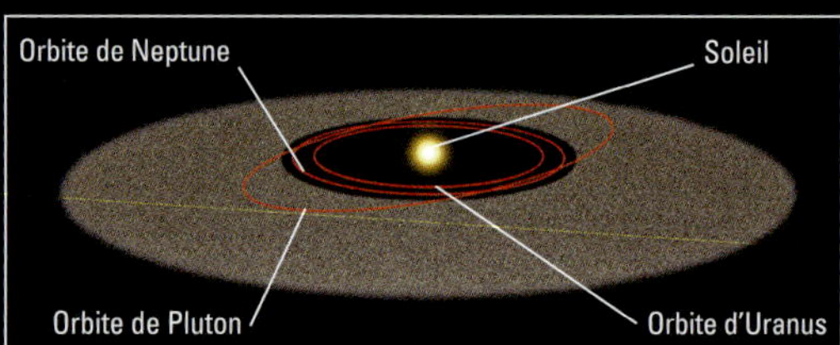

LIMITE INTERNE DE LA CEINTURE DE KUIPER
Parfois considérée comme la frontière du système solaire, la limite interne de la ceinture de Kuiper s'étend entre 4,5 et 7,5 milliards de km autour du Soleil. Elle contient plus de 35 000 objets de plus de 100 km de développement.

Des ceintures de mondes mineurs

Au-delà de Neptune, des myriades de petits corps de glace, appelés collectivement la ceinture de Kuiper, orbitent autour du Soleil. Celle-ci ressemble à la ceinture (interne) d'astéroïdes, mais elle est plus distante, plus vaste et contient un plus grand nombre d'objets. De plus, si la plupart des objets de la ceinture d'astéroïdes sont faits de roche et de métal, ceux de la ceinture de Kuiper sont faits de glace non fondue, en raison de leur éloignement du Soleil.

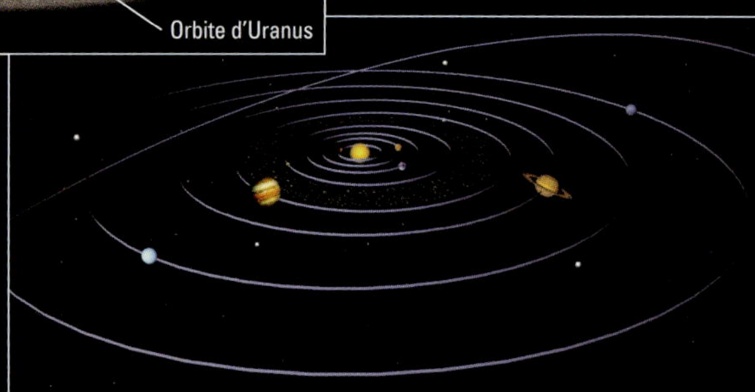

LA CEINTURE D'ASTÉROÏDES
Située entre Mars et Jupiter, la ceinture d'astéroïdes contient des milliards de roches, aux formes irrégulières.

CÉRÈS
Avec un diamètre de 940 km, Cérès est un corps quasi sphérique, ce qui lui a valu d'être nommée planète naine (plutôt qu'astéroïde auparavant).

Cérès, reine de la ceinture d'astéroïdes

Entre les orbites de Mars et de Jupiter se trouve la ceinture d'astéroïdes dans laquelle des centaines de milliers de petits mondes, composés de roche, de métal ou d'un mélange des deux, orbitent autour du Soleil. Ces objets sont assez nombreux pour entrer en collision, ce qui leur donne ces formes irrégulières. Certains morceaux éjectés lors de ces collisions étant parvenus jusqu'à la Terre sous forme de météorites, nous avons pu en connaître la composition chimique. Depuis que Cérès a été qualifiée de planète naine, Vesta est devenue le plus grand des astéroïdes. Bien que deux fois moins grande que Cérès, Vesta est mieux visible, en raison de sa surface qui reflète davantage la lumière solaire.

Pluton et les plutinos

Les astronomes estiment à plus de 1 000 le nombre d'objets circulant dans la limite interne de la ceinture de ,w. On les appelle souvent des transneptuniens, bien que l'orbite de Pluton soit parfois interne à celle de Neptune. De nos jours, ces transneptuniens désignés comme des planètes naines sont appelés plutinos. L'un d'entre eux, Éris, découvert en 2006, est plus grand que Pluton. Éris aurait une lune confirmée, Dysnomia (qui est le troisième plus grand corps de cette région) tandis que Pluton en a trois. En janvier 2010, quatre corps ont été confirmés comme étant des Plutinos : Pluton, Eris, Haumea et Makemake, avec des dizaines d'autres candidats possibles comme Quaoar, Orcus, Ixion et Sedna. Les astronomes cherchent maintenant où et comment ces planètes naines se sont formées.

L'ASTÉROÏDE 243 IDA
Ida est un astéroïde irrégulier type, avec ses 58 km de long et ses 23 km de large. Ses nombreux et anciens cratères montrent qu'Ida n'est pas un objet récent.

OBSERVER PLUTON ET LES GRANDS ASTÉROÏDES

La plus grande magnitude de Pluton ne dépassant pas 13,6, il faut bien sûr un grand télescope pour l'observer (d'où sa découverte si tardive). Et encore : la petitesse des planètes naines et leur considérable éloignement font qu'on ne les voit alors que tels des points étoilés, sans surface. Mais c'est tout de même une satisfaction de se dire que l'on regarde alors à la limite du système solaire.
On trouve environ 120 astéroïdes qui atteignent la magnitude 11 et sont donc accessibles aux jumelles ou aux petits télescopes ; Vesta, parfois visible à l'œil nu lorsque sa magnitude descend à 5,3, en est un exemple. Pour savoir s'il s'agit réellement d'un astéroïde, il faut l'observer plusieurs soirs de suite, ou en laissant peu de jours entre les observations ; en effet, s'il s'agit bien d'un astéroïde, celui-ci se déplacera dans le ciel au fil des observations, contrairement à une étoile qui, elle, ne bougera pas par rapport au reste du fond stellaire.
Pour savoir où et quand trouver des astéroïdes, il suffit généralement de consulter les publications périodiques d'astronomie (ou encore Internet), à moins de posséder un télescope lié à un logiciel *ad hoc*.

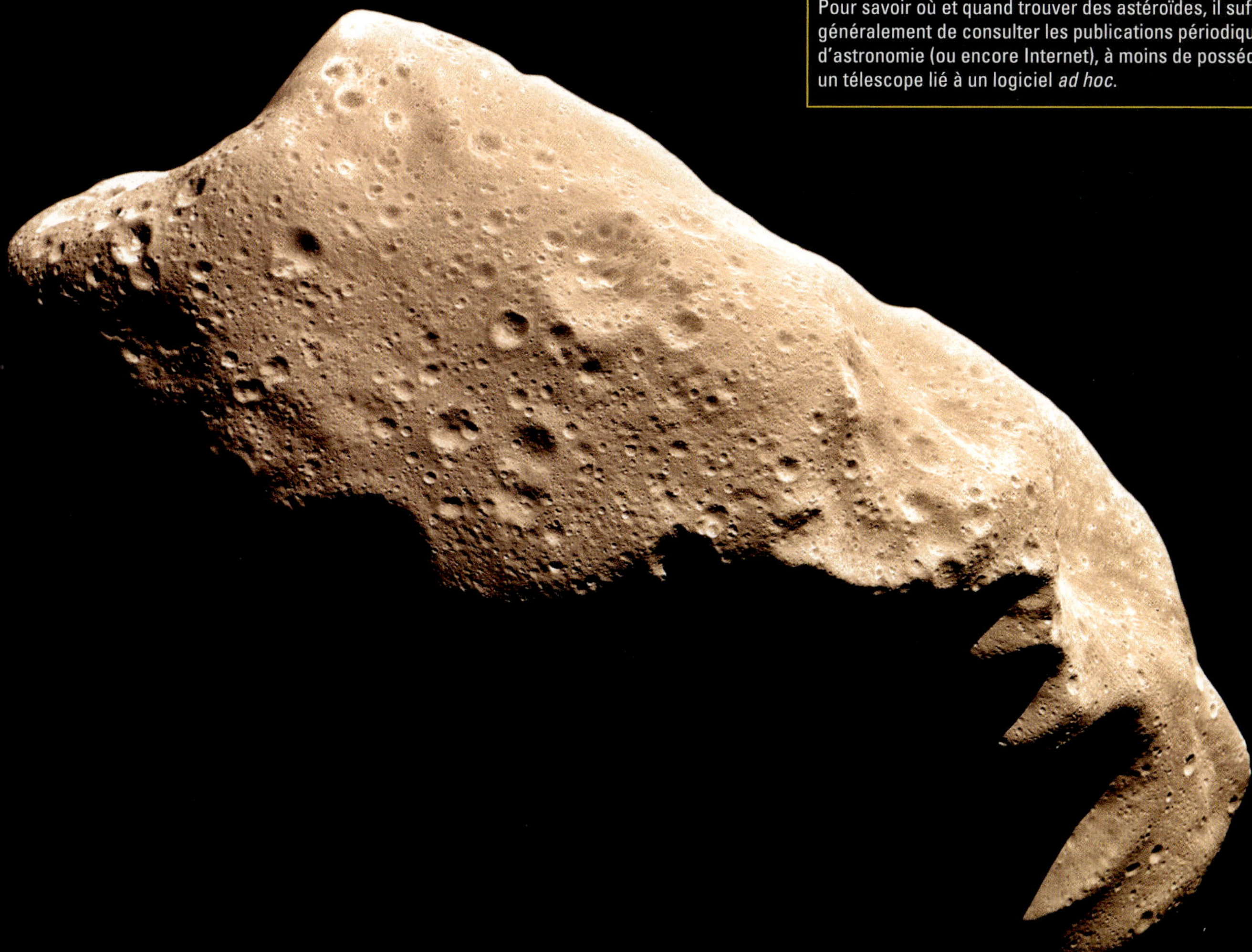

LE SOLEIL

La pièce maîtresse du système solaire est un objet fascinant à observer, mais non sans prendre de rigoureuses précautions.

La plus brillante des étoiles

L'astronomie est tellement associée à la nuit qu'on oublie souvent que, durant le jour, nous avons une étoile à voir juste sur le palier de la porte : le Soleil. Mais le Soleil ne se laisse pas regarder ainsi, pas même à l'œil nu : notre étoile a l'incroyable magnitude de -26.7, et est bien trop brillante pour qu'on puisse la regarder sans dommages pour la rétine. **Attention :** Ne jamais regarder le Soleil à l'œil nu ou avec des lunettes dites de soleil, encore moins avec des jumelles ou un télescope. La concentration de la lumière collectée par l'oculaire pourrait provoquer une cécité immédiate.

Observer le Soleil sans dommages

Il existe des télescopes avec filtres incorporés qui permettent de regarder directement le Soleil (voir p. 54), mais il s'agit là d'équipements spécialisés. On trouve aussi des filtres solaires pour télescopes ou jumelles sur le marché, mais ils doivent être utilisés, eux aussi, avec certaines précautions. La façon la plus simple de procéder reste la « projection », qui consiste simplement à projeter, comme un film, l'image de l'oculaire sur une feuille blanche. Plus la feuille sera loin, plus l'image sera faible mais, attention : trop proche, le papier risque de s'enflammer.

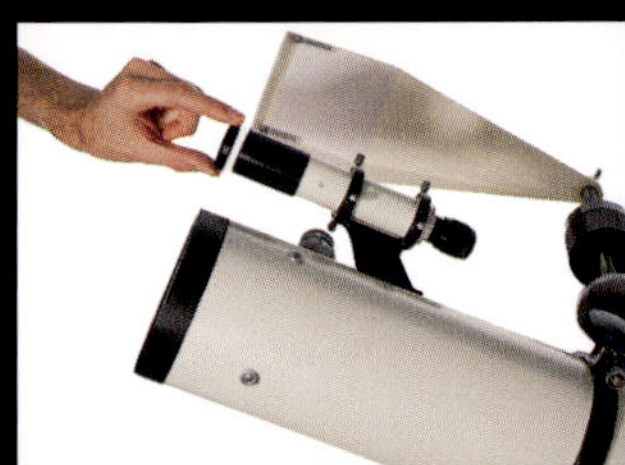

1 RECOUVRIR LA LENTILLE PAR PRÉCAUTION
Ne jamais chercher le Soleil à travers le télescope. Bouchez le chercheur et, si vous utilisez une lunette, la lentille.

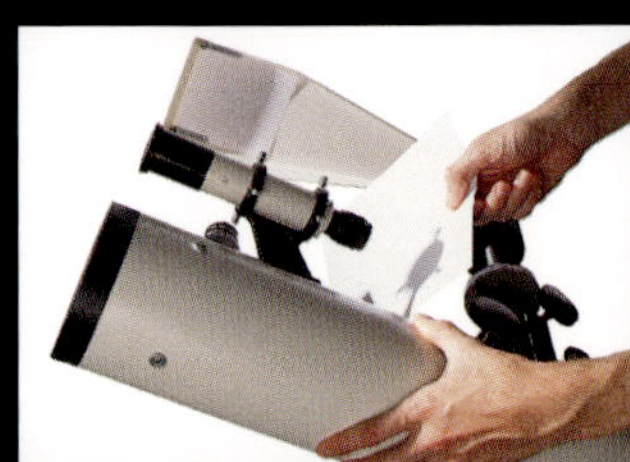

2 TROUVER LE SOLEIL
Pour aligner le télescope et le Soleil, bougez-le jusqu'à ce que le tube du télescope projette l'ombre minimale sur la feuille.

3 MISE AU POINT DE L'IMAGE
Enlevez le protège-lentille (si vous utilisez une lunette) et focalisez l'image sur la feuille de papier blanc. Faites la mise au point sur l'image projetée.

NOTRE ÉTOILE LOCALE

Le Soleil est l'étoile la plus proche de la Terre. Énorme sphère d'hydrogène et d'hélium, le Soleil est un bel exemple d'étoile en équilibre. En effet, tandis que le gaz interne, chauffé, tend à s'échapper vers l'espace, les forces de gravité exercées par les différentes couches solaires le retiennent captif à l'intérieur. Ce jeu des forces contraires doit être en équilibre parfait, sans quoi l'étoile serait instable, changerait constamment de luminosité et de taille, ce qui rendrait la vie sur Terre difficile, voire impossible. Le Soleil, ainsi que tous les objets du système solaire, a été formé à partir d'un nuage de gaz et de poussières interstellaires (une nébuleuse), il y a environ 4,7 milliards d'années. Il est actuellement vers le milieu de sa séquence principale (voir p. 16-17), classé comme étant une naine jaune. Plus tard, il deviendra sans doute une géante rouge mais, pas d'inquiétude, cela ne surviendra pas avant des milliards d'années.

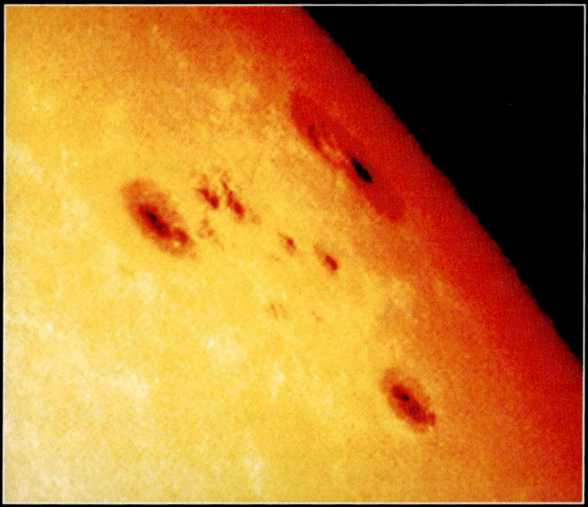

La lumière d'une étoile

Lorsque nous regardons le Soleil (avec les précautions d'usage), nous voyons sa photosphère (sphère lumineuse), d'une température proche de 5 500 °C. Des taches solaires, qui sont des zones moins chaudes de la photosphère, parsèment celle-ci. Des parties sombres et d'autres plus lumineuses (ombres et pénombres) sont souvent accolées en groupes. Ces taches apparaissent puis disparaissent de façon cyclique, en quelques jours ou semaines. On peut suivre leur mouvement jour après jour, tandis que le Soleil effectue sa rotation, en un mois environ. Les granulations de la surface solaire ne peuvent être perçues qu'à l'aide de puissants télescopes dédiés. Ces cloques sont des poches de gaz, émergeant en surface durant une vingtaine de minutes. La part plus externe de la surface solaire, la couronne, peut être observée lorsque le disque solaire est masqué par la Lune, ou par un coronographe.

LA SURFACE DU SOLEIL
Des taches sombres, liées à des changements du magnétisme solaire, apparaissent à la surface du Soleil, signes de son activité.

Éclipses de Soleil

Une éclipse de Soleil survient lorsque la Lune bloque entièrement la lumière qui nous parvient du Soleil. Pour cela, il faut que trois corps soient alignés : le Soleil, la Lune et la Terre. Le Soleil est bien sûr le plus grand des trois, faisant 400 fois la taille de la Lune. Mais, fait du hasard, il se trouve que la Lune, 400 fois plus petite, est également 400 fois plus proche de la Terre que du Soleil. Résultat : dans le ciel, les tailles apparentes du Soleil et de la Lune sont quasiment les mêmes, et c'est pourquoi la Lune éclipse entièrement le Soleil, à l'exception de sa couronne, le temps (quelques minutes) de passer devant lui.
Si vous êtes situé juste en dehors de la « bande de totalité », vous ne voyez qu'une éclipse partielle, le Soleil n'étant pas entièrement recouvert.

ÉCLIPSE DE SOLEIL
Cette superposition de plusieurs photographies (ci-dessus) montre le déroulement d'une éclipse totale (au point central), lorsque seule la couronne solaire demeure visible. Au début et à la fin de l'éclipse, la surface irrégulière, cratérisée de la Lune permet à quelques rayons de s'échapper, offrant ce que l'on nomme des « Baily's Beads », ou effets de diamant (à droite).

LA BANDE DE TOTALITÉ
La Lune étant bien plus petite que le Soleil, l'ombre projetée lors d'une éclipse a une forme conique, avec, au centre, la bande de totalité (l'ombre) qui traverse la Terre et, autour, la pénombre (lieu d'une éclipse partielle).

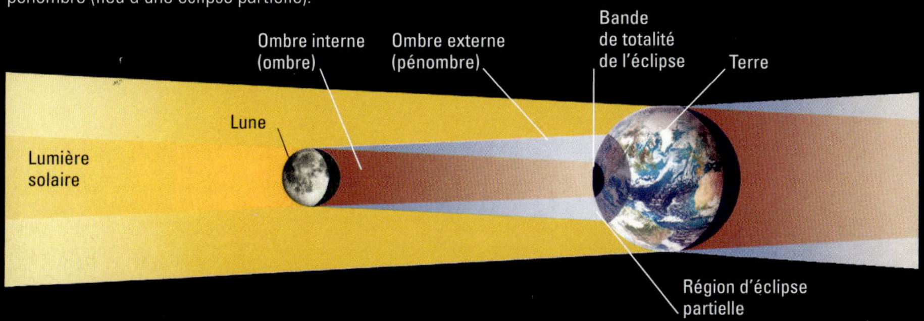

UN « REGARDEUR D'ÉCLIPSE »
Une façon facile et sûre de regarder une éclipse est de construire un « regardeur d'éclipse » avec deux morceaux de carton. Percez l'un d'un petit trou et faites passer la lumière solaire par ce trou : l'image du Soleil apparaît sur l'autre carton, tenu au-dessous. Variez la distance pour faire la mise au point.

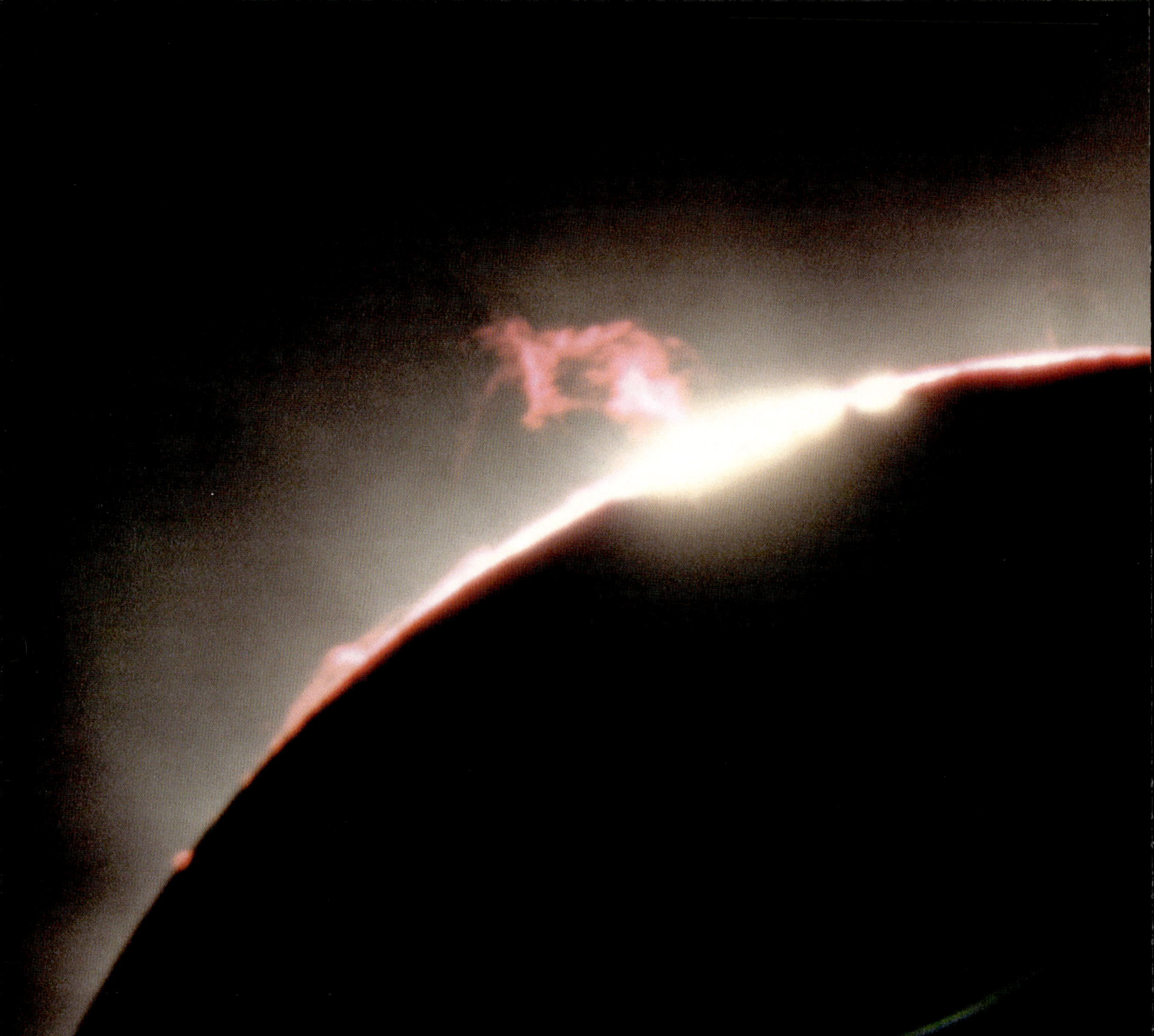

UN ANNEAU DE FEU
Au début et à la fin d'une éclipse totale de Soleil, des rayons de lumière solaire jaillissent depuis la bordure du disque lunaire, produisant ce que l'on nomme les « Baily'Beads », ou effets de diamant.

LA LUNE

La Lune est le seul satellite naturel de la Terre. Elle est si proche que nous pouvons distinguer ses formations de surface à l'œil nu.

Notre plus proche voisine

La Lune orbite très près de la Terre, à environ de 384 000 km. D'une taille d'environ le quart de la Terre, elle est assez grande pour être considérée comme faisant une planète double avec la Terre. Comme les autres lunes du système solaire, elle n'émet pas de lumière, elle reflète la lumière solaire. C'est un objet à observer inlassablement, de simples jumelles révélant ses grandes plaines, ses cratères, ses vallées et ses chaînes de montagnes.

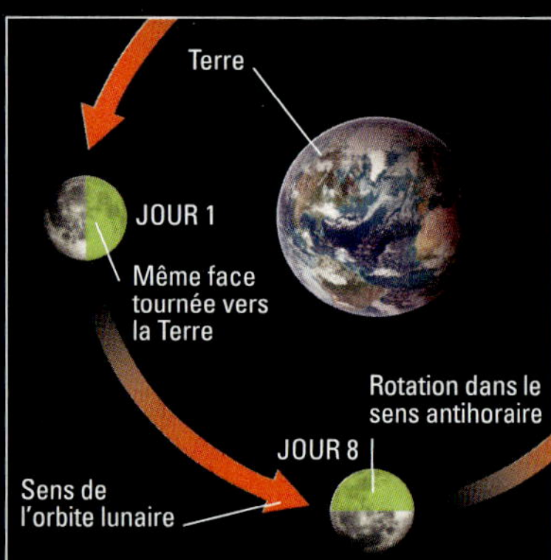

UNE ROTATION SYNCHRONE
Comme la Terre, la Lune tourne sur elle-même, mais bien plus lentement. Son orbite autour de nous dure 27,3 jours, exactement le même temps que sa révolution sur elle-même. De ce fait, la Lune nous présente toujours la même face.

L'orbite lunaire

Tandis qu'elle tourne autour de nous, la Lune nous présente plusieurs phases. À la nouvelle lune, elle se trouve entre le Soleil et la Terre. Si l'alignement est parfait, il y a alors éclipse du Soleil (voir p. 195), mais, l'orbite lunaire étant inclinée, elle passe généralement un peu au-dessus ou au-dessous du Soleil. Deux jours plus tard, elle apparaît en un fin croissant à l'ouest, suivant de peu le coucher du Soleil. Puis, au fil des jours, elle voyage vers l'est, s'élève dans le ciel, et ses phases vont croissant : mi-lune, gibbeuse, et pleine lune enfin, 14,5 jours après la nouvelle lune. Elle a alors décrit la moitié de son orbite, et ici encore peut se produire une éclipse, mais de Lune cette fois. En tout, la Lune tourne autour de la Terre en 27,3 jours, mais, la Terre se déplaçant elle-même dans l'espace durant ce temps, nous ne la revoyons sous le même angle qu'après 29,5 jours, temps d'une « lunaison ».

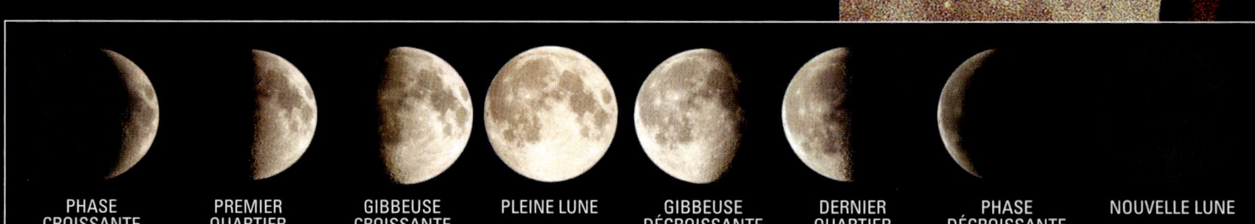

LES PHASES LUNAIRES
Le Soleil, bien sûr, éclaire toujours une moitié de la Lune, et la quantité de lumière que nous percevons sur la Lune dépend en fait de là où elle se trouve dans son orbite autour de la Terre. La Lune est dite croissante lorsque ses phases grandissent, depuis le croissant vespéral jusqu'à la pleine lune, puis décroissante lorsqu'elle s'amenuise jusqu'à la nouvelle lune.

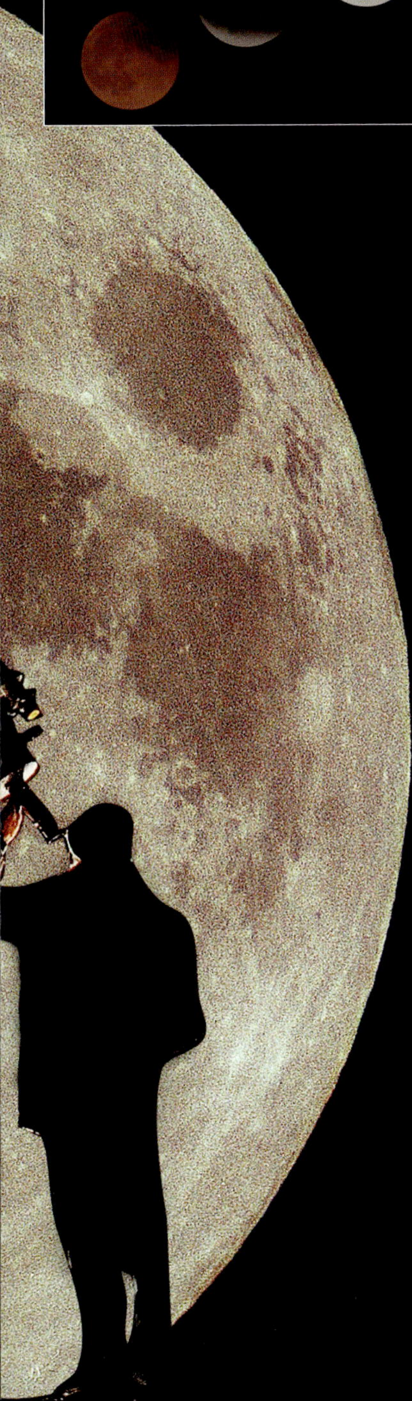

LA LUNE ROUGE
Lors de l'éclipse totale, il n'y a plus de rayons tombant directement sur la Lune et elle se colore de rouge (non en noir) sous la lumière indirecte des rayons solaires déviés par l'atmosphère terrestre.

Les éclipses de Lune

Les éclipses de Lune ne sont certes pas aussi spectaculaires que les éclipses solaires, mais elles n'en sont pas moins ravissantes. Elles surviennent lorsque la Terre se trouve entre le Soleil et la Lune, et lorsque le plan orbital lunaire coïncide avec le plan orbital terrestre, ce qui arrive quelques fois par an, et toujours durant la pleine lune. Une éclipse de Lune totale commence par une ombre qui, en quelques heures, gagne tout le disque lunaire tandis que la Lune continue de glisser dans l'ombre de la Terre (la pénombre externe). Lorsque la Lune s'approche du point exactement opposé au Soleil (au moment donc de la pleine lune), elle entre dans la région la plus sombre de l'ombre projetée par la Terre (l'ombre) et prend une coloration rougeâtre avant que l'ombre la plus sombre commence à glisser sur son disque planétaire. Il est parfois surprenant de constater à quel point le ciel nocturne s'obscurcit d'un coup durant cette phase de totalité : même des étoiles de faible magnitude apparaissent alors autour d'une Lune désormais brunâtre. L'ensemble du scénario peut se dérouler sur 90 minutes, ce qui donne tout le loisir d'observer l'événement, contrairement aux éclipses solaires qui sont bien plus courtes.

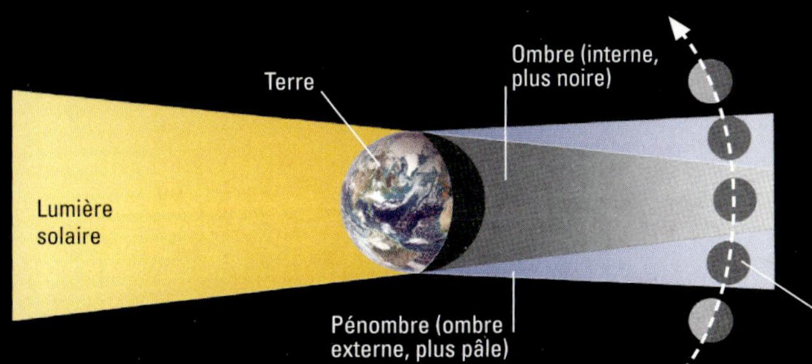

TRACÉ D'UNE ÉCLIPSE LUNAIRE
Lors d'une éclipse totale, la pleine lune traverse de part en part l'ombre projetée de la Terre, de la pénombre à l'ombre profonde, et de nouveau la pénombre.

COMMENT LA LUNE NOUS EST VENUE

L'une des théories la plus largement admise suggère que la Lune serait le résultat de la collision entre un objet d'environ la taille de Mars et la Terre encore toute jeune. Le choc aurait produit de grandes quantités de matériaux en fusion venant en partie de la surface terrestre et en partie du corps impactant, matériaux qui auraient été éjectés en orbite autour de la Terre. Lentement, les forces gravitationnelles auraient regroupé ces matériaux pour en faire la Lune. Depuis lors, la Lune s'éloigne de nous au rythme de 4 cm par an. Cela est dû aux effets de marées, la Lune captant une partie de l'énergie Terre-Lune, ce qui lui permet de s'échapper, tandis que la Terre ralentit sa rotation. Ralentissement peu inquiétant puisqu'il est de 2,2 secondes par millier de siècles.

1. COLLISION
On pense que la Lune a été formée lors d'un impact entre un grand astéroïde et la Terre naissante. Une grande quantité de matériaux fondus a été éjectée hors du manteau terrestre et a formé un nuage de gaz, de poussières et de roches, qui a commencé à refroidir.

2. LA COALESCENCE DES DÉBRIS
La majorité des matériaux éjectés lors de l'impact s'est mise en orbite circumterrestre, formant une espèce d'anneau très dense. Les roches sont entrées en collisions les unes avec les autres, formant peu à peu un corps plus important : la Lune, notre unique satellite.

Observer la surface lunaire

La surface de la Lune porte les cicatrices des bombardements météoritiques constants et fournis qu'elle a connus depuis sa formation. À l'œil, on ne voit d'abord qu'une surface grise parsemée de régions lumineuses ou sombres. Avec un peu plus d'attention, on distingue très vite les sites des principaux impacts. D'abord ces raies lumineuses, vestiges des jets de roches en fusion projetées à la suite d'un important impact de météorite, et qui s'étendent sur une grande partie de la Lune. Les plus faciles à voir à l'œil nu sont celles issues des cratères Copernic et Tycho. Des jumelles révèlent les cratères eux-mêmes et permettent d'identifier les différentes « mers » lunaires. Mais, pour un vrai voyage lunaire, un télescope, même petit, est irremplaçable.

Les « mers » lunaires sont de vastes étendues de **lave refroidie,** semblable à celle issue des **volcans terrestres.**

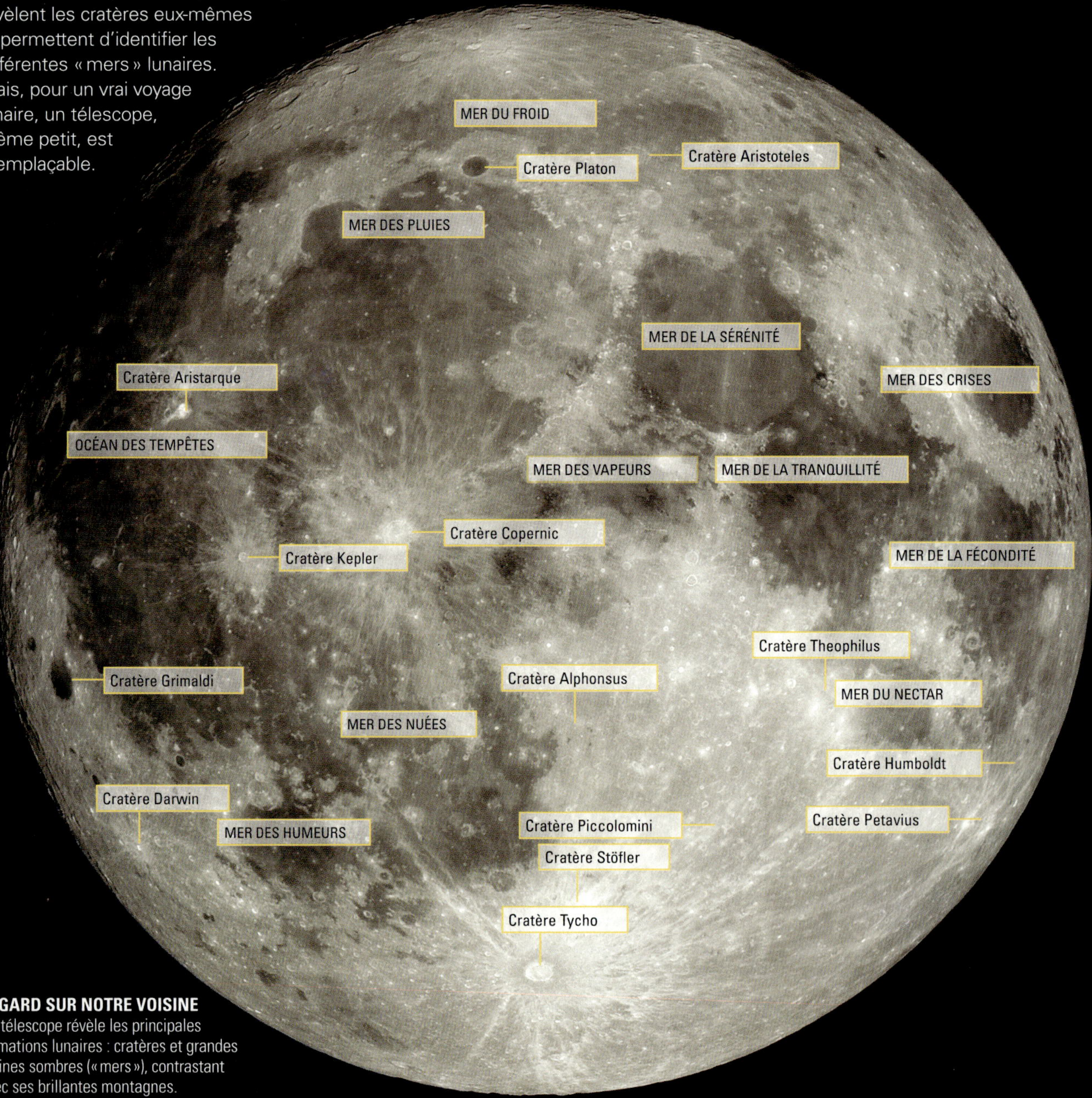

REGARD SUR NOTRE VOISINE
Un télescope révèle les principales formations lunaires : cratères et grandes plaines sombres (« mers »), contrastant avec ses brillantes montagnes.

Quand observer la Lune ?

Bien que la Lune nous présente toujours la même face, ce que nous voyons n'en change pas moins au fil du mois lunaire, la lumière solaire venant la frapper sous des angles différents. Voir la Lune lorsqu'elle est pleine est assez décevant : la lumière solaire, frappant en plein, écrase les reliefs. C'est donc avant et après la nouvelle lune qu'il convient de l'observer. Lorsque la Lune croît ou décroît, le mieux est de regarder près du « terminateur », la ligne qui divise la Lune entre sa partie éclairée et sa partie à l'ombre.

LE TERMINATEUR
Le long du terminateur, les rayons solaires frappent la Lune sous un angle étroit, ce qui allonge les ombres et révèle de nombreux détails de surface.

STRUCTURES ET PAYSAGES LUNAIRES

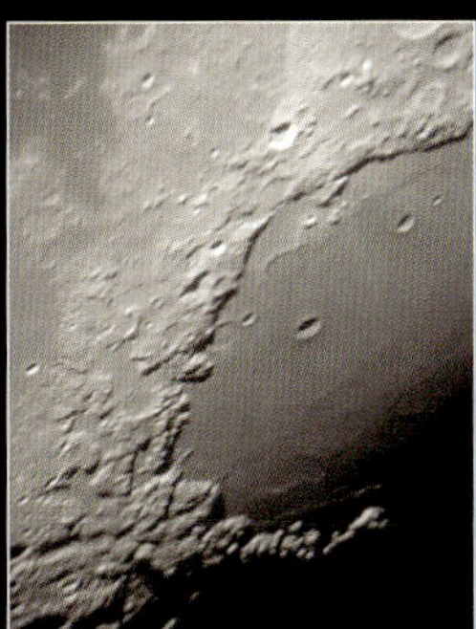

LES MERS
Les Anciens croyaient que ces régions sombres que l'on distingue sur le sol lunaire étaient des mers ; d'où leur nom actuel (*mare*, en latin : mer). Nous savons aujourd'hui que, s'il y a de l'eau sur la Lune, celle-ci se trouve au fond des cratères polaires, et que ces « mers » sont de vastes plaines recouvertes par de la lave en fusion et refroidie depuis. Ce qui fait d'ailleurs de ces mers des zones moins âgées que les brillants « highlands », ce qui se voit par le fait qu'elles ont moins de cratères.

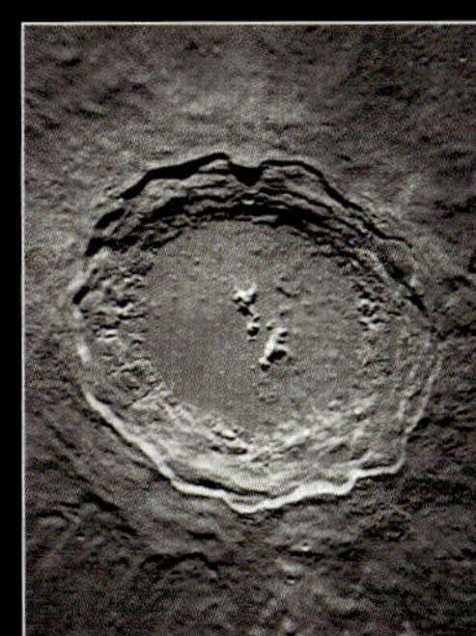

LES CRATÈRES D'IMPACT
Ces cratères d'impact sont formés lorsqu'un objet vient s'écraser sur la Lune. Ce qui arrive ensuite dépend notamment la taille de l'objet, mais, de façon générale, l'énergie en jeu est suffisante pour faire fondre les roches du sol lunaire et tout ou partie de l'objet percutant. Ce matériau fondu jaillit alors en éclaboussures tout autour, formant ainsi les parois du cratère. Si l'énergie est très forte, une partie des matériaux fondus peut redescendre vers le milieu du cratère et se refroidir là, créant un pic de cratère.

MURS ET *RUPES*
Ces formations rectilignes sont dues à la présence d'une paroi verticale bordant un fossé. Que le sol ait été haussé d'un côté ou se soit effondré de l'autre, le résultat en est une falaise verticale. Le plus bel exemple en est ce que l'on nomme le Mur Droit, ou « Rupes Recta », qui traverse sur 125 km la mer des Nuées. Le plus long de ces escarpements est le Rupes Altaï, avec 427 km de long, sans doute le reliquat d'un anneau qui entourait jadis le bassin Necaris (un grand cratère d'impact) peu après sa formation.

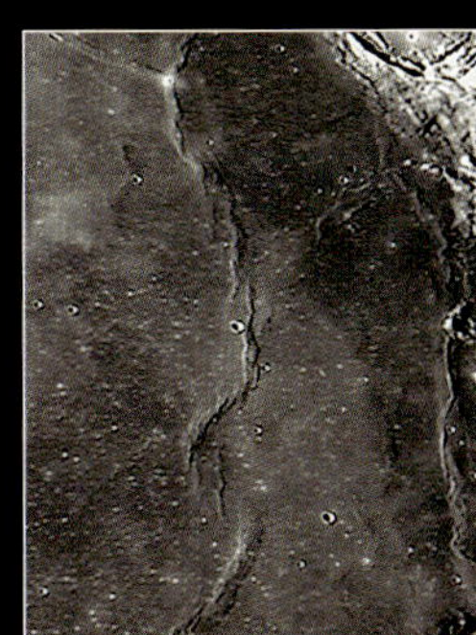

LES RIDES, OU *DORSA*
Lorsque les roches en fusion qui ont formé les mers lunaires se sont refroidies, en se contractant, cela a engendré de petites rides de surface. Ces rides peuvent s'étendre sur des centaines de kilomètres à travers la Lune, mais leur altitude ne dépasse pas quelques centaines de mètres. On les voit bien en observant dans la région du terminateur, le Soleil rasant étirant alors considérablement leur ombre projetée. La plus longue de ces rides est Dorsa Geike, avec ses 228 km de long, dans la mer de la Fécondité.

LES MONTAGNES
Ce sont des pics ou des chaînes auxquels on a souvent accolé des noms terrestres, comme le mont Blanc dans les Alpes lunaires. Mais si l'on trouve des montagnes hors des « mers », on en trouve aussi au sein de ces mers. Un peu comme nos îles terrestres, montagnes dont le sommet émerge plus ou moins, ces pics n'ont pas été entièrement recouverts par les laves emplissant les mers lunaires lors de leur formation. La plus haute montagne lunaire est le grand Mont Huygens, à 4 700 m d'altitude dans les monts Apennins.

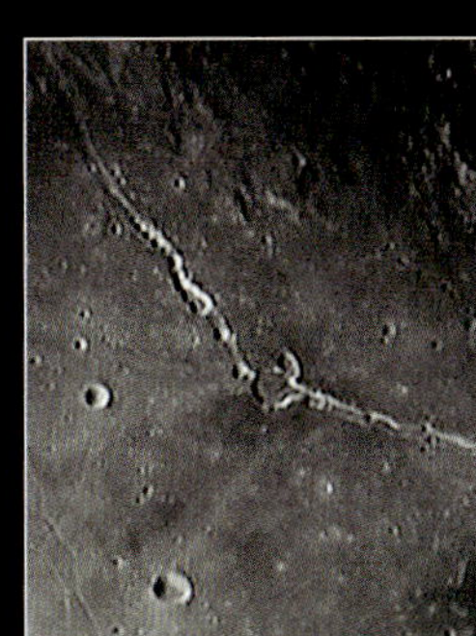

LES RAINURES, OU *RIMA*
Les rainures sont l'exact contraire des rides (ci-dessus). Loin de s'élever au-dessus du sol, elles s'y enfoncent au contraire, comme le sillon d'un disque vinyl. Ces rainures sont, en outre, plus grandes que les rides. On pense qu'il s'agirait d'anciens tubes apparaissant à la surface et dans lesquels circulait de la lave, tubes dont le toit se serait effondré une fois la lave refroidie ; d'où leur taille qui peut atteindre plus de 100 km. La plus grande est Rima Hesiodus, de 256 km de long dans le cratère Hesiodus.

COMÈTES ET MÉTÉORITES

En heurtant l'atmosphère terrestre, les particules échappées d'une comète produisent des météorites.

Des boules de neige sale

Les comètes sont de grands amalgames de poussière et de glace (des boules de neige sale), en orbite solaire sur des trajectoires parfois très longues qui les amènent jusqu'à l'espace interstellaire. Lorsqu'une comète s'approche du Soleil, elle se réchauffe et perd une grande quantité de matériaux en un spectacle grandiose. La partie solide de ces matériaux, de fines particules de poussière – des météorites – continue d'orbiter autour du Soleil, ou bien se consume en « étoiles filantes » en entrant dans l'atmosphère terrestre.

COMÈTES CHEVELUES
La comète de Halley montre sa chevelure et sa longue queue. Nous pouvons voir les comètes parce qu'elles reflètent la lumière solaire et que leurs gaz sont ionisés par l'énergie provenant du Soleil

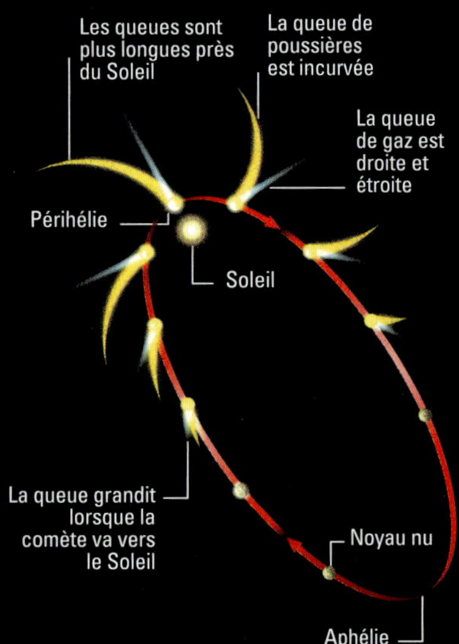

D'où viennent les comètes ?

On pense que les comètes dont le noyau mesure de 1 à 50 km sont des résidus de la formation du système solaire. Lorsque le Soleil s'est mis à briller, ses radiations ont repoussé les matériaux les plus légers au-delà des orbites planétaires, vers la ceinture de Kuiper (voir p. 190). C'est de cette dernière que nous viennent les comètes à courte période (moins de 200 ans). Plus loin se trouve un gigantesque réservoir de comètes appelé le Nuage d'Oort, une espèce de halo entourant le Soleil sur une année-lumière de diamètre. C'est la source des comètes à longue période qui mettent des millénaires à boucler leur orbite. Si l'orbite d'une comète est déviée par le passage d'une planète, elle peut ensuite être prisonnière d'une nouvelle orbite, plus courte, ou être détruite par collision. Poussée par le passage d'une étoile ou par la proximité d'une planète, la comète se précipite alors vers le Soleil, s'allume et illumine notre ciel nocturne.

DES ÉTOILES AVEC QUEUES
Lorsqu'une comète approche du Soleil, la glace s'évapore laissant s'échapper ses poussières qui forment un halo brillant, une « couronne ». Les radiations solaires poussent ces particules loin de la couronne et le vent solaire ionise certains gaz cométaires, engendrant une seconde queue.

Observer les comètes

Les comètes à longue période comme Hale-Bopp (à gauche) ne reviennent qu'après des milliers d'années, mais il en existe de nombreuses à courte période à observer chaque année. La plupart étant peu brillantes, il faut des jumelles pour en apercevoir ne serait-ce que la queue. Pourtant, nous découvrons chaque année de nouvelles comètes, découvertes aussitôt diffusées sur Internet. Dans la majorité des cas, une comète n'apparaît que comme une tache floue et, pour être certain qu'il s'agit d'une comète, il faut la regarder plusieurs nuits de suite afin de voir si cet objet se déplace dans le ciel. La technique de la vision décalée (voir p. 48) est précieuse pour l'observation des comètes.

Les pluies de météorites

Les dates et localisations des principales pluies météoritiques sont bien connues (voir le tableau p. 237). Il vaut mieux les regarder à l'œil nu. Le plus loin possible de toute pollution lumineuse, regardez en direction de la constellation indiquée comme radiant, confortablement étendu sur une chaise longue ou dans l'herbe. La pollution lumineuse et une Lune trop forte réduiront le nombre de météores que vous apercevrez. Si la Lune est gibbeuse ou pleine lors des dates de pic, vous perdrez une grande partie des étoiles filantes. À contrario, une nouvelle lune est une période idéale.

Les plus grandes météorites apparaissent plus brillantes que **toutes les étoiles et planètes** environnantes.

Météorites et pluies d'étoiles filantes

Simples débris cométaires, les météorites sont de minuscules particules se mouvant dans l'espace et rencontrant l'attraction terrestre. Lorsqu'une de ces particules entre dans l'atmosphère à une vitesse de 50 000 à 250 000 km/h, elle subit un frottement intense au contact des hautes couches atmosphériques, ce qui la ralentit et la rend incandescente. L'air est alors électrisé par le passage de la météorite en feu, qui laisse une traînée lumineuse derrière elle : une « étoile filante ». Certaines météorites dites sporadiques sont engendrées par des particules errantes, restes sans doute de comètes à longues périodes, et peuvent survenir n'importe où et n'importe quand. La plupart, cependant, surviennent à des dates précises, dans la même région du ciel appelée le radiant, et la constellation qui figure ce radiant donne son nom à la pluie météoritique en question. Ainsi en est-il des Lyrides dont le radiant se trouve dans la constellation de la Lyre. La majorité des pluies de météorites survient lorsque la Terre croise un courant de débris laissés par le passage d'une comète. La pluie des Perséides est due au passage de la comète Swift-Tuttle et peut produire 90 météorites par heure.

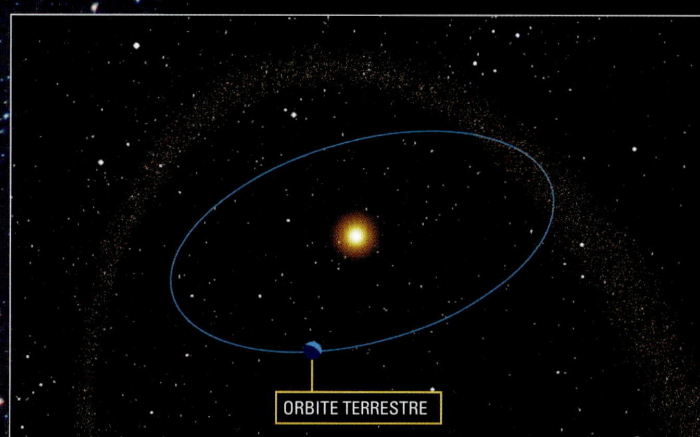

LES ORIGINES D'UNE PLUIE DE MÉTÉORITES
Lorsque la Terre passe près de l'orbite d'une comète, elle traverse des débris laissés derrière elle par la comète ; chacune de ces particules heurtant l'atmosphère terrestre devient un météore.

PHÉNOMÈNES ATMOSPHÉRIQUES

Ce que nous observons dans le ciel n'appartient pas toujours à l'espace : nombreux sont les phénomènes « créés » par la Terre elle-même.

Effets de lumières terrestres

Que la lumière nous parvienne directement du Soleil sous la forme de particules chargées pénétrant dans l'atmosphère, ou bien sous forme indirecte, par réflexion de la Lune, il arrive que les circonstance se conjuguent pour produire des effets lumineux stupéfiants. Les uns, comme les aurores polaires, ne peuvent être observés que depuis certains endroits et à des époques définies, tandis que les autres peuvent survenir n'importe quand et n'importe où.

HALO LUNAIRE
Un halo lunaire est engendré par la présence dans l'atmosphère de cristaux hexagonaux de glace qui dévient la lumière lunaire de 22°. Les cristaux n'étant pas alignés, l'observateur voit se développer un anneau blanchâtre autour de l'objet observé (Lune et parfois Vénus ou Jupiter).

CHIENS DU SOLEIL
Les chiens du Soleil sont des taches brillantes à 22° ou plus de chaque côté du Soleil. Bien qu'engendrés par la présence de cristaux de glace dans la haute atmosphère, ils n'apparaissent pas forcément lorsqu'il fait froid.

Chiens du Soleil ou de la Lune

Les Chiens du Soleil (ou parhélies) sont des taches brillantes qui apparaissent souvent par paires, une de chaque côté du Soleil. Ce phénomène est engendré par la présence dans les nuages cirrus de cristaux de glace hexagonaux en suspension (le phénomène n'est donc pas rare) qui dévient la lumière solaire avec un angle de 22°. Si ces cristaux ne sont pas parfaitement alignés, les Chiens du Soleil peuvent se trouver au sein d'un halo entourant le Soleil. Il arrive plus rarement qu'un autre halo entoure le Soleil, cette fois horizontalement, passant lui aussi à travers les Chiens du Soleil. Les Chiens de Lune sont moins fréquents, la Lune devant être pleine, ou presque, pour que cela se produise.

Les nuages noctulescents

Invisibles durant le jour, les nuages noctulescents, ou nuages nocturnes lumineux, voguent à la très haute altitude de 80 km et n'apparaissent qu'après le coucher du Soleil derrière l'horizon, lorsque les derniers rayons n'éclairent plus que les hautes couches atmosphériques. Composés de cristaux de glace, ces nuages blancs reflètent ces derniers rayons solaires alors que nous sommes plongés dans la nuit naissante. On ne sait si les particules auxquelles s'agglutinent les cristaux sont des micrométéorites ou des poussières volcaniques. Ces nuages sont visibles entre 50 et 65° Nord et Sud durant les mois d'été.

NUAGES NOCTULESCENTS
Saisonniers, ces nuages apparaissent entre mai et août dans l'hémisphère Nord et février et novembre dans l'hémisphère Sud.

Les aurores polaires

Ce spectacle grandiose est dû à un effet électromagnétique. Lorsque, suite à une éruption solaire, des particules chargées arrivent sur la Terre, elles sont déviées par le bouclier magnétique terrestre vers les pôles, moins protégés, où elles peuvent descendre plus bas dans l'atmosphère, jusqu'à 300 km d'altitude. Leur rencontre avec les atomes composant l'atmosphère provoque une ionisation, une excitation atomique, qui donne les couleurs des aurores boréales (au nord) ou australes (au sud). Les couleurs aperçues dépendent des atomes qui ont été excités et de l'énergie des particules solaires. Généralement, une aurore polaire débute par un arc vert léger dans le ciel, qui grandit en luminosité et en taille avant que n'apparaissent des rayons verts et rouges qui s'étendent en longs rubans ondulant à travers le ciel et qui semblent, par un effet de perspective, se diriger vers nous, au-dessus de nos têtes.

PHÉNOMÈNES CÉLESTES LUMINEUX

De jour comme de nuit, beaucoup d'objets passent dans le ciel, mais, les distances étant très grandes, il est parfois difficile de les identifier.

Objets célestes non identifiés

Dans la nuit… Vous apercevez un objet brillant, que vous ne reconnaissez pas : de quoi s'agit-il ? La première chose à faire est de déterminer si cet objet se déplace. Il suffit pour cela de le regarder quelques minutes, mais généralement quelques secondes suffisent à le voir se déplacer. S'il est immobile, il est probable que ce soit une planète. Plus brillante qu'une étoile, Vénus est souvent prise pour un OVNI. Si cet objet apparaît dans les 3 heures après le coucher ou avant le lever du Soleil, il y a des chances pour que ce soit Vénus, voire Mars ou Jupiter, bien que brillant moins que Vénus. Si, en revanche, cet objet se déplace, demandez-vous s'il n'y a pas un aérodrome proche. Des lumières rouges et vertes clignotantes, ou un bruit associé au déplacement, indiqueront un avion en approche d'atterrissage.

VÉNUS
La plus brillante des planètes apparaît bas sur l'horizon ouest au coucher du Soleil. Sa lumière puissante rayonnant à travers les arbres et mélangée aux lueurs du couchant peut induire en erreur.

La Station spatiale internationale, ISS.

Il existe un objet brillant qui se déplace dans le ciel de manière non erratique mais rectiligne ; voguant à une altitude moyenne de 590 km, il ne fait pas de bruit. Cet objet, c'est la Station spatiale internationale (ISS). Cet appareil n'a pas cessé de gagner en brillance depuis l'installation en orbite de son premier module en 1989, chaque ajout augmentant sa surface et, donc, sa luminosité. Jusqu'à la phase finale lorsque, en 2009, on a installé ses derniers grands panneaux solaires qui reflètent la lumière de telle façon que l'ISS peut être, maintenant, visible en plein jour.

TRAJET DE L'ISS
Cette photo à long temps de pose montre le trajet de l'ISS dans le ciel nocturne. On peut aussi le voir en plein jour si l'on connaît ses heure et lieu de passage.

LES SATELLITES IRIDIUM

Au nombre de 66, circulant autour de la Terre à une altitude supérieure à celle de l'ISS, les satellites Iridium ont pour rôle d'établir un réseau de communication. Ils sont visibles de jour comme de nuit et, intensément brillants, ils sont peu rapides. Lorsque vous voyez un point lumineux se déplacer et devenir de plus en plus brillant, puis perdre à nouveau de la luminosité, le tout en une dizaine de secondes, il s'agit sans doute d'un Iridium. C'est ce que l'on appelle un éclat Iridium dont les lieux et dates de survenue sont donnés sur le site www.heavens-above.com.

LES SATELLITES LES PLUS BRILLANTS
Les éclats Iridium sont dus au revêtement des antennes de ces satellites qui agissent comme des miroirs reflétant la lumière solaire vers une position déterminée de la surface terrestre.

Les satellites

Semblables à des étoiles faiblement lumineuses, les satellites traversent le ciel en quelques minutes. Leur apparente lenteur est due à leur grand éloignement, leur vitesse réelle étant de 27 000 km/h, ce qui fait qu'ils effectuent une orbite en 90 minutes. Si nous les voyons ainsi « illuminés », ce n'est pas par des lumières embarquées à bord, mais uniquement parce que, tout comme l'ISS, leur structure métallique reflète la lumière solaire. Lorsqu'un satellite pénètre dans le cône d'ombre de la Terre (ce qui survient souvent lors d'une observation), sa lumière ne disparaît pas d'un coup, mais s'estompe progressivement en 5 à 10 secondes.

MÉCANO SPATIAL
L'ISS est un laboratoire en orbite terrestre à 32 000 km/h. Ses panneaux solaires ont une envergure supérieure à celle d'un Boeing 777 et produisent assez d'énergie pour satisfaire toute la maintenance de la station.

La planète **Vénus**, des météorites, des satellites et même des **cristaux** de glace ont été pris pour des OVNI.

Ballons météorologiques et lanternes

Il est également des objets lumineux qui se déplacent dans le ciel de façon tout à fait erratique, allant dans toutes les directions. Si cela survient de jour ou juste au crépuscule, il peut s'agir d'un ballon sonde, ou ballon météorologique, souvent recouvert d'une fine couche d'un matériau appelé le Mylar. Tandis que ce matériau reflète la lumière du Soleil couchant, le ballon s'élève, descend, part vers la gauche ou la droite, ce qui peut laisser perplexe un observateur. De nuit, d'étranges lumières rondes peuvent être le fait d'une lanterne chinoise. Ballons et lanternes sont à la merci des moindres mouvements atmosphériques, vents ou courants ascendants, descendants, latéraux, etc. Vus depuis la Terre par quelqu'un qui n'est pas bien au courant de ces choses, tout cela peut faire penser à quelque OVNI venu nous visiter. Comme nous l'avons vu, ce n'est généralement pas le cas ! Quant aux OVNI, appelés PAN en France (phénomènes atmosphériques non identifiés), le mystère reste entier…

BALLONS MÉTÉOROLOGIQUES
Flexibles et ultra légers, parfois pris pour des OVNI, ces ballons sont lâchés dans le ciel pour étudier les conditions atmosphériques. Ils peuvent atteindre une altitude de plus de 40 km.

6

LES CARTES STELLAIRES

L'orbite de la Terre autour du Soleil décrit une ellipse de près d'un milliard de kilomètres, au cours de laquelle les étoiles semblent changer de position. Il existe ainsi des éphémérides indiquant leurs positions au fil des mois. Les cartes suivantes permettent de situer mois par mois les étoiles et les constellations, pour l'hémisphère Nord et pour l'hémisphère Sud.

UTILISER LES CARTES STELLAIRES

Idéales pour observer le ciel à l'œil nu, les cartes stellaires sont fort utiles pour préparer une nuit d'observation et passer d'un objet céleste à un autre.

Cartes stellaires mensuelles

Ce chapitre contient des cartes du ciel nocturne destinées aux observateurs de l'hémisphère Nord ou de l'hémisphère Sud, pour chaque mois de l'année. Outre les étoiles, y sont représentés les objets du ciel profond les plus visibles, tels que les amas d'étoiles et les nébuleuses. Cette double page indique comment manipuler ces cartes et quelles informations en tirer.

L'ŒIL NU
Les cartes stellaires servent à observer les constellations à l'œil nu et à localiser les objets du ciel profond les plus brillants.

1 La première chose à faire avant d'utiliser une carte stellaire est de connaître la latitude à laquelle on se trouve. Le planisphère (ci-contre) vous y aidera tout en notant que, tout de même, un écart de latitude de 10° n'aura que peu d'effet sur la partie du ciel que vous pouvez observer.

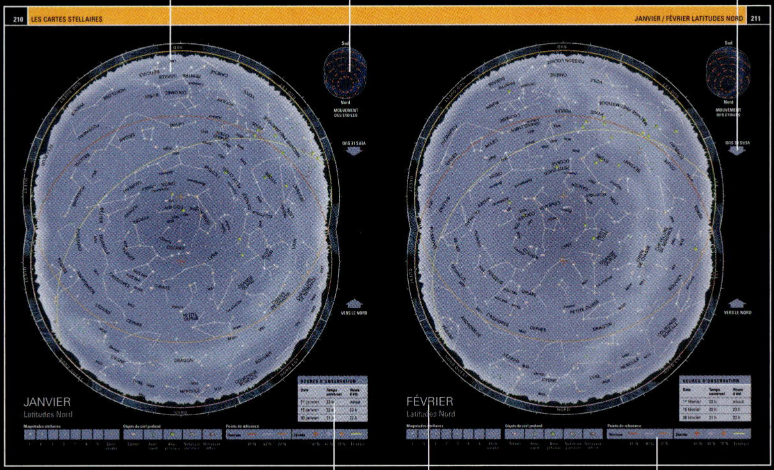

2 Les cartes stellaires concernant un mois précis montrent le ciel tel qu'il est observable à 22 h au milieu du mois en question. Lorsque nous sommes à l'heure d'été, elles montrent le ciel tel qu'il apparaît une heure plus tard. À 23 h en début de mois et à 21 h en fin de mois, le ciel sera le même qu'à 22 h en milieu de mois. Si vous désirez observer le ciel à des heures différentes, vous devrez utiliser les cartes d'un mois différent : pour deux heures de décalage avant ou après 22 h, vous devez consulter la carte précédente ou la suivante. Si vous désirez connaître le ciel à minuit le 15 janvier, consultez la carte de février, etc.

QUE MONTRE UNE CARTE STELLAIRE ?

OBJETS	DESCRIPTION
La Voie lactée	La bande blanchâtre qui traverse les cartes est la Voie lactée. Les cartes peuvent vous aider à connaître les meilleurs mois pour l'observer : cherchez quand cette bande traverse la carte au milieu, par exemple en février pour les latitudes Sud et en septembre aux latitudes Nord.
Les constellations	Les constellations sont indiquées sur chaque carte, avec des lignes joignant leurs principales étoiles. Pour en savoir plus sur les constellations et leurs objets du ciel profond, référez-vous au chapitre 4.
Les nébuleuses	Les cartes donnent la position des plus belles nébuleuses du ciel nocturne.
Les étoiles	Les cartes ne font apparaître que les étoiles jusqu'à la cinquième magnitude, c'est-à-dire celles qui sont bien visibles à l'œil nu (et, bien sûr, aux jumelles). La magnitude apparente de chaque étoile est indiquée par la taille du point qui la représente. Des indications sur la luminosité et la couleur des étoiles sont données pour chaque carte dans le bas de la page.
Le zénith	Le zénith, c'est-à-dire la ligne de points qui se trouve juste au-dessus de l'observateur, est indiqué sur chaque carte pour les différentes latitudes. Il est marqué de la même couleur que l'horizon de la latitude correspondante sur le planisphère ci-dessus. Vous trouverez donc le zénith en vous référant au planisphère.
Les galaxies	Les galaxies les plus brillantes visibles dans le ciel nocturne sont indiquées sur ces cartes, représentées par un symbole spécifique.
Amas stellaires ouverts et globulaires	Les plus importants amas ouverts et globulaires sont indiqués sur les cartes, avec leur référence Messier ou NGC. Ce sont de bonnes cibles pour un petit télescope, et les plus lumineux peuvent être vus avec des jumelles.
L'écliptique	L'écliptique, le chemin apparent du Soleil dans le ciel, est marqué par une ligne jaune vif traversant les cartes. Les planètes suivent à peu près cet axe, mais ne sont pas représentées ici.

3 Prenez la carte stellaire correspondant à la latitude où vous vous trouvez dans l'hémisphère Nord ou Sud et au mois d'observation. Tournez-vous vers le nord (à l'aide d'une boussole si nécessaire) en tenant le livre droit devant vous, (perpendiculaire au sol) : le mot « NORD » figurant dans le bas de la carte pointe vers le sol.

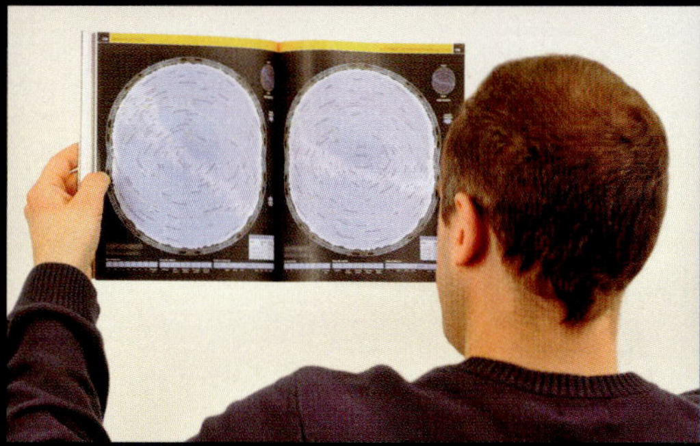

ORIENTER LES CARTES

Pour observer la région nord du ciel, tournez-vous vers le nord et tenez la carte de sorte que la flèche « Vers le nord » pointe vers le haut. La position des étoiles sur chaque carte correspond aux dates et aux heures indiquées ; il faut donc en tenir compte pour des temps d'observation différents. Pour observer la région sud du ciel, faites un demi-tour sur vous-même.

4 Localisez la ligne colorée qui correspond à votre latitude (horizon) : elle dessine un cercle englobant tout ce que vous pouvez voir à partir de cette latitude.

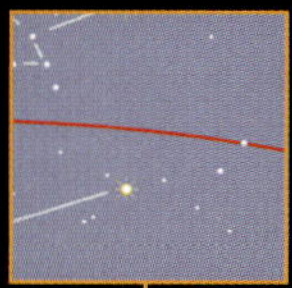

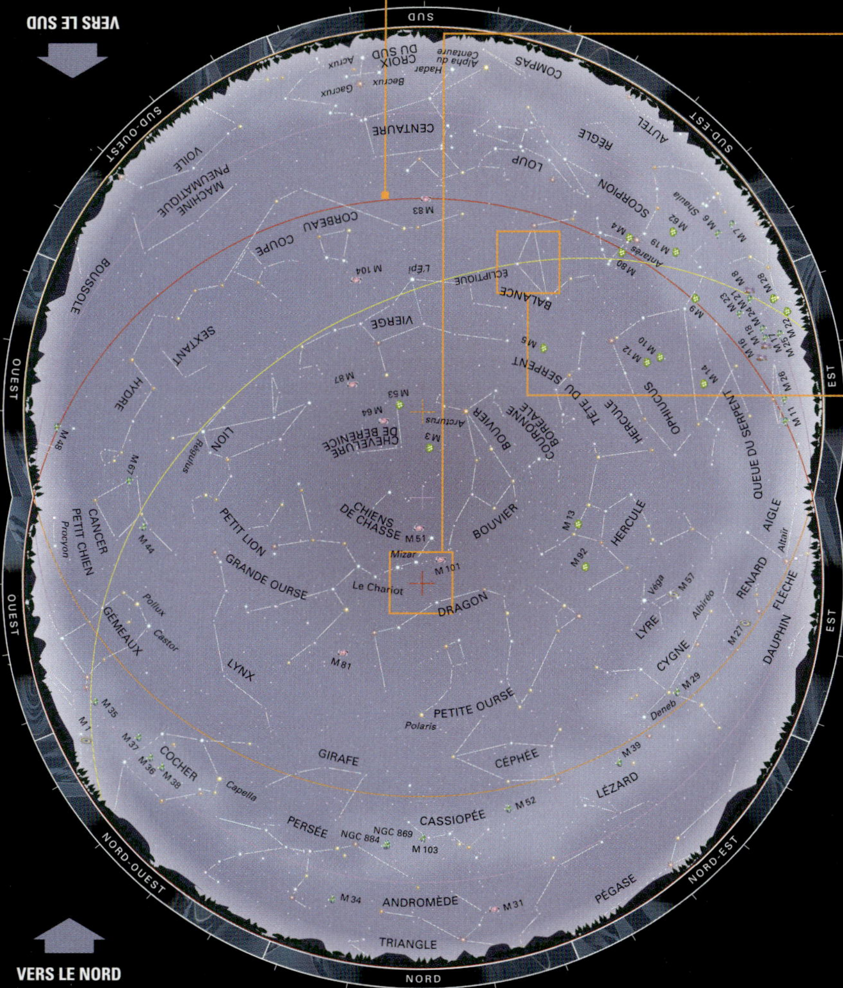

5 Cet arc de cercle forme avec la limite inférieure de la carte l'horizon nord qui se trouve devant vous, et l'arc opposé du cercle est l'horizon sud qui se trouve derrière vous. Vous ne pourrez rien voir au-delà de ce cercle. La carte montre également une croix correspondant à la couleur de votre ligne de latitude : cela représente le zénith, le point le plus haut du ciel au-dessus de votre tête.

6 La ligne jaune qui passe au centre de la carte représente l'écliptique. La Lune et les planètes voyagent le long de cet écliptique qui traverse les constellations du zodiaque.

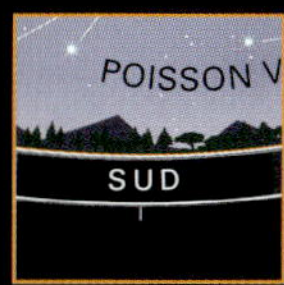

7 Pour observer le ciel du Sud, tournez-vous dans la direction opposée, et tournez le livre de façon que le mot « SUD » soit maintenant près du sol. La ligne du bas indique votre horizon sud, et celle du haut, l'horizon nord.

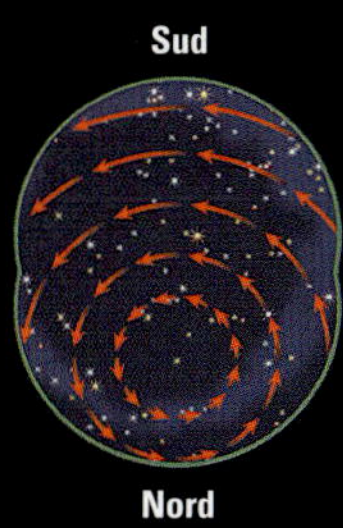

8 À côté de chaque carte, un diagramme montre le déplacement des étoiles durant la nuit. Les plus éloignées du pôle céleste sembleront se déplacer davantage que les plus proches, jusqu'à disparaître derrière l'horizon. Les circumpolaires resteront toujours visibles.

UTILISER LES INDICATIONS

Les étoiles de magnitude 5 ou plus brillantes figurent sur les cartes stellaires. Des icônes indiquent quels objets du ciel profond sont accessibles aux astronomes amateurs.

Magnitudes stellaires

-1 · 0 · 1 · 2 · 3 · 4 · 5 · Étoile variable

Objets du ciel profond

Galaxie · Amas ouvert · Amas globulaire · Nébuleuse planétaire · Nébuleuse diffuse

Points de référence

Horizons : 60° N · 40° N · 20° N

Zéniths : 60° N · 40° N · 20° N · Écliptique

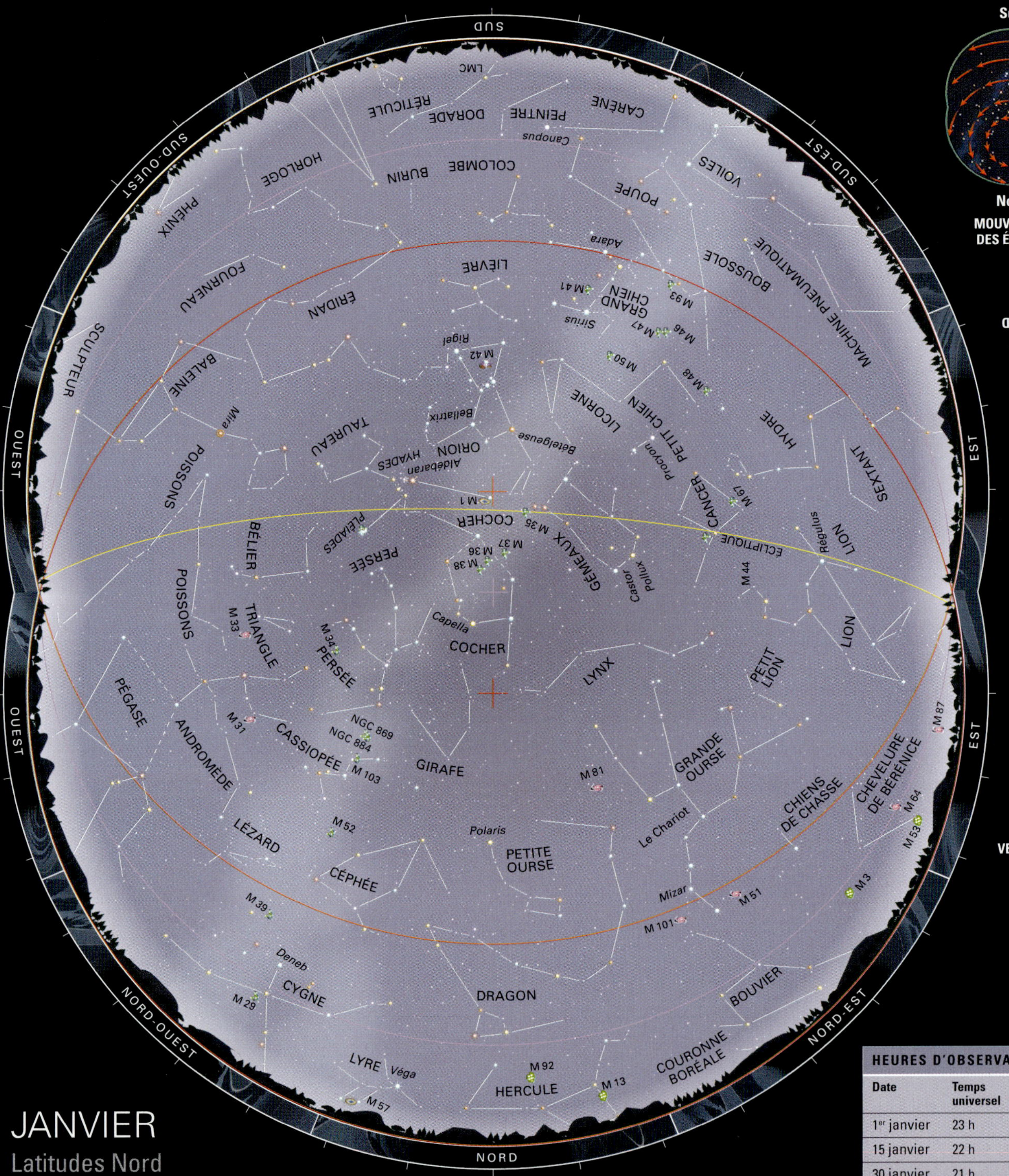

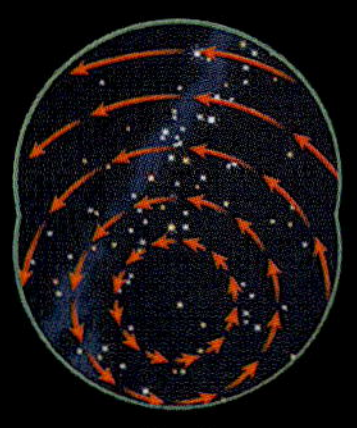

MOUVEMENT DES ÉTOILES

VERS LE SUD

VERS LE NORD

JANVIER
Latitudes Nord

HEURES D'OBSERVATION

Date	Temps universel	Heure d'été
1er janvier	23 h	minuit
15 janvier	22 h	23 h
30 janvier	21 h	22 h

Magnitudes stellaires

-1 | 0 | 1 | 2 | 3 | 4 | 5 | Étoile variable

Objets du ciel profond

Galaxie | Amas ouvert | Amas globulaire | Nébuleuse planétaire | Nébuleuse diffuse

Points de référence

Horizons: 60° N | 40° N | 20° N

Zéniths: 60° N | 40° N | 20° N | Écliptique

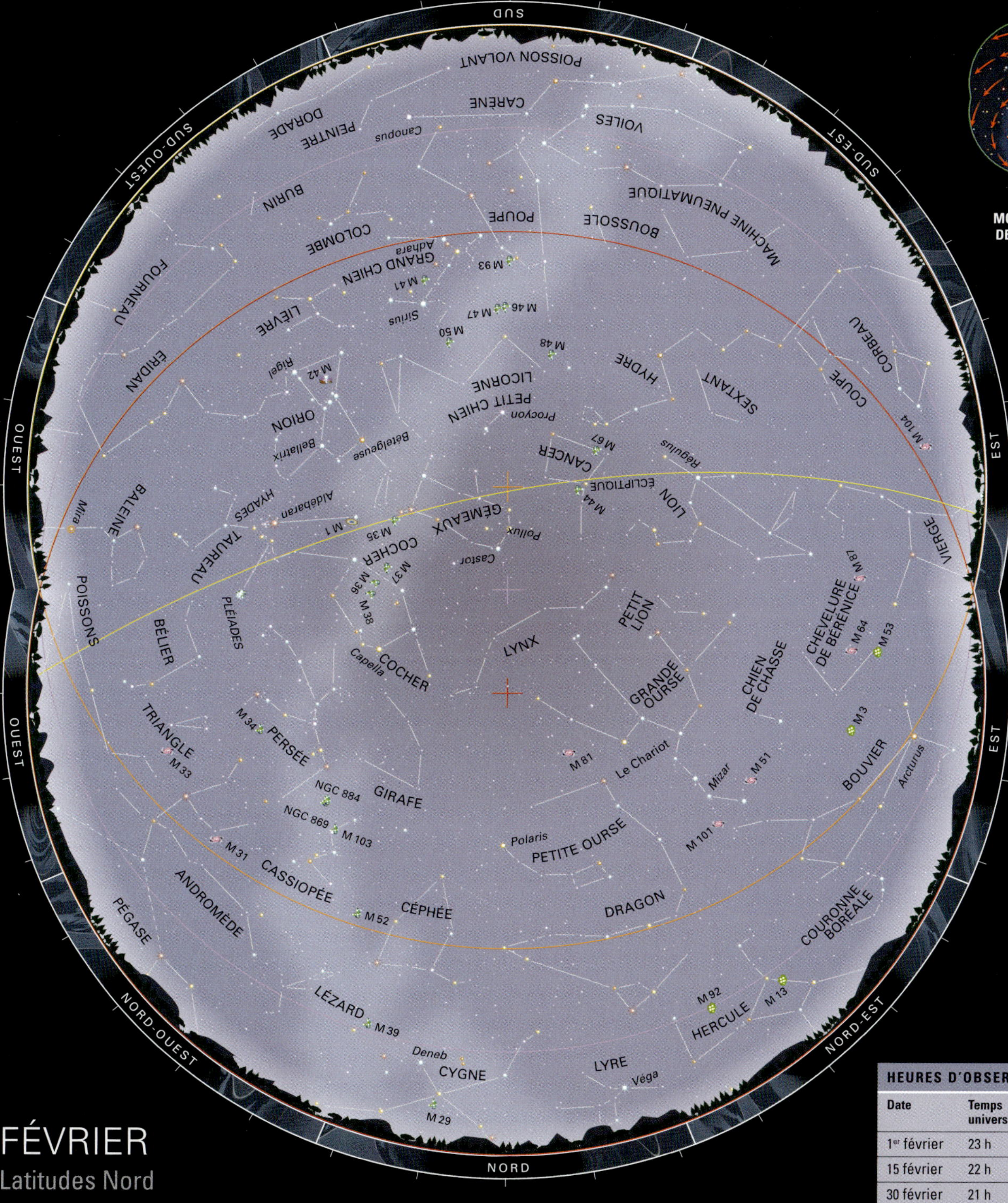

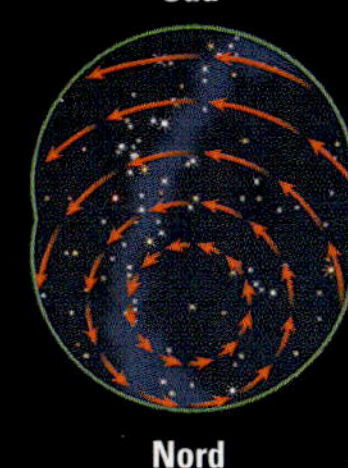

MOUVEMENT DES ÉTOILES

VERS LE SUD

VERS LE NORD

HEURES D'OBSERVATION		
Date	Temps universel	Heure d'été
1er février	23 h	minuit
15 février	22 h	23 h
30 février	21 h	22 h

FÉVRIER
Latitudes Nord

Magnitudes stellaires: -1, 0, 1, 2, 3, 4, 5, Étoile variable

Objets du ciel profond: Galaxie, Amas ouvert, Amas globulaire, Nébuleuse planétaire, Nébuleuse diffuse

Points de référence: Horizons: 60° N, 40° N, 20° N; Zéniths: 60° N, 40° N, 20° N; Écliptique

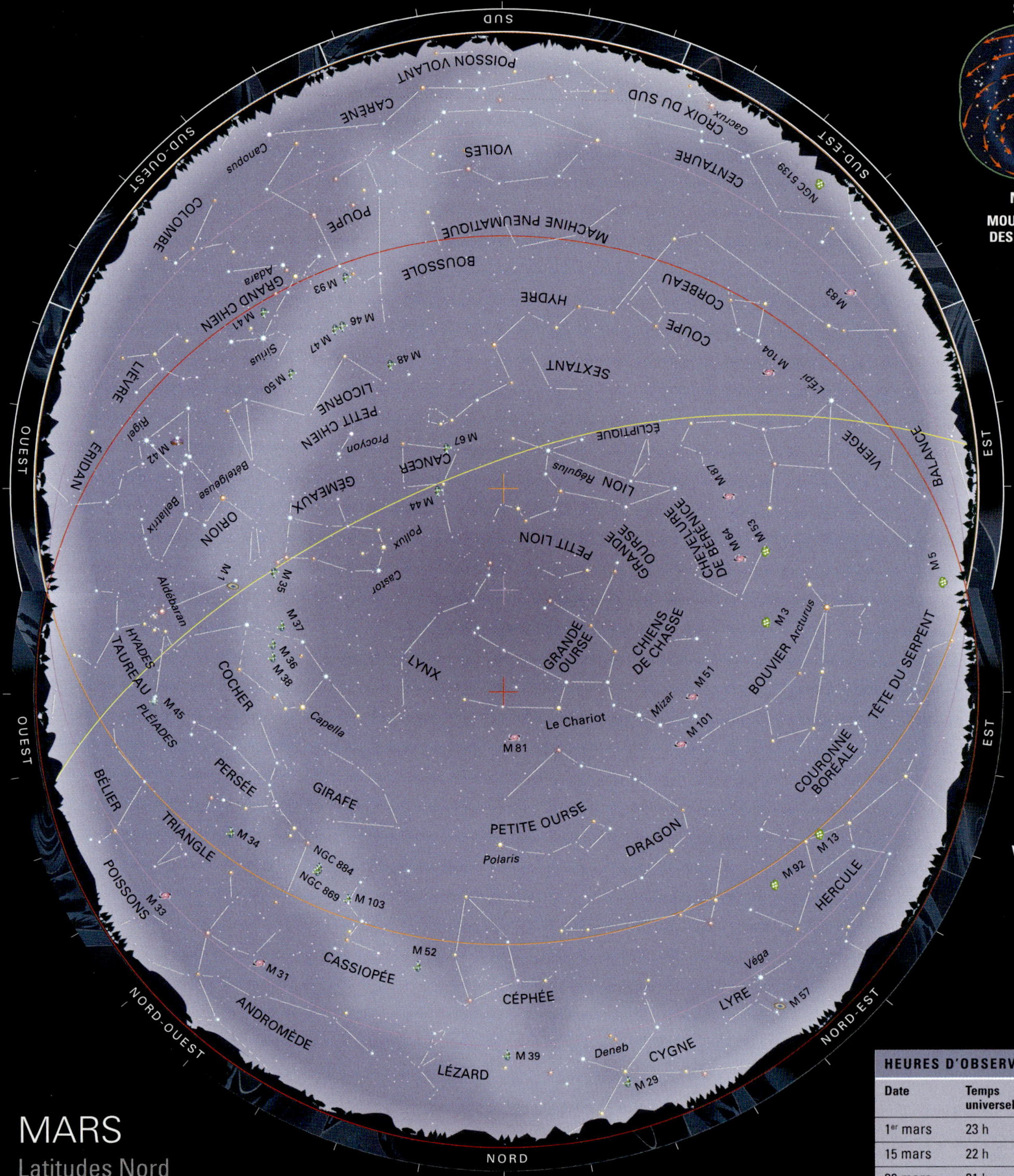

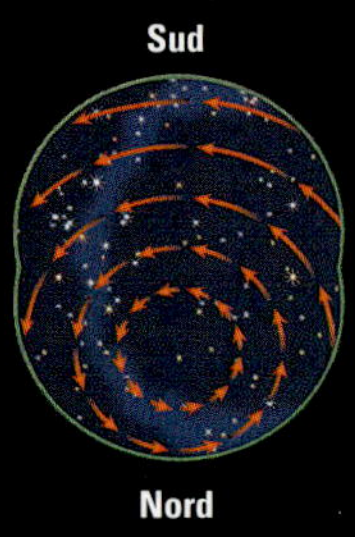

MOUVEMENT DES ÉTOILES

MARS
Latitudes Nord

HEURES D'OBSERVATION		
Date	Temps universel	Heure d'été
1er mars	23 h	minuit
15 mars	22 h	23 h
30 mars	21 h	22 h

Magnitudes stellaires

-1 · 0 · 1 · 2 · 3 · 4 · 5 · Étoile variable

Objets du ciel profond

Galaxie · Amas ouvert · Amas globulaire · Nébuleuse planétaire · Nébuleuse diffuse

Points de référence

Horizons: 60° N · 40° N · 20° N

Zéniths: 60° N · 40° N · 20° N · Écliptique

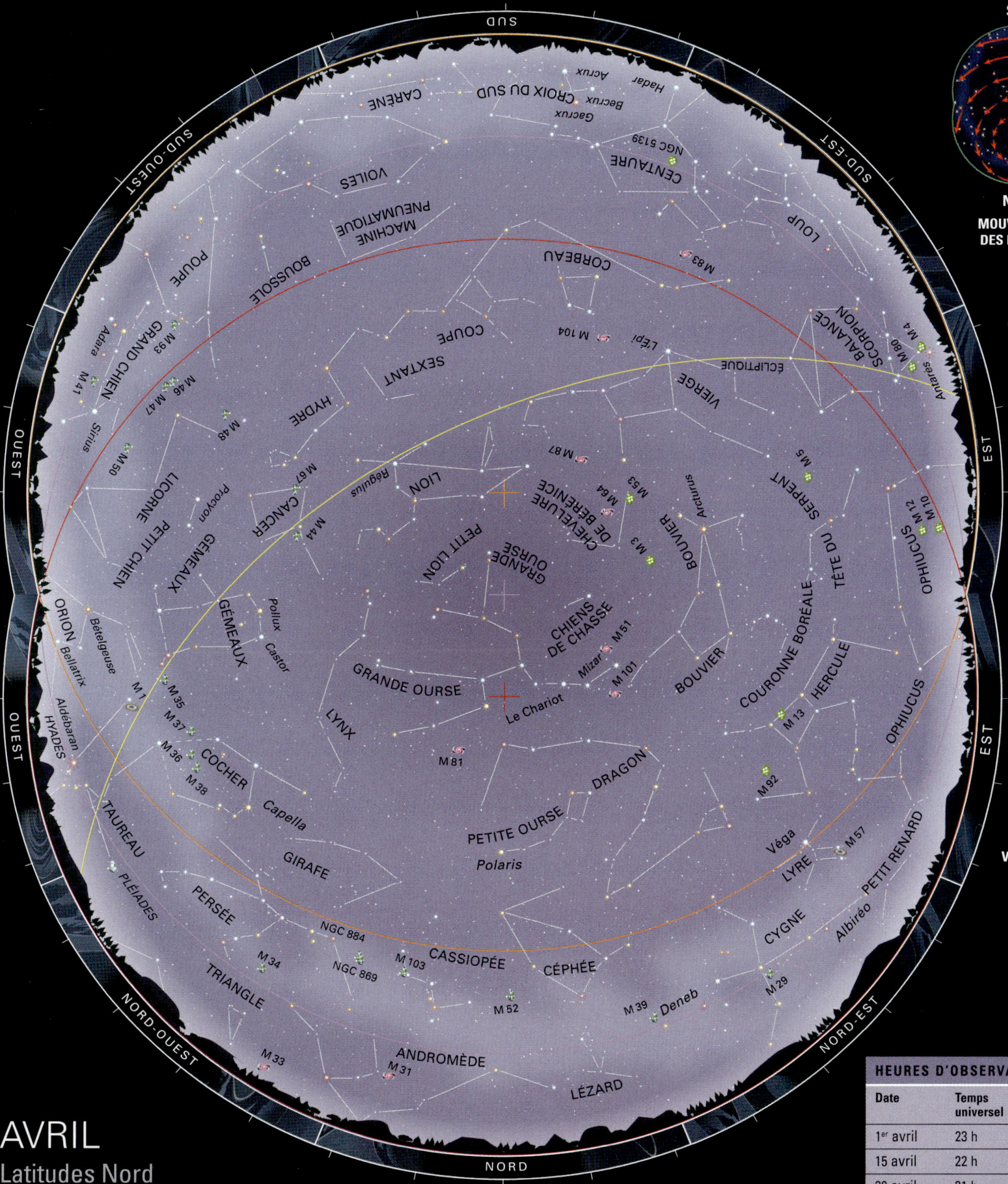

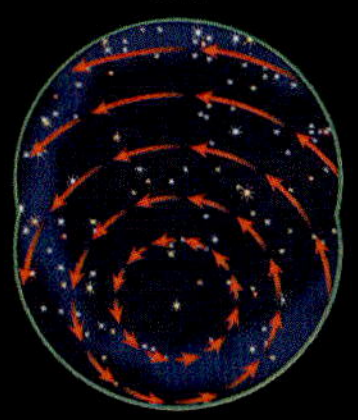

MOUVEMENT DES ÉTOILES

AVRIL
Latitudes Nord

HEURES D'OBSERVATION

Date	Temps universel	Heure d'été
1er avril	23 h	1 h
15 avril	22 h	minuit
30 avril	21 h	23 h

Magnitudes stellaires: -1, 0, 1, 2, 3, 4, 5, Étoile variable

Objets du ciel profond: Galaxie, Amas ouvert, Amas globulaire, Nébuleuse planétaire, Nébuleuse diffuse

Points de référence: Horizons (60° N, 40° N, 20° N); Zéniths (60° N, 40° N, 20° N); Écliptique

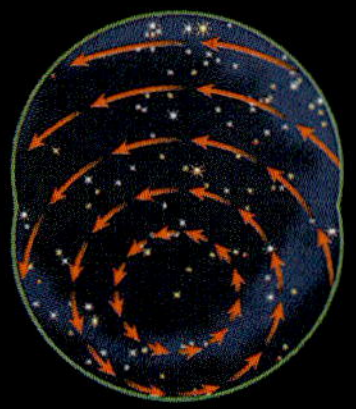

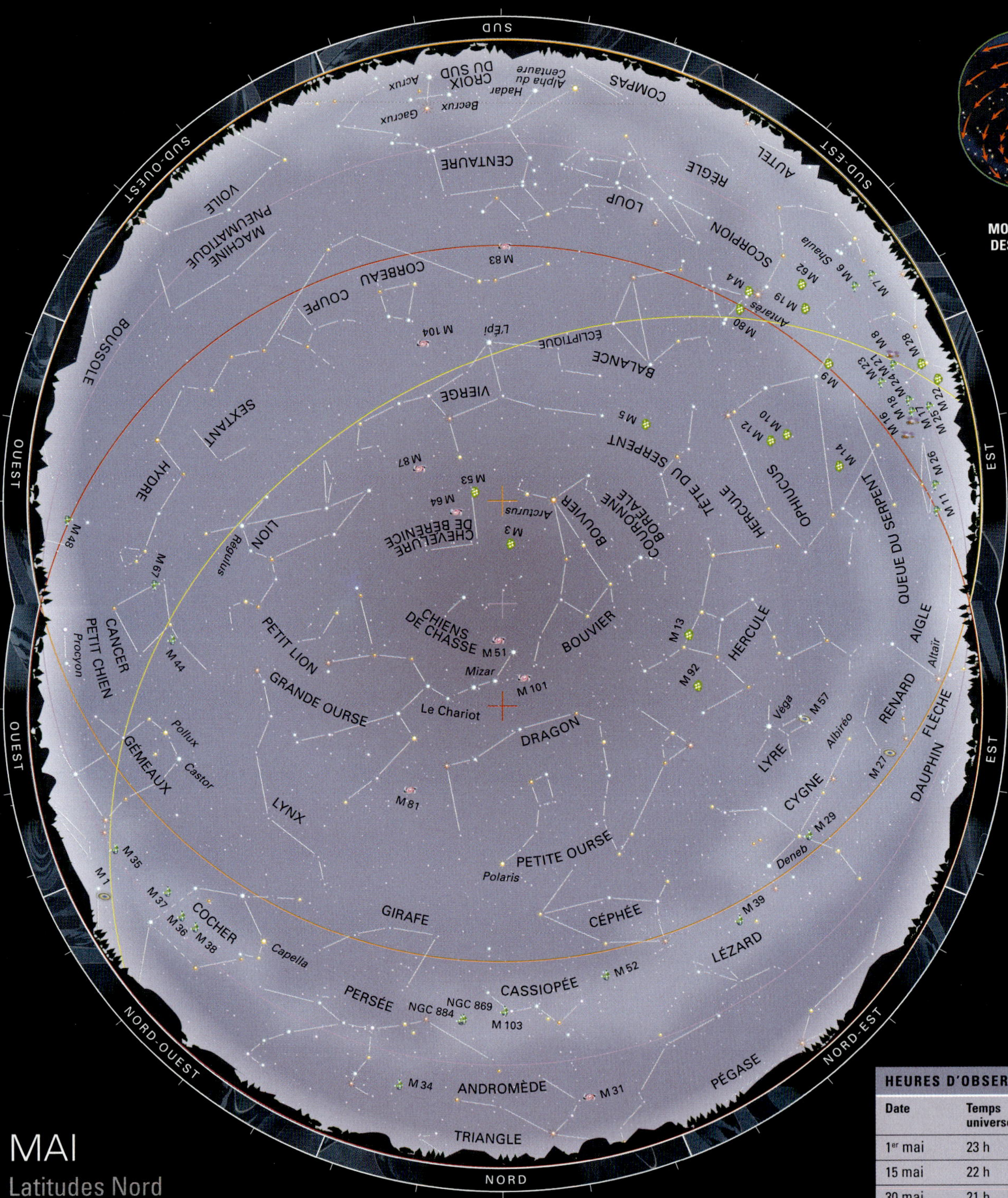

MAI

Latitudes Nord

HEURES D'OBSERVATION		
Date	Temps universel	Heure d'été
1er mai	23 h	1 h
15 mai	22 h	minuit
30 mai	21 h	23 h

Magnitudes stellaires

-1 0 1 2 3 4 5 Étoile variable

Objets du ciel profond

Galaxie | Amas ouvert | Amas globulaire | Nébuleuse planétaire | Nébuleuse diffuse

Points de référence

Horizons: 60° N, 40° N, 20° N

Zéniths: 60° N, 40° N, 20° N

Écliptique

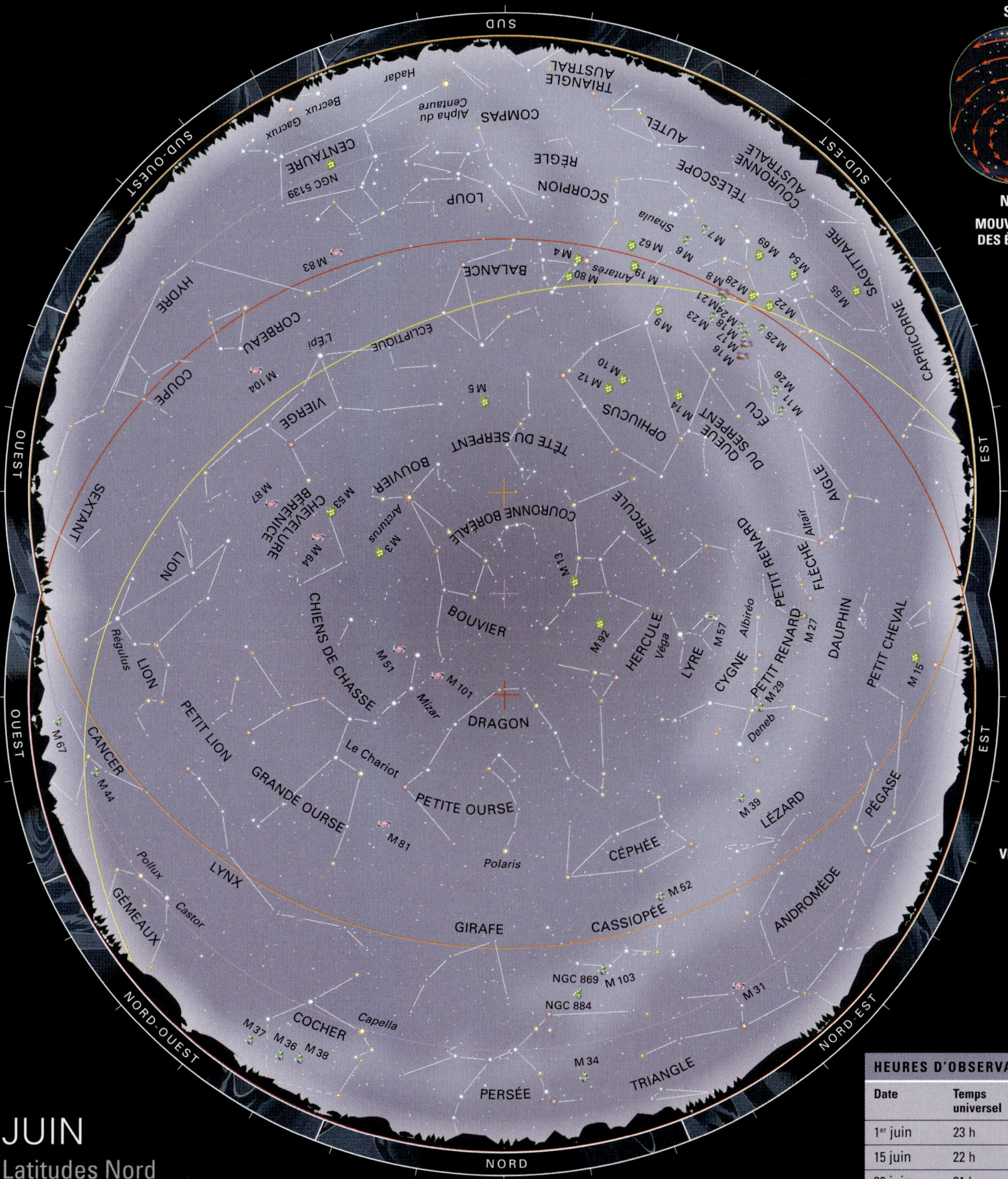

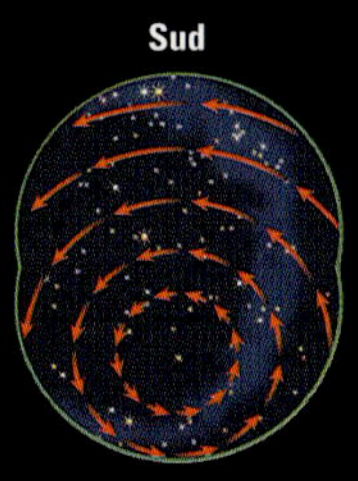

MOUVEMENT DES ÉTOILES

VERS LE SUD

VERS LE NORD

JUIN

Latitudes Nord

HEURES D'OBSERVATION

Date	Temps universel	Heure d'été
1er juin	23 h	1 h
15 juin	22 h	minuit
30 juin	21 h	23 h

Magnitudes stellaires

-1 · 0 · 1 · 2 · 3 · 4 · 5 · Étoile variable

Objets du ciel profond

Galaxie · Amas ouvert · Amas globulaire · Nébuleuse planétaire · Nébuleuse diffuse

Points de référence

Zéniths: 60° N · 40° N · 20° N

Zeniths: 60° N · 40° N · 20° N · Écliptique

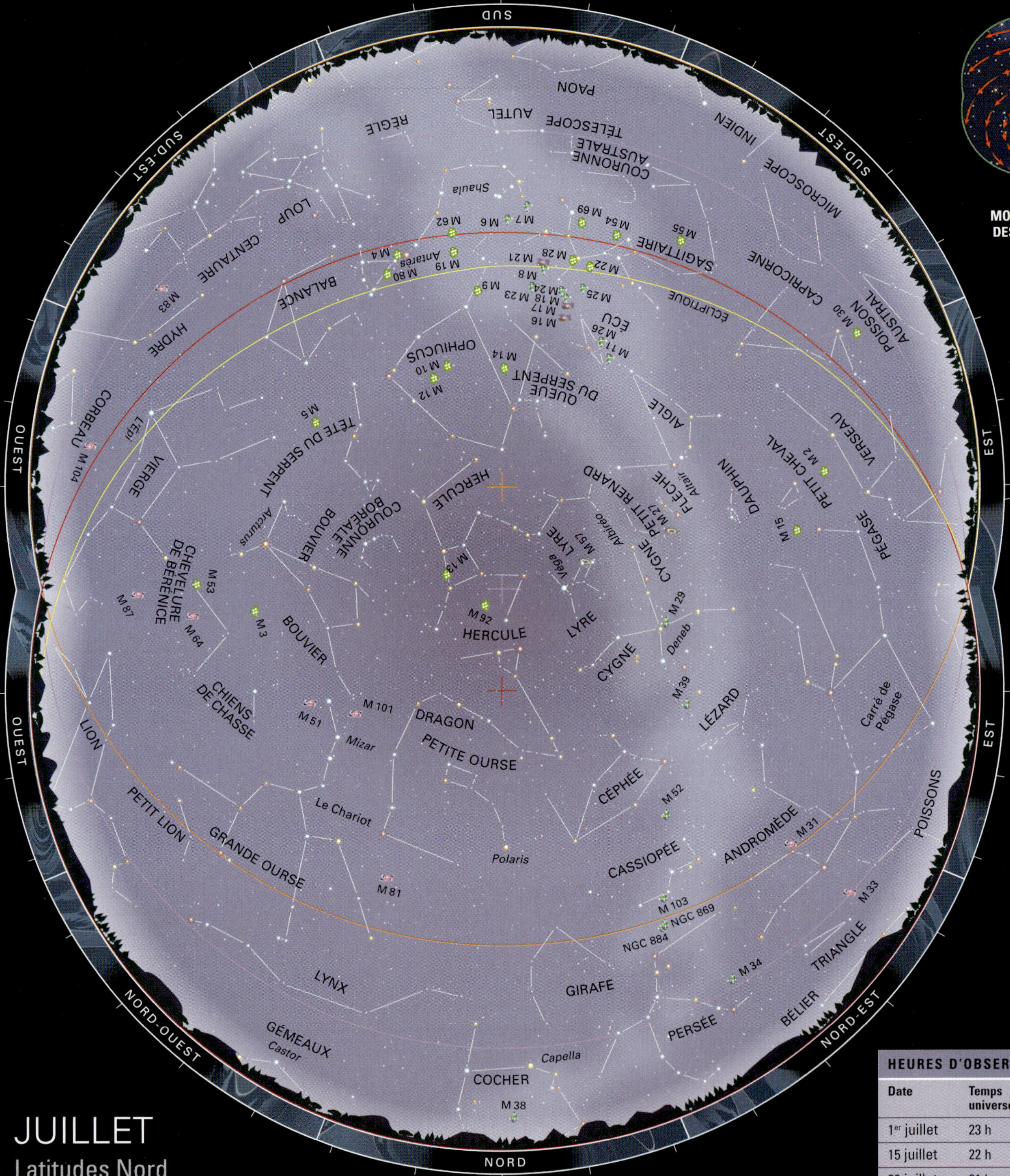

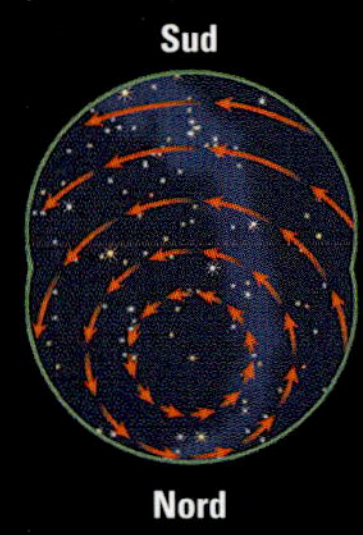

MOUVEMENT DES ÉTOILES

VERS LE SUD

VERS LE NORD

JUILLET
Latitudes Nord

HEURES D'OBSERVATION

Date	Temps universel	Heure d'été
1er juillet	23 h	1 h
15 juillet	22 h	minuit
30 juillet	21 h	23 h

Magnitudes stellaires

-1 · 0 · 1 · 2 · 3 · 4 · 5 · Étoile variable

Objets du ciel profond

Galaxie · Amas ouvert · Amas globulaire · Nébuleuse planétaire · Nébuleuse diffuse

Points de référence

Horizons: 60° N · 40° N · 20° N

Zéniths: 60° N · 40° N · 20° N · Écliptique

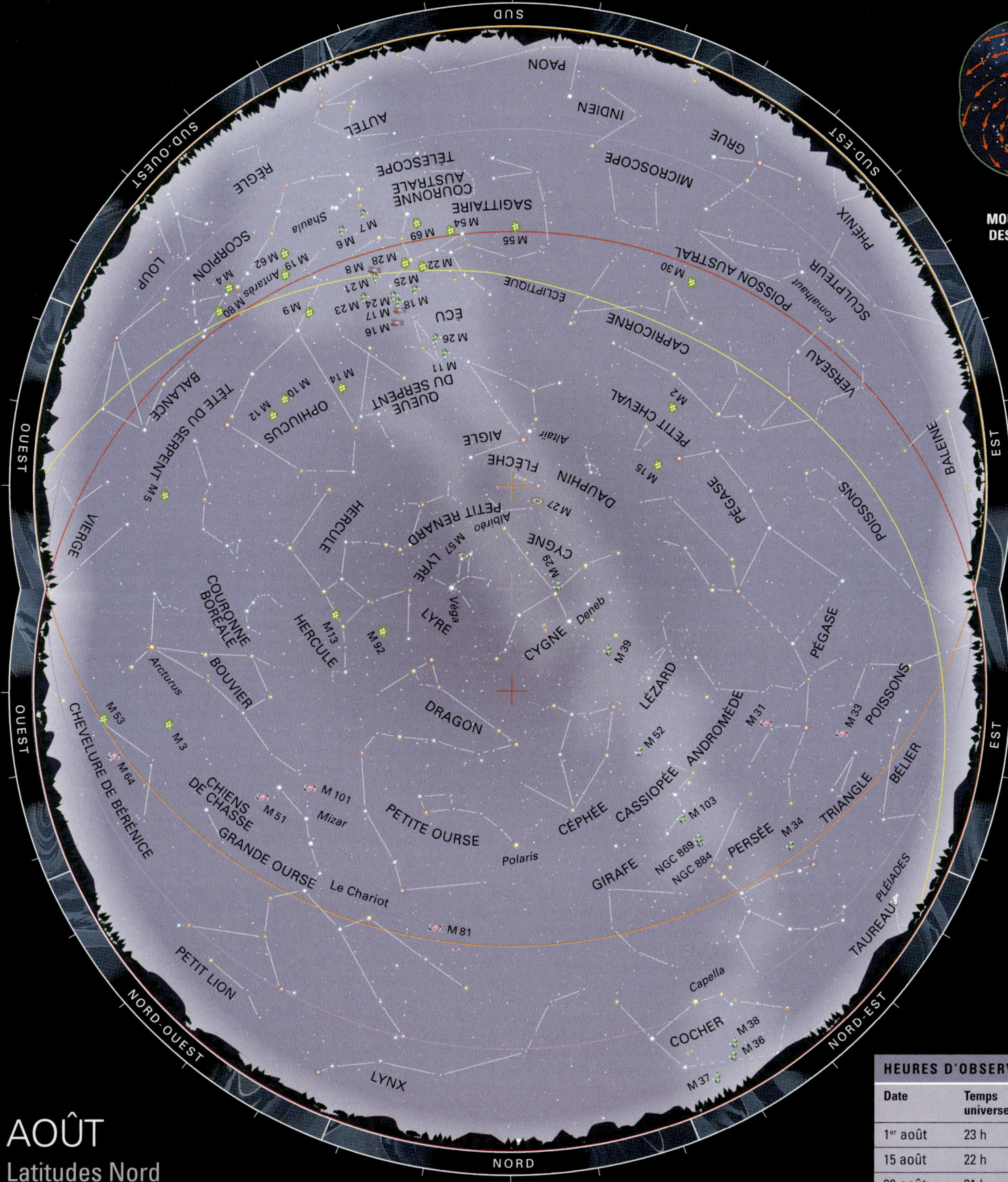

Sud

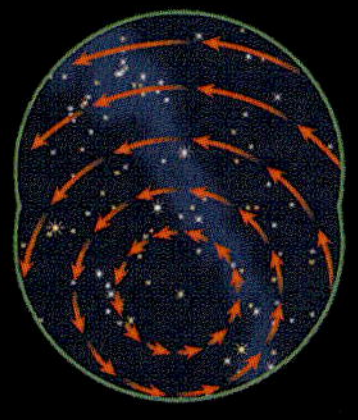

Nord

MOUVEMENT DES ÉTOILES

VERS LE SUD

VERS LE NORD

HEURES D'OBSERVATION		
Date	**Temps universel**	**Heure d'été**
1er août	23 h	1 h
15 août	22 h	minuit
30 août	21 h	23 h

AOÛT
Latitudes Nord

Magnitudes stellaires

-1 | 0 | 1 | 2 | 3 | 4 | 5 | Étoile variable

Objets du ciel profond

Galaxie | Amas ouvert | Amas globulaire | Nébuleuse planétaire | Nébuleuse diffuse

Points de référence

Horizons: 60° N | 40° N | 20° N

Zéniths: 60° N | 40° N | 20° N | Écliptique

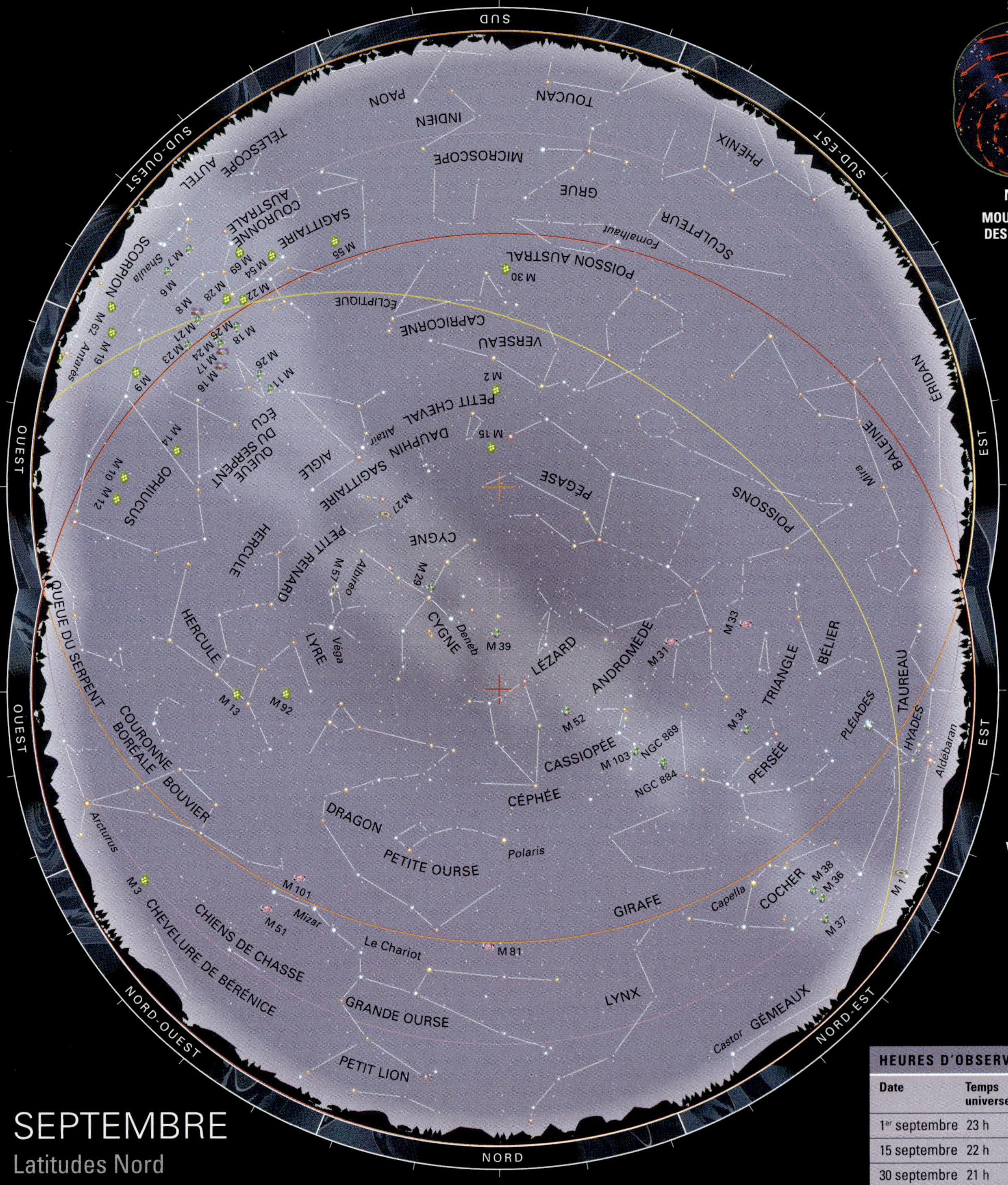

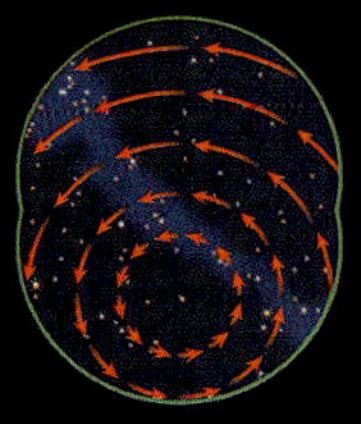

MOUVEMENT DES ÉTOILES

LVERS LE SUD

VERS LE NORD

SEPTEMBRE

Latitudes Nord

HEURES D'OBSERVATION		
Date	**Temps universel**	**Heure d'été**
1er septembre	23 h	1 h
15 septembre	22 h	minuit
30 septembre	21 h	22 h

Magnitudes stellaires

-1 0 1 2 3 4 5 Étoile variable

Objets du ciel profond

Galaxie · Amas ouvert · Amas globulaire · Nébuleuse planétaire · Nébuleuse diffuse

Points de référence

Horizons: 60° N · 40° N · 20° N

Zéniths: 60° N · 40° N · 20° N · Écliptique

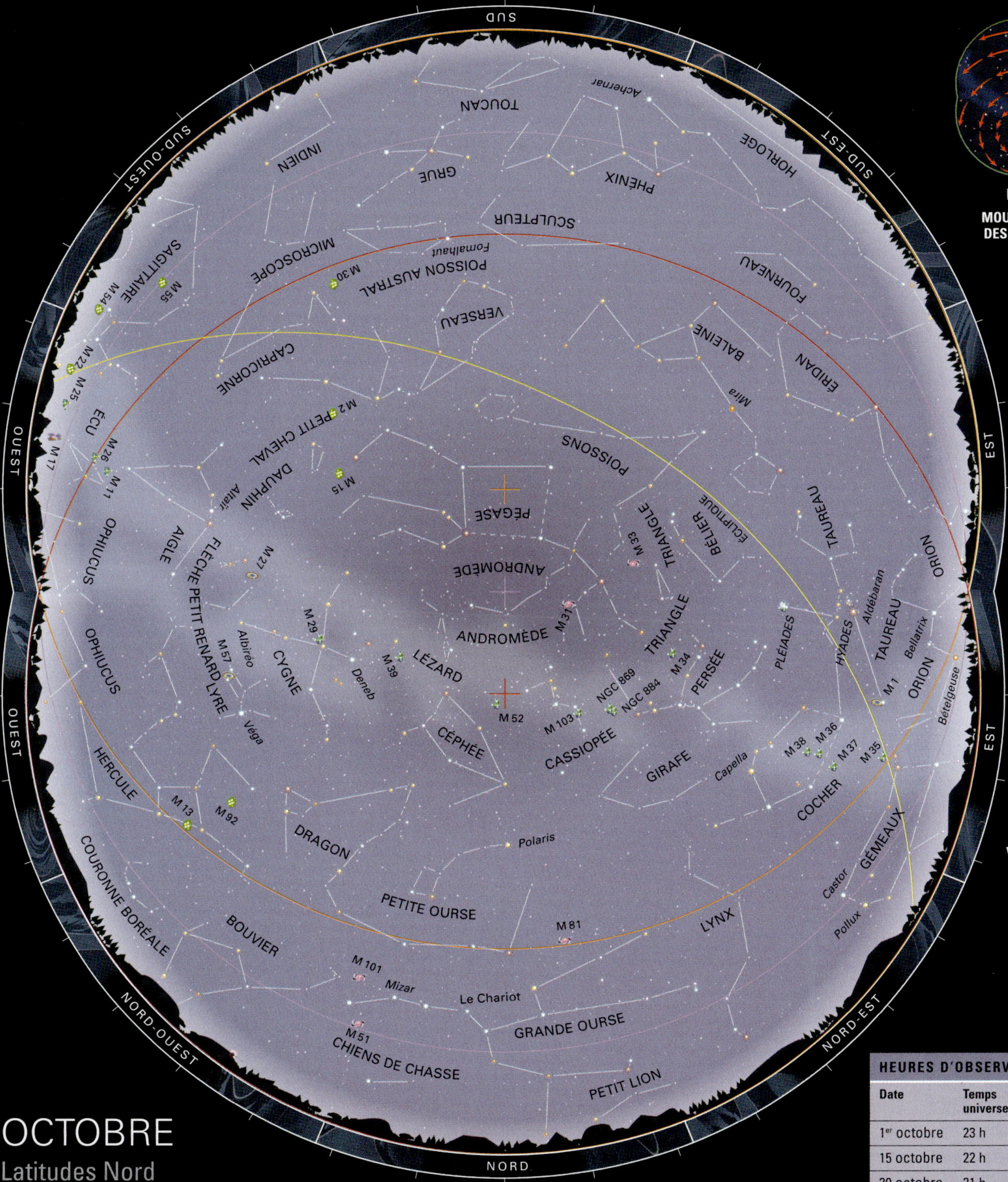

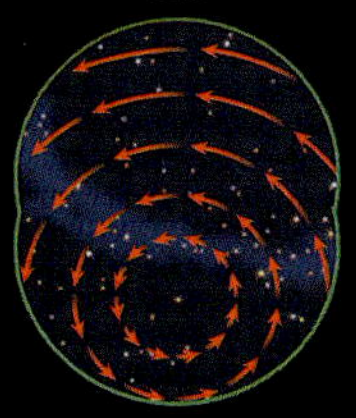

OCTOBRE
Latitudes Nord

HEURES D'OBSERVATION		
Date	Temps universel	Heure d'été
1er octobre	23 h	minuit
15 octobre	22 h	23 h
30 octobre	21 h	22 h

Magnitudes stellaires

-1 · 0 · 1 · 2 · 3 · 4 · 5 · Étoile variable

Objets du ciel profond

Galaxie · Amas ouvert · Amas globulaire · Nébuleuse planétaire · Nébuleuse diffuse

Points de référence

Horizons: 60° N · 40° N · 20° N

Zéniths: 60° N · 40° N · 20° N · Écliptique

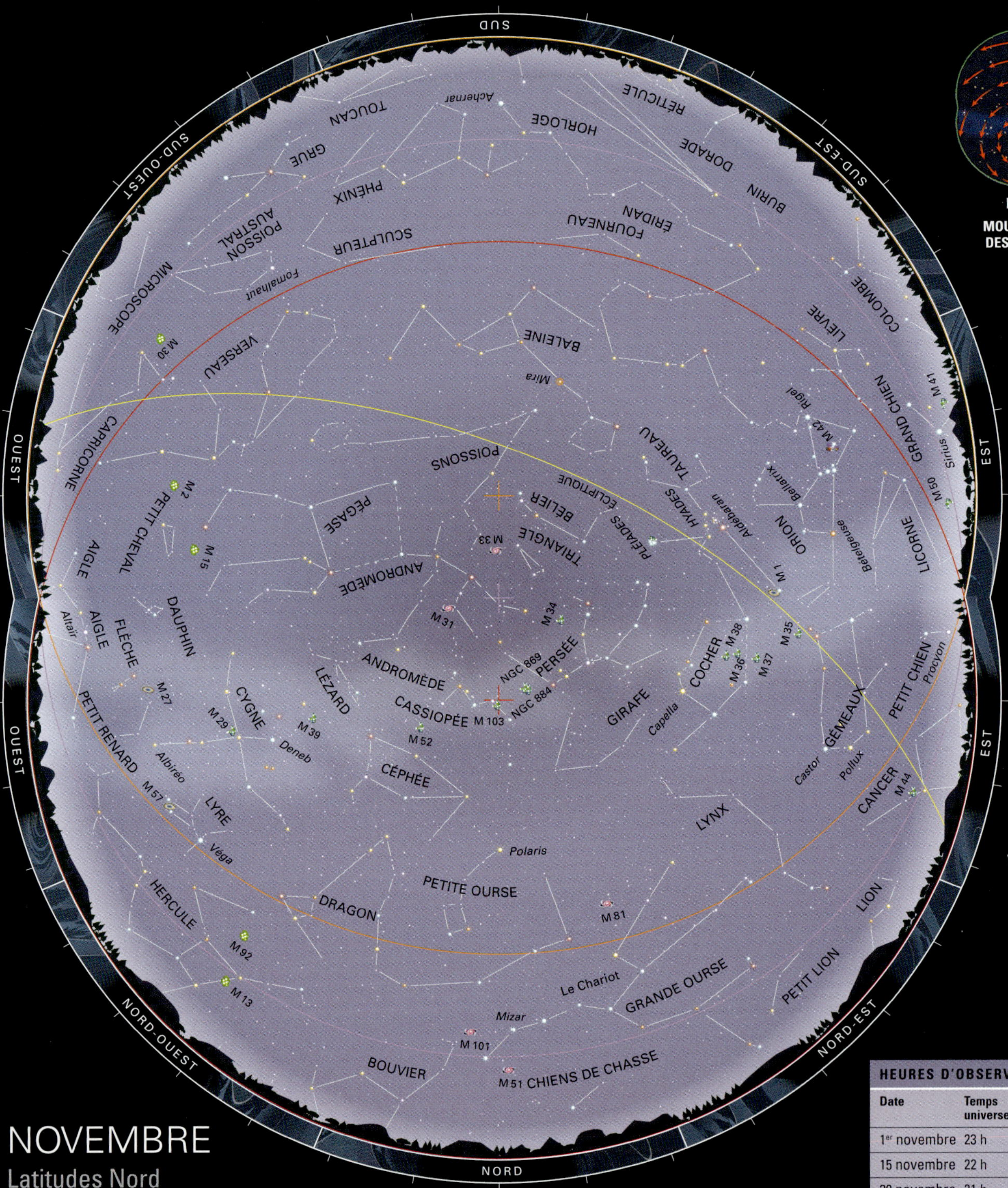

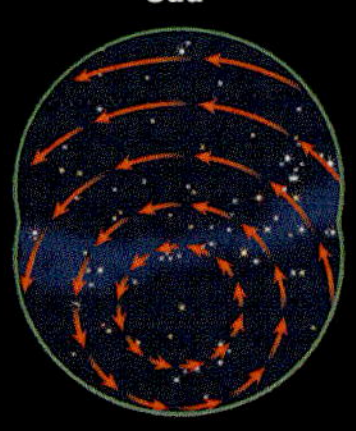

MOUVEMENT DES ÉTOILES

VERS LE SUD

VERS LE NORD

NOVEMBRE

Latitudes Nord

HEURES D'OBSERVATION		
Date	Temps universel	Heure d'été
1er novembre	23 h	minuit
15 novembre	22 h	23 h
30 novembre	21 h	22 h

Magnitudes stellaires

-1 · 0 · 1 · 2 · 3 · 4 · 5 · Étoile variable

Objets du ciel profond

Galaxie · Amas ouvert · Amas globulaire · Nébuleuse planétaire · Nébuleuse diffuse

Points de référence

Horizons: 60° N · 40° N · 20° N

Zéniths: 60° N · 40° N · 20° N

Écliptique

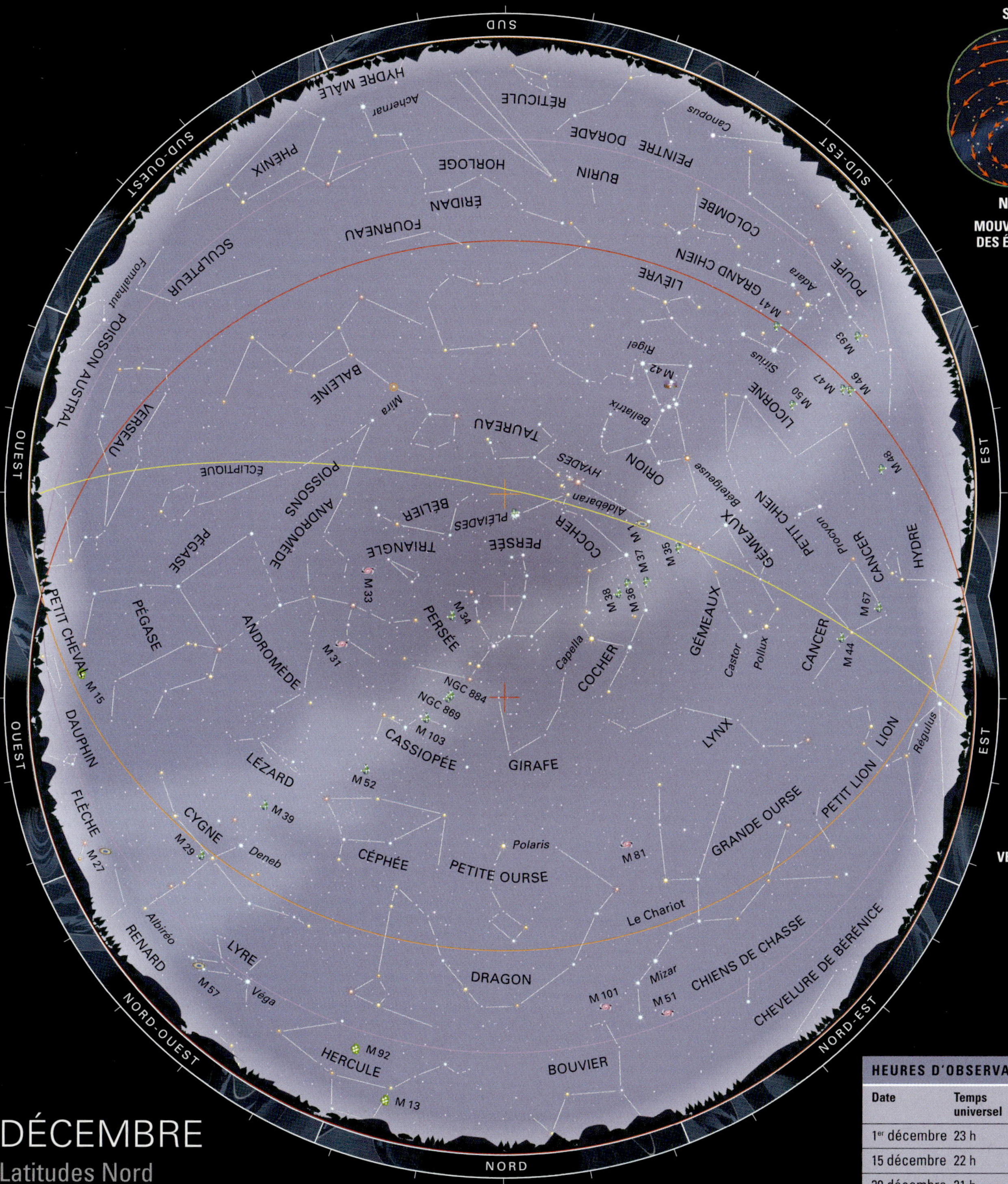

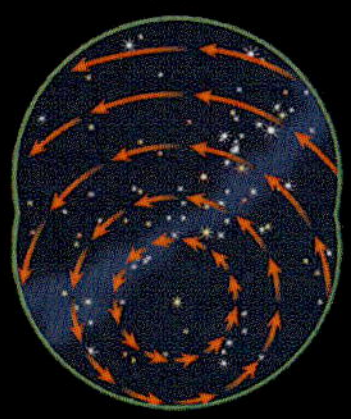

MOUVEMENT DES ÉTOILES

DÉCEMBRE
Latitudes Nord

HEURES D'OBSERVATION

Date	Temps universel	Heure d'été
1er décembre	23 h	minuit
15 décembre	22 h	23 h
30 décembre	21 h	22 h

Magnitudes stellaires

-1 · 0 · 1 · 2 · 3 · 4 · 5 · Étoile variable

Objets du ciel profond

Galaxie · Amas ouvert · Amas globulaire · Nébuleuse planétaire · Nébuleuse diffuse

Points de référence

Horizons: 60° N · 40° N · 20° N
Zéniths: 60° N · 40° N · 20° N · Écliptique

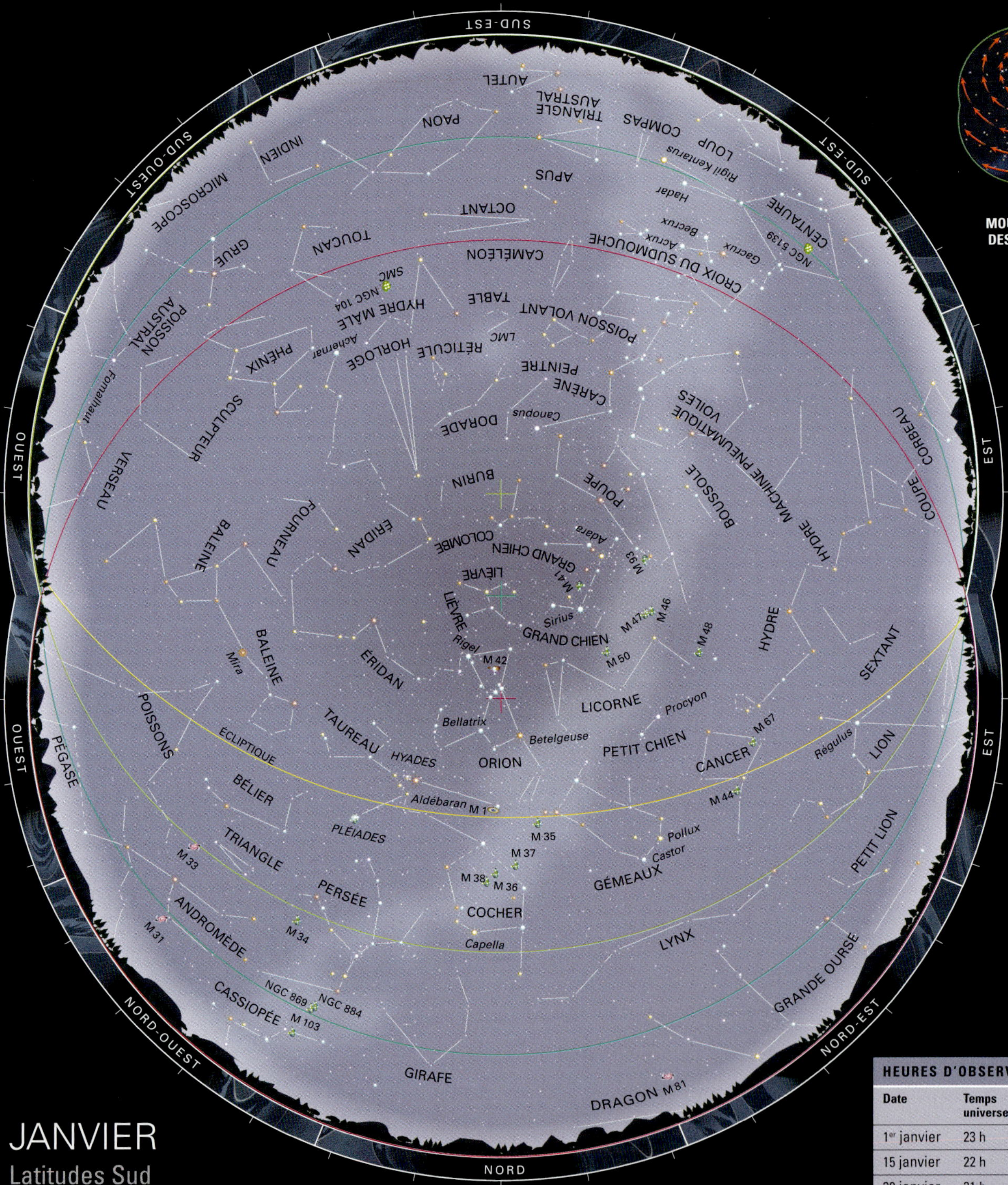

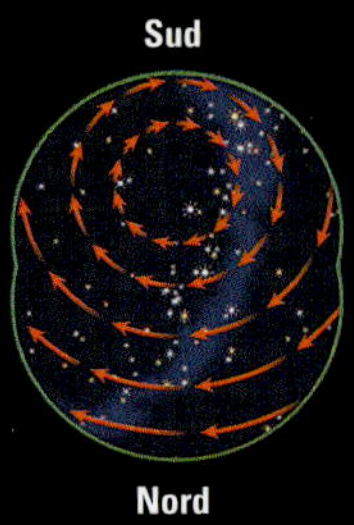

MOUVEMENT DES ÉTOILES

VERS LE SUD

VERS LE NORD

JANVIER

Latitudes Sud

HEURES D'OBSERVATION		
Date	**Temps universel**	**Heure d'été**
1er janvier	23 h	minuit
15 janvier	22 h	23 h
30 janvier	21 h	22 h

Magnitudes stellaires

-1 | 0 | 1 | 2 | 3 | 4 | 5 | Étoile variable

Objets du ciel profond

Galaxie | Amas ouvert | Amas globulaire | Nébuleuse planétaire | Nébuleuse diffuse

Points de référence

Horizons: 0° | 20° S | 40° S

Zéniths: 0° | 20° S | 40° S | Écliptique

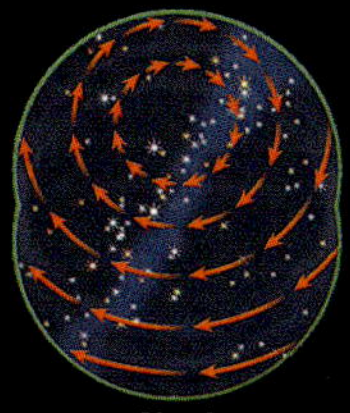

MOUVEMENT DES ÉTOILES

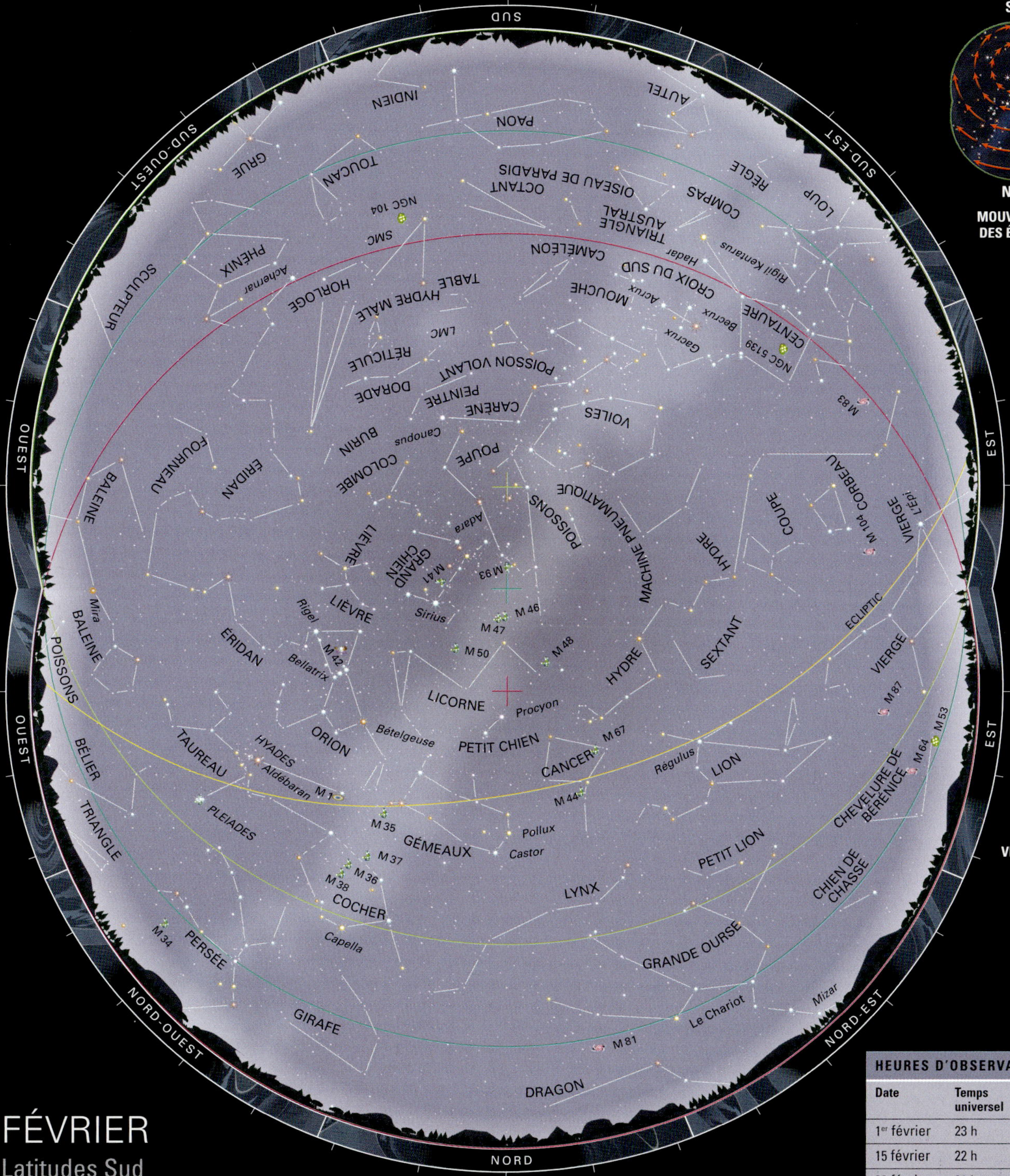

VERS LE SUD

VERS LE NORD

FÉVRIER

Latitudes Sud

HEURES D'OBSERVATION		
Date	Temps universel	Heure d'été
1er février	23 h	minuit
15 février	22 h	23 h
30 février	21 h	22 h

Magnitudes stellaires

-1 · 0 · 1 · 2 · 3 · 4 · 5 · Étoile variable

Objets du ciel profond

Galaxie · Amas ouvert · Amas globulaire · Nébuleuse planétaire · Nébuleuse diffuse

Points de référence

Horizons: 0° · 20° S · 40° S

Zéniths: 0° · 20° S · 40° S · Écliptique

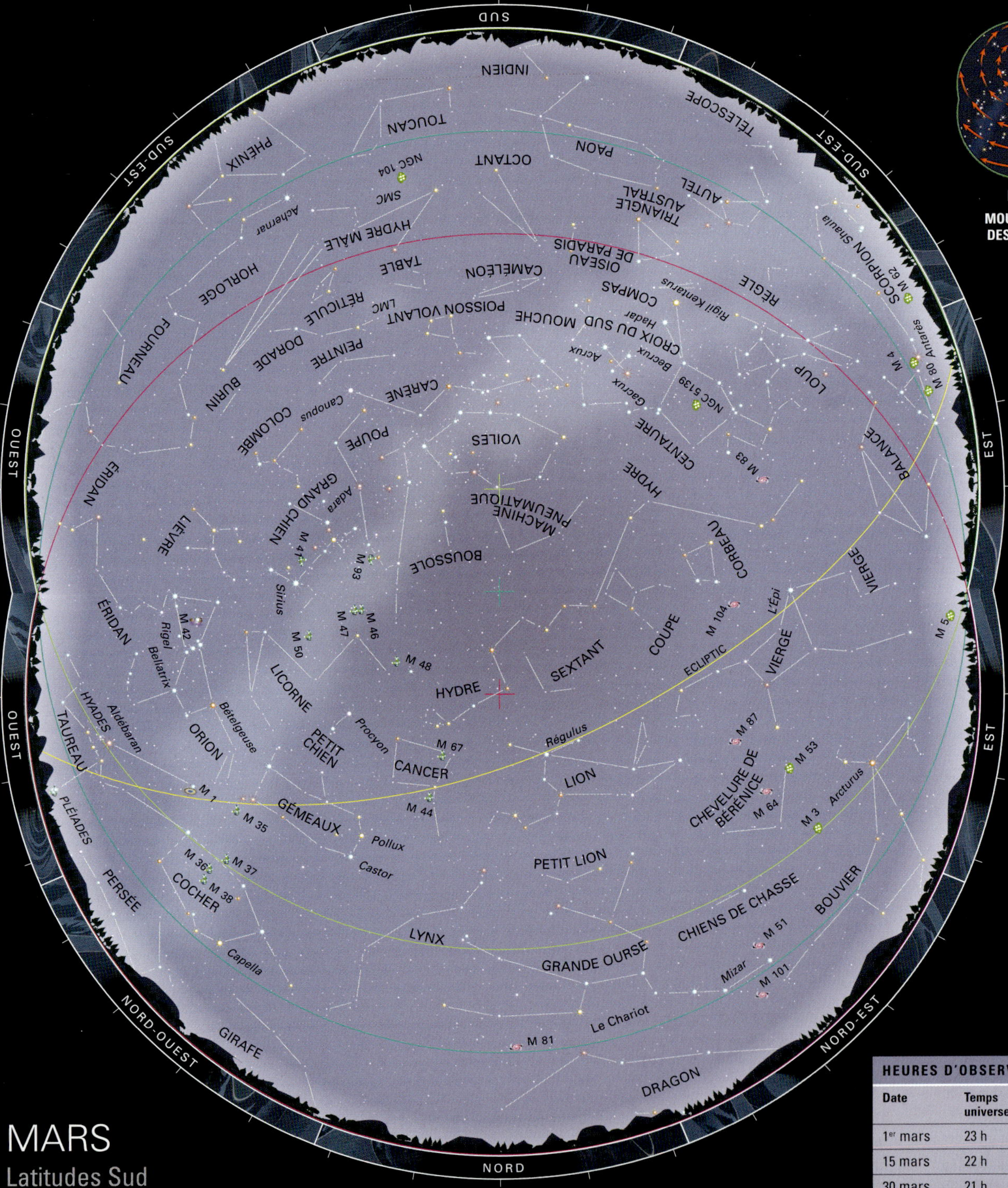

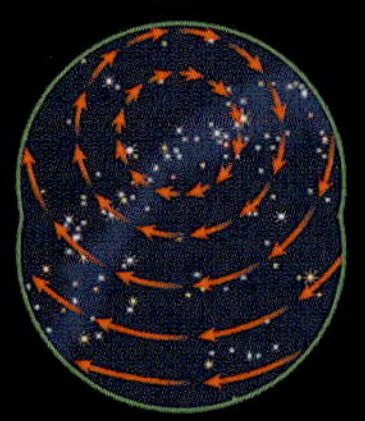

MOUVEMENT DES ÉTOILES

VERS LE SUD

VERS LE NORD

MARS

Latitudes Sud

HEURES D'OBSERVATION		
Date	**Temps universel**	**Heure d'été**
1er mars	23 h	minuit
15 mars	22 h	23 h
30 mars	21 h	22 h

Magnitudes stellaires

-1 · 0 · 1 · 2 · 3 · 4 · 5 · Étoile variable

Objets du ciel profond

Galaxie · Amas ouvert · Amas globulaire · Nébuleuse planétaire · Nébuleuse diffuse

Points de référence

Horizons: 0° · 20° S · 40° S

Zéniths: 0° · 20° S · 40° S · Écliptique

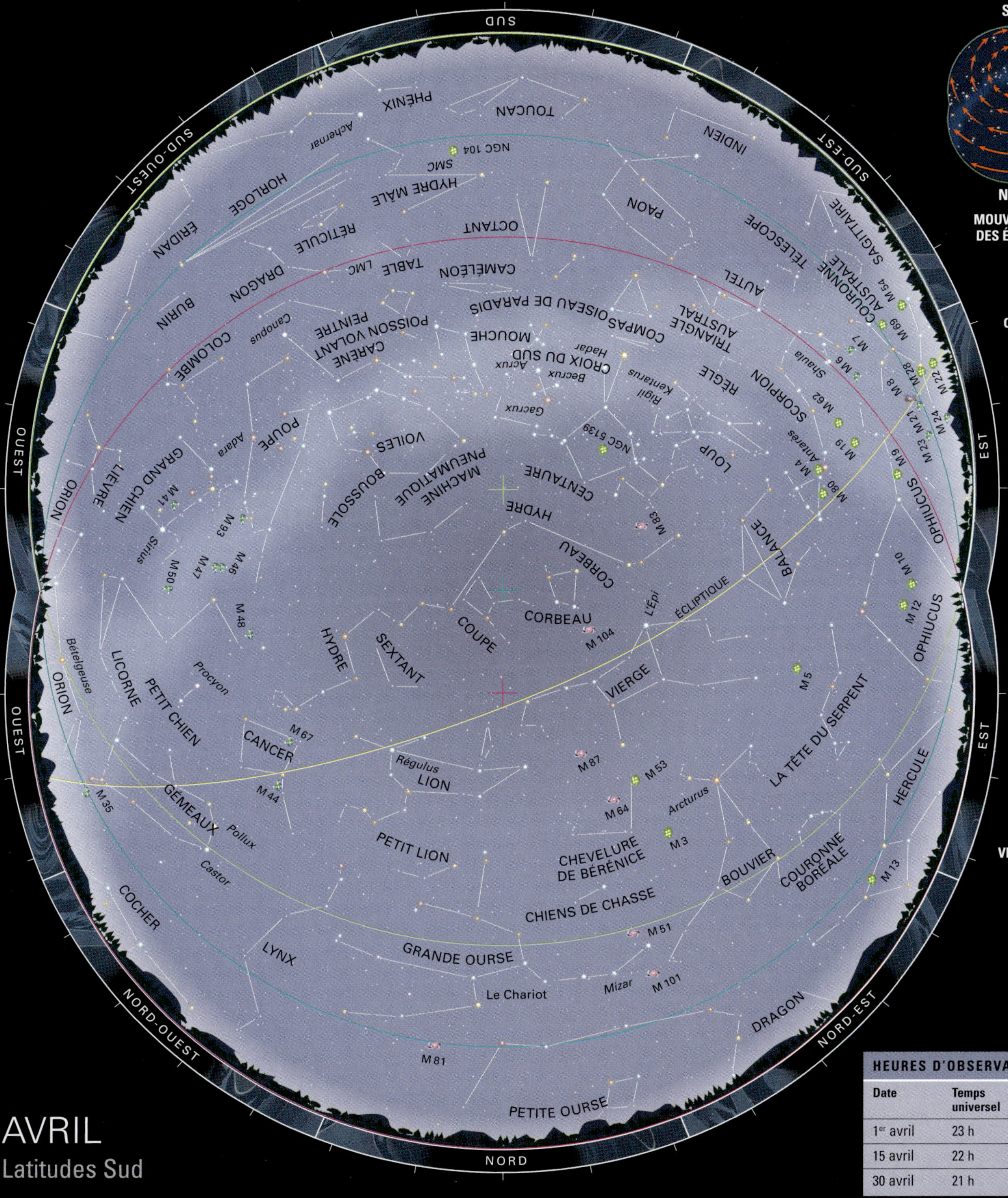

MOUVEMENT DES ÉTOILES

VERS LE SUD

VERS LE NORD

AVRIL
Latitudes Sud

HEURES D'OBSERVATION

Date	Temps universel	Heure d'été
1er avril	23 h	minuit
15 avril	22 h	23 h
30 avril	21 h	22 h

Magnitudes stellaires
-1 0 1 2 3 4 5 Étoile variable

Objets du ciel profond
Galaxie, Amas ouvert, Amas globulaire, Nébuleuse planétaire, Nébuleuse diffuse

Points de référence
Horizons 0° 20° S 40° S
Zéniths 0° 20° S 40° S Écliptique

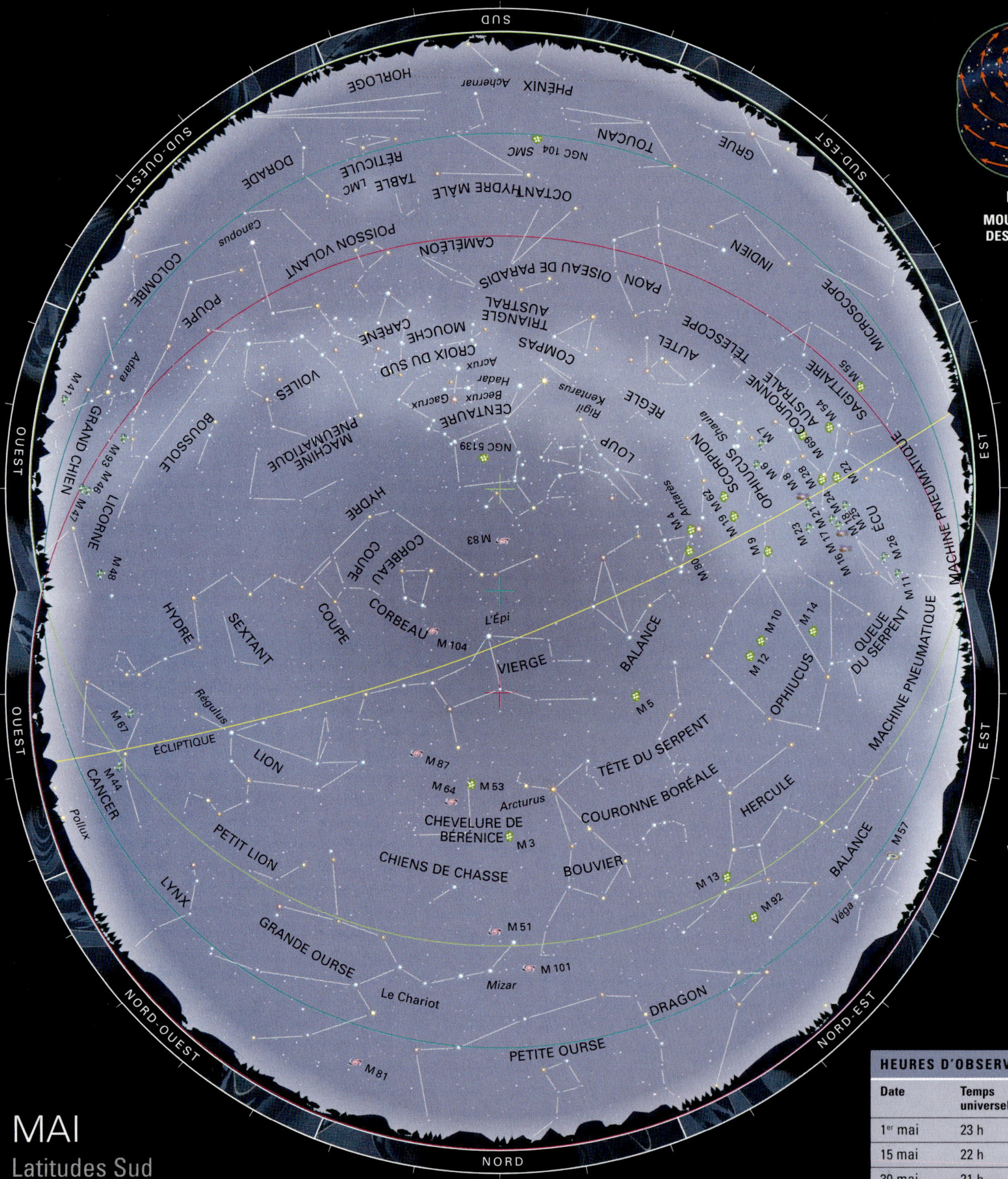

Sud

Nord

MOUVEMENT DES ÉTOILES

VERS LE SUD

VERS LE NORD

HEURES D'OBSERVATION		
Date	Temps universel	Heure d'été
1er mai	23 h	minuit
15 mai	22 h	23 h
30 mai	21 h	22 h

MAI

Latitudes Sud

Magnitudes stellaires

-1 | 0 | 1 | 2 | 3 | 4 | 5 | Étoile variable

Objets du ciel profond

Galaxie | Amas ouvert | Amas globulaire | Nébuleuse planétaire | Nébuleuse diffuse

Points de référence

Horizons: 0° | 20° S | 40° S

Zéniths: 0° | 20° S | 40° S

Écliptique

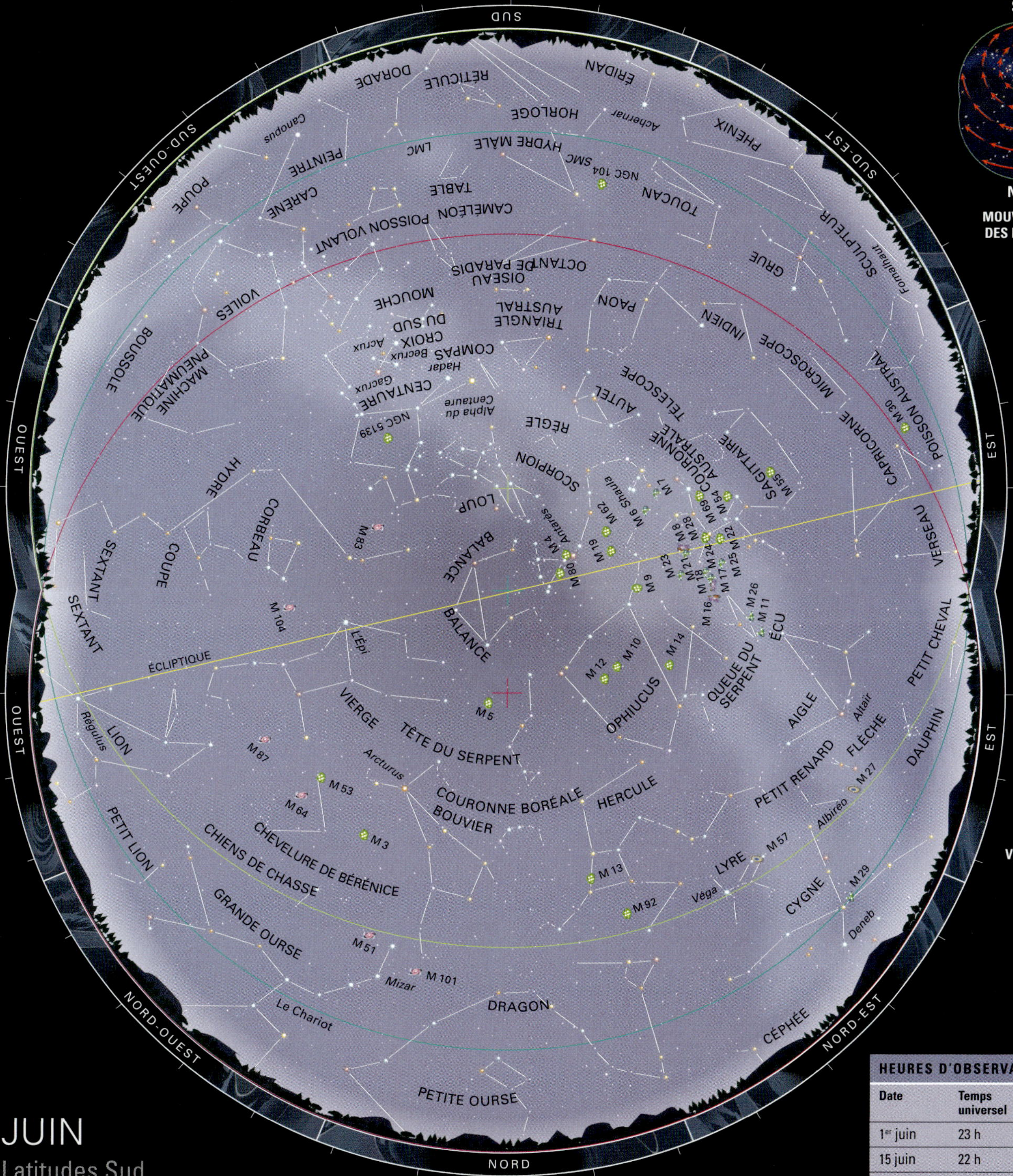

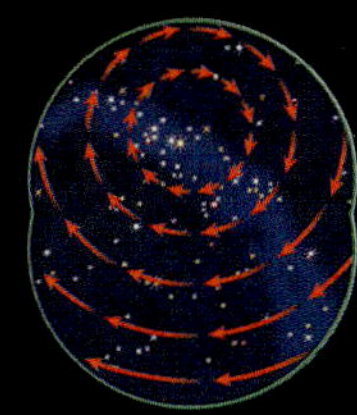

MOUVEMENT DES ÉTOILES

VERS LE SUD

VERS LE NORD

JUIN

Latitudes Sud

HEURES D'OBSERVATION

Date	Temps universel	Heure d'été
1er juin	23 h	minuit
15 juin	22 h	23 h
30 juin	21 h	22 h

Magnitudes stellaires

-1 · 0 · 1 · 2 · 3 · 4 · 5 · Étoile variable

Objets du ciel profond

Galaxie · Amas ouvert · Amas globulaire · Nébuleuse planétaire · Nébuleuse diffuse

Points de référence

Horizons: 0° · 20° S · 40° S

Zéniths: 0° · 20° S · 40° S · Écliptique

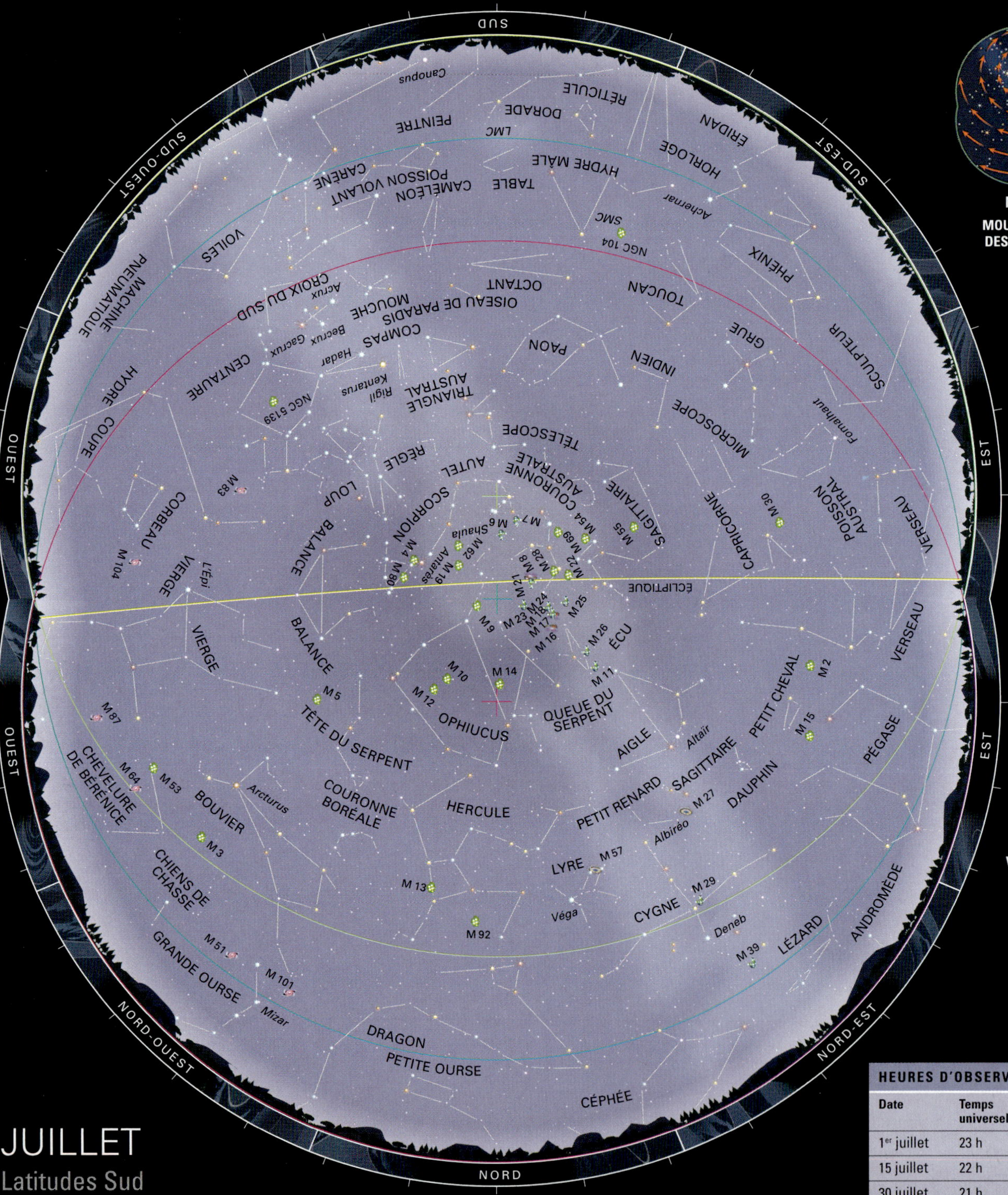

MOUVEMENT DES ÉTOILES

VERS LE SUD

VERS LE NORD

JUILLET

Latitudes Sud

HEURES D'OBSERVATION

Date	Temps universel	Heure d'été
1er juillet	23 h	minuit
15 juillet	22 h	23 h
30 juillet	21 h	22 h

Magnitudes stellaires: -1 · 0 · 1 · 2 · 3 · 4 · 5 · Étoile

Objets du ciel profond: Galaxie · Amas · Amas · Nébuleuse · Nébuleuse

Points de référence: Horizons 0° · 20° S · 40° S — Zéniths 0° · 20° S · 40° S — Écliptique

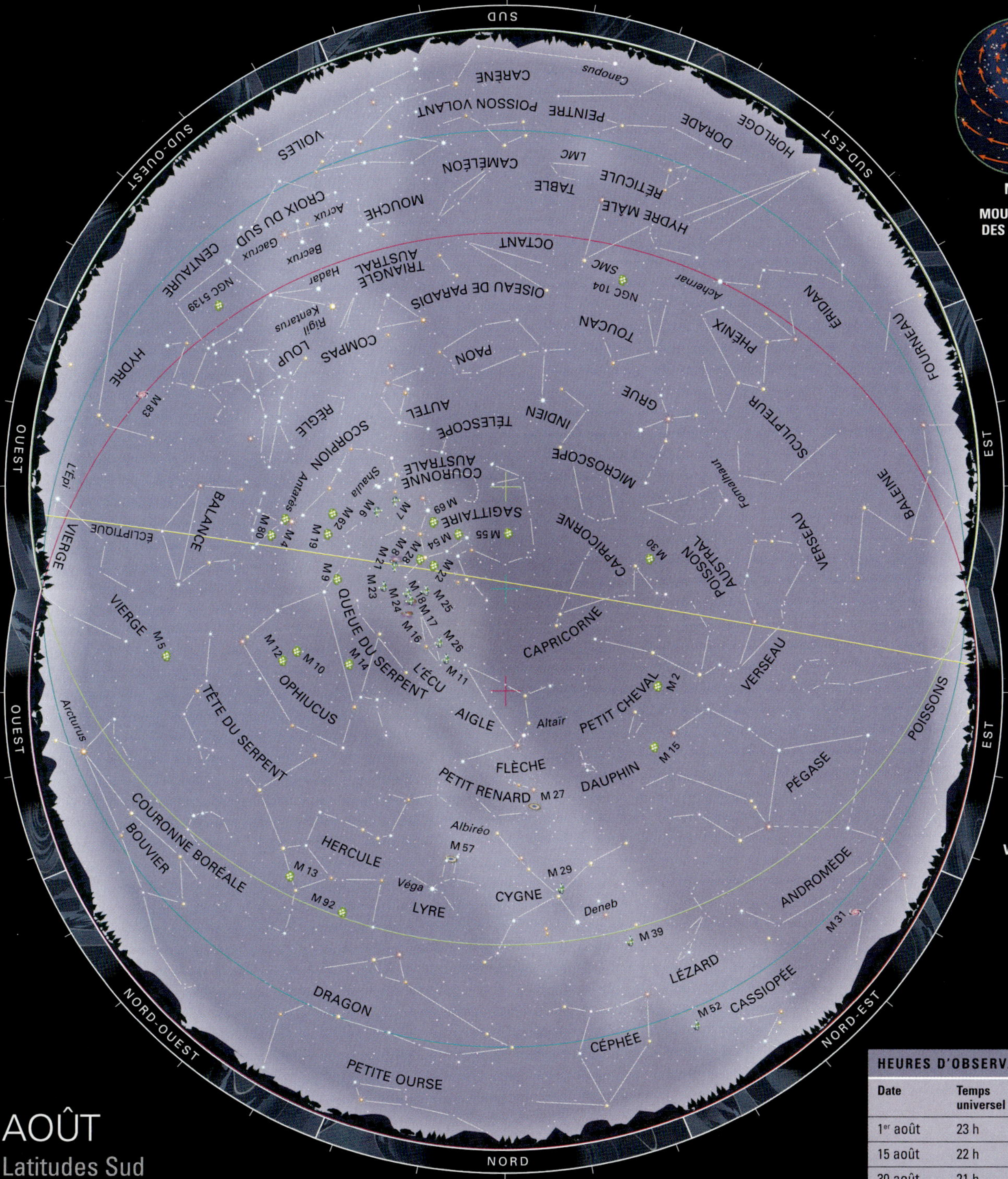

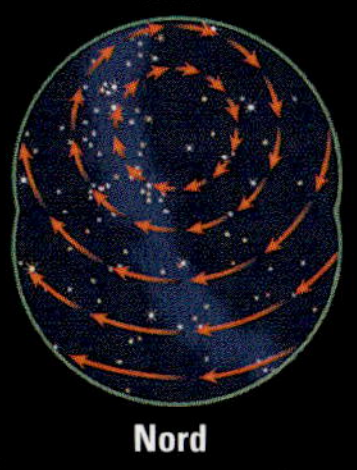

MOUVEMENT DES ÉTOILES

VERS LE SUD

VERS LE NORD

AOÛT

Latitudes Sud

HEURES D'OBSERVATION

Date	Temps universel	Heure d'été
1er août	23 h	minuit
15 août	22 h	23 h
30 août	21 h	22 h

Magnitudes stellaires

-1 | 0 | 1 | 2 | 3 | 4 | 5 | Étoile variable

Objets du ciel profond

Galaxie | Amas ouvert | Amas globulaire | Nébuleuse planétaire | Nébuleuse diffuse

Points de référence

Horizons: 0° | 20° S | 40° S

Zéniths: 0° | 20° S | 40° S | Écliptique

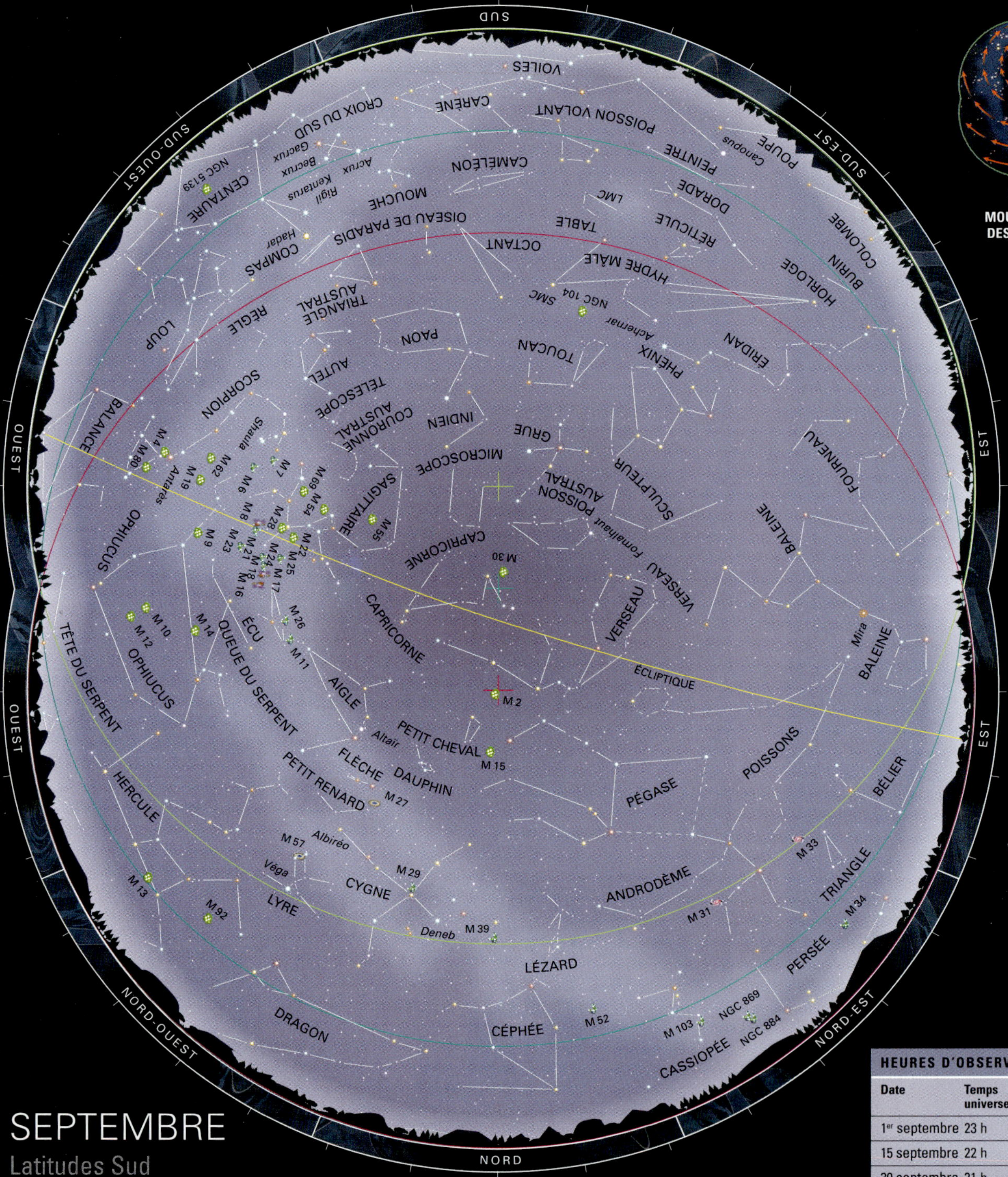

VERS LE SUD

VERS LE NORD

SEPTEMBRE

Latitudes Sud

HEURES D'OBSERVATION

Date	Temps universel	Heure d'été
1er septembre	23 h	minuit
15 septembre	22 h	23 h
30 septembre	21 h	22 h

Magnitudes stellaires: -1, 0, 1, 2, 3, 4, 5, Étoile variable

Objets du ciel profond: Galaxie, Amas ouvert, Amas globulaire, Nébuleuse planétaire, Nébuleuse diffuse

Points de référence: Horizons 0°, 20° S, 40° S; Zéniths 0°, 20° S, 40° S; Écliptique

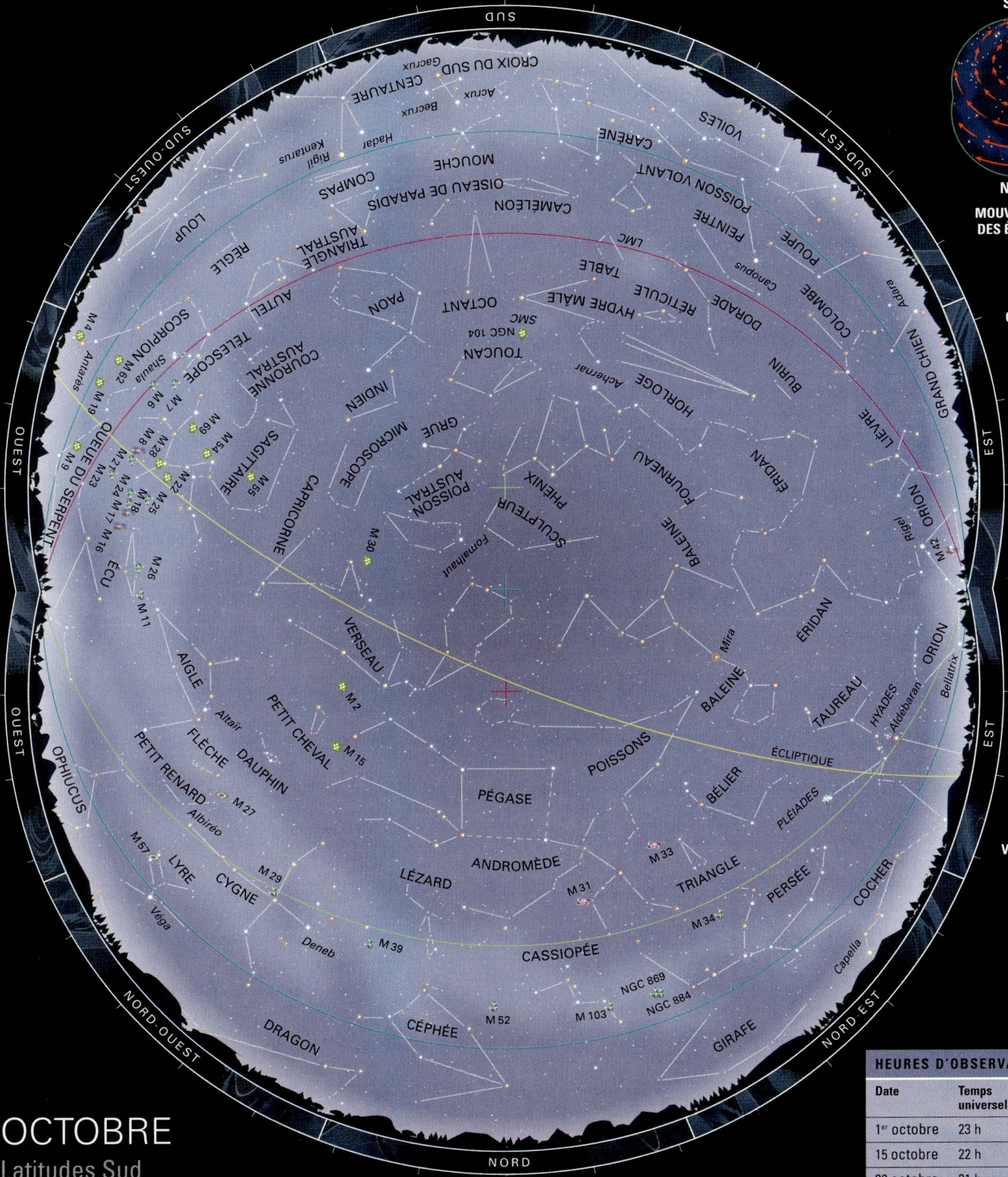

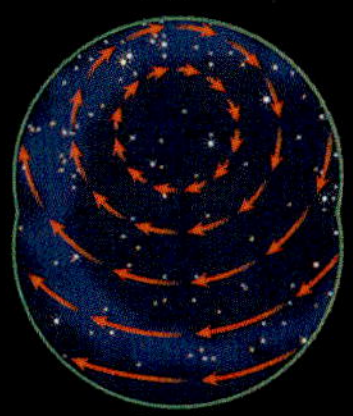

MOUVEMENT DES ÉTOILES

VERS LE SUD

VERS LE NORD

OCTOBRE

Latitudes Sud

HEURES D'OBSERVATION

Date	Temps universel	Heure d'été
1er octobre	23 h	minuit
15 octobre	22 h	23 h
30 octobre	21 h	22 h

Magnitudes stellaires

-1 0 1 2 3 4 5 Étoile variable

Objets du ciel profond

Galaxie | Amas ouvert | Amas globulaire | Nébuleuse planétaire | Nébuleuse diffuse

Points de référence

Horizons: 0° | 20° S | 40° S

Zéniths: 0° | 20° S | 40° S | Écliptique

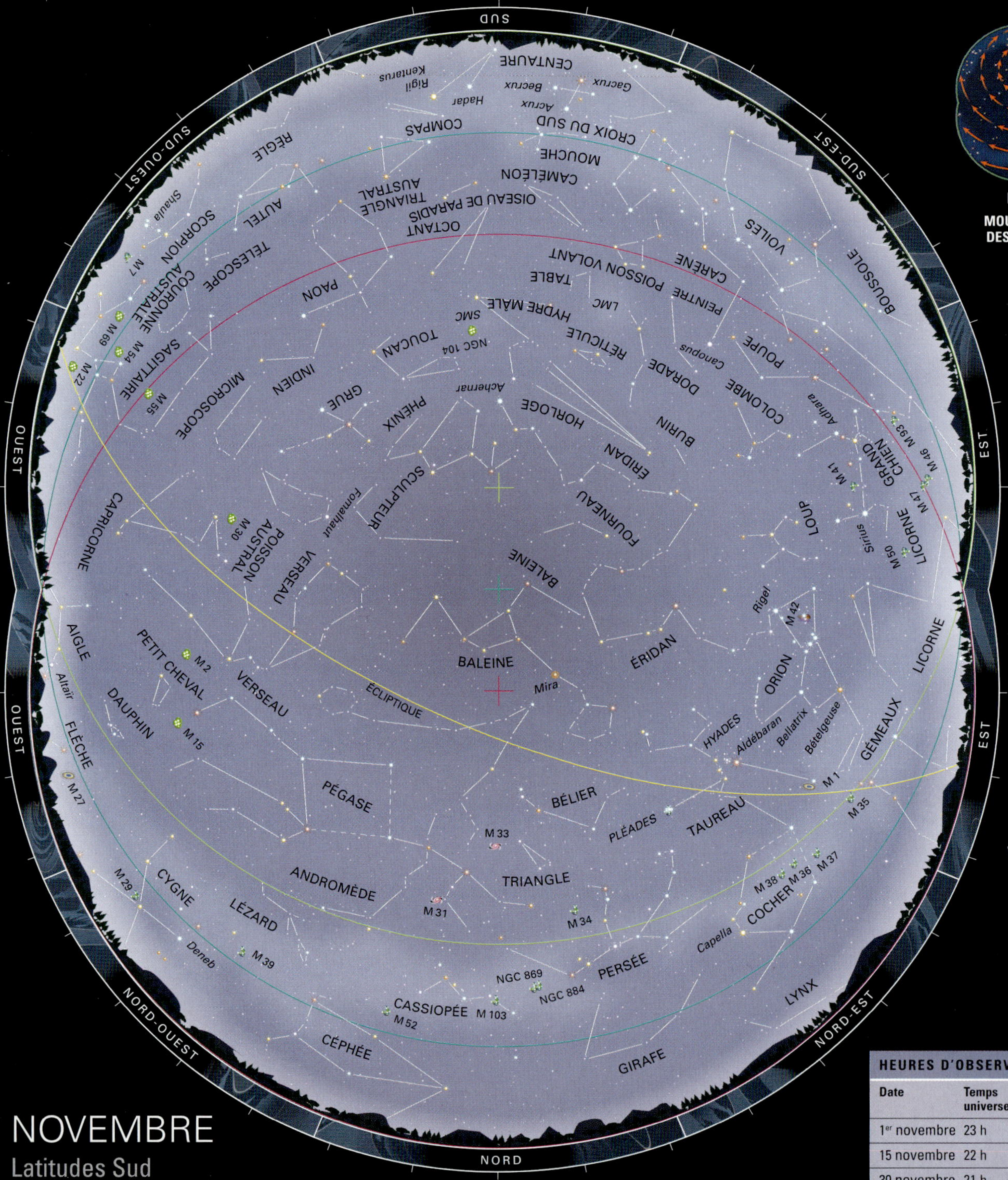

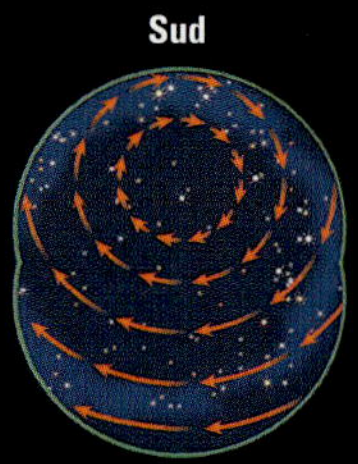

MOUVEMENT DES ÉTOILES

NOVEMBRE

Latitudes Sud

HEURES D'OBSERVATION

Date	Temps universel	Heure d'été
1er novembre	23 h	minuit
15 novembre	22 h	23 h
30 novembre	21 h	22 h

Magnitudes stellaires

-1 0 1 2 3 4 5 Étoile variable

Objets du ciel profond

Galaxie · Amas ouvert · Amas globulaire · Nébuleuse planétaire · Nébuleuse diffuse

Points de référence

Horizons: 0° 20° S 40° S

Zéniths: 0° 20° S 40° S Écliptique

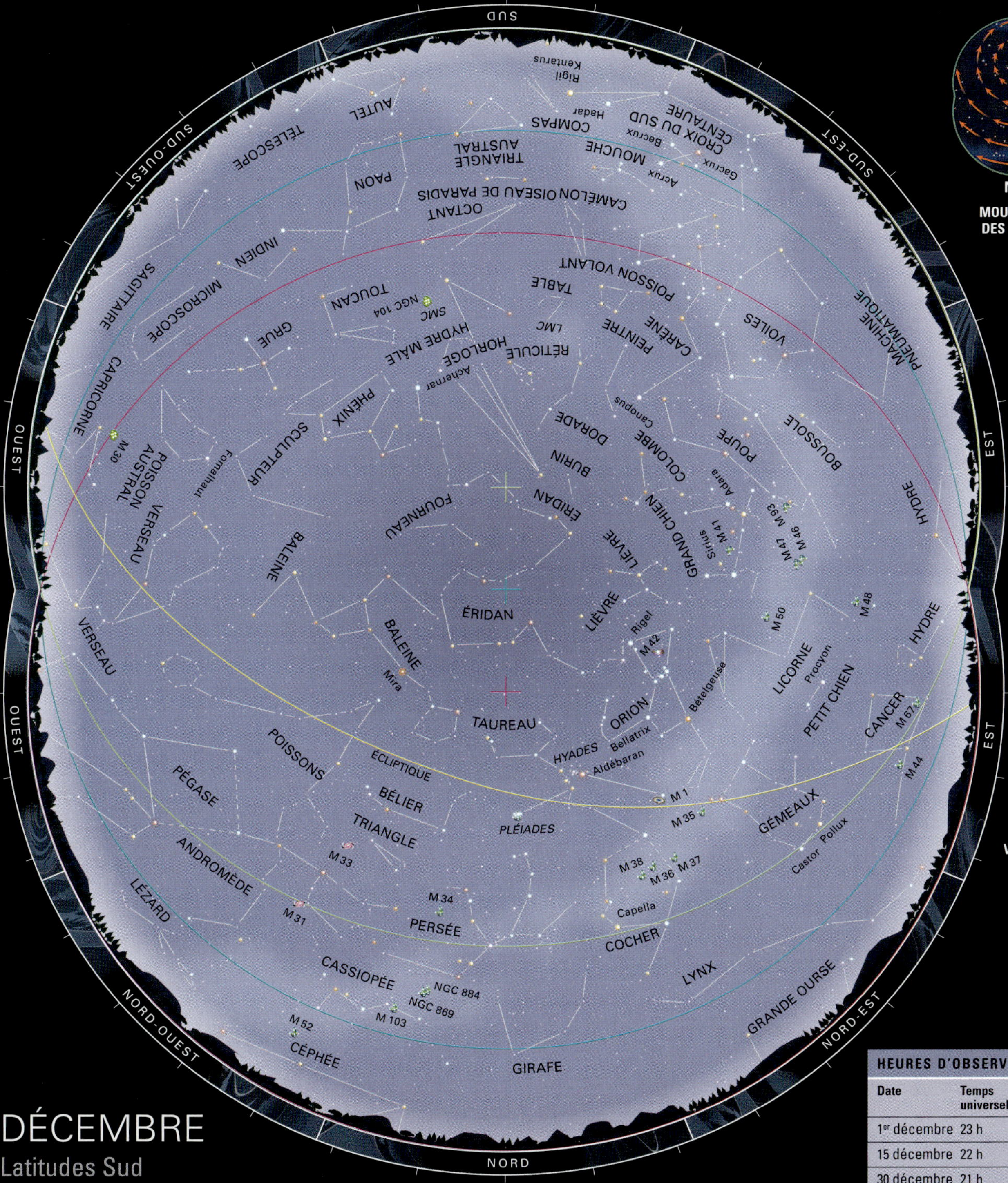

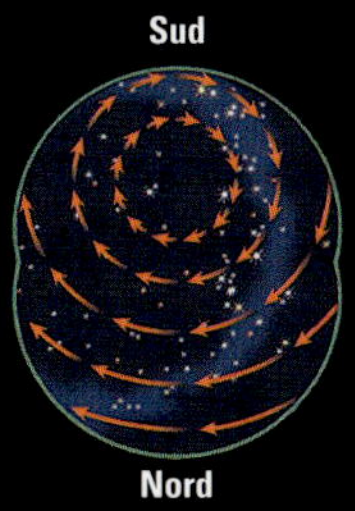

MOUVEMENT DES ÉTOILES

VERS LE SUD

VERS LE NORD

DÉCEMBRE
Latitudes Sud

HEURES D'OBSERVATION

Date	Temps universel	Heure d'été
1er décembre	23 h	minuit
15 décembre	22 h	23 h
30 décembre	21 h	22 h

Magnitudes stellaires

-1 · 0 · 1 · 2 · 3 · 4 · 5 · Étoile

Objets du ciel profond

Galaxie · Amas · Amas · Nébuleuse · Nébuleuse

Points de référence

Horizons: 0° · 20° S · 40° S

Zéniths: 0° · 20° S · 40° S

Écliptique

7

ANNEXES

Sous forme de tableaux, ce chapitre résume les informations essentielles pour l'observation des objets célestes, y compris les objets du ciel profond. Enfin, un glossaire définit les termes d'astronomie.

TABLEAUX DE RÉFÉRENCES

Les tableaux suivants présentent en détail les caractéristiques des corps du système solaire, telles que leur taille, leur orbite et leurs propriétés physiques. Sont également répertoriées les principales étoiles, galaxies et nébuleuses, ainsi que les objets du catalogue Messier et les 88 constellations officiellement reconnues. Ces tableaux offrent ainsi un « menu » d'objets à consulter pour une soirée d'observation.

LES PLANÈTES

NOM	MERCURE	VÉNUS	TERRE	MARS	JUPITER	SATURNE	URANUS	NEPTUNE
Diamètre équatorial	4 875 km	12 104 km	12 756 km	6 780 km	142 984 km	120 536 km	51 118 km	49 532 km
Masse (par rapport à la Terre)	0,1	0,8	1	0,1	318	95	14,5	17,1
Volume (par rapport à la Terre)	0,1	0,9	1	0,2	1,321	763,6	63,1	57,7
Températures moyennes	- 180 / 430 °C (surface)	464 °C (surface)	15 °C (surface)	- 125 / 25 °C (surface)	- 110 °C (sommet des nuages)	- 140 °C (sommet des nuages)	- 214 °C (sommet des nuages)	- 220 °C (sommet des nuages)
Gravité (par rapport à la Terre)	0,4	0,9	1	0,4	2,5	1,1	0,9	1,1
Nombre de satellites connus	0	0	1	2	63	61	27	13
Distance moyenne au Soleil	57,9 millions km	108,2 millions km	149,6 millions km	227,9 millions km	778,3 millions km	1 430 millions km	2 871 millions km	4 497 millions km
Période orbitale	88 jours	224,7 jours	365,3 jours	687 jours	11,9 ans	29,5 ans	84 ans	164,8 ans
Durée de rotation	59 jours	243 jours	23,9 heures	24,6 heures	9,9 heures	10,66 heures	17,24 heures	16,1 heures
Inclinaison de l'axe de rotation	2,1°	177,3°	23,5°	25,2°	3,1°	26,7°	97,9°	29,6°
Magnitude apparente	- 1,9 à 5,7	- 4,6 à - 3,8	—	- 2,9 à 1,5	- 2,9	- 0,2 à 1,2	5,5	7,8

PRINCIPAUX ASTÉROÏDES

NOM	GASPRA	ANNEFRANK	TOUTATIS	VESTA	MATHILDE	IDA	ÉROS
Distance moyenne au Soleil	331 millions de km	331 millions de km	376 millions de km	353 millions de km	396 millions de km	428 millions de km	218 millions de km
Vitesse orbitale	71 568 km/h	Inconnue	60 084 km/h	69 624 km/h	64 728 km/h	Inconnue	87 696 km/h
Période orbitale	3,3 ans	3,3 ans	4 ans	3,6 ans	4,3 ans	4,8 ans	1,8 an
Durée de rotation	7 heures	Inconnue	5,4 et 7,3 jours (deux axes)	5,3 heures	418 heures	4,6 heures	5,3 heures
Longueur	18 km	6 km	4,3 km	560 km	66 km	60 km	31 km
Date de découverte	30 juillet 1916	23 mars 1942	4 janvier 1989	27 mars 1807	12 novembre 1885	29 septembre 1884	13 août 1898

PLUIES DE MÉTÉORITES ANNUELLES				
PLUIE	**DATE(S) DU PIC**	**PÉRIODE**	**NOMBRE MAX. PAR HEURE**	**CARACTÉRISTIQUES PRINCIPALES**
Quadrantides	3 janvier	1er au 6 janvier	90	Météorites jaune et bleu se déplaçant à vitesse moyenne.
Alpha centaurides	8 février	28 janvier au 21 février	20	Pluie australe avec quelques météorites.
Virginides	7 au 15 avril	10 mars au 21 avril	5	Pluie lente, avec de longs traits et de multiples radiants.
Lyrides	22 avril	16 au 28 avril	15	Météorites assez rapides de la comète Thatcher.
Êta aquarides	6 mai	21 avril au 24 mai	60	Grosse pluie australe avec des météorites rapides de la comète de Halley.
Ariétides	7 juin	22 mai au 30 juin	55	Pluie diurne, en partie visible juste avant l'aube.
Bootides de juin	28 juin	27 au 30 juin	Variable	Pluie parfois lente avec des accélérations brutales ; météorites provenant de la comète Pons-Winnecke.
Capricornides	5 au 20 juillet	10 juin au 30 juillet	5	Pluie lente ; météorites brillantes jaune et bleu provenant de divers radiants.
Delta aquarides	28 juillet au 8 août	15 juillet au 19 août	205	Pluie australe avec un double pic.
Piscides austrinides	28 juillet	16 juillet au 8 août	5	Pluie australe avec des météorites plutôt lentes.
Alpha capricornides	1er août	15 juillet au 25 août	5	Lents flashs visibles plusieurs secondes.
Perséides	12 août	23 juillet au 22 août	90	Très brillantes météorites provenant de la comète Swift-Tuttle.
Alpha aurigides	1er septembre	25 août au 7 septembre	7	Abondance soudaine pouvant dépasser les 100 météorites par heure.
Giacobinides ou Draconides	8 octobre	6 au 10 octobre	Variable	Météorites lentes de la comète Giacobini-Zinner.
Orionides	21 octobre	5 au 30 octobre	25	Pluie rapide aux nombreux traits, de la comète de Halley.
Taurides	4 au 12 novembre	1er au 25 novembre	10	Météorites lentes et brillantes, provenant de la comète Encke.
Léonides	17 novembre	14 au 21 novembre	Variable	Météorites très rapides avec des traits provenant de la comète Temple-Tuttle.
Géminides	14 décembre	6 au 18 décembre	100	Météorites de vitesse moyenne de l'astéroïde Phaéthon (3 200).
Ursides	22 décembre	17 au 25 décembre	10	Lentes météorites de la comète Tuttle.

PLUIE MÉTÉORITIQUE DES LÉONIDES (LONG TEMPS D'EXPOSITION)

ÉTOILES LES PLUS BRILLANTES VUES DEPUIS LA TERRE

RANG	MAGNITUDE APPARENTE	DÉSIGNATION DE BAYER	NOM COMMUN	DISTANCE À LA TERRE (ANNÉES-LUMIÈRE)
1	-1,4	Alpha (α) *Canis Majoris*	Sirius	8,6
2	-0,7	Alpha (α) *Carinæ*	Canopus	310
3	-0,3	Alpha (α) *Centauri*	Rigil Kentarus	4,4
4	-0,04	Alpha (α) *Bootis*	Arcturus	37
5	0	Alpha (α) *Lyræ*	Véga	26
6	0,1	Alpha (α) *Aurigæ*	Capella	42
7	0,2	Bêta (β) *Orionis*	Rigel	770
8	0,4	Alpha (α) *Canis Minoris*	Procyon	11,6
9	0,5	Alpha (α) *Eridani*	Achernar	140
10	0 à 1,3	Alpha (α) *Orionis*	Bételgeuse	430
11	0,6	Bêta (β) *Centauri*	Agena	525
12	0,8	Alpha (α) *Aquilæ*	Altaïr	16,8
13	0,8 à 1	Alpha (α) *Tauri*	Aldébaran	65
14	0,8	Alpha (α) *Crucis*	Acrux	320
15	0,9 à 1,2	Alpha (α) *Virginis*	L'Épi	220
16	1	Alpha (α) *Scorpii*	Antarès	600
17	1,2	Bêta (β) *Geminorum*	Pollux	34
18	1,2	Alpha (α) *Piscis Austrini*	Fomalhaut	25
19	1,3	Alpha (α) *Cygni*	Deneb	1 500
20	1,3	Bêta (β) *Crucis*	Mimosa	350

ÉTOILES LES PLUS PROCHES DE LA TERRE

RANG	NOM	DISTANCE À LA TERRE (AL)	CONSTELLATION	MAGNITUDE APPARENTE
1	Système d'Alpha (α) *Centauri* :		Centaure	
	Proxima *Centauri*	4,2		11,1
	Alpha (α) *Centauri*	4,4		-0,3
2	Étoile de Barnard	6	Ophiucus	9,6
3	Wolf 359	7,8	Lion	13,4
4	Lalande 21185	8,3	Grande Ourse	7,5
5	Sirius	8,6	Grand Chien	-1,4
6	Luyten 726-8	8,7	Baleine	12,5
7	Ross 154	9,7	Sagittaire	10,4
8	Ross 248	10,3	Andromède	12,3
9	Epsilon (ε) *Eridani*	10,5	Éridan	3,7
10	Lacaille 9352	10,7	Poisson austral	7,3
11	Ross 128	10,9	Vierge	11,1
12	EZ *Aquarii*	11,3	Verseau	13,3
13	Procyon	11,4	Petit Chien	0,4
14	Étoile de Bessel	11,4	Cygne	5,2
15	Struve 2398	11,5	Dragon	8,9
16	Groombridge 34	11,6	Andromède	8,1
17	Epsilon (ε) *Indi*	11,8	Indien	4,7
18	DX *Cancri*	11,8	Cancer	14,8
19	Tau (τ) *Ceti*	11,9	Baleine	3,5
20	GJ 1061	12,1	Horloge	13,1

M 15, AMAS GLOBULAIRE D'ÉTOILES

AMAS D'ÉTOILES À OBSERVER

NOM	TYPE	CONSTELLATION	MAGNITUDE APPARENTE	DISTANCE À LA TERRE (ANNÉES-LUMIÈRE)
47 *Tucanæ*	Globulaire	Toucan	4	13 400
Amas de la Ruche	Ouvert	Cancer	3,7	577
Amas du Papillon	Ouvert	Scorpion	4,2	2 000
Hyades	Ouvert	Taureau	4,2	150
Boîte à Bijoux	Ouvert	Croix du Sud	7,1	8 150
M 4	Globulaire	Scorpion	6	6 800
M 12	Globulaire	Ophiucus	6,6	16 000 à 18 000
M 14	Globulaire	Ophiucus	6,4	23 000 à 30 000
M 15	Globulaire	Pégase	6,2	33 600
M 52	Ouvert	Cassiopée	7,3	5 000
M 68	Globulaire	Hydre	7,5	33 000 à 44 000
M 93	Ouvert	Poupe	6,2	3 600
M 107	Globulaire	Ophiucus	8,9	20 900
NGC 3201	Globulaire	Voiles	8,2	15 000
NGC 4833	Globulaire	Mouche	5,3	17 000
Oméga *Centauri*	Globulaire	Centaure	4,2	17 000
Pléiades	Ouvert	Taureau	1,5	380

ÉTOILES MULTIPLES À OBSERVER

NOM	CONSTELLATION	NOMBRE D'ÉTOILES	MAGNITUDE APPARENTE	DISTANCE À LA TERRE (ANNÉES-LUMIÈRE)
Castor	Gémeaux	6	1,9	50
Sigma (σ) *Orionis*	Orion	5	3,8	1 150
Alcyone	Taureau	4	2,9	368
Algol	Persée	4	2,1 à 3,4	93
Almach	Andromède	4	2,3	355
Epsilon (ε) *Lyræ*	Lyre	4	4,7	160
Mizar et Alcor	Grande Ourse	4	2,3	81
Thêta (θ) *Orionis*	Orion	4	4,7	1 800
Albiréo	Cygne	3	3,2	385
Bêta (β) *Monocerotis*	Licorne	3	3,7	700
Omicron (o) *Eridani*	Éridan	3	9,5	16
Rigel	Orion	3	0,2	770
15 *Monocerotis*	Licorne	2	4,7	1 020
Epsilon (ε) *Aurigæ*	Cocher	2	3,1	2 040
Izar	Bouvier	2	2,4	210
M 40	Grande Ourse	2	8,4	385
Polaris	Petite Ourse	2	2	430
Zêta (ζ) *Bootis*	Bouvier	2	3,8	180

ÉTOILES VARIABLES À OBSERVER

NOM	TYPE DE VARIABLE	CONSTELLATION	MAGNITUDE APPARENTE MINIMALE	MAGNITUDE APPARENTE MAXIMALE	PÉRIODE	DISTANCE À LA TERRE (ANNÉES-LUMIÈRE)
Rasalgethi	Binaire à éclipses	Hercule	4,1	3,1	128 jours	382
Delta (δ) *Cephei*	Variable à pulsation	Céphée	4,4	3,5	5,3 jours	982
Êta (η) *Aquilæ*	Variable à pulsation	Aigle	3,9	3,5	7,2 jours	1 173
Êta (η) *Geminorum*	Binaire à éclipses	Gémeaux	4,2	3,3	233 jours	349
Gamma (γ) *Cassiopeiæ*	Variable irrégulière	Cassiopée	3	1,6	variable	613
Lambda (λ) *Tauri*	Binaire à éclipses	Taureau	3,9	3,4	4 jours	370
Mira	Variable à pulsation	Baleine	10	2	332 jours	418
Mu (μ) *Cephei*	Variable à pulsation	Céphée	5,1	3,4	730 ou 4 400 jours	5 258
W Virginis	Variable céphéide	Vierge	10,8	9,6	17 jours	10 000
R *Coronæ Borealis*	Variable irrégulière	Couronne boréale	14,8	5,8	variable	6 037
RR Lyræ	Variable à pulsation	Lyre	8,1	7,1	0,6 jour	744
Algol	Binaire à éclipses	Persée	3,4	2,1	2,9 jours	93
Zêta (ζ) *Geminorum*	Variable à pulsation	Gémeaux	4,2	3,6	10,2 jours	1 168

LES CONSTELLATIONS (PAR RANG DE TAILLE)

RANG	NOM LATIN	ABRÉVIATION	SURFACE (°)	NOM FRANÇAIS
1	*Hydra*	Hya	1 303	Hydre
2	*Virgo*	Vir	1 294	Vierge
3	*Ursa Major*	UMa	1 280	Grande Ourse
4	*Cetus*	Cet	1 231	Baleine
5	*Hercules*	Her	1 225	Hercule
6	*Eridanus*	Eri	1 138	Éridan
7	*Pegasus*	Peg	1 121	Pégase
8	*Draco*	Dra	1 082	Dragon
9	*Centaurus*	Cen	1 060	Centaure
10	*Aquarius*	Aqr	980	Verseau
11	*Ophiuchus*	Oph	948	Ophiucus
12	*Leo*	Leo	947	Lion
13	*Bootes*	Boo	907	Bouvier
14	*Pisces*	Psc	889	Poissons
15	*Sagittarius*	Sgr	867	Sagittaire
16	*Cygnus*	Cyg	803	Cygne
17	*Taurus*	Tau	797	Taureau
18	*Camelopardalis*	Cam	757	Girafe
19	*Andromeda*	And	722	Andromède
20	*Puppis*	Pup	673	Poupe
21	*Auriga*	Aur	657	Cocher
22	*Aquila*	Aql	652	Aigle
23	*Serpens*	Ser	637	Serpent
24	*Perseus*	Per	615	Persée
25	*Cassiopeia*	Cas	598	Cassiopée
26	*Orion*	Ori	594	Orion
27	*Cepheus*	Cep	588	Céphée
28	*Lynx*	Lyn	545	Lynx
29	*Libra*	Lib	538	Balance
30	*Gemini*	Gem	514	Gémeaux
31	*Cancer*	Cnc	506	Cancer
32	*Vela*	Vel	500	Voiles
33	*Scorpius*	Sco	497	Scorpion
34	*Carina*	Car	494	Carène
35	*Monoceros*	Mon	482	Licorne
36	*Sculptor*	Scl	475	Atelier du Sculpteur
37	*Phœnix*	Phe	469	Phénix

LES CONSTELLATIONS (SUITE)

RANG	NOM LATIN	ABRÉVIATION	SURFACE (°)	NOM FRANÇAIS
38	*Canes Venatici*	CVn	465	Chiens de chasse
39	*Aries*	Ari	441	Bélier
40	*Capricornus*	Cap	414	Capricorne
41	*Fornax*	For	398	Fourneau
42	*Coma Berenices*	Com	386	Chevelure de Bérénice
43	*Canis Major*	CMa	380	Grand chien
44	*Pavo*	Pav	378	Paon
45	*Grux*	Gru	365	Grue
46	*Lupus*	Lup	334	Loup
47	*Sextans*	Sex	314	Sextant
48	*Tucana*	Tuc	295	Toucan
49	*Indus*	Ind	294	Indien
50	*Octans*	Oct	291	Octant
51	*Lepus*	Lep	290	Lièvre
52	*Lyra*	Lyr	286	Lyre
53	*Crater*	Crt	282	Coupe
54	*Columba*	Col	270	Colombe
55	*Vulpecula*	Vul	268	Petit Renard
56	*Ursa Minor*	UMi	255	Petite Ourse
57	*Telescopium*	Tel	252	Télescope
58	*Horologium*	Hor	252	Horloge
59	*Pictor*	Pic	247	Peintre
60	*Piscis Austrinus*	PsA	245	Poisson austral
61	*Hydrus*	Hyi	243	Hydre mâle
62	*Antlia*	Ant	239	Machine pneumatique
63	*Ara*	Ara	237	Autel
64	*Leo Minor*	LMi	232	Petit Lion
65	*Pyxis*	Pyx	221	Boussole
66	*Microscopium*	Mic	210	Microscope
67	*Apus*	Aps	206	Oiseau de Paradis
68	*Lacerta*	Lac	201	Lézard
69	*Delphinus*	Del	189	Dauphin
70	*Corvus*	Crv	184	Corbeau
71	*Canis Minor*	CMi	183	Petit chien
72	*Dorado*	Dor	179	Dorade
73	*Corona Borealis*	CrB	179	Couronne boréale
74	*Norma*	Nor	165	Règle

LES CONSTELLATIONS (SUITE)

RANG	NOM LATIN	ABRÉVIATION	SURFACE (°)	NOM FRANÇAIS
75	*Mensa*	Men	153	Table
76	*Volans*	Vol	141	Poisson volant
77	*Musca*	Mus	138	Mouche
78	*Triangulum*	Tri	132	Triangle
79	*Chamæleon*	Cha	132	Caméléon
80	*Corona Australis*	Cra	128	Couronne australe
81	*Cælum*	Cae	125	Burin
82	*Reticulum*	Ret	114	Réticule
83	*Triangulum Australe*	TrA	110	Triangle austral
84	*Scutum*	Sct	109	Écu de Sobieski
85	*Circinus*	Cir	93	Compas
86	*Sagitta*	Sge	80	Flèche
87	*Equuleus*	Equ	72	Petit cheval
88	*Crux*	Cru	68	Croix du Sud

LA CONSTELLATION DE LA CROIX DU SUD

GALAXIES À OBSERVER

NOM (NOMBRE MESSIER)	TYPE DE GALAXIE	CONSTELLATION	MAGNITUDE APPARENTE	DISTANCE À LA TERRE (ANNÉES-LUMIÈRE)
Galaxie d'Andromède (M 31)	Spirale	Andromède	4,5	2,5 millions
Galaxie de l'Œil Noir (M 64)	Spirale	Chevelure de Bérénice	8,5	17 millions
Galaxie de Bode (M 81)	Spirale	Grande Ourse	6,9	12 millions
Galaxie du Cigare (M 82)	Spirale	Grande Ourse	8,4	12 millions
Grand Nuage de Magellan	Irrégulière	Dorade	0,4	160 000
Petit Nuage de Magellan (NGC 292)	Irrégulière	Toucan	2,3	200 000
Galaxie du Sombrero (M 104)	Spirale	Vierge	9	30 millions
Galaxie du Triangle (M 33)	Spirale	Triangle	5,7	3 millions
Galaxie du Tourbillon (M 51)	Spirale	Chiens de chasse	8,4	23 millions

NÉBULEUSES (Néb.) À OBSERVER

NOM	TYPE DE NÉBULEUSE	CONSTELLATION	MAGNITUDE APPARENTE	DISTANCE À LA TERRE (AL)
Nébuleuse de l'Œil de Chat	Planétaire	Dragon	8,1	3 600
Néb. du Cône	Sombre	Licorne	3,9	2 500
Nébuleuse du Croissant	Planétaire	Cygne	7,4	4 700
Néb. Dumbell	Planétaire	Petit Renard	7,6	1 000
Néb. de l'Aigle	À émission	Queue du Serpent	6	7 000
Nébuleuse Eight-Burst	Planétaire	Voiles	8,1	2 000
Néb. du Clown	Planétaire	Gémeaux	8,6	3 800
Nébuleuse Êta *Carinæ*	À émission	Carène	1	7 500
Nébuleuse Hélix	Planétaire	Verseau	6,5	700
Nébuleuse du Sablier	Planétaire	Mouche	11,8	8 000
IC 2944	À émission	Centaure	4,5	5 900
Néb. de la Lagune	À émission	Sagittaire	5,8	5 200
Nébuleuse d'Orion	À émission	Orion	4	1 350
Néb. de la Chouette	Planétaire	Grande Ourse	9,8	2 600
Néb. de l'Anneau	Planétaire	Lyre	9	2 000
Néb. Saturne	Planétaire	Verseau	8	5 200
Néb. Stingray	Planétaire	Autel	10,8	18 000
Néb. de la Tarentule	À émission	Dorade	5	160 000
Nébuleuse Trifide	À émission	Sagittaire	9	7 000
Nébuleuse des Voiles	Restes de supernova	Cygne	7	2 000

CATALOGUE MESSIER

NOMBRE MESSIER	NOM COMMUN	CONSTELLATION	TYPE D'OBJET
M 1	Nébuleuse du Crabe	Taureau	Restes de supernova
M 2	—	Verseau	Amas globulaire
M 3	—	Chiens de chasse	Amas globulaire
M 4	—	Scorpion	Amas globulaire
M 5	—	Tête du Serpent	Amas globulaire
M 6	Amas du Papillon	Scorpion	Amas ouvert
M 7	Amas de Ptolémée	Scorpion	Amas ouvert
M 8	Nébuleuse de la Lagune	Sagittaire	Nébuleuse à émission
M 9	—	Ophiucus	Amas globulaire
M 10	—	Ophiucus	Amas globulaire
M 11	Amas du Canard Sauvage	Écu	Amas ouvert
M 12	—	Ophiucus	Amas globulaire
M 13	Le Grand Amas	Hercule	Amas globulaire
M 14	—	Ophiucus	Amas globulaire
M 15	—	Pégase	Amas globulaire
M 16	Nébuleuse de l'Aigle	Queue du Serpent	Amas ouvert / nébuleuse à émission
M 17	Nébuleuse Oméga	Sagittaire	Nébuleuse à émission
M 18	—	Sagittaire	Amas ouvert
M 19	—	Ophiucus	Amas globulaire
M 20	Nébuleuse Trifide	Sagittaire	Nébuleuse sombre à émission / réflexion
M 21	—	Sagittaire	Amas ouvert
M 22	—	Sagittaire	Amas globulaire
M 23	—	Sagittaire	Amas ouvert
M 24	Nuage étoilé du Sagittaire	Sagittaire	Champ d'étoiles
M 25	—	Sagittaire	Amas ouvert
M 26	—	Écu	Amas ouvert
M 27	Nébuleuse Dumbell	Petit Renard	Nébuleuse planétaire
M 28	—	Sagittaire	Amas globulaire
M 29	—	Cygne	Amas ouvert
M 30	—	Capricorne	Amas globulaire

CATALOGUE MESSIER (SUITE)

NOMBRE MESSIER	NOM COMMUN	CONSTELLATION	TYPE D'OBJET
M 31	Galaxie d'Andromède	Andromède	Galaxie spirale
M 32	—	Andromède	Galaxie naine elliptique
M 33	Galaxie du Triangle	Triangle	Galaxie spirale
M 34	—	Persée	Amas ouvert
M 35	—	Gémeaux	Amas ouvert
M 36	—	Cocher	Amas ouvert
M 37	—	Cocher	Amas ouvert
M 38	—	Cocher	Amas ouvert
M 39	—	Cygne	Amas ouvert
M 40	Winnecke 4	Grande Ourse	Étoile double
M 41	—	Grand Chien	Amas ouvert
M 42	Nébuleuse d'Orion	Orion	Nébuleuse à émission / réflexion
M 43	Nébuleuse de Mairan	Orion	Nébuleuse émission / réflexion
M 44	Amas de la Ruche	Cancer	Amas ouvert
M 45	Pléiades ou Sept Sœurs	Taureau	Amas ouvert
M 46	—	Poupe	Amas ouvert
M 47	—	Poupe	Amas ouvert
M 48	—	Hydre	Amas ouvert
M 49	—	Vierge	Galaxie elliptique
M 50	—	Licorne	Amas ouvert
M 51	Galaxie du Tourbillon	Chiens de chasse	Galaxie spirale
M 52	—	Cassiopée	Amas ouvert
M 53	—	Chevelure de Bérénice	Amas globulaire
M 54	—	Sagittaire	Amas globulaire
M 55	—	Sagittaire	Amas globulaire
M 56	—	Lyre	Amas globulaire
M 57	Nébuleuse annulaire	Lyre	Nébuleuse planétaire
M 58	—	Vierge	Galaxie spirale barrée
M 59	—	Vierge	Galaxie elliptique
M 60	—	Vierge	Galaxie elliptique
M 61	—	Vierge	Galaxie spirale
M 62	—	Ophiucus	Amas globulaire

CATALOGUE MESSIER (SUITE)

NOMBRE MESSIER	NOM COMMUN	CONSTELLATION	TYPE D'OBJET
M 63	Galaxie du Tournesol	Chiens de chasse	Galaxie spirale
M 64	Galaxie de l'Œil Noir	Chevelure de Bérénice	Galaxie spirale
M 65	—	Lion	Galaxie spirale
M 66	—	Lion	Galaxie spirale
M 67	—	Cancer	Amas ouvert
M 68	—	Hydre	Amas globulaire
M 69	—	Sagittaire	Amas globulaire
M 70	—	Sagittaire	Amas globulaire
M 71	—	Flèche	Amas globulaire
M 72	—	Verseau	Amas globulaire
M 73	—	Verseau	Astérisme
M 74	—	Poissons	Galaxie spirale
M 75	—	Sagittaire	Amas globulaire
M 76	Petite nébuleuse Dumbell	Persée	Nébuleuse planétaire
M 77	—	Baleine	Galaxie spirale barrée
M 78	—	Orion	Nébuleuse à réflexion
M 79	—	Loup	Amas globulaire
M 80	—	Scorpion	Amas globulaire
M 81	Galaxie de Bode	Grande Ourse	Galaxie spirale
M 82	Galaxie du Cigare	Grande Ourse	Galaxie spirale
M 83	Galaxie Pinwheel australe	Hydre	Galaxie spirale barrée
M 84	—	Vierge	Galaxie lenticulaire
M 85	—	Chevelure de Bérénice	Galaxie lenticulaire
M 86	—	Vierge	Galaxie lenticulaire
M 87	Virgo A	Vierge	Galaxie elliptique
M 88	—	Chevelure de Bérénice	Galaxie spirale
M 89	—	Vierge	Galaxie elliptique
M 90	—	Vierge	Galaxie spirale
M 91	—	Chevelure de Bérénice	Galaxie spirale barrée
M 92	—	Hercule	Amas globulaire

CATALOGUE MESSIER (SUITE)

NOMBRE MESSIER	NOM COMMUN	CONSTELLATION	TYPE D' OBJET
M 93	—	Poupe	Amas ouvert
M 94	—	Chiens de chasse	Galaxie spirale
M 95	—	Lion	Galaxie spirale barrée
M 96	—	Lion	Galaxie spirale
M 97	Nébuleuse Owl	Grande Ourse	Nébuleuse planétaire
M 98	—	Chevelure de Bérénice	Galaxie spirale
M 99	—	Chevelure de Bérénice	Galaxie spirale
M 100	—	Chevelure de Bérénice	Galaxie spirale
M 101	Galaxie Pinwheel	Grande Ourse	Galaxie spirale
M 102	—	Pas identifiée officiellement	—
M 103	—	Cassiopée	Amas ouvert
M 104	Galaxie du Sombrero	Vierge	Galaxie spirale non barré
M 105	—	Lion	Galaxie elliptique
M 106	—	Chiens de chasse	Galaxie spirale
M 107	—	Ophiucus	Amas globulaire
M 108	—	Grande Ourse	Galaxie spirale barrée
M 109	—	Grande Ourse	Galaxie spirale barrée
M 110	—	Andromède	Galaxie naine elliptique

M 8, NÉBULEUSE DE LA LAGUNE

GLOSSAIRE

Altitude Mesure, en degrés d'angle, de la hauteur d'un objet par rapport à l'horizon.

Amas globulaire Sphère d'étoiles dont les centaines de milliers de membres sont regroupés par la gravité. Les amas globulaires sont des objets vieux de plusieurs milliards d'années.

Amas ouvert Groupe d'étoiles formées simultanément qui contient une centaine, voire quelques milliers d'étoiles. On trouve les amas ouverts dans les bras de galaxies spirales, certains au sein même de la nébuleuse qui les a engendrés.

Ascension droite (AD, ou RA) Coordonnée de la sphère céleste utilisée dans le système équatorial. L'ascension droite est mesurée en heures depuis le point d'intersection entre l'écliptique et l'équateur céleste au printemps.

Astéroïde Petit objet orbitant dans le système solaire, d'une taille de quelques mètres à plusieurs centaines de kilomètres. Constitués de roche et/ou de métal, les astéroïdes seraient des débris provenant de la formation des planètes.

Aurore polaire Phénomène des hautes couches de l'atmosphère de la Terre (ou d'autres planètes). Lors d'une éruption solaire violente de particules énergétiques, celles-ci sont déviées par le bouclier magnétique terrestre vers les régions polaires où elles pénètrent en ionisant des particules atmosphériques, ce qui crée ces lumières brillantes et colorées.

Azimut Mesure, en degrés d'angle, de la distance horizontale à partir du nord à zéro degré.

Bande nuageuse Ceinture de nuages entourant une planète géante gazeuse au-dessus de son équateur.

Barlow (lentille de) Accessoire glissé dans l'oculaire d'un télescope pour en augmenter le grossissement, généralement par 2 ou par 3.

Binaire (étoile) Paire d'étoiles liées par la gravité, qui ont un centre de masse (barycentre) commun. Un grand nombre d'entre elles sont visibles avec un petit télescope.

CCD camera *Charge Coupled Device camera.* Type spécial de caméra, utilisé notamment en astrophotographie. Les CCD possèdent des capteurs sensibles qui transforment les rayons lumineux reçus en signaux électriques. Les signaux sont ensuite décryptés par la caméra pour produire une image.

Chercheur/viseur Lunette miniature installée parallèlement au télescope principal, dont l'usage est indispensable, permettant de centrer l'objet recherché dans son champ de vision. Les viseurs à point rouge projettent une cible rouge afin de centrer l'objet recherché (mais sans l'agrandir).

Circumpolaire Étoile qui, vue d'un lieu particulier, ne sombre jamais derrière l'horizon au cours de son parcours nocturne.

Comète Corps céleste fait d'un noyau entouré de glace et orbitant dans le système solaire externe. Une comète se rapprochant du Soleil se réchauffe, perdant des jets d'eau, de poussières et de gaz qui forment une chevelure et une queue cométaires.

Constellation Nom attribué à une forme esquissée par quelques étoiles dans un même endroit du ciel. Il existe 88 constellations officiellement répertoriées.

Couronne Partie supérieure de l'atmosphère du Soleil que l'on peut voir lors des éclipses totales tel un halo d'éruptions brillantes. La couronne est plus chaude que la surface solaire, avec une température d'environ 2 millions de degrés.

Déclencheur souple Accessoire utilisé avec un appareil photo afin d'éviter sa vibration lorsqu'on déclenche celui-ci.

Déclinaison (DEC) Coordonnée utilisée dans le système équatorial, qui mesure en degrés au-dessous ou au-dessus de l'équateur la position d'un objet.

Disque protoplanétaire Disque de gaz, roches, et poussières orbitant autour d'une jeune étoile. C'est à partir de ce disque que les planètes vont se former. Depuis 1995, on a repéré de nombreux disques protoplanétaires autour d'étoiles jeunes.

DSLR *Digital Single Lens Reflex.* Type de caméra souvent utilisé en astrophotographie pour son adaptabilité qui lui permet de capturer la lumière faible des galaxies ou des nébuleuses.

Écliptique Tracé sur la sphère céleste que semble suivre Le Soleil au cours d'une année.

Elliptique (galaxie) Les galaxies elliptiques apparaissent comme des ballons de rugby au télescope. Ayant déjà perdu une grande partie de leurs gaz et poussières interstellaires, ces galaxies, contrairement aux spirales, ne forment guère de nouvelles étoiles.

Émission (nébuleuses à) Énormes nuages de gaz et de poussières interstellaires émettant de la lumière parce qu'ils sont éclairés par une ou plusieurs étoiles proches. La nébuleuse d'Orion (M 42) est une nébuleuse à émission.

Étoile Énorme sphère de plasma brillant produit par des réactions nucléaires en son centre. Le Soleil est une étoile de taille moyenne. L'étoile la plus massive que nous connaissions fait 150 fois la masse solaire.

Fond cosmique de rayonnement radio (ou rayonnement fossile) Reliquat de l'explosion du big bang, il apparaît uniformément dans toutes les directions du ciel. Aujourd'hui à 3 K, il était alors beaucoup plus énergétique.

Galaxie Gigantesque réunion d'étoiles rassemblées par la gravité, qui prend diverses formes : elliptique, lenticulaire, irrégulière ou spirale comme la Voie lactée. On trouve des galaxies à des centaines de millions ou des milliards d'années-lumière de nous.

Géante rouge Lorsque meurt une étoile de la taille du Soleil, elle gonfle démesurément et se refroidit : elle devient une géante rouge.

Grossissement Nombre de fois qu'un objet est agrandi par rapport à sa taille vue à l'œil nu. Le grossissement d'un oculaire donné est obtenu en divisant la longueur focale du télescope par celle de l'oculaire.

Longueur focale Distance entre l'objectif (lentille ou miroir primaire) d'un télescope et le point où l'image est focalisée.

Lune Satellite naturel orbitant autour d'une planète. La majorité des planètes du système solaire ont une ou plusieurs lunes en orbite.

Magnitude apparente Luminosité d'un objet céleste telle qu'elle est perçue par un observateur terrestre.

Maksutov-Cassegrain Type de télescope qui utilise à la fois un miroir primaire, un miroir secondaire et une lentille pour collecter et focaliser la lumière. Les Maksutov-Cassegrain, ou « Maks », sont assez compacts et très précieux pour l'observation de la Lune et des planètes.

Météore Phénomène lumineux (appelé communément « étoile filante ») engendré par la pénétration dans l'atmosphère d'une météorite ou de toute autre microparticule. Cette intrusion réchauffe l'air qui s'embrase et produit cet effet lumineux : un météore.

Météorite Peut désigner plusieurs états d'une même chose. Il s'agit d'abord de morceaux de roche gravitant dans l'espace, classés en météorites rocheuses, métalliques ou ferreuses-rocheuses. Une météorite est également une microparticule entrant dans l'atmosphère et provoquant un météore. C'est enfin le petit morceau de roche que l'on trouve au sol lorsqu'une météorite ne s'est pas entièrement consumée lors de son passage dans l'atmosphère.

Monture alt-azimut Type de monture qui permet au télescope d'être dirigé sur 360°

horizontalement (en azimut) et entre le sol et 90° verticalement (en altitude).

Monture équatoriale Type de monture qui permet au télescope d'être aligné avec la sphère céleste de façon à pouvoir suivre le trajet des étoiles. Les montures équatoriales ont deux axes, celui de l'ascension droite (AD) et celui de la déclinaison (DEC), et doivent être parfaitement alignées avec le pôle céleste.

Naine blanche Étoile très dense, reste de la fin d'une étoile de type solaire. Quand une telle étoile meurt, elle expulse ses couches externes, ne gardant plus en son centre que cette naine blanche.

Nébuleuse à réflexion Nébuleuse contenant de minuscules particules qui reflètent la lumière.

Nébuleuse planétaire Nébuleuse formée à partir d'une étoile de masse équivalente à celle du Soleil lorsqu'elle meurt. Ce faisant, l'étoile expulse ses couches externes dans l'espace, s'entourant d'une espèce d'anneau de gaz brillants et de poussières interstellaires. Le terme a été inventé par William Herschel qui, dans les télescopes de l'époque, y voyait des trajets planétaires.

Oculaire Élément essentiel du télescope, l'oculaire agrandit l'image collectée par le télescope. Le chiffre marqué sur son côté désigne sa longueur focale.

Orbite Trajet suivi dans l'espace par un corps céleste sous l'influence d'un autre corps, plus massif. Ainsi que l'a démontré Johannes Kepler, ces orbites, comme celles des planètes autour du Soleil, sont elliptiques.

Ouverture Diamètre du miroir primaire ou de la lentille d'un télescope. Plus ce diamètre est grand, plus le télescope reçoit de lumière, ce qui est important pour les objets de faible magnitude.

Photon Particule fictive assimilée et attachée aux radiations électromagnétiques comme la lumière. Les radiations électromagnétiques voyagent en ondes dans l'espace, mais sont également assimilées (depuis Einstein) à des paquets de particules énergétiques : les photons. Le propos des astronomes est de capter, avec leurs instruments, le plus grand nombre de ces photons en provenance des objets célestes les moins lumineux.

Photosphère Surface « visible » du Soleil ou de toute autre étoile. Les gaz chauds sont opaques en-dessous et transparents au-dessus. La température de la photosphère du Soleil est d'environ 5 500 °C.

Planète Corps céleste qui règne sur son orbite (en a chassé les débris planétaires) et est suffisamment grand pour avoir pris la forme sphérique sous les effets de la gravité. On décompte huit planètes dans le système solaire.

Planisphère Carte stellaire utilisée pour savoir quelles constellations sont visibles à telle date, à telle heure et sous telle latitude. Il consiste en deux disques pivotant autour d'un axe (le pôle), une fenêtre transparente montrant les étoiles visibles à l'heure et au lieu d'observation.

Plasma Mélange d'électrons et d'ions se comportant comme un gaz mais conducteur d'électricité et sensible aux champs magnétiques. La matière de l'Univers serait composée à 99 % de plasma.

Polaris Également appelée « l'étoile Polaire » ; c'est une étoile circumpolaire de l'hémisphère Nord, située dans la constellation de la Petite Ourse, qui se trouve très près du pôle Nord céleste.

Pôles Nord et Sud Les deux points imaginaires qui correspondent à l'intersection de l'axe de rotation terrestre avec la sphère céleste. Dans l'hémisphère Nord, l'étoile Polaris est très proche du pôle Nord céleste.

Protubérance Éruption de plasma hors de l'atmosphère du Soleil. Les protubérances apparaissent, dans des filtres spécialisés, comme de grandes volutes rouges de gaz issues de la photosphère solaire.

Pulsar Étoile à neutrons formée lors de la mort d'une étoile en supernova, et possédant un très puissant champ magnétique. Lorsque les pôles du champ magnétique ne sont pas alignés avec l'axe de rotation de l'étoile à neutron, des jets de radiations balaient l'espace à toute vitesse, engendrant un pulsar.

Raie spectrale Émission ou absorption de radiations à des longueurs d'onde précises dans un spectre. Considérées comme de véritables empreintes des matériaux chimiques composant un objet, les raies spectrales sont utilisées pour connaître la composition d'objets lointains (étoiles, galaxies, etc.) ou de l'atmosphère des planètes.

Rapport focal Nombre résultant de la division de la longueur focale d'un télescope (en millimètres) par le diamètre de l'ouverture de celui-ci (également en millimètres). Un grand rapport focal permet de voir des objets brillants et un petit rapport focal donne accès à des objets moins lumineux.

Schmidt-Cassegrain Télescope qui utilise un miroir primaire, un miroir secondaire et un renvoi pour produire une image.

Seeing Terme utilisé pour donner une évaluation de l'état de l'atmosphère lors d'une observation. Avec un « seeing » pauvre, les distorsions de l'atmosphère rendent toute observation des planètes, voire de la Lune, quasi impossible.

Spectre Nom donné aux radiations de différentes longueurs d'onde émises par un objet céleste, comme une étoile ou une galaxie. L'étude du spectre livre des renseignements concernant la composition chimique, le mouvement et même la température de l'objet en question.

Spectre électromagnétique Comprend toutes les longueurs d'ondes énergétiques émises par les divers objets de l'Univers. Nous yeux n'en voient qu'une partie, appelée la « lumière visible ».

Sphère céleste Sphère imaginaire sur laquelle sont projetées les étoiles et les constellations. Sur la sphère céleste, les coordonnées sont les mêmes que sur la Terre, avec la latitude qui devient la déclinaison (DEC) et la longitude qui devient l'ascension droite (AD).

Spirale (galaxie) Galaxie présentant distinctement des bras spiraux composés d'étoiles jeunes et brillantes. Riches en poussières interstellaires et en gaz, les spirales sont des centres de formation d'étoiles. Les spirales dites barrées ont une barre d'étoiles qui traverse leur région centrale.

Système solaire Ensemble des planètes et des corps plus petits qui gravitent autour du Soleil. Le système solaire comprend huit planètes, quelques planètes naines et une multitude de corps plus petits et de lunes.

Tache solaire Région d'intense activité magnétique à la surface de la photosphère du Soleil. Le fait que ces régions soient plus sombres que la surface alentour est dû au fait qu'elles sont moins chaudes. Les taches surviennent par paires, représentant les polarités Nord et Sud.

Variable (étoile) Étoile dont la magnitude varie, en fonction de raisons intrinsèques ou bien de facteurs externes (par éclipse).

Vent solaire Courant de particules chargées en provenance du Soleil. Son interaction avec le bouclier magnétique terrestre provoque la formation des aurores polaires, boréales ou australes.

Voie lactée Nom que nous avons attribué à la Galaxie spirale dans laquelle se trouve notre système solaire. On estime que la Voie lactée s'étend sur 100 000 années-lumière et contient entre 200 et 400 milliards d'étoiles.

Zénith Point du ciel situé juste au-dessus de la tête de l'observateur ; et par conséquent celui qui se trouve à 90° d'altitude.

Zodiaque La partie du ciel le long de laquelle le Soleil paraît effectuer son trajet annuel.

INDEX

Les numéros de pages en *italique* renvoient également à une illustration, et ceux en **gras** à une illustration principale.

A

B

C

D

E

F

G

H

I

J

K

N

O

U

V

W

Z

REMERCIEMENTS

Anton Vamplew
Je remercie sincèrement tous ceux qui se sont investis dans ce livre, particulièrement mon épouse Gillian et les enfants, Morten et Etienne. Toute ma reconnaissance à Rob, Monika, David, Tash, Mike, Nina, Katy et Mike W, Keith, sans oublier Marck, Carmel, Trevor, Cherry, Andy, Jane, Emma, Jamie, Tracy et Tremaine. Enfin, un grand merci à Marek et l'équipe de Cobalt id pour leur confiance !

Will Gater
Je tiens à remercier mes amis, ma famille et mes collègues qui m'ont supporté tout au long de ce travail, Marek, Louise et Sarah de Cobalt id pour leur précieux travail, et Peter Frances de Dorling Kindersley pour ses conseils éclairés.

Remerciements de l'éditeur
Dorling Kindersley souhaite remercier Francis Wong pour son travail de conception graphique.
Cobalt id remercie Dorothy Frame pour son travail sur l'index, et Jacqueline Mitton ses conseils éditoriaux ; Lee Sproats et Neil Parker de Green Witch, pour avoir mis à notre disposition les télescopes, jumelles et autre matériel pour les prises de vue, ainsi que pour leur précieuse expertise. www.green-witch.com.
Merci à Michael Hattey de Starlight-xpress, Robert Crawford d'Optical Vision Ltd (www.opticalvision.co.uk), et Cor Berrevoets (www.astronomie.be/registax), pour les images qu'ils nous ont fournies, et enfin à Rachel Pillai pour son infinie patience.

CRÉDITS PHOTOGRAPHIQUES

Dorling Kindersley souhaite remercier les personnes et agences suivantes pour l'aimable autorisation de reproduction de leurs photographies.

1 Corbis/Stocktrek Images. **6-7** Corbis/Reuters. **8-9** Getty/Stocktrek Images. **10** (en haut à droite) Corbis/Ed Darack/Science Faction ; **10** (au centre) NASA/G. Schneider/E. Young/G. Rieke/A. Cotera/H.Chen/M.Rieke/R. Thompson ; **10-11** (au centre) Corbis/NASA/JPL/Caltech. **11** (en bas à droite) HST/NASA/ESA/S. Beckwith (STScI)/HUDF Team. **12** (au centre en bas) Corbis/Christie's Images ; **12** (en bas à droite) Corbis/Tony Hallas ; **12** (en haut à droite) SPL/David Nunuk ; **12** (au centre en bas) SPL/Chris Butler ; **12-13** (au centre) SPL/Chris Cook. **13** (en bas à droite) NASA/JPL/Caltech. **14** (en haut à droite) Corbis/Roger Ressmeyer ; **14** (en bas à droite) Corbis/Bettmann. **15** (en bas à gauche) Corbis/Historical Premium. **16** (en haut à droite) Corbis/Fred Hirschmann/Science Faction ; **16** (en bas) SPL/John Sanford. **17** (en bas à gauche) Corbis/Dennis di Cicco ; **17** (en bas à droite) Getty/Kauko Helavuo ; **17** (en bas à droite) HST/Fred Walter (State University of New York at Stony Brook) ; **17** (en bas à gauche, au centre) NASA/ESA/R. Kirshner (Harvard/Smithsonian Center for Astrophysics). **18** (en haut à droite) HST/NASA/ESA/Hubble SM4 ERO Team ; **18** (en bas à gauche) SPL/Mark Garlick. **19** (en bas au centre) HST/F. Paresce/R. Jedrzejewski (STScI)/NASA/ESA ; **19** (en bas à droite) HST/F. Paresce/R. Jedrzejewski (STScI)/NASA/ESA ; **19** (en haut à gauche) SPL/John Chumack. **20** (en bas à droite) NASA/HST/ESA/STScI/J. Hester/P. Scowen (ASU) ; **20** (au centre à gauche) www.perezmedia.net/Jeremy Perez ; **20-21** (au centre) Corbis/Richard Crisp/Science Faction. **21** (en haut au centre) Corbis/Tony Hallas/Science Faction ; **21** (en haut à droite) Corbis/Stocktrek Images ; **21** (en bas au centre) Corbis/Stocktrek Images ; **21** (en bas à gauche) Getty/Robert Gendler/Visuals Unlimited. **22** (au centre au-dessus) SPL/Celestial Image Co. ; **22** (au centre en bas) SPL/NOAO/AURA/NSF. **23** (au centre à gauche, au-dessus) Corbis/Tony Hallas/Science Faction ; **23** (au centre à gauche) Corbis/Stocktrek Images ; **23** (au centre à droite) Corbis/Stocktrek Images ; **23** (en bas à gauche) Corbis/Stocktrek Images ; **23** (en bas à droite) Corbis/Stocktrek Images ; **23** (au centre à droite, en bas) Robert Gendler ; **23** (au centre à droite, au-dessus) SPL/Eckhard Slawik ; **23** (au centre à gauche, en bas) SPL/Eckhard Slawik. **24-25** Corbis/Terra. **26** (en bas à gauche) HST/NASA/ESA/Hubble SM4 ERO Team ; **26** (en bas à gauche, au centre) HST/NASA/ESA/Hubble Heritage Team (STScI/AURA) ; **26** (en bas à droite, au centre) HST/NASA/ESA/Hubble Heritage Team (STScI/AURA) ; **26** (en bas à droite) HST/Laurent Drissen/Jean-René Roy/Carmelle Robert ; **26-27** (au centre) Corbis/Encyclopedia. **27** (en bas à gauche) Corbis/Roger Ressmeyer ; **27** (au centre à droite) HST/John Bahcall/Mike Disney/NASA/ESA. **28** (au centre à gauche) SPL/John Chumack ; **28** (au centre à droite) SPL/John Chumack ; **28** (au centre) SPL/Larry Landolfi. **29** (au centre à gauche, au-dessus) SPL/NASA/JPL/Caltech/S Stolovy ; **29** (au centre au-dessus) SPL/Eckhard Slawik. **30-31** Corbis/Frank Lukasseck. **32** (en haut à droite) Corbis/Stapleton Collection ; **32** (en bas) Getty/Panoramic Images. **33** (au centre à droite, au-dessus) Corbis/Kerrick James ; **33** (au centre à droite) Corbis/Amana ; **33** (au centre à droite, en bas) Getty/Takanori Yamakawa/Sebun Photo ; **33** (au centre à gauche) istockphoto/Stiv Kahlina. **34** (en haut à droite) istockphoto/Christian Miller ; **34** (au centre à gauche) istockphoto/Stiv Kahlina. **34-35** (en bas) Courtesy of Peter Wienerroither. **35** (au centre à gauche) Corbis/Stapleton Collection. **37** (en haut à droite) SPL/Dr Fred Espenak. **38-39** Corbis/Louie Psihoyos/Science Faction. **40** (au centre à gauche) Corbis/The Gallery Collection ; **40** (en haut à droite) istockphoto/Oksana Struk ; **41** (en bas) Corbis/Alessandro della Bella. **42** (au centre à droite) Archives Charmet/The Bridgeman Art Library ; **42** (en haut à droite) Corbis/Tony Hallas/Science Faction ; **42** (en bas à gauche) SPL/Science Photo Library. **44** (en haut à droite) Corbis/Steve Nagy/Design Pics ; **44** (au centre à gauche) Corbis/Tony Hallas/Science Faction ; **44** (en bas à droite) istockphoto/evirgen. **45** (en bas à gauche) Corbis/Dennis di Cicco ; **45** (en haut au centre) SPL/Frank Zullo. **46-47** Getty/Andy Caulfield. **48** (en haut à droite) Corbis/Roger Ressmeyer ; **48** (en bas à droite) Corbis/Roger Ressmeyer ; **48** (au centre à gauche) Getty/Thomas Backer. **49** (au centre à droite) Corbis/Stocktrek Images ; **49** (en bas à gauche) Getty/Jamie Cooper ; **49** (en bas au centre) www.perezmedia.net/Jeremy Perez ; **49** (au centre à droite, en bas) www.perezmedia.net/Jeremy Perez. **50** (en haut à droite) Corbis/Roger Ressmeyer ; **50** (au centre à gauche, en bas) Getty/Robert Postma. **52** (en bas à gauche) GPL/Robin Scagell ; **52** (au centre à gauche, au-dessus) istockphoto/Manfred Konrad ; **52** (en haut à droite) istockphoto/Kimeveruss ; **52** (au centre à droite) istockphoto/Kristian Sekulic ; **52** (au centre à droite, au-dessus) Optical Vision Ltd ; **52** (au centre à droite, en bas) Optical Vision Ltd. **54** (en haut à droite) Corbis/Sydney Observatory. **55** (en bas à gauche) Getty/Travel Ink. **56** (au centre en bas) Corbis/Keren Su ; **56** (au centre à droite) Corbis/Keren Su ; **56** (en bas au centre) Corbis/Keren Su ; **56** (en haut à droite) Getty/John Lund ; **56** (au centre à droite, au-dessus) Getty/John Lund. **57** (en haut au centre) Corbis/Roger Ressmeyer ; **57** (en haut à droite) Corbis/Roger Ressmeyer ; **57** (en bas à droite) Corbis/Richard Crisp/Science Faction. **60** (au centre à gauche, au-dessus) Corbis/Roger Ressmeyer ; **60** (en haut à droite) Getty/Keith Douglas ; **60** (au centre au-dessus) SPL/Eckhard Slawik. **62** (au centre à gauche) Getty/Handout. **63** (en haut) Corbis/HO/Reuters. **64-65** Alamy/J Marshall/Tribaleye Images. **66** (en haut à droite) SPL/John Chumack ; **66** (en bas à gauche) Will Gater ; **66** (au centre) www.ilangainc.com/iLanga Inc. **67** (en bas à droite) Corbis/Robert Llewellyn ; **67** (au centre) www.ilangainc.com/iLanga Inc. **68** (au centre à droite, au-dessus) Corbis/Roger Ressmeyer ; **68** (en haut à droite) Corbis/Roger Ressmeyer. **69** Corbis/Tony Hallas/Science Faction. **70-71** Getty/Getty Images. **72** (en bas à gauche) Corbis/Keren Su ; **72** (en haut à droite) Getty/Sisse Brimberg & Cotton Coulson. **73** (au centre à droite) Corbis/Stapleton Collection ; **73** (en bas à gauche) Wikimedia Commons/U.S. Naval Observatory Library. **74** (en bas au centre) SPL/NOAO/AURA/NSF. **78-79** (en bas) HST/A. Fujii. **80-81** (au centre) HST/ESO/Digitized Sky Survey 2. **82** (en haut à droite) Anthony Ayiomamitis ; **82** (en bas à droite) Getty/LWA. **83** (en bas au centre) Corbis/Roger Ressmeyer ; **83** (en bas à droite) Corbis/Tony Hallas/Science Faction ; **83** (au centre) Getty/LWA. **86** (au centre en bas) Getty/National Geographic/Getty Images. **87** (au centre au-dessus) Getty/Michael Melford. **88** (en haut à droite) Anthony Ayiomamitis ; **88** (au centre en bas) Getty/Stocktrek Images. **89** (au centre à droite) Robert Gendler ; **89** (en haut à gauche) Robert Gendler ; **89** (en bas à droite) SPL/

Jean-Charles Cuillandre. **90** (au centre à gauche, au-dessus) Anthony Ayiomamitis ; **90** (en bas à droite) GPL/Robin Scagell. **91** (au centre à droite) Matt Ben Daniel. **92** (au centre à droite) Corbis/Roger Ressmeyer ; **92** (en haut à gauche) GPL/Jeremy Perez. **93** (au centre à droite) Anthony Ayiomamitis ; **93** (en bas à droite) Corbis/Tony Hallas/Science Faction. **94** (au centre au-dessus) GPL/Robin Scagell ; **94** (en bas à droite) GPL/Robin Scagell. **95** (en bas à droite) Corbis/Roger Ressmeyer ; **95** (au centre au-dessus) GPL/Robin Scagell. **96** (au centre) Corbis/STScI/NASA ; **96** (en bas à gauche) Corbis/STScI/NASA ; **96** (en bas à droite) Getty/Stocktrek Images. **97** (en bas à droite) GPL/Robin Scagell ; **97** (en haut à gauche) SPL/NOAO. **98** (en bas à droite) SPL/Dr Rudolph Schild. **99** (au centre à gauche) GPL/Robin Scagell ; **99** (en bas à droite) Wikisky/NASA/ESA. **100** (en bas à droite) Corbis/Stocktrek Images ; **100** (en haut à droite) SPL/NOAO/AURA/NSF. **101** (au centre en bas) Corbis/Richard Crisp/Science Faction. **102** (au centre à droite) Getty/LWA ; **102** (en haut à droite) SPL/Eckhard Slawik. **103** (en haut au centre) Getty/Science & Society Picture Library ; **103** (en bas à droite) Getty/Stocktrek Images. **104** (en haut au centre) Corbis/Roger Ressmeyer ; **104** (en bas à droite) SPL/Science & Society Picture Library. **105** (au centre à gauche, en bas) Anthony Ayiomamitis ; **105** (au centre à droite) Corbis/Stocktrek Images ; **105** (en bas à droite) Getty/Stocktrek Images. **108** (au centre au-dessus) GPL/Robin Scagell ; **108** (au centre en bas) SPL/John Chumack. **109** (au centre à droite) Getty/SSPL. **110** (en bas à droite) SPL/John Sanford ; **110** (en haut) SPL/Jerry Lodriguss. **111** (en bas à gauche) Getty/Robert Gendler/Visuals Unlimited ; **111** (en bas) Getty/Getty Images ; **111** (au centre à droite) SPL/Celestial Image Co. **112** (au centre en bas) GPL/Robin Scagell ; **112** (en haut à droite) Robert Gendler. **113** (en bas à droite) Corbis/Radius Images. **116** (en haut au centre) Corbis/Roger Ressmeyer ; **116** (en bas à gauche) GPL/Robin Scagell. **117** (au centre en bas) Anthony Ayiomamitis ; **117** (en bas à droite) Corbis/Stocktrek Images. **118-119** Corbis/Tony Hallas/Science Faction. **120** (au centre au-dessus) GPL/Robin Scagell ; **120** (en bas à droite) SPL/Robert Gendler. **121** (en bas à droite) Anthony Ayiomamitis ; **121** (au centre à droite, au-dessus) Corbis/Stapleton Collection. **122** (en bas à gauche) Anthony Ayiomamitis ; **122** (au centre en bas) Corbis/Stocktrek Images ; **122** (en haut à droite) Getty/Robert Gendler/Visuals Unlimited. **123** (en bas à droite) Corbis/Stapleton Collection. **124** (en haut à gauche) Anthony Ayiomamitis ; **124** (en bas à droite) Anthony Ayiomamitis. **125** (au centre à droite, en bas) Getty/Stocktrek Images ; **125** SPL/Mark Garlick. **126** (en bas à gauche) Anthony Ayiomamitis ; **126** (en haut au centre) Getty/Stocktrek Images. **127** (en bas à gauche) Corbis/STScI/NASA ; **127** (au centre à droite) SPL/Eckhard Slawik. **128** (au centre au-dessus) Anthony Ayiomamitis. **129** (au centre à droite) Anthony Ayiomamitis ; **129** (en bas à droite) Getty/Time & Life Pictures/Getty Images ; **129** (au centre à gauche) SPL/John Chumack. **130** (en bas au centre) Getty/Robert Gendler/Visuals Unlimited ; **130** (au centre à droite) SPL/NOAO/AURA/NSF. **131** (au centre à droite) Corbis/Tony Hallas/Science Faction. **132** (en haut à droite) Corbis/Stocktrek Images ; **133** (au centre à gauche) Wikimedia Commons/European Southern Observatory. **134** (en haut à droite) SPL/John Chumack ; **134** (en bas) SPL/John Chumack. **135** (au centre) Corbis/Richard Crisp/Science Faction ; **135** (en bas au centre) Corbis/NASA/Hubble Heritage Team ; **135** (en bas à droite) Corbis/Roger Ressmeyer. **138** (au centre à droite, au-dessus) Corbis/TAKASHI KATAHIRA/amanaimages ; **138** (au centre en bas) SPL/Eckhard Slawik. **139** (au centre à gauche) GPL/Robin Scagell ; **139** (en bas à gauche) Getty/Stocktrek Images ; **139** (au centre à droite) SPL/Celestial Image Co. **140-141** (au centre à gauche) GPL/Robin Scagell. **142** (en bas à droite) Corbis/STScI/NASA ; **142** (au centre en bas) GPL/Robin Scagell ; **142** (en bas au centre) Getty/Stocktrek Images. **142-143** (au centre) GPL/Robin Scagell. **143** (en haut à gauche) Corbis/Stocktrek Images. **144** (au centre à gauche) SPL/NOAO. **145** (en bas à droite) NASA/ESA/N. Smith (Univ. of California, Berkeley)/Hubble Heritage Team (STScI/AURA) ; **145** (au centre au-dessus) SPL/Celestial Image Co. ; **145** (en haut à gauche) SPL/Celestial Image Co. **146-147** Corbis/Stocktrek Images. **148** (en bas à droite) Corbis/STScI/NASA ; **148** (au centre en bas) HST/Hubble Heritage Team (STScI/AURA/NASA/ESA) ; **148** (en haut à droite) Robert Gendler. **149** (en bas au centre) Corbis/Stocktrek Images ; **149** (au centre en bas) Getty/Stocktrek Images ; **149** (au centre à droite) NASA/AAO/Photograph by David Malin. **150** (au centre à droite) Corbis/Bettmann. **151** (au centre en bas) Corbis/Dennis di Cicco ; **151** (en bas à gauche) Getty/Robert Gendler/Visuals Unlimited. **152** (au centre à droite) SPL/Royal Observatory/Edinburgh. **153** (en bas au centre) Corbis/Stocktrek Images ; **153** (en haut au centre) Getty/Robert Gendler/Visuals Unlimited ; **153** (en bas à droite) HST/Ron Gilliland (Space Telescope Science Institute)/NASA/ESA. **154** (au centre à droite) Art Archive/Museo del Prado Madrid. **155** (en bas à droite) Getty/Robert Gendler/Visuals Unlimited ; **155** (en bas à gauche) NASA/STScI/WikiSky. **156** (au centre à droite, au-dessus) GPL/Robin Scagell. **157** (au centre en bas) Anthony Ayiomamitis. **158** (en haut au centre) Anthony Ayiomamitis ; **158** (au centre à droite) SPL/NOAO/AURA/NSF. **159** (en haut à droite) GPL/Robin Scagell ; **159** (en bas à gauche) SPL/NOAO. **160** (en bas au centre) Getty/Stocktrek Images ; **160** (en bas à droite) HST/NASA/ESA/G. Bacon (STScI). **161** (au centre à droite, en bas) GPL/Robin Scagell ; **161** (au centre) NASA/JPL/Caltech/T. Currie (CfA). **162** (en haut au centre) HST/Margarita Karovska (Harvard/Smithsonian Center for Astrophysics)/NASA/ESA ; **162** (en bas au centre) NASA. **163** (en bas à gauche) Getty/Stocktrek Images. **164** (au centre) Credner/Till Credner. **164-165** (au centre en bas) NASA. **165** (au centre à gauche) GPL/Robin Scagell ; **165** (au centre à gauche) NASA ; **165** (au centre à droite) SPL/NOAO/AURA/NSF. **166** (en bas à droite) Anthony Ayiomamitis. **167** (au centre) Corbis/Stocktrek Images ; **167** (au centre à droite) NASA. **168** (en bas à droite) Getty/Robert Gendler/Visuals Unlimited ; **168** (en haut à droite) SPL/Jerry Lodriguss. **170** (au centre en bas) GPL/Robin Scagell. **171** (en bas à droite) Robert Gendler. **172-173** Getty/Getty/Digital Vision. **174** (en bas à droite) Getty/AFP/Getty Images. **174-175** (au centre) SPL/Larry Landolfi. **176** (au centre à droite) Corbis/NASA ; **176** (en bas) SPL/The International Astronomical Union. **176-177** (en haut à gauche) GPL/Robin Scagell. **177** (en bas à gauche) Corbis/NASA ; **177** (en haut au centre) GPL/Robin Scagell ; **177** (au centre à gauche, au-dessus) GPL/Robin Scagell ; **177** (au centre au-dessus) GPL/Robin Scagell. **178** (au centre à droite) GPL/Robin Scagell ; **178** (en haut à gauche) SPL/Eckhard Slawik ; **178** (au centre au-dessus) Wikimedia Commons/NASA/JPL. **179** (en bas à droite) Corbis/Bettmann ; **179** (en haut à droite) Corbis/NASA/JPL/Caltech ; **179** (en haut à droite) Corbis/NASA ; **179** (au centre) Getty/Digital Vision. **180** (en bas à gauche) Corbis/NASA/JPL/Caltech ; **180** (en bas à gauche) Corbis/NASA ; **180** (en haut à droite) Corbis/William Radcliffe/Science Faction ; **180** (en haut à droite) NASA. **180-181** (au centre en bas) Corbis/Bettmann. **181** (en bas à droite) Corbis/Michael Benson/Kinetikon Pictures ; **181** (au centre) Corbis/William Radcliffe/Science Faction. **182** (en bas à droite) GPL/Robin Scagell ; **182** (en bas à droite) HST/NASA/ESA/Hubble Heritage Team ; **182** (en haut à droite) NASA/JPL. **182-183** (en haut à droite) Corbis/NASA (Hubble Space Telescope)/Science Faction. **183** (au centre) Corbis/Bettmann. **184** (en bas à gauche) Corbis/NASA ; **184** (en haut à droite) Corbis/STScI/NASA ; **184** (en haut à droite) Getty/Stocktrek Images. **184-185** (au centre à droite) SPL/John Chumack. **185** (au centre) Corbis/NASA (digital version copyright)/Science Faction ; **185** (en bas à droite) NASA/JPL/STScI. **186-187** Getty/Adastra. **188** (au centre à droite) Corbis/Bettman ; **188** (en bas à gauche) Corbis/NASA ; **188** (en bas à droite) Getty/StockTrek. **189** (en haut à droite) Corbis/NASA ; **189** (en haut à droite) SPL/NASA ; **189** (en haut au centre) W.M. KECK Observatory. **190** (au centre) Corbis/Michael Benson/Kinetikon Pictures ; **190** (au centre à gauche, au-dessus) Dorling Kindersley/PAL ; **190** (au centre en bas) Dorling Kindersley/PAL ; **190** (en bas à gauche) NASA/M.Mutchler/Z. Levay (STScI). **191** (à gauche) Corbis/EPA. **192** (au centre en bas) PAL/Dorling Kindersley ; **192** (en bas au centre) PAL/Dorling Kindersley ; **192** (en bas à droite) PAL/Dorling Kindersley ; **192** (en haut à gauche) SPL/John Chumack. **193** (au centre à droite, au-dessus) Corbis/George Shelley ; **193** (au centre en bas) Corbis/Stocktrek. **194-195** Corbis/Roger Ressmeyer. **196** (au centre) Getty/Chris Ware ; **196** (au centre à gauche) projectfullmoon.com/Michael Light ; **196** (en bas) SPL/John Sanford. **197** (en haut à gauche) Corbis/Jeff Vanuga. **197** (au centre) Corbis/Stocktrek Images ; **197** (en bas au centre) PAL/Dorling Kindersley ; **197** (en bas à droite) PAL/Dorling Kindersley. **198** (en haut à droite) Alamy/J Marshall/Tribaleye Images. **199** (au centre à gauche, au-dessus) Anthony Ayiomamitis ; **199** (au centre à droite, en bas) Anthony Ayiomamitis ; **199** (en haut à droite) Corbis/Bettmann ; **199** (en bas à gauche) George Tarsoudis ; **199** (au centre à gauche, en bas) George Tarsoudis ; **199** (au centre à droite, au-dessus) George Tarsoudis ; **199** (en bas à droite) George Tarsoudis. **200** (en bas) Corbis/Aaron Horowitz ; **200** (au centre à gauche) NASA/JPL/Brown Univ. **201** (au centre à gauche) Corbis/Tony Hallas/Science Faction ; **201** (en haut à droite) Corbis/Tony Hallas/Science Faction ; **201** (en bas à droite) PAL/Dorling Kindersley. **202** (au centre) Corbis/Hinrich Baesemann/dpa ; **202** (au centre à gauche) SPL/Stephen J. Krasemann ; **202** (en bas à droite) SPL/Pekka Parviainen. **203** (en haut à droite) Corbis/Comstock Select. **204** (au centre) SPL/NASA. **204-205** (en haut à gauche) SPL/David Ducros. **205** (en bas à droite) SPL/Phil Dauber. **206-207** HST/NASA/ESA/H. Bond (STScI). **208** (en haut à droite) SPL/Science Source. **209** (en haut) Corbis/Aaron Horowitz. **234-235** Corbis/Tony Hallas/Science Faction. **237** SPL/NOAO/AURA/NSF. **238** SPL/Jerry Schad. **243** Corbis/Tony Hallas/Science Faction.